工业和信息化部"十四五"规划教材

工程结构抗震设计

主　编　王静峰
副主编　赵春风　宋满荣　丁兆东
参　编　郐伦海　李贝贝　郭　磊
主　审　李国强　柳炳康

机械工业出版社

"工程结构抗震设计"课程是高等院校土木工程专业的主要专业课之一。本书依据现行国家标准，参考了土木工程专业指导委员会建议的"工程结构抗震设计"课程要求和国家专业认证（评估）要求，吸收了国内外工程结构抗震设计的最新研究成果，结合作者多年的教学实践经验编写而成，主要内容包括：地震工程基础理论，抗震理论与抗震概念设计，场地、地基和基础抗震，地震作用与结构抗震验算，多层及高层钢筋混凝土房屋抗震设计，多层及高层钢结构房屋抗震设计，多层砌体结构房屋抗震设计，钢筋混凝土排架柱厂房抗震设计，桥梁结构抗震设计，地下结构抗震设计，隔震和消能减震设计。每章均附本章提要、本章知识点和习题，便于读者掌握所学知识。

　　本书可作为高等院校土木工程专业本科生教材，也可供土木工程技术人员参考。

图书在版编目（CIP）数据

工程结构抗震设计/王静峰主编. —北京：机械工业出版社，2023.8
工业和信息化部"十四五"规划教材
ISBN 978-7-111-73633-2

Ⅰ.①工… Ⅱ.①王… Ⅲ.①建筑结构-防震设计-高等学校-教材 Ⅳ.①TU352.104

中国国家版本馆 CIP 数据核字（2023）第 147176 号

机械工业出版社（北京市百万庄大街 22 号　邮政编码 100037）
策划编辑：林　辉　　　　　　　责任编辑：林　辉　刘春晖
责任校对：梁　园　李　杉　闫　焱　封面设计：张　静
责任印制：单爱军
北京虎彩文化传播有限公司印刷
2024 年 1 月第 1 版第 1 次印刷
184mm×260mm · 21.25 印张 · 526 千字
标准书号：ISBN 978-7-111-73633-2
定价：69.00 元

电话服务　　　　　　　　　　　网络服务
客服电话：010-88361066　　　机　工　官　网：www.cmpbook.com
　　　　　010-88379833　　　机　工　官　博：weibo.com/cmp1952
　　　　　010-68326294　　　金　书　网：www.golden-book.com
封底无防伪标均为盗版　　　　机工教育服务网：www.cmpedu.com

前 言

地震具有突发性和不可预测性，强震会产生对社会有重大影响的地震震害。我国地处环太平洋地震带与欧亚地震带之间，是世界上地震震害最严重的国家之一。如何提升我国工程结构的防震减灾能力，以最大限度减少人员伤亡和财产损失；如何培养具有防震减灾能力的工程技术人才，已成为关乎国家发展与社会安定的重大战略问题。

2008 年汶川地震后，我国修订和新编了相关国家、行业抗震标准，如 GB 50011—2010《建筑抗震设计规范》（2016 年版）、GB 55001—2021《工程结构通用规范》、GB 55002—2021《建筑与市政工程抗震通用规范》、GB 55007—2021《砌体结构通用规范》、JTG/T 2231-01—2020《公路桥梁抗震设计规范》、GB 18306—2015《中国地震动参数区划图》等。

近年来，科学技术的不断发展和进步，推动了抗震新材料、新技术、新理论在工程结构中的应用，弥补了传统抗震能力和手段的不足。一方面，减震技术理论与应用的发展，促进了基础隔震、消能减震、结构主被动控制、功能可恢复等新技术的研究和应用；另一方面，计算机技术的发展，促进了高性能计算、精细有限元模拟方法、城市建筑群震害模拟、虚拟现实等高新技术在城市建设和地震灾害防御中的高效应用。尽管这些抗震新技术在建筑工程、桥梁工程、地下结构和交通工程中也得到飞速发展和良好应用，但是并未在现有抗震教材中得到体现。因此，现有抗震教材迫切需要更新和创新。

本书根据《高等学校土木工程本科指导性专业规范》和《土木工程专业工程教育评估（认证）工作指南》的要求，并结合现行规范进行编写。本书吸收了当前工程结构新的抗震研究成果，介绍了工程防震减灾的基本理论与方法、新技术，内容通俗易懂，知识点覆盖全面，核心知识单元、知识点与学时相结合，实现教学内容的系统性、先进性和应用性；紧扣国家标准和规范，增加了工程结构的实用抗震构造的相关内容，实现了理论与工程实践相结合；内容覆盖了大土木专业的各方向，包括房屋建筑抗震、桥梁抗震、地下结构抗震，可满足建筑工程、道路桥梁工程、岩土工程、地下结构工程、交通工程和港口工程等专业方向的人才培养需求。

本书由合肥工业大学王静峰教授担任主编。全书共 11 章，第 1、6、7、8 章由王静峰编写，第 2、11 章由赵春风编写，第 3、4 章由丁兆东编写，第 5、9、10 章由宋满荣、郅伦海、李贝贝、郭磊编写。本书由同济大学李国强教授和合肥工业大学柳炳康教授担任主审。

在本书编写过程中，编者学习和参考了国内外已出版的大量教材和论著，谨向相关作者致以诚挚的谢意。

为便于教学，本书配有教学大纲、PPT 课件、习题答案、测试试卷及答案等资源，需要的教师可登录机械工业出版社教育服务网下载。另外，本书配有中国地震局工程力学研究所制作的地震工程科普视频，读者可扫描右侧二维码观看。

限于编者水平，书中的疏漏与不妥之处在所难免，敬请广大读者批评指正。

编 者

目 录

第1章

地震工程基础理论

本章提要

本章主要介绍了地球构造、地震类型和成因，描述了世界及我国的地震活动；介绍了地震动的常用术语、地震波、地震动的三要素、震级、地震烈度、地震区划图，以及震级与震中烈度的关系；介绍了地震震害、地震预警与救援。

1.1 概述

地震是一种灾难性自然现象，是地球内部缓慢积累的能量突然释放而引起的地球表层的震动。据统计，全世界每年大约发生 500 万次地震，其中绝大多数地震发生在地球深处或者释放的能量小而使人类难以感觉，只有非常灵敏的仪器才能监测到。人类能感觉到的地震（有感地震）每年约发生 5 万次。其中 5 级以上破坏性地震有 1000 次。我国为地震多发区，20 世纪共发生破坏性地震 3000 余次，其中 6 级以上地震近 800 次，8 级以上特大地震 9 次。

地震给人类带来了惨重的人员伤亡和巨大的经济损失。1976 年 7 月 28 日发生的唐山地震，造成 24 万人死亡，36 万人受伤，是近代地震史上死亡人数最多的一次地震。2008 年 5 月 12 日发生的汶川地震，造成 8.7 万人死亡和失踪，37.5 万人受伤。2010 年 4 月 14 日发生的玉树地震，造成 2698 人遇难。2014 年 8 月 8 日发生的鲁甸地震，共造成 617 人死亡，112 人失踪，3143 人受伤，22.97 万人被紧急转移安置。唐山地震直接经济损失达 100 亿元，恢复重建费用达 100 亿元；汶川地震直接经济损失达 8451 亿元。

人类对地震的认识也随着人类文明的进步而不断深入，防灾减灾技术和方法也在不断完善和成熟。实践表明，对建筑结构进行抗震设计是减轻地震灾害的有效方法。了解和掌握地震学基本知识，深入研究和掌握地震作用的基本规律，可以更加合理地进行工程结构抗震设计。

1.2 地震基础知识

1.2.1 地球的构造

研究表明：地球从地表至核心，由地壳、地幔、地核三个层次构成（图 1-1a）。地球最外层是薄薄的地壳，厚度约为 30～40km；中间层是地幔，厚度约为 2900km；最里层是地核，厚度约为 3500km。

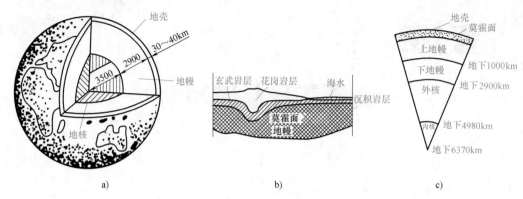

图 1-1　地球断面与地壳剖面

a）地球的构造　b）地壳剖面　c）分层结构

地壳由各种结构不均匀、厚度不一的岩层组成。如图 1-1b 所示，陆地地壳主要有上部花岗岩层和下部玄武岩层。海洋下面的地壳一般只有玄武岩层，平均厚度约为 5～8km。地球上绝大部分地震都发生在这一层薄薄的地壳内。

地幔是地球内部体积最大、质量最大的一层，主要由质地坚硬、密度较大的橄榄岩组成。地壳与地幔的分界面叫作莫霍面（图 1-1c），是一个地震波传播速度发生急剧变化的不连续界面。莫霍面以下 40～70km 是岩石层，它与地壳共同组成岩石圈。岩石层以下存在一个厚度几百千米的软流层，该层物质呈塑性状态并具有黏弹性质。岩石层与软流层合称上地幔。上地幔之下为下地幔，其物质成分和结构与上地幔差别不大，但物质密度较大。

古登堡界面以下直到地心的部分为地核，是一个半径为 3500km 的球体，又可分为外核和内核。由于至今还没有发现有地震横波通过外核，故推断外核处于液态，而内核可能是固态。

到目前为止，所观察到的地震深度最深为 700km，仅占地球半径的 1/10，可见地震仅发生于地球的表面部分——地壳内和地幔上部。

1.2.2　地震类型和成因

地震按照其成因可分为四种主要类型：构造地震、火山地震、塌陷地震和诱发地震。

1. 构造地震

由于地壳构造运动造成地下岩层断裂或错动引起的地面振动称为构造地震。这类地震不仅破坏性大，影响面广，而且发生次数多（约占全球地震的 90% 以上），延续时间长。世界上许多著名的大地震都属于此类，如 1976 年唐山大地震，在几十秒内，将一座近百年建设的工业城市几乎夷为平地。构造地震一直是人们的主要研究对象。

构造地震成因的局部机制可以用地壳构造运动来说明。地幔物质发生对流使得地壳岩石层处在强大的地应力作用之下，原始水平状的岩层在地应力作用下发生形变，地应力使岩层产生弯曲并形成褶皱，当岩层变形积累的应力超过岩层本身强度极限时，岩层就会发生突然断裂和猛烈错动，岩层中原先积累的应变能全部释放，并以弹性波的形式传至地面，地面随之振动，形成地震。构造运动示意如图1-2所示。

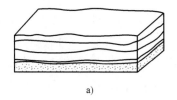 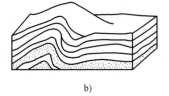 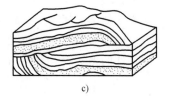

a)　　　　　　　　　　　　　b)　　　　　　　　　　　　　c)

图1-2　构造运动示意图

a）岩石原始状态　b）褶皱　c）断裂错动

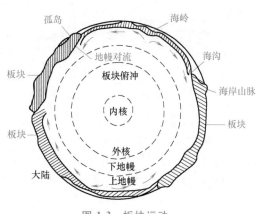

构造地震成因的宏观背景可以用板块构造学说来解释。板块构造学说认为，地壳和上地幔顶部厚约70~100km的岩石组成了全球岩石圈。全球岩石圈由大大小小的板块组成，类似一个破裂后仍连在一起的蛋壳，板块下面是塑性物质构成的软流层。软流层中的地幔物质以岩浆活动的形式涌出海岭，推动软流层上的大洋板块在水平方向移动，并在海沟附近向大陆板块之下俯冲，返回软流层。这样在海岭和海沟之间便形成地幔对流，海岭形成于对流上升区，海沟形成于对流下降区（图1-3）。全球岩石圈可以分为六大板块，即亚欧板块、太平洋

图1-3　板块运动

板块、美洲板块、非洲板块、印度洋板块和南极洲板块（图1-4）。各板块之间由于其下软流层的对流运动而产生相互挤压、碰撞和插入，地球上的主要地震带就分布在这些大板块的交界处。据统计，全球约85%的地震发生在板块边缘及其附近，15%左右发生于板块内部。

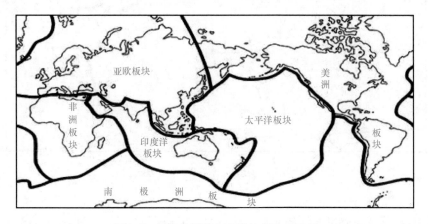

图1-4　全球岩石圈六大板块划分示意图

2. 火山地震

由于火山喷发，地下岩浆迅猛冲出地面引起的地面运动称为火山地震。这类地震一般强度不大，影响范围和破坏程度比较小，主要分布于环太平洋、地中海及东非等地带，其数量

占全球地震的7%左右。

3. 塌陷地震

地表或地下岩层由于某种原因陷落和塌陷引起的地面运动称为塌陷地震。此类地震的发生既受天然因素的影响，也受人为因素的影响。此类地震主要发生在具有地下溶洞或古旧矿坑地质条件的地区，其数量占全球地震的3%左右，且震源浅，震级也不大，影响范围及危害较小。

4. 诱发地震

由于水库蓄水、矿山开采、注水抽水和地下核爆炸等引起的地面振动称为诱发地震。这种地震发生的概率很小，影响也较小。

1.3 地震活动与地震分布

1.3.1 世界地震活动

从统计的角度，地震的时空分布呈现某种规律性。在地理位置上，地震震中呈带状分布，集中于一定的区域；在时间过程上，地震活动疏密交替，能够区分出相对活跃期和相对平静期。根据历史地震的分布特征和产生地震的地质背景，绘制出世界地震震中分布图，如图1-5所示。地球上的地震活动集中分布在环太平洋地震带和欧亚地震带。

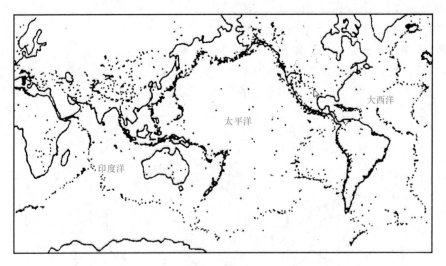

图1-5 世界地震震中分布图

1. 环太平洋地震带

它首先从南美洲西海岸起，经北美洲西海岸、阿留申群岛转向西南至日本列岛，然后分成东西两支，西支经我国台湾省、菲律宾至印度尼西亚，东支经马里亚纳群岛至新几内亚，两支汇合后，先经所罗门群岛至汤加，再向南转向新西兰。该地震带的地震活动最强，发生的地震约占全球地震总数的75%，集中了全世界80%以上的浅源地震、90%的中源地震和几乎全部的深源地震。

2. 欧亚地震带

欧亚地震带又称地中海南亚地震带，西起大西洋的亚速尔群岛，向东先途经意大利、希腊、土耳其、伊朗、印度北部，再经我国西部和西南地区，向南经过缅甸与印度尼西亚，最后与环太平洋地震带的新几内亚相接。全球地震总数的22%左右发生于此地震带内。

除了上述两条主要地震带以外，在大西洋、太平洋、印度洋中也有一些洋脊地震带，沿着洋底隆起的山脉延伸。这些地震带与人类活动关系不大，地震发生的次数在地震总数中占的比例也不高。

对比一下全球岩石圈六大板块划分示意图（图1-4）可知，上述地震带大多数位于板块边缘，或者邻近板块边缘。

1.3.2 我国地震活动

我国地处上述两个最活跃的地震带之间（东濒环太平洋地震带，西部和西南部是欧亚地震带所经过的地区），是一个多地震国家。我国绝大部分地区都发生过震级较大的破坏性地震。

我国地震主要分布在五个区域：台湾省及其附近海域；西南地区，主要是西藏、四川西部和云南中西部；西北地区，主要在甘肃河西走廊、青海、宁夏、天山南北麓；华北地区，主要在太行山两侧、汾渭河谷、阴山—燕山一带、山东中部和渤海湾；东南沿海地区。

1.4 地震动

1.4.1 常用术语

图1-6列出了描述地震空间位置的常用术语。震源是指地球内部发生地震首先射出地震波的地方，往往也是能量释放中心。震源正方向相应的地面位置称为震中。震源到地面的垂直距离，或者说震源到震中的距离称为震源深度。地面某处到震源的距离称为震源距。地面某处到震中的距离称为震中距。震中周围地区称为震中区。地震时振动最剧烈、破坏最严重的地区称为极震区，极震区一般位于震中附近。一次地震中，在其所波及的地区内，根据烈度表可以对每一个地点评估出一个烈度，烈度相同点的外包线称为等震线。

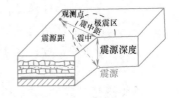

图1-6 地震术语示意图

根据震源深浅不同，地震可分为浅源地震、中源地震、深源地震。浅源地震的震源深度小于60km，其造成的危害最大，全世界每年地震释放的能量约85%来自浅源地震。中源地震的震源深度在60~300km，全世界每年地震释放的能量约12%来自中源地震。深源地震的震源深度大于300km，全世界每年地震释放的能量约3%来自深源地震。我国发生的地震绝大多数是浅源地震，震源深度在10~20km。

1.4.2 地震波

地震波是地震引起的振动以波的形式从震源向各个方向传播并释放能量。地震波是种弹性波，它包括在地球内部传播的体波和在地球表面及其附近传播的面波。

1. 体波

体波包含纵波（P 波）和横波（S 波）两种形式（图 1-7）。

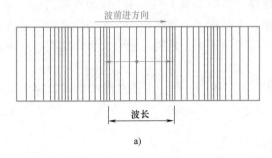 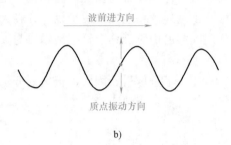

图 1-7　体波质点振动形式
a）纵波　b）横波

纵波在传播过程中，其介质质点的振动方向与波的前进方向一致。在纵波由震源向外传播的过程中，介质不断地被压缩和疏松。纵波又称压缩波，其特点是周期较短、振幅小、波速快（一般为 200~1400m/s）。

横波在传播过程中，其介质质点的振动方向与波的前进方向垂直。横波又称剪切波，其特点是周期长、振幅大、波速慢（一般为 100~800m/s）。

根据弹性理论，纵波和横波的传播速度可分别用下列公式计算

$$v_p = \sqrt{\frac{E(1-\mu)}{\rho(1+\mu)(1-2\mu)}} \tag{1-1}$$

$$v_s = \sqrt{\frac{E}{2\rho(1+\mu)}} = \sqrt{\frac{G}{\rho}} \tag{1-2}$$

式中　v_p——纵波波速；

　　　v_s——横波波速；

　　　E——介质的弹性模量；

　　　G——介质的剪切模量；

　　　ρ——介质的密度；

　　　μ——介质的泊松比。

在一般情况下，取 $\mu = 0.25$ 时

$$v_p = \sqrt{3}\,v_s \tag{1-3}$$

由此可知，纵波的传播速度比横波的传播速度要快。所以当某地发生地震时，在地震仪上首先记录到的地震波是纵波，随后是横波。地表以下地层为多层介质，体波经过分层介质界面时，要产生反射与折射现象，经过多次反射与折射，地震波向上传播时逐渐转向垂直入射于地面（图 1-8）。

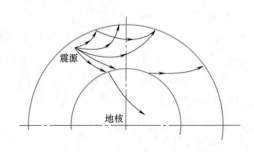

图 1-8　体波传播途径示意

2. 面波

一般认为，面波是体波经地层界面多次反射形成的次生波，包括瑞利波（R 波）和勒夫波（L 波）两种形式的波。瑞利波传播时，质点在波的前进方向与地表面法向组成的平面内（图 1-9a 中 zx 平面）做逆向椭圆运动；勒夫波传播时，质点在与波的前进方向垂直的平面内（图 1-9b 中 y 方向）做与传播方向相垂直的运动，在地面上表现为蛇形运动。与体波相比，面波周期长、振幅大、衰减慢，故能传播很远。

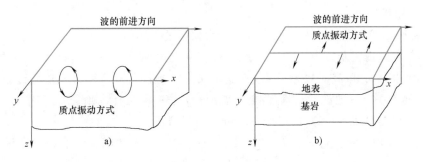

图 1-9　面波质点振动示意图
a）瑞利波　b）勒夫波

地震波的传播速度以纵波最快，横波次之，面波最慢。纵波使建筑物产生上下颠簸，横波使建筑物产生水平摇晃，而面波使建筑物既产生上下颠簸又产生水平摇晃。当横波和面波都到达时，建筑物振动最为强烈。一般情况下，横波产生的水平振动是导致建筑物破坏的主要因素；在强震震中区，纵波产生的竖向振动造成的影响也不容忽视。

1.4.3　地震动的三要素

地震动是由震源释放出来的能量产生的地震波引起的地面运动。地面运动的位移、速度和加速度可以用仪器记录下来。地面运动记录是地震工程的重要资料。人们一般通过记录地面运动的加速度来了解地震动的特征（对加速度进行积分可以得到地面运动的速度和位移）。一般来说，一点处的地震动在空间上具有 6 个方向的分量（3 个平动分量和 3 个转动分量），目前一般只能获得平动分量的记录，对转动分量的记录很难获得。

地面上任意一点的振动过程实际上包括各种类型地震波的综合作用，从地震记录上很难分清是哪一种波的作用，并且地震动是一种随机过程，地震动记录的信号又是极不规则的。然而，通过详细分析发现采用几个特定的要素可以反映不规则的地震波的特性。例如，通过最大振幅，可以定量反映地震动的强度特性；通过对地震记录的频谱分析，可以揭示地震动的周期分布特征；通过对强震持续时间的定义和测量，可以考察地震动循环作用的强弱。通常称地震动的峰值（最大振幅）、频谱特性和持续时间为地震动的三要素。工程结构的地震破坏与地震动的三要素密切相关。

1.4.4　震级

震级是表示地震本身强度大小的一种度量指标，它是地震的基本参数之一。

1. 里氏震级

里氏震级（Richter Magnitude）是由美国地震学家里克特（C. F. Richter）于 1935 年提

出的一种震级标度，是目前国际通用的地震震级标准。它是根据离震中一定距离所观测到的地震波幅度和周期，并且考虑从震源到观测点的地震波衰减，经过一定公式计算出的震源处地震的大小。

里克特用标准地震仪（周期为 0.8s，阻尼系数为 0.8，放大倍数为 2800）在距震中 100km 处记录到的最大水平位移（以 μm 为单位）的常用对数值来定义震级。其计算公式为

$$M = \lg A \tag{1-4}$$

式中　M——里氏震级；

　　　A——地震仪记录到的两个水平分量最大振幅的平均值。

例如，某次地震在距震中 100km 处地震仪记录到的两个水平分量最大振幅的平均值为 10mm，即 10000μm，取其对数等于 4，根据定义这次地震就是 4 级。实际上地震发生时距震中 100km 处不一定有地震仪，且观测点也不一定采用的是标准地震仪。因此，需要根据震中距和使用仪器对式（1-4）确定的震级进行适当修正。

震级 M 与震源释放的能量 E（尔格，erg，$1erg = 10^{-7}J$）之间有以下对应关系

$$\lg E = 1.5M + 11.8 \tag{1-5}$$

由式（1-5）可知，震级每增加 0.2，释放的能量就会翻倍，即震级每增加一级，地震释放的能量约增大 32 倍。根据这个关系，一次 6 级地震所释放的能量为 $6.31 \times 10^{20}erg$，相当于一个两万吨级的原子弹所释放的能量。

2. 矩震级

里氏震级是一种面波震级，在地震强到一定程度时，尽管地表出现更长的破裂，显示出地震有更大的规模，但是测定的面波震级 M 值却很难增长，出现所谓的震级饱和问题。于是，日裔美国地震学家金森博雄（H. Kanamori）1977 年从反映地震断层错动的力学量地震矩 M_0 出发，提出新的震级标度——用地震矩测定的震级，即矩震级 M_w（Moment Magnitude Scale）。矩震级表示震源所释放的能量。

为测定地震矩，可用宏观的方法测量断层的平均位错、破裂长度和岩石的硬度，从等震线的衰减或余震推断震源深度，从而估计断层面积；也可用微观的方法，由地震波记录反演计算这些量。地震矩 M_0 按下式计算

$$M_0 = \mu DS \tag{1-6}$$

式中　M_0——地震矩（N·m）；

　　　μ——剪切模量；

　　　D——震源断裂面积上的平均位错量；

　　　S——断裂面积。

矩震级 M_w 定义为

$$M_w = \frac{2}{3}\lg M_0 - 10.7 \tag{1-7}$$

目前，矩震级已经成为世界地震学家估算大规模地震时最常用的标度，但对于规模小于 3.5 级的地震一般不使用矩震级。

一般来说，按照震级的大小，地震可分为：弱震，$M < 3$ 级；有感地震，3 级 $\leqslant M \leqslant 4.5$ 级；中强震，4.5 级 $< M < 6$ 级；强震，$M \geqslant 6$ 级；特大地震，$M \geqslant 8$ 级。

1.4.5 地震烈度

地震烈度是指某地区地面和各类建筑物遭受一次地震影响的强弱程度，是衡量地震造成后果的一种度量。相对震源来说，烈度是地震场的强度。一次地震，震级只有一个，但由于地面振动的强烈程度与震级大小、震源深度、震中距大小，以及该地区的地层土质和地形地貌有关，因而烈度随地点的变化而有差异。一般来说，距震中越远，地震影响越小，烈度越低；距震中越近，地震影响越大，烈度越高。震中区的烈度称为震中烈度，震中烈度往往最高。

GB/T 17742—2020《中国地震烈度表》将地震烈度划分为 12 个等级，用罗马数字（Ⅰ~Ⅻ）或阿拉伯数字（1~12）表示。该标准规定了地震烈度等级和评定地震烈度的房屋类别，以及地震烈度评定方法。评定指标包括房屋震害、人的感觉、器物反应、生命线工程震害、其他震害现象和仪器测定的地震烈度。评定方法为综合运用宏观调查和仪器测定的多指标方法，对于不具备仪器测定地震烈度条件的地区，应使用宏观调查评定地震烈度；对于具备仪器测定地震烈度条件的地区，宜采用仪器测定的地震烈度。中国地震烈度表见表1-1。

1.4.6 震级与震中烈度关系

震级与地震烈度是两个不同的概念。震级表示一次地震释放能量的多少，地震烈度表示某地区遭受一次地震影响的强弱程度。两者关系可用炸弹爆炸来解释，震级好比是炸弹的装药量，烈度则是炸弹爆炸后对不同地点造成的破坏程度。震级和地震烈度只在特定条件下存在大致对应关系。对于浅源地震（震源深度在 10~30km），震中烈度 I_0 与震级 M 之间有如下对照关系（表 1-2）。

表 1-2 中的对应关系也可用经验公式的形式给出

$$M = 0.58I_0 + 1.5 \tag{1-8}$$

1.4.7 中国地震动参数区划图

地震区划图是根据一个地区的活动特性，按给定目的区划出来的地区内可能发生的地震动强弱程度的分布图，它实际上是对未来地震影响程度的一种预测。GB 18306—2015《中国地震动参数区划图》包括"中国地震动峰值加速度区划图"和"中国地震动加速度反应谱特征周期区划图"（简称"两图"）。其对应地震概率水准为 50 年超越概率 10%，对应的场地类别为 Ⅱ 类场地。地震动峰值加速度调整系数表和基本地震动反应谱特征周期调整表（简称"两表"），明确规定了标准的适用范围、地震动参数确定方法等。GB 18306—2015《中国地震动参数区划图》充分考虑了我国大陆活动断层的分布特点与活动性质、地震类型与发生频率等因素，确定了全国各地房屋、建筑、设备设施抗震设防的具体要求，细化到每个乡镇的设防标准，并对地震设防区域实现全覆盖。新一代区划图的特点，包括提出了四级地震作用的理念，明确了相应的地震动参数，特别是罕遇地震作用和极罕遇地震作用相应的地震动参数；提升了大型活动断裂带附近的基本地震动参数值，提升了中强地震活动为主的区域的基本地震动参数值；直接给出了广大农村地区的地震动参数数值。我国实施国土全面设防。

表 1-1　中国地震烈度表

地震烈度	房屋震害			评定指标				仪器测定的地震烈度 I_l	合成地震动的最大值	
	类型	震害程度	平均震害指数 d	人的感觉	器物反应	生命线工程震害	其他震害现象		加速度 (m/s^2)	速度 (m/s)
I(1)	—	—	—	无感	—	—	—	$1.0 \le I_l < 1.5$	1.80×10^{-2} $(< 2.57 \times 10^{-2})$	1.21×10^{-3} $(< 1.77 \times 10^{-3})$
II(2)	—	—	—	室内个别静止中的人有感觉,个别较高楼层中的人有感觉	—	—	—	$1.5 \le I_l < 2.5$	3.69×10^{-2} $(2.58 \times 10^{-2} \sim 5.28 \times 10^{-2})$	2.59×10^{-3} $(1.78 \times 10^{-3} \sim 3.81 \times 10^{-3})$
III(3)	—	门、窗轻微作响	—	室内少数静止中的人有感觉,少数较高楼层中的人明显感觉	悬挂物微动	—	—	$2.5 \le I_l < 3.5$	7.57×10^{-2} $(5.29 \times 10^{-2} \sim 1.08 \times 10^{-1})$	5.58×10^{-3} $(3.82 \times 10^{-3} \sim 8.19 \times 10^{-3})$
IV(4)	—	门、窗作响	—	室内多数人、室外少数人有感觉,少数人睡梦中惊醒	悬挂物明显摆动,器皿作响	—	—	$3.5 \le I_l < 4.5$	1.55×10^{-1} $(1.09 \times 10^{-1} \sim 2.22 \times 10^{-1})$	1.20×10^{-2} $(8.20 \times 10^{-3} \sim 1.76 \times 10^{-2})$
V(5)	—	门、窗、屋顶、屋架颤动作响,灰土掉落,个别房屋墙体抹灰出现细微裂缝,个别老旧 A1 类或 A2 类房屋墙体出现轻微裂缝或原有裂缝扩展,个别屋顶烟囱掉砖,个别檐瓦掉落	—	室内绝大多数、室外多数人有感觉,多数人睡梦中惊醒,少数人惊逃户外	悬挂物大幅度晃动,少数架上小物品、个别顶部沉重或放置不稳定器物摇动或翻倒,水晃动并从盛满的容器中溢出	—	—	$4.5 \le I_l < 5.5$	3.19×10^{-1} $(2.23 \times 10^{-1} \sim 4.56 \times 10^{-1})$	2.59×10^{-2} $(1.77 \times 10^{-2} \sim 3.80 \times 10^{-2})$

（续）

地震烈度	评定指标							合成地震动的最大值	
	房屋震害			人的感觉	器物反应	生命线工程震害	其他震害现象	仪器测定的地震烈度 I_l	加速度/(m/s²)
	类型	震害程度	平均震害指数 d						速度/(m/s)
VI(6)	A1	少数轻微破坏,多数中等破坏,多数基本完好	0.02~0.17	多数人站立不稳,多数人惊逃户外	少数轻家具和物品移动;少数顶部沉重的器物翻倒	个别梁桥挡块破坏,个别拱桥主拱圈出现裂缝及桥台开裂;个别主变压器跳闸;老旧供水管道有破坏,局部水压下降	河岸和松软土地出现裂缝,饱和砂层出现喷砂冒水;个别独立砖烟囱轻度裂缝	$5.5 \leqslant I_l < 6.5$	6.53×10^{-1} $(4.57 \times 10^{-1} \sim 9.36 \times 10^{-1})$
	A2	少数轻微破坏,大多数基本完好	0.01~0.13						5.57×10^{-2} $(3.81 \times 10^{-2} \sim 8.17 \times 10^{-2})$
	B	少数轻微破坏,大多数基本完好	≤0.11						
	C	少数或个别轻微破坏,绝大多数基本完好	≤0.06						
	D	少数或个别轻微破坏,绝大多数基本完好	≤0.04						
VII(7)	A1	少数严重破坏和毁坏,多数中等破坏和轻微破坏	0.15~0.44	大多数人惊逃户外,骑自行车的人有感觉,行驶中的汽车驾乘人员有感觉	物品从架子上掉落,多数顶部沉重的器物翻倒,少数家具倾倒	少数梁桥挡块破坏,个别拱桥主拱圈出现裂缝和变形明显以及少数桥台开裂;个别变压器破坏,个别瓷柱型高压电气设备破坏,少数支线管道破坏,局部停水	河岸出现塌方,饱和砂土常见喷水冒砂,松软土地上地裂缝较多;大多数独立砖烟囱中等破坏	$6.5 \leqslant I_l < 7.5$	1.35 $(9.37 \times 10^{-1} \sim 1.94)$
	A2	少数中等破坏,多数轻微破坏和基本完好	0.11~0.31						1.20×10^{-1} $(8.18 \times 10^{-2} \sim 1.76 \times 10^{-1})$
	B	少数中等破坏,多数轻微破坏和基本完好	0.09~0.27						
	C	少数轻微破坏,多数基本完好	0.05~0.18						
	D	少数轻微破坏,大多数基本完好	0.04~0.16						

（续）

地震烈度	房屋震害			评定指标					合成地震动的最大值	
	类型	震害程度	平均震害指数 d	人的感觉	器物反应	生命线工程震害	其他震害现象	仪器测定的地震烈度 I_1	加速度/(m/s²)	速度/(m/s)
Ⅷ（8）	A1	少数毁坏，多数中等破坏和严重破坏	0.42~0.62	多数人摇晃颠簸，行走困难	除重家具外，室内物品大多数倾倒或移位	少数梁桥梁体移位、开裂及多数挡块破坏，多数拱桥主拱圈开裂严重破坏；少数变压器的套管破坏，个别或少数瓷柱型高压电气设备破坏，多数支线管道及少数干线管道破坏，局部停水	干硬土地上出现裂缝，饱和砂层绝大多数喷砂冒水；大多数砖烟囱严重破坏	7.5≤I_1<8.5	2.79 (1.95~4.01)	$2.58×10^{-1}$ ($1.77×10^{-1}$~$3.78×10^{-1}$)
	A2	少数严重破坏，多数中等破坏和轻微破坏	0.29~0.46							
	B	少数严重破坏和毁坏，多数中等和轻微破坏	0.25~0.50							
	C	少数中等破坏，多数轻微破坏和基本完好	0.16~0.35							
	D	少数中等破坏，多数轻微破坏和基本完好	0.14~0.27							
Ⅸ（9）	A1	大多数毁坏和严重破坏	0.60~0.90	行动的人摔倒	室内物品大多数移位或倾倒	个别桥梁局部压溃或落梁，个别拱桥垮塌；多数变压器移位，少数变压器瓷柱型高压电气设备破坏，各类供水管道破坏、渗漏广泛发生，供水管网瘫痪	干硬土地上多处出现裂缝，可见基岩裂缝、错动，滑坡、塌方常见；独立砖烟囱多数倒塌	8.5≤I_1<9.5	5.77 (4.02~8.30)	$5.55×10^{-1}$ ($3.79×10^{-1}$~$8.14×10^{-1}$)
	A2	少数毁坏，多数严重破坏和中等破坏	0.44~0.62							
	B	少数毁坏，多数严重破坏和中等破坏	0.48~0.69							
	C	多数严重破坏，少数中等破坏	0.33~0.54							
	D	少数严重破坏，多数中等破坏和轻微破坏	0.25~0.48							

（续）

地震烈度	房屋震害			评定指标				仪器测定的地震烈度 I_1	合成地震动的最大值	
	类型	震害程度	平均震害指数 d	人的感觉	器物反应	生命线工程震害	其他震害现象		加速度/(m/s²)	速度/(m/s)
X(10)	A1	绝大多数毁坏	0.88~1.00	骑自行车的人会摔倒,处不稳状态的人会摔离原地,有抛起感	—	个别梁桥桥墩压溃或折断,少数落梁;少数拱桥垮塌或濒于垮塌;绝大多数变压器移位、脱轨,套管断裂漏油,多数瓷柱型高压电气设备破坏,供水管网毁坏、全区域停水	山崩和地震断裂出现;大多数独立砖烟囱从根部破坏或倒毁	$9.5 \leq I_1 < 10.5$	1.19×10^1 $(8.31 \sim 1.72 \times 10^1)$	1.19 $(8.15 \times 10^{-1} \sim 1.75)$
	A2	大多数毁坏	0.60~0.88							
	B	大多数毁坏	0.67~0.91							
	C	大多数严重破坏和毁坏	0.52~0.84							
	D	大多数严重破坏和毁坏	0.46~0.84							
XI(11)	A1		1.00	—	—	—	地震断裂延续很大;大量山崩滑坡	$10.5 \leq I_1 < 11.5$	2.47×10^1 $(1.73 \times 10^1 \sim 3.55 \times 10^1)$	2.57 $(1.76 \sim 3.77)$
	A2	绝大多数毁坏	0.86~1.00							
	B		0.90~1.00							
	C		0.84~1.00							
	D		0.84~1.00							
XII(12)	各类	几乎全部毁坏	1.00	—	—	—	地面剧烈变化,山河改观	$11.5 \leq I_1 \leq 12.0$	$>3.55 \times 10^1$	>3.77

注：1. "—" 表示无内容。

2. 表中给出的合成地震动的最大值为所对应的仪器测定的地震烈度中值,加速度和速度数值分别对应《中国地震烈度表》附录A中公式（A.5）的PGA和公式（A.6）的PCV;括号内为变化范围。

3. 表中数量词的含义:"个别"为10%以下;"少数"为10%~45%;"多数"为40%~70%;"大多数"为60%~90%;"绝大多数"为80%以上。

4. 房屋的5种类型:A1类为未经抗震设防的土木、石木等房屋;A2类为穿斗木构架房屋;B类为经抗震设防的砖混结构房屋;C类为按照Ⅷ度（7度）抗震设防的钢筋混凝土框架结构房屋;D类为按照Ⅶ度（7度）抗震设防的砖混结构房屋。

5. 震害指数 d 是表示房屋震害程度的定量指标,以0.00到1.00之间的数字表示由轻到重的震害程度。房屋破坏等级分为基本完好（$0.00 \leq d < 0.10$）、轻微破坏（$0.10 \leq d < 0.30$）、中等破坏（$0.30 \leq d < 0.55$）、严重破坏（$0.55 \leq d < 0.85$）和毁坏（$0.85 \leq d < 1.00$）五类。

表 1-2　震中烈度I_0与震级 M 之间的对照关系

震级 M	2 级	3 级	4 级	5 级	6 级	7 级	8 级	8 级以上
震中烈度I_0	1~2	3	4~5	6~7	7~8	9~10	11	12

1.5　地震震害

地震灾害被认为是威胁人类生存与发展的最大自然灾害之一。全世界平均每年发生破坏性地震近千次，其中震级达 7 级以上的大地震约十几次。我国是一个多地震国家，地震分布范围广、地震频度高、强度大。

地震成灾的特点为：突发性、破坏大、区域广、社会影响深远、防御难度大、产生次生灾害、持续时间长、具有某种周期性，以及地震灾害的损害与社会和个人的防灾意识密切相关。

地震成灾有三种机制：一是由地震造成的直接灾害（又称一次灾害），如地表破坏、建筑物倒塌等；二是由直接灾害引发的次生灾害（又称二次灾害），如地震后的火灾、水灾、海啸、毒气逸散等；三是由前面两种灾害引起的诱发灾害（又称三次灾害），如工厂停产、城市瘫痪、瘟疫蔓延等。

1.5.1　直接灾害

1. 地表破坏

地震造成的地表破坏有地裂缝、滑坡、塌方、砂土液化和软土震陷等。地裂缝是地震最常见的现象，其数量、长短、深浅等与地震的强烈程度、地表情况、受力特征等因素有关，按其成因可分为以下两种：一种是不受地形地貌影响的构造地裂缝，它是地下断层错动在地表留下的痕迹，其走向与地下断层一致，可断断续续延伸几千米至几十千米甚至数百千米。1999 年，我国台湾地区 9·21 大地震的断层通过台中县初中操场形成约 25m 落差（图 1-10）。另一种是重力地裂缝，其由于地震时地貌重力作用，地面土体受到挤压、伸张、旋扭产生的结果，常发生在古河道、河湖堤岸等地表土质松软潮湿的地方。1976 年，唐山发生 7.8 级地震时，天津附近某疗养院内出现地裂缝，地裂缝垂直及水平错位达 0.9m 左右，地裂原因是该院建于古河道填土之上。

图 1-10　台中县初中操场断层错动

图 1-11　汶川县城山体滑坡塌方

　　强烈地震作用下，常引起河岸、陡坡滑坡，在山区或丘陵地区有滑坡现象。地震时滑坡可以切断公路，冲毁房屋和桥梁；大的滑坡还会堵塞河流，吞没村庄。图1-11所示是2008年汶川地震后汶川县城因山体滑坡导致房屋被埋的场景。

　　地震引起饱和砂土和粉土的颗粒趋于密实，同时孔隙水来不及排出，致使孔隙水压力增大，颗粒间的有效应力减小，达到一定程度，土体完全丧失抗剪能力，呈液体状态，称砂土液化。砂土液化会造成地面喷水冒砂，地基不均匀沉降和地基失效，斜坡失稳、滑移，从而导致建筑物和工程设施严重破坏。1964年，日本新潟7.5级地震中，发生大面积砂土液化并伴随喷水冒砂，造成地基失效、房屋倾倒（图1-12）。1976年，唐山地震时，天津市区内喷水冒砂处约50个，喷水冒砂点近万个。

　　软土震陷则发生于高压缩性的饱和软黏土和强度较低的淤泥质土地区。在强烈地震作用下，软土被压密，产生不均匀沉陷，导致建筑物开裂、倾斜乃至倒塌破坏。唐山地震时，天津新港某处住宅群发生不均匀沉陷380mm，房屋严重倾斜，无法继续使用。

　　2. 工程结构的破坏

　　地震对各类建筑物的破坏是导致人民生命、财产损失的主要原因。工程结构破坏情况与结构类型和抗震措施等有关，结构的破坏主要表现在承重结构强度不足、结构丧失整体性和地基失效等方面。

　　结构在强烈地震作用下，将承受很大的惯性力，构件的内力将比静力荷载作用时有大幅度增加，而且构件的受力方式往往也会发生变化。如果一个建造在地震区的结构物没有考虑抗震设防或设防不足，就会使得构件因抗剪、抗压、抗弯或抗扭强度不足造成破坏。例如，承重砖墙受到附加水平地震力的作用，墙面产生交叉裂缝，发生剪切破坏（图1-13），或丧失承载力倒塌（图1-14）；又如，钢筋混凝土梁、柱在地震力作用下屈服、压溃（图1-15），竖向构件丧失承载力倾斜倒塌（图1-16）等，都是结构强度不足引起的破坏。

图1-12　日本新潟砂土液化导致地基丧失承载力　　　　图1-13　砌体结构墙体交叉裂缝

　　工程结构是由许多构件组成的，对于构件间连接薄弱、空间整体性较差的建筑物，有时各部分主要受力构件并未破坏，而是由于构件连接不牢、节点破坏和支撑系统失效等致使结构丧失整体性而破坏（图1-17）。

　　地基失效破坏是指地震作用下地基丧失承载力引起的结构破坏。地震时，虽然一些建筑物上部本身并没有发生破坏，但是由于地面裂缝、砂土液化、软土震陷等使地基承载力下降，从而造成结构物发生不均匀沉陷甚至上部结构拉裂以致倒塌。

图 1-14 土耳其以兹米特地震房屋倒塌破坏

图 1-15 都江堰某框架柱端压溃梁端塑性铰

图 1-16 云林县中山国宝大楼倾斜倒塌

图 1-17 东汽单层厂房构件连接不牢倒塌

需要注意的是，地基失效破坏是由于地基失效产生过大位移引起的结构破坏，属静力作用；而结构强度不足、结构丧失整体性造成的破坏，则是由振动产生的惯性力引起，属动力作用。

1.5.2 次生灾害

地震时建筑物或其他设施遭受破坏而导致的一系列继发性灾害称为次生灾害，有时次生灾害造成的损失比地震直接造成的损失还要大。在城市，这个问题越来越引起人们的关注。

地震造成的次生灾害主要有火灾、海啸、水灾、毒气污染、泥石流、核泄漏等。

地震致使房屋倒塌后，火源失控极易起火，同时震后消防系统受损，火势得不到有效控制，往往酿成火灾。例如，1906 年，美国旧金山地震致使煤气管道泄漏，进而引起火灾，此外由于供水管线破坏延误了救火的时机，导致火灾无法控制，大火持续烧了三天三夜，521 个街区的 28000 幢建筑物被烧毁，火灾造成的经济损失约占全部地震损失的 80%。

地震产生的地震波能在海洋中激起巨浪，引起海啸，破坏沿岸村镇和码头设施。1960 年，智利大地震引发的海啸，吞没了智利中、南部沿海的村落和海港，还以 640km/h 的速度横扫太平洋，23h 后到达日本本州和北海道海岸，使海港设施和码头建筑遭到严重破坏，甚至连巨船也被抛上陆地。2004 年 12 月 26 日，印度尼西亚苏门答腊岛附近海域发生强烈地震并引发高达 10m 的海啸，波及东南亚国家沿海地区，遇难者总人数近 30 万人，经济损失逾 100 亿欧元。2011 年 3 月 11 日，日本发生了 9 级大地震，日本气象厅随即发布了海啸警报称地震将引发约 6m 高海啸，后修正为 10m，后续研究表明海啸最高达到 23m。地震引发的巨大海啸对日本东北部岩手县、宫城县、福岛县等地造成了毁灭性破坏。

因地震造成的河堤水坝毁坏或山崩滑坡堵塞河流均可引起水灾。1999 年，台湾地区 9·21 地震中受断层作用，台中县大甲溪石岗大坝北段三跨泄洪道断塌。地震造成厂房、仓库倒塌，使储存有毒物质的容器破坏，往往导致毒气、毒液泄漏，造成灾害。1978 年，日本伊豆近海地震，某矿业公司蓄水坝开裂，被氰化物污染的泥水排入附近河中，致使 10 多万条鱼中毒死亡。

地震甚至还会引起核泄漏，造成重大二次灾害。2011 年，东日本地震后的第二天（3 月 12 日），日本时事通信社援引东京电力公司的消息说，日本福岛第一核电站 1 号机组 15 时 6 分爆炸后释放大量核辐射，3 月 26 日清晨，东京电力公司在 3 号反应堆里检测出浓度超过炉心 1 万倍的放射量，这是迄今为止检测出的最高放射量。

1.5.3 诱发灾害

由地震直接灾害和次生灾害引发的各种社会性灾害称为诱发灾害。地震发生在人口密集的城市，会使供电、供水、通信、交通等生命线工程遭到破坏，造成震后社会功能混乱，城市陷入瘫痪状态。地震还会毁坏生产设施，扭曲人的心理，恶化工农业生产条件，影响正常经济发展；地震能够引发各种流行疾病；在高科技时代，地震还能导致计算机事故，大量金融、商务、科技信息都储存在计算机中，一旦计算机系统在地震中受损、丢失数据，将会引起混乱和灾害。

1.6 地震预警与救援

党的二十大报告指出，坚持安全第一、预防为主，建立大安全大应急框架，完善公共安全体系，推动公共安全治理模式向事前预防转型；提高防灾减灾救灾和重大突发公共事件处置保障能力，加强国家区域应急力量建设。地震预警与救援是防灾减灾救灾的重要组成部分，我国地震监测预报预警能力、全社会抵御地震灾害风险能力已得到了显著提升，地震灾害综合应急救援能力迈上了新台阶。

1.6.1 地震预警

"地震预警"是指突发性大震已发生，抢在严重灾害形成之前发出警告并采取措施的行动，也称作"震时预警"。地震预警具有重要的社会效益，它不仅可以减少人员伤亡和降低高铁，地铁，输油气、燃气管线，化工厂和核设施等重点工程的次生地震灾害的发生，而且为震后紧急救援和抢修提供了第一手的信息。

地震预报是对尚未发生但有可能发生的地震事件事先发出通告。地震预报在全球范围内还是一大难题。

地震预警配建的设施为地震预警系统。按照地震预警系统响应的顺序可包括：地震监测台网、地震参数快速判测系统、警报信息快速发布系统和预警信息接收终端。地震预警系统的特点是高度集成、实时监控、快速响应。地震预警系统的工作原理在于地震预警监测仪可以探测到地震发生最初时发射出来的无破坏性的地震波（P 波），而破坏性的地震波（S 波）由于传播速度相对较慢，则会延后 10~30s 到达地表。如图 1-18 所示，深入地下的地震预警监测仪监测到纵波（P 波）后传给计算机，即刻计算出震级、烈度、震源、震中位，预警系统在横波（S 波）到达地面前 10~30s 通过电视、手机、微博等发出警报。由于电磁波比地震波传播得更快，预警也可能赶在 P 波之前到达。

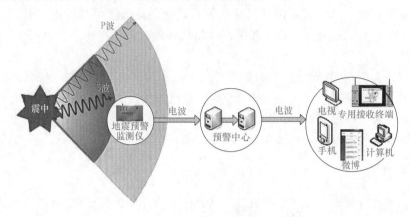

图 1-18　地震预警

我国建成了世界上最大的地震预警网，覆盖了约 6.5 亿人。预警网的核心技术是我国具备完全自主知识产权的"ICL 地震预警技术系统"，其技术是在吸收国内外，特别是日本地震预警技术并进行重大技术创新，经过汶川大量余震试验完善而形成的。目前，该地震预警系统已连续预警景谷 6.6 级地震、鲁甸 6.5 级地震、芦山 7 级强震等破坏性地震，无误报和漏报。同时已逐步在学校、社区等人员密集场所，以及高铁、化工、地铁、核反应堆等重大工程中开展地震预警应用。由此，中国成为继日本、墨西哥后，世界上第三个具有地震预警能力的国家。

1.6.2　逃生原则

地震是人类无法避免和控制的，但掌握逃生原则和技巧，就可能将伤害降到最低。

1）因地制宜，选择最佳避难方案。若在室内，应躲在墙角或支撑牢固、管道多、整体性好的小跨度卫生间和厨房等处的房间；若在室外，尽量远离高大建筑、狭窄胡同、高烟囱、变压器、玻璃幕墙建筑、高架桥等场所，地震停下后，不要轻易跑回未倒塌的建筑物内；若在行驶的车辆内，应牢牢抓住扶手，以免摔伤、碰伤，同时要注意避免被行李砸伤。无论在何处躲避，都要尽量用棉被、枕头、书包或其他软物体保护头部。

2）行动果断、切忌犹豫。在千钧一发之际，绝对不能瞻前顾后。例如，在平房或楼房一层内时，或就近躲避，或紧急逃出，当机立断，切勿往返。

3）伏而待定，不可疾出。地震突然发生时，不要急着向外逃。地震时人们进入或离开建筑物时，被砸死砸伤的可能性最大。现在城市居民多住高层楼房，根本来不及跑到楼外，反而会因楼道中的拥挤践踏造成伤亡。

4）地震时还应注意不要顾此失彼。短暂的时间内首先要设法保全自己，只有自己能脱险，才可能去抢救亲人或别的心爱的东西。

1.6.3　震后自救和互救

自救和互救是大地震发生后最先开始的基本救助形式。震时被压埋的人员绝大多数是靠自救和互救而存活的。据统计，在唐山大地震后的抢险救灾中，抢救时间与救活率的关系为：半小时内，救活率为95%；第一天，救活率为81%；第二天，救活率为53%；第三天，救活率为36.7%；第四天，救活率下降为19%；第五天，救活率仅为7.4%。由此可见，时间就是生命，救援的时间越早，人们生存的希望就越大。震后抢险的前三天对于减少伤亡尤为重要。因此，震后72h被称为救援的黄金时间。

大地震中被倒塌建筑物压埋的人，只要神志清醒，身体没有重大创伤，都应该坚定获救的信心，妥善保护好自己，积极实施自救。尽量找些湿毛巾、衣物或其他布料捂住口、鼻和头部，防止灰尘呛闷发生窒息，同时也可以避免建筑物进一步倒塌造成的伤害。寻找和开辟通道，设法朝着有光亮更安全宽敞的方向移动。若一时无法脱险，应保存体力。设法寻找水和代用品并有计划地节约使用，创造生存条件，冷静地等待获救。

互救是指已经脱险的人和专门的抢险营救人员对压埋在废墟中的人进行营救。灾民的互救要有组织、有方法，避免盲目图快，加重伤亡，应遵循先多后少、先近后远、先易后难及先轻后重的原则，即先救压埋人员多的地方、先救近处被压埋人员、先救容易救出的人员、先救轻伤和强壮人员，扩大营救队伍。如果有医务人员被压埋，应优先营救，增加抢救力量。

1.6.4　卫生防疫工作

首先，要搞好卫生防疫工作。在地震发生后，由于大量房屋倒塌、下水道堵塞，造成垃圾遍地，污水流溢；再加上畜禽尸体腐烂变臭，极易引发一些传染病并迅速蔓延，这对灾民及救援队员的生理、心理都是一个巨大的挑战。因此，在震后救灾工作中，认真搞好卫生防疫工作非常重要。其次，要把好"病从口入"关，搞好水源卫生、食品卫生。再次，要控制病媒生物密度。地震后，灾民居室被毁，很多人露天居住，失去了对媒介生物的防护屏障，很容易受媒介生物性疾病的侵袭。最后，要保持良好的卫生习惯。在抗震救灾期间，地震灾区的每一位公民都应力求保持乐观向上的情绪，注意身体健康，加强身体锻炼。

本章知识点

1. 地震按其成因可分为构造地震、火山地震、塌陷地震和诱发地震四种主要类型。地震是一种随机现象，从统计的角度，地震的时空分布呈现某种规律性，根据历史地震的分布特征和产生地震的地质背景，可以将地球上地震活动划分为环太平洋地震带和欧亚地震带两个主要地震带。我国地处环太平洋地震带和欧亚地震带之间，是一个多地震国家。

2. 地震波是一种弹性波，它包括在地球内部传播的体波和在地表附近传播的面波。体波可分为纵波和横波，面波可分为瑞利波（R波）和勒夫波（L波）。地震波传播速度以纵波最快，横波次之，面波最慢。纵波使工程结构产生上下颠簸，横波使工程结构产生水平摇晃，当体波和面波同时到达时振动最为剧烈。一般情况下，横波产生的水平振动是导致工程结构破坏的主要原因。

3. 震级和地震烈度是两个容易混淆的概念。震级是表示地震本身大小的等级，它以地震释放的能量为尺度，根据记录到的地震波来确定。地震烈度是指某地区地面和各类建筑物遭受一次地震影响的强弱程度，它是按地震造成的后果分类的，相对震源来说，烈度就是地震场的强度，一次地震只有一个震级，烈度随距离震中的远近而异。

4. 地震灾害主要有地表的破坏、工程结构的破坏造成的直接灾害，地震引发的火灾、水灾、海啸等次生灾害，以及由前两种灾害导致的工厂停产、城市瘫痪、瘟疫蔓延等诱发灾害。其中工程结构的破坏是造成地震灾害的主要原因，主要表现在承重结构承载力不足，结构丧失整体性和地基失效等方面。

5. 地震预警是指在地震发生后，利用地震波传播速度小于电磁波传播速度的特点，提前对地震波尚未到达的地方进行预警。一般来说，地震波的传播速度是每秒几公里，而电磁波的传播速度为 30 万 km/s。因此，如果能够利用实时监测台网获取的地震信息，以及对地震可能的破坏范围和程度进行快速评估，就能利用破坏性地震波到达之前的短暂时间发出预警。

习　题

1. 地震按其成因主要可分为哪几种类型？按其震源深浅又可分为哪几种类型？
2. 什么是地震波？其包含了哪几种？它们的传播特点是什么？对地面运动影响如何？
3. 震级和地震烈度有什么区别和联系？
4. 地震灾害主要表现在哪些方面？各自的表现形式是什么？
5. 什么是地震预警？
6. 收集地震相关资料，写一篇有关地震震害原因和破坏规律的报告。

第2章

抗震理论与抗震概念设计

本章提要

　　本章主要介绍了工程结构抗震设防的目的与目标，工程结构抗震设防的依据和准则；介绍了工程结构抗震理论的发展；给出了工程结构抗震概念设计的基本要求。

2.1　工程结构抗震设防

2.1.1　工程结构抗震设防的目的

　　工程结构抗震设防的目的是减轻建筑的地震破坏，避免人员伤亡，减少经济损失，同时使地震时不可缺少的紧急活动得以维持和进行。

　　由于地震的随机性很大，要使所设计的结构在遭受将来可能发生的地震时绝对不破坏，是不现实和不经济的。换句话说，结构抗震设计不能追求绝对的安全性，而需要从现有的经济条件出发，使所设计的结构在未来地震作用下发生破坏的概率为社会所能接受，同时为当前经济条件所允许。

　　合理的抗震设计应满足经济与安全之间的合理平衡，这也是抗震设计的目标。这一目标可以表示为使总效益 E 最大的形式

$$E = \max(\text{收益} - \text{投资} - \text{可能的损失}) \tag{2-1}$$

收益包括所考虑的工程建成后的直接与间接收获。

　　投资包括兴建此工程的资金及工程建成后的维护资金。

　　可能的损失包括人身伤亡，物质财产的直接损失及连锁反应造成的间接损失，以及政治、社会、经济影响等。

　　由于人身伤亡与其他非经济因素不能用费用来衡量，且与当时政治、社会环境及经济状况有关，所以式（2-1）只能用决策方法处理。

　　假若不考虑非结构损失，则结构抗震总费用 C 可近似改写为

$$C = \min(\text{工程造价} + \text{修复费}) \tag{2-2}$$

工程造价除了材料费外，还应包括施工、管理等费用；修复费指结构遭受地震损坏后修

复使用的费用。一般来说，减少一份造价，就会增加一份损坏的可能性，从而增加一份修复费，如图 2-1 所示。显然存在一个总费用 C 的最小值（点 e）。

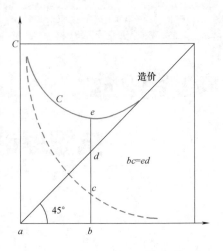

图 2-1　抗震设计的经济原则

2.1.2　工程结构抗震设防的依据

1. 地震烈度区划

在采取抗震措施之前，必须确定哪些地方存在地震危险性以及其危害程度。地震的发生在地点、时间和强度上都具有不确定性，为适应这个特点，目前采用的方法是基于概率推断的地震预测。该方法将地震的发生及其影响视作随机过程，根据区域性地质构造、地震活动性和历史地震资料，划分潜在震源区，分析震源地震活动性，确定地震衰减规律，利用概率方法评价某一地区未来一定期限内遭受不同强度地震影响的可能性，给出以概率形式表达的地震烈度区划，地震烈度密度函数：$f(I) = \dfrac{k(\omega-I)^{k-1}}{(\omega-\varepsilon)^k}e^{-\left(\frac{\omega-I}{\omega-\varepsilon}\right)^k}$，$I$ 为地震烈度；k 为形状参数，ω 为地震烈度上限值，取 12，ε 为烈度概率密度曲线上的峰值所对应的强度。地震烈度概率密度函数曲线的基本形状如图 2-2 所示。

多遇地震烈度是与当地未来一定时限内（取为结构设计基准期，一般为 50 年）地震烈度概率分布超越概率为 63.2%所对应的地震烈度，地震烈度的概率分布符合极值Ⅲ型。

基本烈度是与未来一定时限内（50 年）地震烈度超越概率等于 10%的地震烈度。

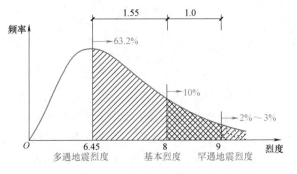

图 2-2　设计基准期内地震烈度概率密度函数曲线

罕遇地震烈度是与未来一定时限内超越概率等于 2%~3%的地震烈度。

抗震设防烈度是指按国家规定的权限批准作为一个地区抗震设防依据的地震烈度。一般情况，取 50 年内超越概率 10%的地震烈度。

GB 50011—2010《建筑抗震设计规范》（2016 年版）和 JTG/T 2231-01—2020《公路桥梁抗震设计规范》规定，一般情况下可采用 GB 18306—2015《中国地震动参数区划图》的地震基本烈度或设计地震动参数作为抗震设防依据。

2. 地震小区划

地震烈度区划考虑了较大范围的平均的地质条件，对大区域地震活动水平做出了预测。震害经验表明，同一地区不同场地上的建筑物震害程度有着明显的差异，局部场地条件对地震动的特性和地震破坏效应存在较大影响。地震小区划就是在大区划（地震烈度区划）的基础上，考虑局部范围的地震地质背景、土质条件、地形地貌，给出一个城市或一个大的工矿企业内的地震烈度和地震动参数，为工程抗震提供更为经济合理的场地地震特性评价。《建筑抗震设计规范》规定对做过地震小区划的地区，可采用抗震主管部门批准使用的设防烈度和设计地震动参数。

3. 设计地震分组

理论分析和震害表明，在同样烈度下由不同震级和震中距的地震引起的地震动特征是不同的，对不同动力特性的结构造成的破坏程度也是不同的。一般来说，震级较大、震中距较远的地震对长周期柔性结构的破坏，比同样烈度下震级较小、震中距较近的地震造成的破坏要严重。产生这种差异的主要原因是地震波中的高频分量随传播距离的衰减比低频分量要快，震级大、震中距远的地震波，其主导频率为低频分量，与长周期的高柔结构自振周期接近，存在"共振效应"。

为了反映同样烈度下，不同震级和震中距的地震对建筑物的影响，补充和完善烈度区划图的烈度划分，《建筑抗震设计规范》中附录 A 将建筑工程的设计地震划分为三组，以近似反映近、中、远震的影响。不同设计地震分组，采用不同的设计特征周期（表 4-2）和设计基本地震加速度值（表 4-1）。

2.1.3　工程抗震设防的目标

1. 三水准设防准则

根据 GB 55002—2021《建筑与市政工程抗震通用规范》，抗震设防的各类建筑与市政工程，其抗震设防目标应符合下列规定：

1）当遭受低于本地区抗震设防烈度的多遇地震影响时，各类工程的主体结构和市政管网系统不受损坏或不需修理可继续使用。

2）当遭受相当于本地区抗震设防烈度的设防地震影响时，各类工程中的建筑物、构筑物、桥梁结构、地下工程结构等可能发生损坏，但经一般性修理可继续使用；市政管网的损坏应控制在局部范围内，不应造成次生灾害。

3）当遭受高于本地区抗震设防烈度的罕遇地震影响时，各类工程中的建筑物、构筑物、桥梁结构、地下工程结构等不致倒塌或发生危及生命的严重破坏。市政管网的损坏不致引发严重次生灾害，经抢修可快速恢复使用。

当进行建筑结构抗震设计时，上述抗震设防目标即三水准——"小震不坏、中震可修、大震不倒"，应分别进行如下三水准抗震验算：

第一水准——小震作用下结构允许弹性变形验算（刚度准则）。

第二水准——中震作用下结构承载能力验算（强度准则）。

第三水准——大震作用下结构弹塑性极限变形验算（延性准则）。

这里所说的"小震""中震"和"大震"，不是指地震本身的大小或震级，而是指具体工程场地在未来一定时限内所可能遭遇的地面运动的强烈程度。

2. 二阶段设计方法

为使三水准设防要求在抗震设计中具体化，《建筑抗震设计规范》采用二阶段设计方法实现三水准的抗震设防要求。

第一阶段设计是多遇地震下的承载力验算和弹性变形计算。首先取第一水准的地震动参数，用弹性方法计算结构的弹性地震作用，然后将地震作用效应和其他荷载效应进行组合，对构件截面进行承载力验算，保证必要的强度和可靠度，满足第一水准"不坏"的要求；对有些结构（如钢筋混凝土结构）还要进行弹性变形计算，控制侧向变形过大，防止结构构件和非结构构件出现较多损坏，满足第二水准"可修"的要求；再通过合理的结构布置和抗震构造措施，增加结构的耗能能力和变形能力，即认为满足第三水准"不倒"的要求。对于大多数结构，可只进行第一阶段设计，不必进行第二阶段设计。

第二阶段设计是罕遇地震下的弹塑性变形验算。对于特别重要的结构或抗侧移能力较弱的结构，除进行第一阶段设计外，还要取第三水准的地震动参数进行薄弱层（部位）的弹塑性变形验算，如不满足要求，则应修改设计或采取相应的构造措施来满足第三水准的设防要求。

3. 建筑结构的分类与设防标准

GB 55002—2021《建筑与市政工程抗震通用规范》规定，抗震设防的各类建筑与市政工程，均应根据其遭受地震破坏后可能造成的人员伤亡、经济损失、社会影响程度及其在抗震救灾中的作用等因素划分为下列四个抗震设防类别：

1）特殊设防类应为使用上有特殊要求的设施，涉及国家公共安全的重大建筑与市政工程和地震时可能发生严重次生灾害等特别重大灾害后果，需要进行特殊设防的建筑与市政工程，称为甲类。

2）重点设防类应为地震时使用功能不能中断或需尽快恢复的生命线相关建筑与市政工程，以及地震时可能导致大量人员伤亡等重大灾害后果，需要提高设防标准的建筑与市政工程，称为乙类。

3）标准设防类应为除本条第1）款、第2）款、第4）款以外，按标准要求进行设防的建筑与市政工程，称为丙类。

4）适度设防类应为使用上人员稀少且震损不致产生次生灾害，允许在一定条件下适度降低设防要求的建筑与市政工程，称为丁类。

各抗震设防类别建筑与市政工程，其抗震设防标准应符合下列规定：

1）标准设防类，应按本地区抗震设防烈度确定其抗震措施和地震作用，达到在遭遇高于当地抗震设防烈度的预估罕遇地震影响时不致倒塌或发生危及生命安全的严重破坏的抗震设防目标。

2）重点设防类，应按本地区抗震设防烈度提高一度的要求加强其抗震措施；但抗震设防烈度为9度时应按比9度更高的要求采取抗震措施；地基基础的抗震措施，应符合有关规定。同时，应按本地区抗震设防烈度确定其地震作用。

3）特殊设防类，应按本地区抗震设防烈度提高一度的要求加强其抗震措施；但抗震设防烈度为9度时应按比9度更高的要求采取抗震措施。同时，应按批准的地震安全性评价的结果且高于本地区抗震设防烈度的要求确定其地震作用。

4）适度设防类，允许比本地区抗震设防烈度的要求适当降低其抗震措施，但抗震设防烈度为6度时不应降低。一般情况下，仍应按本地区抗震设防烈度确定其地震作用。

5）当工程场地为Ⅰ类时，对特殊设防类和重点设防类工程，允许按本地区设防烈度的要求采取抗震构造措施；对标准设防类工程，抗震构造措施允许按本地区设防烈度降低一度、但不得低于6度的要求采用。

6）对于城市桥梁，其多遇地震作用尚应根据抗震设防类别的不同乘以相应的重要性系数进行调整。特殊设防类、重点设防类、标准设防类以及适度设防类的城市桥梁，其重要性系数分别不应低于 2.0、1.7、1.3 和 1.0。

4. 基于性能的抗震设计

按现行的以保障生命安全为基本目标的抗震设计规范所设计和建造的建筑物，在地震中虽然可以避免倒塌，但是其破坏却造成了严重的直接和间接经济损失，甚至影响到社会和经济的可持续发展。这些破坏和损失远远超出了设计者、建造者和业主原先的估计。为了强化结构抗震的安全目标和提高结构抗震的功能要求，提出了基于性能的抗震设计思想和方法。基于性能的抗震设计与传统的抗震思想相比具有以下特点：

1）从着眼于单体抗震设防转向同时考虑单体工程和所相关系统的抗震。

2）将抗震设计以保障人民的生命安全为基本目标转变为在不同风险水平的地震作用下满足不同的性能目标，即将统一的设防标准改变为满足不同性能要求的更合理的设防目标和标准。

3）设计人员可根据业主的要求，通过费用效益的工程决策分析确定最优的设防标准和设计方案，以满足不同业主、不同建筑物的不同抗震要求。

当建筑结构采用抗震性能化设计时，应根据其抗震设防类别、设防烈度、场地条件、结构类型和不规则性，建筑使用功能和附属设施功能的要求、投资大小、震后损失和修复难易程度等，对选定的抗震性能目标提出技术和经济可行性综合分析和论证，并根据实际需要和可能，开展有针对性的建筑结构及其构件的抗震性能化设计。

应该指出，我国《建筑抗震设计规范》所提出的三水准设防目标和两阶段抗震设计方法，只是在一定程度上考虑了某些基于性能的抗震设计思想。基于性能的抗震设计将是今后较长时期结构抗震的研究和发展方向。

2.2　工程结构抗震理论的发展

早期在抗震设计中采用经验法则，与当时的地震宏观震害相适应。1874 年，西伯格 A. Sieberg 就给出了地震烈度表的雏形，1883 年，在地震调查资料的基础上，制定了罗西-弗瑞尔地震烈度表（R-F seismic intensity scale）。但此时并没有与之对应的理论抗震设计方法。1920 年，日本学者今村明恒等通过对地震仪位移记录的研究，提出了地震动是简谐振动的观点，这在今天看来虽有失偏颇，但它首次把振动观点引入地震工程研究之中，具有重要的历史意义。日本学者石本已世雄在 20 世纪 30 年代初开始观测强地震动加速度过程，并取得了一些中、弱震记录。但在他去世后不久，这一工作因不受重视而中止。与此相反，美国则在日本的影响下开展并发展了强震观测工作，并迅速在各方面赶上和超过了日本的研究水平。1933 年，美国在长滩地震中得到了第一批强地震记录。1940 年，比奥特（M. A. Biot）通过对强地震动记录的研究，首创反应谱这一新概念，为地震工程学进入一个新的发展阶段打下了基础。20 世纪 50 年代初，豪斯纳（G. W. Housner）发展了这一理论，并在加州抗震规范中首先采用反应谱作为抗震设计理论，以取代静力法。1950 年，潘恩（S. L. Pan）首次研究了受地震作用系统的非弹性反应问题。后来纽马克（N. M. Newmark）为首的研究者们发展了这一工作。1959 年，纽马克提出了逐步积分法，并于 1960 年提出了弹塑性反应谱，以结构的延性概念为核心，给出了将弹性反应谱修改为弹塑性反应谱的具体方法。在上述工作的基础上，于 20 世纪 50 年代逐步形成了以工程抗震为主题的地震工程学。1956 年，在美国加州伯克利召开的第一届世界地震工程会议，标志着地震工程学以一门正规的学科，进入到近代发展阶段。

由于结构地震反应取决于地震动输入特性和结构特性，所以随着上述人们对地震动特性和结构特性的了解越来越多，特别是技术手段越来越先进，结构地震反应分析方法也跟着有了飞跃的发展。对应上述历史的脉络，结构抗震分析方法的发展大体上可分为三个阶段，即静力法、拟静力法（反应谱方法）和动力法阶段。

1. 静力法

静力法是 20 世纪初首先在日本发展起来的。该方法将结构物看成是刚体，并刚接于地面。这样，结构在最大水平加速度绝对值为 A_{max} 的地面运动激励下，受到的最大水平作用力 P（即最大惯性力）为

$$P = \frac{W}{g} A_{max} = kW \tag{2-3}$$

式中　W——结构物的重力；

　　　k——地震系数，是地面最大水平加速度绝对值 A_{max} 与重力加速度 g 之比。

在当时人们对地面运动的频谱和卓越周期的了解还不够多，以及房屋多为低层建筑的情况下，应用上述地震荷载计算公式于抗震设计还是可以的。

静力法的基本假设前提是，结构物为理想刚体，其最大加速度就等于地震动的最大地面加速度，这种假设对于低矮的单层和多层砖混结构房屋而言是合理的。但是，随着地震资料的积累和城市与工业建设的发展，大量的高层建筑、大跨度桥梁、高耸构筑物等的兴建，这些结构物并不能视为完全刚性体，仍然采用静力法理论进行抗震计算将导致不可容许的计算误差。这使人们认识到作为静力法基础的刚性结构假定已明显地远离实际情况，于是考虑结构物的弹性性质、阻尼性质及相应动力特性的反应谱方法便发展起来了。

2. 拟静力法（反应谱方法）

反应谱方法出现在 20 世纪 40 年代。美国的一些学者在取得了一部分强震地面运动记录之后，考虑地震动特性与结构动力特性共同对结构地震反应产生决定性影响的这一事实，提出了反应谱概念和相应的设计计算方法。目前，我国和其他许多国家的抗震设计规范都采用反应谱理论来确定地震作用。这种计算理论是根据地震时地面运动的实测记录，通过计算分析所绘制的加速度（在计算中通常采用加速度相对值）反应谱曲线为依据的。加速度反应谱曲线是指在一定地震作用下，单质点弹性体系最大反应加速度与体系自振周期的函数曲线。如果已知体系的自振周期，那么利用加速度反应谱曲线或相应公式就可以很方便地确定体系的反应加速度，进而求出地震作用。这一方法有动力法的内容，却具有静力法的形式，故可称之为拟静力法。该方法对结构地震反应分析产生巨大影响，至今仍是结构抗震设计的主要计算方法。

反应谱理论经过 70 余年的发展已经比较成熟，该理论引进了延性的概念，在抗震设计中，把提高延性与具备足够的强度和刚度提到了同等重要的地位；引进了随机振动理论，考虑了场地条件对反应谱形状的影响。然而，尽管反应谱方法取得的进步是实质性的，但它的应用还是受到一些限制，如原则上只能用于线性结构体系；不能真实反映复杂结构体系的动力放大作用。具体来说，反应谱分析法仍然存在如下不足之处：

1）反应谱虽然考虑了结构动力特性所产生的共振效应，但在设计中仍把地震惯性力按照静力来对待，所以反应谱理论只是一种准动力理论。

2）反应谱只考虑了强地震动的三要素（振幅、频谱和持时）中的前两项，未能反映地震动持时对结构破坏程度的重要影响。

3）反应谱是根据弹性结构地震反应绘制的，只能笼统地给出结构最大地震反应，不能给出结构地震反应的全过程，更不能给出地震过程中各构件进入弹塑性变形阶段的顺序以及内力和变形状态。

3. 动力法

随着重大工程的不断兴建和计算机技术的飞速发展，20世纪70年代，结构地震时程反应分析得到全面发展。相对于反应谱方法而言，时程反应分析是一种动力分析方法，它求取的不是结构的某种最大反应或其近似估计，而是结构在地震激励下的反应时间历程，即地震与结构相互作用的过程，其结果更为可靠。另外，时程反应分析可以真正处理非线性问题，这是结构地震反应分析一个非常重要的方面。

随着计算机和有限元技术的发展，结构分析模型也经历了一个由极其简化到相对较少简化的过程。以前大家熟悉的一些简化分析模型，如剪切模型，考虑梁变形作用的 D 值法以及框架剪力墙协同工作体系模型等，在当前的研究与设计中已很少使用，取而代之的是三维空间有限元分析模型。

目前，各种大型有限元程序为结构地震反应分析提供了强有力的工具。应用这些程序，结构弹性地震反应分析已不存在问题，无论多么复杂的结构体系，只要计算模型简化得合理都能得到满足一定工程精度要求的结果。

结构弹塑性地震反应性态极其复杂，尽管经科研人员数十年的努力，发展了一些分析方法，但是仅较规则的结构二维弹塑性分析可以取得基本令人满意的结果，量大面广的复杂结构的分析方法至今未能很好解决，它是今后有关科研人员需要重点解决的课题。

弹塑性地震反应可以分为静力弹塑性反应分析和动力时程反应分析。静力弹塑性地震反应分析一般指近年为满足性态抗震设计而发展的 pushover 分析方法，该方法的主要步骤是首先将地震荷载等效成某种分布形式的静力荷载，用静力弹塑性分析方法求得结构的基底剪力与位移关系曲线，即结构能力曲线，然后将结构等效成单自由度体系并将结构的能力曲线和地震输入谱曲线转换成相同坐标格式，根据两曲线的交点确定结构位移反应。研究表明这一分析方法在分析中低层剪切型结构时，可以提供较满意的弹塑性位移反应估计结果，而分析高层结构时，则误差较大，基本不适用高层结构地震反应分析。

估计结构的弹塑性地震反应行为，较准确、可靠的方法无疑是弹塑性时程反应分析方法。但目前仅二维分析方法发展得较为成熟，并在研究中得到广泛应用，问题是大部分实际需要进行弹塑性分析的结构形式均较为复杂，难以简化成合理的二维分析模型，如勉强进行二维分析模型简化，必将导致分析结果的较大误差。

结构三维弹塑性地震反应分析一直是结构抗震分析中有待解决的难题。主要困难是如果以构件作为单元，则构件三维受力状态下的恢复力模型难以确定；如果采用较精细的非线性有限元模型，则依然存在构件三维受力状态下的本构关系难以确定问题，且计算量也难以接受。尽管如此，有关科研人员还是在努力探索，不断提出一些新的模型和计算方法，使结构三维弹塑性地震反应分析中存在的问题逐步得到解决。

2.3 工程结构抗震概念设计

工程结构抗震概念设计是指根据地震灾害和工程经验等所形成的基本设计原则和设计思想，进行建筑和结构总体布置并确定细部构造的过程。

概念设计考虑地震及其影响的不确定性，依据历次震害总结出的规律性地震反应，合理选择建筑体型和结构体系，既着眼于结构的总体，又顾及结构关键部位的细节问题，正确处理细部构造和材料选用，灵活运用抗震设计思想，综合解决抗震设计基本问题。

由于地震作用的不确定性和结构计算假定与实际情况的差异，使得结构抗震计算结果不能全面真实地反映结构的受力和变形情况，并不能确保结构安全可靠。所以要做好工程结构抗震概念设计。通过震害分析和研究，总结了抗震设计经验，确定了工程结构抗震概念设计的以下要点。

2.3.1 结构抗震选型

震害调查表明，属于不规则的结构，又未进行妥善处理，则会给建筑带来不利影响甚至造成严重震害。区分规则结构与不规则结构的目的，是在抗震设计中予以区别对待，以期有效地提高结构的抗震能力。结构的不规则程度主要根据体型（平面和立面），刚度和质量沿平面、高度的不同等因素进行判别。

结构规则与否是影响结构抗震性能的重要因素。由于建筑设计的多样性和结构本身的复杂性，结构不可能做到完全规则。规则结构可采用较简单的分析方法（如底部剪力法）及相应的构造措施。对于不规则结构，除应适当降低房屋高度外，还应采用较精确的分析方法，并按较高的抗震等级采取抗震措施。

建筑形状关系到结构的体型，结构体型对建筑物的抗震性能有明显影响。震害表明，形状比较简单的建筑在遭遇地震时一般破坏较轻，这是因为形状简单的建筑受力性能明确，传力途径清晰，设计时容易分析建筑的实际地震反应和结构内力分布，结构的构造措施也易于处理。因此，建筑形状应力求简单规则，同时注意遵循下面的要求。

（1）建筑平面布置应简单规整　建筑平面的简单和复杂可通过平面形状的凹凸来区别。简单的平面图形多为凸形，即在图形内任意两点间的连线不与边界相交，如方形、矩形、圆形、椭圆形、正多边形等。复杂图形常有凹角，即在图形内任意两点间的边线可能同边界相交，如L形、T形、U形、十字形和其他带有伸出翼缘的形状。有凹角的结构容易产生应力集中或变形集中，形成抗震薄弱环节。

（2）建筑物竖向布置应均匀和连续　建筑体型复杂会导致结构体系沿竖向强度与刚度分布不均匀，在地震作用下容易出现某一层间或某一部位率先屈服而出现较大的弹塑性变形。例如，立面突然收进的建筑或局部突出的建筑，会在凹角处产生应力集中；大底盘建筑，低层裙房与高层主楼相连，体型突变引起刚度突变，在裙房与主楼交接处塑性变形集中；柔性底层建筑，建筑上因底层需要开放大空间，上部的墙、柱不能全部落地，形成柔弱底层。

（3）刚度中心和质量中心应一致　房屋中抗侧力构件合力作用点的位置称为质量中心。地震时，如果刚度中心和质量中心不重合，会产生扭转效应使远离刚度中心的构件产生较大应力而严重破坏。例如，前述具有伸出翼缘的复杂平面形状的建筑，伸出端往往破坏较重。

又如，刚度偏心的建筑，有的建筑虽然外形规则对称，但是抗侧力系统不对称，如将抗侧刚度很大的钢筋混凝土芯筒或钢筋混凝土墙偏设，会造成刚心偏离质心，产生扭转效应。再如，质量偏心的建筑，建筑上将质量较大的特殊设备、高架游泳池偏设，造成质心偏离刚心，同样也会产生扭转效应。

（4）复杂体型建筑物的处理　房屋体型常常受到使用功能和建筑美观的限制，不易布置成简单规则的形式。对于体型复杂的建筑物可采取下面两种处理方法：设置建筑防震缝，将建筑物分隔成规则的单元，但设防震缝会影响建筑立面效果，容易引起相邻单元之间碰撞；不设防震缝，但应对建筑物进行细致的抗震分析，估计其局部应力、变形能力。

2.3.2　结构抗震体系选择

1. 设置多道抗震防线

单一结构体系只有一道防线，一旦破坏就会造成建筑物倒塌。特别是当建筑物的自振周期与地震动卓越周期相近时，建筑物由此而发生的共振更加速其倒塌进程。如果建筑物采用的是多重抗侧力体系，第一道防线的抗侧力构件在强烈地震作用下遭到破坏后，后备的第二道乃至第三道防线的抗侧力构件立即接替，抵挡住后续的地震动的冲击，可保证建筑物最低限度的安全，免于倒塌。在遇到建筑物基本周期与地震动卓越周期相同或接近的情况时，多道防线就更显示出其优越性。当第一道抗侧力防线因共振而破坏，第二道防线接替工作，建筑物自振周期将出现较大幅度的变动，与地震动卓越周期错开，使建筑物的共振现象得以缓解，避免再度严重破坏。

（1）第一道防线的构件选择　一般应优先选择不负担或少负担重力荷载的竖向支撑或填充墙，或选择轴压比值较小的抗震墙、实墙筒体之类的构件作为第一道防线的抗侧力构件。不宜选择轴压比很大的框架柱作为第一道防线。在纯框架结构中，宜采用"强柱弱梁"的延性框架。

（2）结构体系的多道设防　框架-抗震墙结构体系的主要抗侧力构件是抗震墙，它是第一道防线。在弹性地震反应阶段，大部分侧向地震力由抗震墙承担，但是一旦抗震墙开裂或屈服，此时框架承担地震力的份额将增加，框架部分起到第二道防线的作用，并且在地震动过程中承受主要的竖向荷载。单层厂房纵向体系中，柱间支撑是第一道防线，柱是第二道防线。通过柱间支撑的屈服来吸收和消耗地震能量，从而保证整个结构的安全。

（3）结构构件的多道防线　联肢抗震墙中，连系梁首先屈服，然后墙肢弯曲破坏丧失承载力。当连系梁钢筋屈服并具有延性时，它既可以吸收大量地震能量，又能继续传递弯矩和剪力，对墙肢有一定的约束作用，使抗震墙保持足够的刚度和承载力，延性较好。如果连系梁出现剪切破坏，按照抗震结构多道设防的原则，只要保证墙肢安全，整个结构就不至于发生严重破坏或倒塌。

"强柱弱梁"型的延性框架，在地震作用下，梁处于第一道防线。用梁的变形去消耗输入的地震能量，其屈服先于柱的屈服，使柱处于第二道防线。在超静定结构构件中，赘余构件为第一道防线，由于主体结构已是静定或超静定结构，这些赘余构件的先期破坏并不影响整个结构的稳定。

2. 提高结构延性

提高结构延性，就是不仅使结构具备必要的抗震承载力，而且同时又具有良好的变形和消耗地震能量的能力，以增强结构的抗倒塌能力。结构延性这个术语有 4 层含义：

1）结构总体延性，一般用结构的"顶点侧移延性系数"来表达。

2）结构楼层延性，以一个楼层的层间侧移延性系数来表达。

3）构件延性，是指整个结构中某一构件（一榀框架或一片墙体）的延性。

4）杆件延性，是指一个构件中某一杆件（框架中的梁、柱，墙中的连梁、墙肢）的延性。

一般而言，在结构抗震设计中，对结构中重要构件的延性要求，高于对结构总体的延性要求；对构件中关键杆件或部位的延性要求，又高于对整个构件的延性要求。因此，要求提高重要构件及某些构件中关键杆件或关键部位的延性，其原则是：

1）在结构的竖向，应重点提高楼房中可能出现塑性变形集中的相对柔性楼层的构件延性。例如，对刚度沿高度均布的简单体型高层，应着重提高底层构件的延性；对带大底盘的高层，应着重提高主楼与裙房顶面相衔接的楼层中构件的延性；对于底部框架上部砖房结构体系，应着重提高底部框架的延性。

2）在平面上，应着重提高房屋周边转角处、平面突变处以及复杂平面各翼相接处的构件延性。对于偏心结构，应加大房屋周边特别是刚度较弱一端构件的延性。

3）对于具有多道抗震防线的抗侧力体系，应着重提高第一道防线中构件的延性。如框架-抗震墙体系，重点提高抗震墙的延性；筒中筒体系，重点提高内筒的延性。

4）在同一构件中，应着重提高关键杆件的延性。对于框架、框架筒体应优先提高柱的延性；对于多肢墙，应重点提高连梁的延性；对于壁式框架，应着重提高窗间墙的延性。

5）在同一杆件中，重点提高延性的部位应是预期该构件地震时首先屈服且形成塑性铰的部位，如梁的两端、柱上下端、抗震墙肢的根部等。

3. 减小结构自重

震害表明，自重大的建筑比自重小的建筑更容易遭到破坏。这是因为，一方面，水平地震力的大小与建筑的质量近似成正比，质量大，地震作用就大，质量小，地震作用就小；另一方面，是因为重力效应在房屋倒塌过程中起着关键性作用，自重越大，$P\text{-}\Delta$ 效应越严重，就更容易促成建筑物的整体失稳而倒塌。因此，应采取以下措施尽量减轻房屋自重。

（1）减小楼板厚度　通常楼盖重量占上部建筑总重的 40% 左右，因此，减小楼板厚度是减轻房屋总重的最佳途径。为此，除可采用轻混凝土外，工程中可采用密肋楼板、无黏结预应力平板、预制多孔板和现浇多孔楼板来达到减小楼盖自重的目的。

（2）尽量减薄墙体　在采用抗震墙体系、框架抗震墙体系和筒中筒体系的高层建筑中，钢筋混凝土墙体的自重占有较大的比例，而且从结构刚度、地震反应、构件延性等角度来说，钢筋混凝土墙体的厚度都应该适当，不可太厚。一般而言，设防烈度为 8 度以下的高层建筑，钢筋混凝土抗震墙墙板的厚度以厘米计时，可参考下列关系式进行粗估：

1）抗震墙体系：墙厚 $\approx 0.9n$，但一级抗震时，墙厚不应小于 160mm 或层高的 $1/20$；二、三级抗震时，墙厚不应小于 140mm 或层高的 $1/25$。

2）框架-抗震墙体系：墙厚 $\approx 1.1n$，但不应小于 160mm 或层高的 $1/20$，且每个楼层墙板的周围均应设置由柱、梁形成的边框。

3）筒中筒体系：内筒墙厚 $\approx 1.2n$，但不应小于 250mm。

上面表述中，n 为墙板计算截面所在高度以上的房屋层数。此外，采用高强混凝土和轻质材料，均可有效地减轻房屋的自重。

2.3.3　结构构件抗震性能

结构体系是由各类构件连接而成的，抗震结构的构件应具备必要的强度、适当的刚度、良好的延性和可靠的连接，并应注意强度、刚度和延性之间的合理均衡。

1）结构构件要有足够的强度，其抗剪、抗弯、抗压、抗扭等强度均应满足抗震承载力要求。要合理选择截面，合理配筋，在满足强度要求的同时，还要做到经济可行。在构件强度计算和构造处理上要避免剪切破坏先于弯曲破坏，混凝土压溃先于钢筋屈服，钢筋锚固失效先于构件破坏，以便更好地发挥构件的耗能能力。

2）结构构件的刚度要适当。构件刚度太小，地震作用下，结构变形过大，会导致非结构构件的损坏甚至结构构件的破坏；构件刚度太大，会降低构件延性，增大地震作用，还要多消耗大量材料。抗震结构要在刚柔之间寻找合理的方案。

3）结构构件应具有良好的延性，即具有良好的变形能力和耗能能力。从某种意义上说，结构抗震的本质就是延性，提高延性可以增加结构抗震潜力，增强结构抗倒塌能力。采取合理构造措施可以提高和改善构件延性，如砌体结构，具有较大的刚度和一定的强度，但延性较差，若在砌体中设置圈梁和构造柱，将墙体横竖相箍，可以大大提高其变形能力。又如钢筋混凝土抗震墙，刚度大，强度高，但延性不足，若在抗震墙中用竖缝把墙体划分成若干并列墙段，可以改善墙体的变形能力，做到强度、刚度和延性的合理匹配。

4）构件之间要有可靠连接，保证结构空间整体性：构件的连接应具有必备的强度和一定的延性，使之能满足传递地震力的强度要求和适应地震对大变形的延性要求。

2.3.4　非结构构件抗震性能

非结构构件一般指附属于主体结构的构件，如围护墙、内隔墙、女儿墙、装饰贴面、玻璃幕墙、吊顶、管道和设备等。这些构件若构造不当或处理不妥，地震时往往发生局部倒塌或装饰物脱落，砸伤人员，砸坏设备，影响主体结构的安全。非结构构件按其是否参与主体结构工作，大致分成两类：

一类为非结构的墙体，如围护墙、内隔墙、框架填充墙等。在地震作用下，这些构件或多或少地参与了主体结构工作，改变了整个结构的强度、刚度和延性，直接影响了结构抗震性能。设计时要考虑其对结构抗震的有利和不利影响，采取妥善措施。例如，框架填充墙的设置增大了结构的质量和刚度，从而增大了地震作用，但由于墙体参与抗震，分担了一部分水平地震力，减小整个结构的侧移。因此，在构造上应当加强框架与填充墙的联系，使非结构构件的填充墙成为主体抗震结构的一部分。又如，框架结构留窗洞时，常将窗台下墙体嵌砌于两柱之间，由于这部分墙体对框架柱的刚性约束，窗台以上形成短柱，地震时会发生脆性的剪切破坏。为避免这一现象发生，可采取墙体柔性连接方案，以削弱墙柱之间联系，防止嵌固作用出现。

另一类为附属构件或装饰物，这些构件不参与主体结构工作。对于附属构件，如女儿墙、雨篷等，应采取措施加强本身的整体性，并与主体结构加强连接和锚固，避免地震时倒塌伤人。对于装饰物，如建筑贴面、玻璃幕墙、吊顶等，应增强其与主体结构的可靠连接，必要时采用柔性连接，使主体结构变形不会导致贴面和装饰的损坏。对于地震时各种管道的破坏，主要是其支架之间或支架与设备相对移动造成接头损坏，因此应合理设计各种支架、支座及其连接，包括采取增加接头变形能力的措施。对于管道和设备与结构体系的连接，应能允许二者间有一定的相对变位。对于建筑附属设备不应设置在可能导致使用功能发生障碍等二次灾害的部位；对于有隔振装置的设备，应注意强烈振动对连接件的影响，并防止设备和建筑结构发生共振现象。建筑附属设备的基座或连接件应能将设备承受的地震作用全部传递到结构上，用以固定建筑附属设备预埋件、锚固件的部位，应采取加强措施，以承受设备传给结构体系的地震作用。

2.4 工程结构抗震新技术

2.4.1 概述

近年来，随着科学技术的进步及计算机技术和人工智能的发展，现代计算模拟技术、现代结构试验技术、结构监测与预警技术以及虚拟现实（VR）技术等被应用于土木工程结构设计中，为工程结构的安全设计提供了方案。

2.4.2 现代计算模拟技术

1. 地震灾害模拟的高性能求解和可视化

目前，工程结构地震分析高性能求解器主要是利用通用 GPU 和 CPU 进行计算。

重大工程地震灾害模拟常常产生海量的时变数据，需要高效的后处理渲染算法，从而实时、交互地展现地震灾害模拟的结果。为了流畅地表现整个结构动力过程，一般结构分析软件都将分析结果渲染成视频文件，但是无法解决大规模动力分析结果的可视化问题。

基于样条曲线的并行插值算法，可准确、高效地还原结构动力反应过程，在显存中设计了适合关键帧特点的数据快速访问模型，提高了基于 GPU 的并行插值和渲染的效率，实现了结构分析海量数据的可视化。图 2-3 所示为大规模震害模拟数据高性能可视化框架示意图。

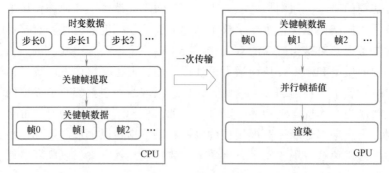

图 2-3 大规模震害模拟数据高性能可视化框架

2. 城市建筑群震害情景模拟

利用超级计算机进行城市地震灾害风险分析，建立城市建筑群的计算模型，获得城市的地震风险分析结果已成为评估城市灾害的一种重要手段。

（1）城市建筑群震害场景模型　目前，城市区域震害场景模型是利用2.5D-GIS和3D-GIS技术建立城市群的场景。近年来，随着航空摄影技术以及激光雷达技术的发展，使得可以自动或半自动地建立3D城市多边形模型（3D urban polygonal model）。目前，采用2D-GIS数据作为每栋建筑物的多边形数据，对3D城市多边形模型进行处理，得到每栋建筑的楼层多边形，进而建立高真实感的城市区域3D-GIS模型，工程师可利用上述城市区域3D-GIS建筑模型进行城市震害预测和分析。图2-4所示为Google Earth 3D城市多边形模型。

图2-4　Google Earth 3D城市多边形模型

（2）基于GPU并行的城市区域震害高性能计算　近几年发展起来的符合城市区域震害预测特点的高性能计算方法，将GPU计算、云计算、分布式计算等先进计算机技术引入城市区域震害精细化模拟。

采用GPU进行城市区域震害模拟，其整体分为三个模块，即前处理模块、结构分析计算模块和后处理模块，如图2-5所示。三个模块相对独立，采用统一的数据接口，采用文件传递数据。图2-6所示是城市地震动动力弹塑性分析中的建筑模型。

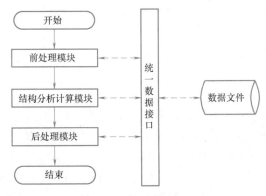

图2-5　程序整体框架

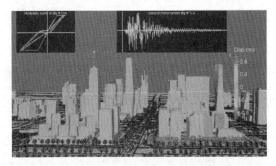

图2-6　城市地震动动力弹塑性分析中的建筑模型

2.4.3　现代结构试验技术

现代结构试验技术是运用现代试验仪器和测试手段，研究工程结构的静力性能和动力性能的技术。结构抗震试验是一种非常重要的研究手段，属于现代结构试验技术的一种，其主要任务包括研究开发具有抗震性能的新材料；对不同结构物的抗震性能进行试验研究，提出新的抗震设计方法；通过对结构物的地震作用模型试验，研究结构的破坏特征与破坏过程，验证结构的抗震性能和抗震能力，评价其安全性。

1. 振动台试验

模拟地震振动台试验可以适时地再现各种地震波的作用过程，并进行人工地震波模拟试验，它是在实验室内研究结构地震反应和破坏机理的最直接方法。这种设备具有一套先进的数据采集与处理系统，从而使结构动力试验水平得到了很大的发展与提高，并促进了结构抗震研究工作的开展。

模拟地震振动台试验是最直接和真实反映结构在地震输入下动力响应的一种方法，但由于负载系统对模型尺寸重量、地震动强度等因素的限制，试验结构一般采用缩尺简化模型，需要考虑模型缩尺效应的影响。到目前为止，国内外许多科研机构建立了大量的模拟地震振动台，包括美国加州大学伯克利分校、同济大学、广州大学、中国建筑科学研究院等（图2-7）。

2. 混合模拟试验

地震模拟振动台混合试验是运用子结构技术将拟动力试验和地震模拟振动台试验相结合，把结构划分为数值子结构部分和试验子结构部分，地震动加速度由振动台施加，数值子结构对试验子结构上的作用由作动器施加。通过对结构的关键构件或装置进行大比例尺（或足尺）的实时混合试验，解决以往的试验方法在试验设备的规模和加载速率上的限制难题，准确反映速度相关型构件或装置的力学性能，避免了拟

图2-7　振动台试验

动力试验中采取集中质量处加载所产生的误差。同时可以降低试验对加载设备的行程和推力的要求，降低能耗的总量和峰值，能够很好地满足大型结构研究的需要。

2.4.4　结构监测与预警技术

对重大工程结构的结构性能进行实时的监测、诊断和预警，及时发现结构的损伤，并评估其安全性，预测结构性能变化和剩余寿命并做出维护决定，对提高工程结构的运营效率，保障人民生命财产安全具有极其重大的意义，已成为现代土木工程越来越迫切的要求，也是土木工程学科发展的一个重要领域。

结构健康监测系统可以实时采集反映结构服役状况的相关数据，采用一定的损伤识别算法判断损伤的位置和程度，及时有效地评估结构的安全性，预测结构的性能变化并对突发事件进行预警，因而可以较为全面地把握结构建造于服役全过程的受力与损伤演化规律，是保障大型土木工程结构的建造和服役安全的有效手段之一。

结构健康监测是一种实时的在线监测技术，包括以下几个部分：

1）传感器子系统为硬件系统，功能为感知结构的荷载和效应信息，并以电、光、声、热等物理量形式输出。该子系统是健康监测系统最前端和最基础的子系统。

2）数据采集与处理及传输子系统，包括硬件和软件两部分。硬件系统包括数据传输电缆/光缆、数模转换卡等；软件系统将数字信号以一定方式存储在计算机中。

3）损伤识别、模型修正和安全评定与安全预警子系统，由损伤识别软件、模型修正软件、结构安全评定软件和预警设备组成。在该系统中，一般先运行损伤识别软件，一旦识别结构发生损伤，即运行模型修正软件和安全评定软件。若出现异常，则由预警设备发出报警

信息。

4）数据管理子系统，它的核心为数据库系统，数据可管理结构建造信息、几何信息、检测信息和分析结果等全部数据，它是健康监测系统的核心，承担着健康监测系统的数据管理功能。

健康监测系统各子系统之间的关系和流程如图2-8所示。

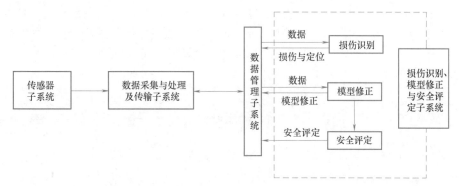

图 2-8　健康监测系统各子系统之间的关系与流程

2.4.5　虚拟现实（VR）技术

1. 虚拟现实技术的概念

虚拟现实（virtual reality，VR）是一种基于多媒体计算机技术、传感技术、仿真技术的沉浸式交互环境。通过计算机三维数值模型和一定的硬件设备，使用户在视觉上产生一种沉浸于虚拟环境中的感觉，并与该虚拟环境进行交互。虚拟现实技术是使人可以通过计算机观看、操作极端复杂的数据并与之交互的技术，是集先进的计算机技术、传感和测量技术、仿真技术、微电子技术等为一体的综合集成技术。

2. 虚拟现实技术组成和特征

虚拟现实技术包括硬件和软件两个部分，硬件是指虚拟环境得以实现的硬件设施，包括服务器、显示器、环绕屏幕、数据手套、数据鼠标等一系列旨在帮助使用者能够拥有更真实感官的设备；软件是指操作这些硬件设备具体实现虚拟环境的机器语言编码。人机交互是区别虚拟现实技术和普通多媒体技术的关键所在。

一个VR系统主要由实时计算机图像生成系统、立体图形显示系统、三维交互式跟踪系统、三维数据库及相应的应用软件组成。它是利用计算机生成一种逼真的视、听、说、触、动和嗅等感觉的虚拟环境，通过各种传感设备，可以使操作者沉浸在该环境中，并使操作者可以和环境直接进行自然的交互。除了高性能计算机外，虚拟现实系统还需要一些外部设备，如图2-9所示。

虚拟现实系统具有下面三个基本特征：沉浸性（Immersion）、交互性（Interaction）和构想性（Imagination），它强调了在虚拟系统中人的主导作用。从过去人只能从计算

图 2-9　VR外部设备

机系统的外部去观测处理的结果,到人能够沉浸到计算机系统所创建的环境中;从过去人只能通过键盘、鼠标与计算环境中的单维数字信息发生作用,到人能够用多种传感器与多维信息的环境发生交互作用;从过去的人只能以定量计算为主,到人有可能从定性和定量综合集成的环境中得到感知和理性的认识从而深化概念和萌发新意。

运用虚拟现实技术,可以用狭小的空间代替广阔的空间,如建立宇宙飞船控制台、战斗机驾驶舱等;可以体验到那些由于危险、经济代价高或费时等原因而不易到达的地方,如宇宙旅行、核反应堆、海底探险、遥控手术等;可以用虚拟现实技术来检验设计的合理性,如建筑物的过道的宽度、建成后的外观等;体验建筑物震害,如建筑物遭受地震作用时结构的反应、破坏和倒塌等。

本章知识点

1. 工程结构抗震设防的依据是《中国地震动参数区划图》中给出的基本烈度或其他地震动参数,对做过地震小区划的地区,可采用小区划给出的设防烈度和地震动参数。为反映不同震级和震中距的地震对工程结构的影响,《建筑抗震设计规范》将建筑工程的设计地震划分为三组,不同设计地震分组,采用不同的设计特征周期和设计基本地震加速度值。

2. 建筑结构的抗震设防目标是建筑物在使用期间,对不同发生概率的地震,应具有不同的抗震能力。基于这一抗震设计准则,《建筑抗震设计规范》提出了三水准的抗震设防要求,分别对应多遇烈度、基本烈度和罕遇烈度,当遭受低于本地区设防烈度的多遇地震影响时,建筑物一般不损坏或不需修理仍可继续使用;当遭受本地区设防烈度的地震影响时,建筑物可能损坏,经过一般修理或不需修理仍可继续使用;当遭受高于本地区设防烈度的预估罕遇地震影响时,建筑物不倒塌,或不发生危及生命的严重破坏。

《建筑抗震设计规范》采用二阶段设计来实现三水准要求。第一阶段设计是多遇地震下的承载力验算和弹性变形计算。先取第一水准地震动参数,用弹性方法计算结构弹性地震作用和弹性变形,保证必要强度、控制侧向变形,满足第一水准"不坏"和第二水准"可修"的要求;再通过合理的结构布置和抗震构造措施,增加结构耗能和变形能力,满足第三水准"不倒"的要求。第二阶段设计是罕遇地震下弹塑性变形验算。对于特别重要的结构或抗侧能力较弱的结构,还要取第三水准的地震动参数进行薄弱部位弹塑性变形验算。

3. 抗震设计中,根据建筑遭受地震破坏后可能产生的经济损失、社会影响及其在抗震救灾中的作用,将建筑物按重要性分为特殊设防类、重点设防类、标准设防类、适度设防类四类。对于不同重要性的建筑,应采取不同的抗震设防标准。

4. 抗震概念设计就是依据历次震害总结出的经验,进行合理结构布置,采取可靠构造措施,提高结构抗震性能。概念设计包括结构平面和竖向布置,复杂体型处理,结构体系选择以及结构构件强度、刚度和延性的合理匹配,非结构构件的连接等方面的内容。

5. 模拟地震振动台试验可以适时地再现各种地震波的作用过程,并进行人工地震波模拟试验,它是在实验室内研究结构地震反应和破坏机理的最直接方法。

6. 地震模拟振动台混合试验是运用子结构技术将拟动力试验和地震模拟振动台试验相结合,把结构划分为数值子结构部分和试验子结构部分,地震动加速度由振动台施加,数值子结构对试验子结构上的作用由作动器施加。

7. 结构健康监测技术是用探测到的响应，结合系统的特性分析，来评价结构损伤的严重性以及定位损伤位置。基本思想是通过测量结构在超常荷载前后的响应来推断结构特性的变化，进而探测和评价结构的损伤；或者通过持续监测来发现结构的长期退化。

8. 虚拟现实是一种基于多媒体计算机技术、传感技术、仿真技术的沉浸式交互环境。通过计算机三维数值模型和一定的硬件设备，使用户在视觉上产生一种沉浸于虚拟环境中的感觉，并与该虚拟环境进行交互。虚拟现实技术是使人可以通过计算机观看、操作极端复杂的数据并与之交互的技术，是集先进的计算机技术、传感和测量技术、仿真技术、微电子技术等为一体的综合集成技术。

习　题

1. 地震基本烈度的含义是什么？
2. 为什么要进行设计地震分组？
3. 什么是建筑抗震三水准设防目标和两阶段设计方法？
4. 我国规范根据建筑物的重要性将抗震类别分为哪几类？不同类别的建筑对应的抗震设防标准是什么？
5. 什么是建筑抗震概念设计？其包括哪些方面的内容？

第3章

场地、地基和基础抗震

本章提要

本章主要介绍了地形条件、地质构造、地下水位和场地条件等对震害的影响；介绍了场地土的类型、场地覆盖层厚度、场地类别的划分，以及场地选择的原则；阐述了地基土抗震承载力调整和天然地基抗震验算方法；分析了砂性土液化机理及影响液化的因素，并给出了液化判别和液化危害程度评价指标以及地基抗液化措施；介绍了桩基抗震验算方法。

3.1 概述

场地是指工程群体所在地，具有相似反映谱特征，其范围相当于厂区、居民小区和自然村或不小于 1.0km^2 的平面面积。地震对建筑物的破坏作用是通过场地、地基和基础传给上部结构的。在地震作用下，场地下的土层既是地震波的传播介质，又是建筑物的地基。作为传播介质，地震波通过地基传给建筑物，引起建筑物振动，在地震惯性力的作用下，建筑物上部结构被破坏；作为建筑物的地基，地面振动可使地基土丧失稳定，发生砂土液化或软土震陷，造成地基失效，引起建筑物倾斜倒塌。工程结构震害调查表明：建筑物震害不仅与震级、震中距和结构动力特性等有关，还与建筑物所在场地的地形地貌、土层性质、水文条件和地质构造密切相关。

建筑物的震害按照破坏性质可以分成两大类：一类震害是由振动破坏引起的，即地震作用使结构产生惯性力，在与其他荷载的组合作用下，因承载力不足而破坏，大多数建筑物的震害属于这一类。减少这类震害的主要途径是合理地进行抗震设计和采取抗震措施，提高结构的抗震能力。另一类建筑物的震害是由地基失效引起的，地震时首先发生场地和基础破坏，从而引起建筑物损伤并产生其他灾害。这类破坏的数量很少，但修复和加固非常困难，一般通过场地选择和地基处理来避免和减轻这类震害。

3.2 工程地质条件对震害的影响

3.2.1 地形条件的影响

从震害调查来看，地形条件对建筑物的破坏有很大的影响：位于局部孤突地形上的建筑，其震害一般比平地同类建筑严重；位于非岩质地基的建筑物又比岩质地基的震害严重。例如，1920 年宁夏海原地震中，位于渭河谷地的姚庄，地震烈度为 7 度，而相距仅 2km 的牛家山庄地基土与姚庄相似，因坐落在高出河谷 100m 左右的黄土山上，其地震烈度则高达 9 度。1975 年辽宁海城地震，在市郊盘龙山高差 58m 的两个测点上记录的强余震加速度表明，山顶孤突地形上的加速度较山脚地面的加速度平均高 1.84 倍。1976 年唐山地震中，迁西县景忠山山脚周围七个村庄的地震烈度普遍为 6 度，而高出平地 300m 的山顶地震烈度为 9 度，山顶庙宇式建筑大多严重破坏和倒塌。

局部孤突地形主要是指山包、山梁和悬崖、陡坎等。局部孤突地形对震害的影响大致趋势如下：高突地形距离基准面的高度越大，高处建筑物的反应越强烈；离陡坎和边坡顶部边缘的距离越大，反应相对减少；高突地形顶面越开阔，远离边缘的中心部位反应明显减小；边坡越陡，其顶部的放大效应相应加大。从岩石构成看，在相同地形条件下，土质结构的反应比岩质结构大。

为了反映局部孤突地形的地震放大作用，应对不利地段（条状突出的山嘴、高耸孤立的山丘、非岩石的陡坡、河岸和边坡的边缘等）的地震动参数（地震影响系数）加以放大。如图 3-1 所示，以突出地形的高差 H，坡降角度的正切 H/L 以及场地距突出地形边缘的相对距离 L_1/H 为参数，若取平坦开阔地的放大作用为 1，而高突地形的放大作用为 λ，则 λ 可按下式计算

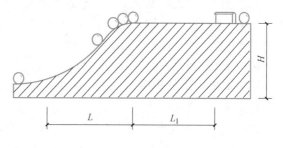

$$\lambda = 1 + \xi\alpha \qquad (3\text{-}1)$$

图 3-1　孤突地形的放大作用确定

式中　λ——局部孤突地形顶部的地震影响系数的放大系数；

α——局部孤突地形地震影响系数的增大幅度，按表 3-1 采用；

ξ——附加调整系数，与建筑场地离突出台地边缘的距离 L_1 与相对高差 H 的比值有关。当 $L_1/H<2.5$ 时，ξ 取 1.0；当 $2.5 \leqslant L_1/H<5$ 时，ξ 取 0.6；当 $L_1/H \geqslant 5$ 时，ξ 取 0.3。L、L_1 均应按距离场地的最近点考虑。

表 3-1　局部孤突地形地震影响系数的增大幅度

突出地形的高度 H/m	非岩质地层	$H<5$	$5 \leqslant H<15$	$15 \leqslant H<25$	$H \geqslant 25$
	岩质地层	$H<20$	$20 \leqslant H<40$	$40 \leqslant H<60$	$H \geqslant 60$
局部孤突台地边缘的侧向平均坡降(H/L)	$H/L<0.3$	0	0.1	0.2	0.3
	$0.3 \leqslant H/L<0.6$	0.1	0.2	0.3	0.4
	$0.6 \leqslant H/L<1.0$	0.2	0.3	0.4	0.5
	$H/L \geqslant 1.0$	0.3	0.4	0.5	0.6

3.2.2　地质构造的影响

断裂是地质构造上的薄弱环节，分为发震断裂和非发震断裂。与地震活动性有密切关系，具有潜在地震活动的断裂称为发震断裂。地震时，发震断裂附近地表可能发生新的错动，使地面建筑物遭到严重破坏。1999 年台湾 9·21 大地震中，一栋建筑物因横跨断裂带，

导致断层错动造成建筑物破坏（图 3-2）；2008 年汶川地震中，彭州白鹿镇小学位于 9 度区，地震时断裂带错动，两侧地面高差约 1m，教学楼平行于断裂带，房屋基本完好（图 3-3）。

图 3-2　建筑物横跨断裂带

图 3-3　教学楼平行于断裂带

当场地内存在发震断裂时，应对发生断裂的可能性及对建筑物的影响进行评价。一般来说，地震震级越高，出露于地表的断裂错动与断裂长度就越大。在地震烈度小于 8 度的地区，地面一般不产生断裂错动，可不考虑断裂对工程的影响；断裂上面覆盖层厚度越大，出露于地表的断裂错动与断裂长度就越小。根据我国近年来的地震宏观地表错位考察，一些学者认为基岩上有 50m 厚覆盖土层，地面建筑就可以不考虑下部断裂的错动影响；有些学者认为土层厚度是基岩位错量的 25～30 倍以上可不考虑。断裂的活动性还与地质年代有关，对一般建筑工程只考虑全新世（距今约 1.0 万年）以来活动过的断裂，在此地质期以前已活动过的断裂可不予考虑。GB 50011—2010《建筑抗震设计规范》（2016 年版）规定对符合下列规定之一的情况，可忽略发震断裂错动对地面建筑的影响：抗震设防烈度小于 8 度；非全新世活动断裂；抗震设防烈度为 8 度和 9 度时，隐伏断裂的土层覆盖厚度分别大于 60m 和 90m。如果不符合上述情况，应避开主断裂带。其避让距离不宜小于表 3-2 关于发震断裂的最小避让距离的规定。

工程上最常遇到的是非发震断裂，这类断裂与当地的地震活动性没有因果联系，在地震作用下一般也不会发生新的错动。过去较为保守的观点认为，非发震断层在强烈地震作用下，在断裂带上可能会出现较高的烈度。但从震害统计结果来看，非发震断裂上的建筑物震害并未见加重趋势，目前不考虑非发震断裂对烈度的增大影响。

表 3-2　发震断裂的最小避让距离　　　　　　　　　　　（单位：m）

抗震设防烈度	建筑物抗震设防类别			
	甲	乙	丙	丁
8 度	专门研究	200	100	—
9 度	专门研究	400	200	—

3.2.3　地下水位的影响

地下水位对建筑物的震害有明显影响，水位越浅，震害越严重。当地下水位较深时，其影响程度就很小。地下水位对震害的影响程度还与地基土的类别有关，软弱土地基的影响程度最大，黏性土地基的影响次之，坚硬土地基的影响较小。在进行地下水影响分析时，需结合地基土的情况全面考虑。

3.3　场地对震害的影响

3.3.1　场地条件的影响

场地条件对建筑物震害影响的主要因素是场地土的刚度和场地覆盖层厚度。宏观震害显示，软弱深厚土层上的柔性结构易遭受破坏，刚性结构表现较好；坚硬薄弱土层上的刚性结构受破坏程度较重，而柔性结构震害较轻。但总体来说，软弱深厚土层上的建筑物震害较重。例如，1967年委内瑞拉加拉加斯6.5级地震中，在冲积层厚度超过160m的地方，高层建筑破坏率很高；而建造在基岩和浅冲积层上的高层建筑，大多数无震害。在我国1975年海城地震和1976年唐山地震中也出现过类似的现象。

从震源传来的地震波由许多周期不同的分量组成。在地震波通过覆盖土层向地表传播的过程中，由于土层的滤波特性，与土层的固有周期接近的地震波分量被放大，而另一些远离土层的固有周期的地震波分量被衰减甚至过滤。土层的固有周期称为土的卓越周期，或自振周期。由于覆盖土层的滤波特性与放大作用，当场地的固有周期与地震动的卓越周期相接近时，由于共振效应，地震动的幅值将被放到最大，若建筑物的固有周期与场地的卓越周期相近，则共振效应使得地震作用效应明显增强，场地土软，覆盖土层厚，则土的卓越周期长；场地土硬，覆盖土层薄，则土的卓越周期短。因此，坚硬场地土上自振周期短的刚性建筑物和软弱场地上长周期柔性建筑物的震害均会加重。

3.3.2　场地土的类型

土的类别主要取决于土的刚度，土的刚度可按土的剪切波速划分，取地面上20m深度，且不大于覆盖层厚度范围内土层平均性质分类（表3-3）。场地只有单一性质场地土的情况很少见，一般由各种类别的土层构成，这时应按反映各土层综合刚度的等效剪切波速 v_{se} 来确定土的类型。等效剪切波速是以剪切波在地面至计算深度各层土中传播的时间不变的原则定义的土层平均剪切波速，可按式（3-2）和式（3-3）确定

$$v_{se} = \frac{d_0}{t} \tag{3-2}$$

$$t = \sum_{i=1}^{n} \frac{d_i}{v_{si}} \tag{3-3}$$

式中　v_{se}——土层等效剪切波速（m/s）；

d_0——计算深度（m），取覆盖层厚度和20m两者中的较小值；

t——剪切波在地面至计算深度之间传播的时间（s）；

d_i——计算深度范围内第 i 土层的厚度（m）；

n——计算深度范围内土层的分层数；

v_{si}——计算深度范围内第 i 土层的剪切波速（m/s）。

《建筑抗震设计规范》规定：对丁类建筑及层数不超过10层且高度不超过24m的丙类建筑，当无实测剪切波速时，可先根据岩土名称和性状，按表3-3划分土的类型，再利用当地经验在表3-3所示的剪切波速范围内估计各土层的剪切波速。

表 3-3 土的类型划分和剪切波速范围

土的类型	岩土名称和性状	土层剪切波速范围/(m/s)
岩石	坚硬、较硬且完整的岩石	$v_s > 800$
坚硬土或软质岩石	破碎和较破碎的岩石或软和较软的岩石,密实的碎石土	$800 \geqslant v_s > 500$
中硬土	中密、稍密的碎石土,密实、中密的砾、粗、中砂,$f_{ak} > 150$ 的黏性土和粉土,坚硬黄土	$500 \geqslant v_s > 250$
中软土	稍密的砾、粗、中砂,除松散的细、粉砂,$f_{ak} \leqslant 150$ 的黏性土和粉土,$f_{ak} > 130$ 的填土,可塑新黄土	$250 \geqslant v_s > 150$
软弱土	淤泥和淤泥质土,松散的砂,新近沉积的黏性土和粉土,$f_{ak} \leqslant 130$ 的填土,流塑黄土	$v_s \leqslant 150$

注:f_{ak} 为由荷载试验等方法得到的地基承载力特征值(kPa);v_s 为岩土剪切波速。

3.3.3 场地覆盖层厚度

场地覆盖层厚度是指从地表到地下基岩面的距离。从地震波传播的观点看,基岩界面是地震波传播途中的一个强烈的折射与反射面,当下层剪切波速比上层剪切波速大得多时,下层可当基岩。《建筑抗震设计规范》按下列要求确定建筑场地覆盖层厚度:

1) 一般情况下,应按地面至剪切波速大于 500m/s 且其下卧各层岩土的剪切波速均不小于 500m/s 的土层顶面的距离确定。

2) 当地面 5m 以下存在剪切波速大于其上部各土层剪切波速 2.5 倍的土层,且该层及其下卧各层岩土的剪切波速均不小于 400m/s 时,可按地面至该土层顶面的距离确定。

3) 剪切波速大于 500m/s 的孤石、透镜体,应视同周围土层。

4) 土层中的火山岩硬夹层,应视为刚体,其厚度应从覆盖土层中扣除。

3.3.4 场地类别的划分

场地条件对地震的影响已被多次大地震的震害现象、理论分析结果和强震观测资料所证实。划分场地类别的目的是在地震作用计算中考虑场地条件的影响,确定不同场地上的设计反应谱,以便采取合理的设计参数。《建筑抗震设计规范》既考虑浅层土的刚度,又考虑深层土的影响,根据土层等效剪切波速和场地覆盖层厚度将建筑场地划分为四类(表 3-4),其中Ⅰ类分为 I₀、I₁ 两个亚类。当有可靠的剪切波速和覆盖层厚度且其值处于表 3-4 所列场地类别的分界线附近时,可以按插值方法确定地震作用计算所用的特征周期。场地类别反映了地震情况下场地的动力效应。

土层剪切波速的测量,应符合下列要求:在场地初步勘察阶段,对大面积的同一地质单元,测试土层剪切波速的钻孔数量不宜少于 3 个;在场地详细勘察阶段,对单幢建筑,测试土层剪切波速的钻孔数量不宜少于 2 个;对处于同一地质单元内的密集建筑群,测试土层剪切波速的钻孔数量可适量减少,但每幢高层建筑和大跨空间结构的钻孔数量均不得少于 1 个。

表 3-4 各类场地的覆盖层厚度 （单位：m）

岩石的剪切波速或土的等效剪切波速/(m/s)	场地类别				
	I_0	I_1	II	III	IV
$v_s > 800$	0				
$800 \geqslant v_s > 500$		0			
$500 \geqslant v_{se} > 250$		<5	$\geqslant 5$		
$250 \geqslant v_{se} > 150$		<3	3~50	>50	
$v_{se} \leqslant 150$		<3	3~15	15~80	>80

注：表中 v_s 为岩石的剪切波速，v_{se} 为土的等效剪切波速。

【例 3-1】 已知某建筑物场地的地质钻探资料见表 3-5，试确定建筑物场地的类别。

表 3-5 【例 3-1】地质钻探资料

土层底部深度/m	土层厚度/m	岩石名称	土层剪切波速/(m/s)
2.5	2.5	杂填土	220
9.5	7.0	粉土	280
23.0	13.5	中砂	350
34.0	11.0	碎石土	520

【解】

（1）确定场地覆盖层厚度 据地面 22.0m 以下土层的剪切波速 $v_s = 520\text{m/s} > 500\text{m/s}$，故覆盖层厚度 $d_{ov} = 22.0\text{m} > 20\text{m}$，计算深度 $d_0 = 20\text{m}$。

（2）计算等效剪切波速 按式（3-2）、式（3-3）可以求得：

剪切波在土层传播的时间

$$t = \sum_{i=1}^{n} \frac{d_i}{v_{si}} = \left(\frac{2.5}{220} + \frac{7.0}{280} + \frac{10.5}{350} \right) \text{s} = 0.066\text{s}$$

土层平均剪切波速

$$v_{se} = \frac{d_0}{t} = \frac{20}{0.066}\text{m/s} = 303.03\text{m/s}$$

（3）确定场地类别 由表 3-4 可知，$500\text{m/s} > v_{se} > 250\text{m/s}$，且场地的覆盖层厚度 $d_{ov} > 5\text{m}$，该建筑场地为 II 类场地。

3.3.5 场地选择的原则

建筑场地的地质条件与地形地貌对建筑物震害有显著影响，这已为大量的震害实例所证实；另外由于地基失效所造成的建筑物破坏，单靠工程措施很难达到预防目的，或者代价昂贵。因此，需要合理地选择建筑场地，以达到减轻建筑物震害的目的。

《建筑抗震设计规范》根据场地上建筑物的震害轻重程度，按表 3-6 把建筑场地划分为对建筑物抗震有利地段、一般地段、不利地段和危险地段。在选择建筑场地时，宜首先选择建筑抗震有利地段；慎重使用建筑抗震一般地段；尽量避开建筑抗震不利地段；除非特殊需要，不得在抗震危险地段上建造工程结构。当确实需要在不利地段或危险地段建造工程时，应遵循建筑抗震设计的有关要求，进行详细的场地评价并采取必要的抗震措施。

表 3-6　有利地段、一般地段、不利地段和危险地段的划分

地段类型	地质、地形、地貌
有利地段	稳定基岩，坚硬土，开阔、平坦、密实、均匀的中硬土等
一般地段	不属于有利、不利和危险的地段
不利地段	软弱土，液化土，条状突出的山嘴，高耸孤立的山丘，陡坡、陡坎，河岸和边坡的边缘，平面分布上成因、岩性、状态明显不均匀的土层（含古河道、疏松的断层破碎带、暗埋的塘浜沟谷和半填半挖地基），高含水量的可塑黄土，地表存在结构性裂缝等地段
危险地段	地震时可能发生滑坡、崩塌、地陷、地裂、泥石流等及发震断裂带上可能发生地表位错的部位

3.4　地基基础抗震验算

3.4.1　地基不验算的范围

从我国多次强地震中遭受破坏的建筑来看，只有少数建筑物是因为地基失效而导致上部结构破坏的，且这类地基主要是可液化地基、易产生震陷的软弱黏性土地基和严重不均匀地基。大量的一般性地基具有良好的抗震性能，极少发现因地基承载力不足而导致上部结构破坏的震害现象。这是由于一般天然地基在静力荷载作用下，具有较大的安全储备；在建筑物自重的长期作用下，地基产生固结，使承载力进一步提高；同时，由于地震作用历时较短，动载下地基承载力也有所提高。因此，尽管地震时地基所受到的荷载会有增加，但是上述因素使地基遭受到破坏的可能性大为减少。基于这种情况，我国《建筑抗震设计规范》对于量大面广的一般性地基和基础不做抗震验算，而对于容易产生地基基础震害的液化地基、软土地基和严重不均匀地基，则规定了相应的抗震措施，以避免或减轻震害。

《建筑抗震设计规范》规定下列建筑可不进行天然地基及基础的抗震承载力验算：

1）规范规定可不进行上部结构抗震验算的建筑。

2）地基主要受力层范围内不存在软弱黏性土层的一般的单层厂房和单层空旷房屋；砌体房屋；不超过 8 层且高度在 24m 以下的一般民用框架和框架-抗震墙房屋；基础荷载与民用建筑相当的多层框架厂房和多层混凝土抗震墙房屋。

这里，软弱黏性土层是指设防烈度为 7 度、8 度和 9 度时，地基土静承载力特征值分别小于 80kPa、100kPa 和 120kPa 的土层。

3.4.2　地基土抗震承载力调整

天然地基基础的抗震验算只要求对地基进行抗震承载力验算。首先确定天然地基土的抗震承载力 f_{aE}，然后进行天然地基抗震验算。地基土的容许承载力是地基基础设计中的重要依据。地基静承载力的确定，考虑地基土在静荷载作用下处于安全状态，既不发生强度破坏，又不发生超过建筑物所能容许的变形，其数值主要根据地基土的容许变形来确定。

建筑物地基土的抗震承载力与静承载力有差别。在静压力作用下，地基土产生的压缩变形包括弹性变形和残余变形（或称永久变形），其中弹性变形可在短时间内完成，而永久变形则需要较长时间才能完成。因此，在静荷载长期作用下，地基土将产生较大的变形。而地

震作用时间短,一般持续几秒到几十秒,所以只能使土层产生弹性变形而来不及发生残余变形。在产生同等地基压应力的情况下,建筑物由于地震作用所引起的地基变形要比建筑物由于静荷载所引起的地基变形小得多;或者说,要使地基产生相同的压缩变形,所需的由地震作用引起的压应力要比静荷载压应力大。因此,从控制地基变形角度来说,地基土的抗震承载力比地基土的静承载力取值要大。

此外,地基土在动荷载作用下的动强度随土质条件的不同较静强度有所变化。一般情况下,稳定土的动强度比其静强度有所提高,地基土抗震承载力提高幅度与地基土的种类有关,其中黏性土的调高幅度大于非黏性土;软弱土地震时土体絮状结构受扰动,其动强度略低于静强度。再者,从结构安全度角度,地震作用是偶遇的、短暂的,其安全度可以小一些,则地基土的抗震承载力取值可以大一些。

综合考虑上述因素,可以将地基土的静承载力乘以调整系数予以提高后,作为地基土抗震承载力。因此,《建筑抗震设计规范》规定,地基土抗震承载力按式(3-4)计算

$$f_{aE} = \zeta_a f_a \tag{3-4}$$

式中 f_{aE}——调整后的地基土抗震承载力;

ζ_a——地基土抗震承载力调整系数,应按表3-7采用;

f_a——深宽修正后的地基土静承载力特征值,应按现行国家标准 GB 50007—2011 《建筑地基基础设计规范》采用。

十分软弱的土在地震作用下变形很大。因此,在进行天然地基基础抗震承载力验算时,软弱土的抗震承载力不予提高。

表 3-7 地基土抗震承载力调整系数

岩土名称和性状	ζ_a
岩石,密实的碎石土,密实的砾、粗、中砂,$f_{ak} \geq 300kPa$ 的黏性土和粉土	1.5
中密和稍密的碎石土,中密和稍密的砾、粗、中砂,密实和中密的细、粉砂,$150kPa \leq f_{ak} < 300kPa$ 的黏性土和粉土,坚硬黄土	1.3
稍密的细、粉砂,$100kPa \leq f_{ak} < 150kPa$ 的黏性土和粉土,可塑黄土	1.1
淤泥,淤泥质土,松散的砂、杂填土,新近堆积的黄土及流塑黄土	1.0

3.4.3 天然地基抗震验算

地基基础的抗震验算,一般采用"拟静力法",即假定地震作用如同静力荷载恒定作用在地基基础上。作用于建筑物上的各类荷载与地震作用组合后,认为其在基础底面所产生的压力是直线分布的(图3-4),基础底面平均压力和边缘最大压力应符合下列各式要求

$$p \leq f_{aE} \tag{3-5}$$
$$p_{max} \leq 1.2 f_{aE} \tag{3-6}$$

式中 p——地震作用效应标准组合的基础底面平均压力;

p_{max}——地震作用效应标准组合的基础边缘最大压力。

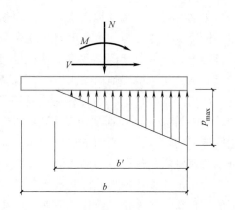

图 3-4 基底压力分布

另外，还需限制地震作用下过大的基础偏心荷载。对于高宽比大于 4 的高层建筑，在地震作用下基础底面不宜出现脱离区（零压力区）；其他建筑，基础底面与地基土之间脱离区（零压力区）面积不应超过基础底面面积的 15%。根据后一规定，对基础底面为矩形的基础，其受压宽度与基础宽度之比则应大于或等于 0.85，即

$$b' \geqslant 0.85b \tag{3-7}$$

式中　b'——矩形基础底面受压宽度；

　　　b——矩形基础底面宽度。

3.5　地基液化对震害的影响

3.5.1　砂性土液化机理及影响液化的因素

1. 液化机理

饱和松软的砂土和粉土在强烈地震的作用下，土颗粒结构趋于密实，如土本身的渗透系数较小，则孔隙水在短时间内排不走而受到挤压，孔隙水压力逐步上升，抵消有效正应力。当孔隙水压力增加到与剪切面上的法向压应力接近或相等时，砂土或粉土受到的有效压应力下降直至完全消失。这时砂土颗粒局部或全部处于悬浮状态，土体丧失抗剪强度，显示出近于液体的特性。这种现象称为场地土的"液化"。

根据土的有效应力原理，饱和砂土的抗剪强度可写成

$$\tau_f = (\sigma - u) \tan\varphi \tag{3-8}$$

式中　τ_f——土的抗剪强度；

　　　σ——作用在剪切面上的法向压应力；

　　　u——孔隙水压力；

　　　φ——土的内摩擦角。

由式（3-8）可见，当孔隙水压力上升 $u \to \sigma$ 时，$(\sigma - u) \to 0$，此时土的抗剪强度 $\tau_f \to 0$，土体丧失抗剪强度，呈现液化现象，导致地基失效。这时因下部土层的水头比上部高，所以水向上涌，把土粒带到地面上来，出现喷水冒砂现象。随着水和土粒的不断涌出，孔隙水压力逐渐降低。当降至一定程度时，就会只冒水而不喷土粒。当孔隙水压力进一步消散，冒水终将停止，土粒逐渐沉落并重新堆积排列，砂土和粉土达到一个新的稳定状态。

砂土液化可引起地面喷水冒砂，地基不均匀沉陷，斜坡失稳、滑移，从而造成建筑物破坏。根据国内外调查，在各种由于地基失效引起的震害中，80% 是因土体液化造成的。例如，1964 年美国阿拉斯加地震和 1964 年日本新潟地震，都出现了大量由于饱和砂土地基液化而造成的建筑物不均匀下沉、倾斜，甚至翻倒，其中典型震害现象是日本新潟某公寓住宅群的普遍倾斜，最严重的倾角竟达 80°（图 3-5）。我国 1975 年海城地震和 1976 年唐山地震也都发生了大面积的地基液化震害。例如，唐山地震中，距震中 48km 的芦台地区因地面以下的灰色粉土层液化，致使 4 万多公顷耕地被喷砂覆盖了将近 1/4，铁路被喷砂淹没，35 处河堤沉陷，基底失稳引起 15 处河堤滑坡，87% 的建筑完全倒塌或严重破坏，成为 8 度区中的 9 度高烈度异常区。天津地区海河故道及新近沉积土地区有近 3000 个喷水冒砂口出现（图 3-6），冒砂量 0.1~1m³，最多可达 5m³。

图 3-5　日本新潟地震砂土液化房屋倾斜

图 3-6　天津海河故道砂土液化喷水冒砂口

2. 影响因素

震害调查表明，影响场地土液化的因素主要有以下方面：

（1）土层的地质年代　地质年代的新老代表土层沉积时间的长短。较老的沉积土，经过长时间的固结作用和水化学作用，除了密实程度增大外，还往往具有一定的胶结紧密结构。因此，地质年代越古老的土层，其固结度、密实度和结构性就越好，抵抗液化的能力就越强。宏观震害调查表明，国内外历次大地震中，尚未发现地质年代属于第四季晚更新世（Q_3）及其以前的饱和土层发生液化。

（2）土的组成　就饱和砂土而言，由于细砂、粉砂的渗透性比粗砂、中砂低，所以细砂、粉砂更容易液化；就粉土而言，随着黏粒（$d \leqslant 0.005\mathrm{mm}$）含量的增加，土的黏聚力增大，从而加强了抵抗液化的能力。理论分析和震害调查表明，当粉土黏粒含量超过某一限值时，粉土就不会液化。此外，颗粒均匀的砂土较颗粒级配良好的砂土容易液化。

（3）土层的相对密实度　相对密实程度较小的松砂，由于其天然孔隙比一般比较大，故更容易液化。如 1964 年日本新潟地震中，相对密实度小于 50% 的砂土，普遍发生液化，而相对密实度大于 70% 的土层，则没有发生液化。

（4）土层的埋深　砂土层的埋深越大，其上有效覆盖层压力就越大，则土的侧限压力也越大，就越不容易液化。现场调查表明，土层液化深度很少超过 20m，多数浅于 15m，更多的浅于 10m。

（5）地下水位的深度　地下水位越深，越不容易液化。对于砂土，一般地下水位小于 4m 时易液化，超过此值后一般就不会液化；对于粉土来说，7 度、8 度和 9 度时，地下水位分别小于 1.5m、2.5m 和 6.0m 时容易液化，超过此深度后几乎不发生液化。

（6）地震烈度和地震持续时间　地震烈度越高，越容易发生液化，一般液化主要发生在烈度为 7 度及以上地区，而 6 度以下的地区，很少看到液化现象；地震持续时间越长，越容易发生液化，由于大震级远震中距的地方比同等烈度情况下中、小震级近震中距的地方地震持续时间要长，所以前者更容易液化。

3.5.2　液化的判别

当建筑物的地基有饱和砂土或粉土时，应经过勘察试验确定土层在地震时是否液化，以便采取相应的抗液化措施。由于 6 度区液化对房屋结构所造成的震害比较轻，一般情况下可不进行判别和处理，但对液化沉陷敏感的乙类建筑可按 7 度的要求进行判别和处理，7~9 度时乙类建筑可按本地区抗震设防烈度的要求进行判别和处理。

为了减少判别场地土液化的勘察工作量，《建筑抗震设计规范》采用"两步判别法"来判别可液化土层，即初步判别和标准贯入试验判别。凡经过初步判别定为不液化或不考虑液化影响的场地土，可不进行标准贯入试验判别。

1. 初步判别

《建筑抗震设计规范》给出了饱和砂土或粉土以地质年代、黏粒含量、上覆土层厚度和地下水位为指标的初步判别方法。当饱和的砂土或粉土（不含黄土）符合下列条件之一时，可初步判别为不液化或可不考虑液化的影响：

1）地质年代为第四纪晚更新世（Q_3）及以前时，7 度、8 度时可判为不液化。

2）粉土的黏粒（粒径小于 0.005mm 颗粒）含量百分率，7 度、8 度和 9 度分别不小于10、13 和 16 时，可判为不液化土。

3）浅埋天然地基土的建筑，当上覆非液化土层厚度和地下水位深度符合下列条件之一时，可不考虑液化影响

$$d_u > d_0 + d_b - 2 \tag{3-9}$$

$$d_w > d_0 + d_b - 3 \tag{3-10}$$

$$d_u + d_w > 1.5d_0 + 2d_b - 4.5 \tag{3-11}$$

式中　　d_w——地下水位深度（m），宜按设计基准期内年平均最高水位采用，也可按近期内年最高水位采用；

d_u——上覆盖非液化土层厚度（m），计算时宜将淤泥和淤泥质土层扣除；

d_b——基础埋置深度（m），不超过 2m 时应采用 2m；

d_0——液化土特征深度（m），可按表 3-8 采用。

表 3-8　液化土特征深度　　　　　　　　　　　　　　　（单位：m）

饱和土类别	7 度	8 度	9 度
粉土	6	7	8
砂土	7	8	9

2. 标准贯入试验判别

当饱和砂土、粉土的初步判别不符合上述条件之一，即初判认为可能液化或需考虑液化影响时，应采用标准贯入试验判别法判别地面下 20m 范围内土的液化；对可不进行天然地基及基础的抗震承载力验算的各类建筑，可只判别地面下 15m 范围内土的液化。

标准贯入试验装置如图 3-7 所示，它由标准贯入器、触探杆和重 63.5kg 的穿心锤等部分组成。操作时首先用钻具钻至试验土层标高以上 15cm 处，然后将贯入器打至标高位置，最后在锤落距为 76cm 的条件下，连续打入土层 30cm，记录锤击数。锤击数越大，说明土的密实程度越高，也就越不容易液化。

当饱和土标准贯入锤击数（未经杆长修正）小于或等于液化判别标准贯入锤击数临界值时，应判为液化土。在地面下 20m 深度范围内，液化判别标准贯入锤击数临界值可按下式计算

$$N_{cr} = N_0\beta\left[\ln(0.6d_s+1.5)-0.1d_w\right]\sqrt{3/\rho_c} \qquad (3\text{-}12)$$

式中　N_{cr}——液化判别标准贯入锤击数临界值；

　　　N_0——液化判别标准贯入锤击数基准值，可按表 3-9
采用；

　　　d_s——饱和土标准贯入点深度（m）；

　　　d_w——地下水位（m）；

　　　ρ_c——黏粒含量百分率，当小于 3 或为砂土时，应
采用 3；

　　　β——调整系数，设计地震第一组取 0.80，第二组
取 0.95，第三组取 1.05。

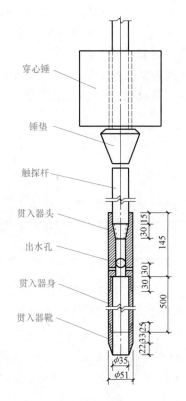

穿心锤

锤垫

触探杆

贯入器头

出水孔

贯入器身

贯入器靴

图 3-7　标准贯入试验
设备示意图

表 3-9　液化判别标准贯入锤击数基准值 N_0

设计基本地震加速度/g	0.10	0.15	0.20	0.30	0.40
液化判别标准贯入锤击数基准值	7	10	12	16	19

3.5.3　液化地基危害程度评价

上述判别是对地基液化的定性判别，不能对液化程度及
液化危害做定量评价。同样判定可液化的地基，由于液化程
度不同，对结构造成的破坏程度存在很大差异。因此，在判
别地基为可液化或需考虑液化影响后，应进一步做液化危害
性分析，对液化危害程度做定量评价。

震害调查表明，液化的主要危害在于土层液化和喷水冒砂引起建筑物的不均匀沉降。土层
的沉降量与土的密实度相关，而标准贯入锤击数 N 可反映土的密实度。土是多层介质，第 i 层
N_i 越小，即 $(1-N_i/N_{cri})$ 越大，其沉降量也越大；由于液化层埋深越浅对建筑物的危害性越
大，故引入反映层位影响的权数 ω_i（图 3-8）。考虑底面下 20m 范围内土的液化影响，可将
$(1-N_i/N_{cri})$ 的值沿土层深度积分，其结果就能够反映整个液化土层的危险性。如把积分式改
为多项式求和，则得到用来衡量液化地基危害程度的液化指数 I_{lE} 公式

$$I_{lE} = \sum_{i=1}^{n}\left(1-\frac{N_i}{N_{cri}}\right)d_iW_i \qquad (3\text{-}13)$$

式中　I_{lE}——液化指数；

　　　n——在判别深度范围内每一钻孔标准贯入试验点的总数；

　　N_i、N_{cri}——i 点标准贯入锤击数的实测值和临界值，当实测值大
于临界值时应取临界值的数值；当只需要判别 15m 范
围以内的液化时，15m 以下的实测值可按临界值
采用；

　　　d_i——i 点所代表的土层厚度（m），可采用与该标准贯入试
验点相邻的上、下两标准贯入试验点深度差的一半，
但上界不高于地下水位深度，下界不深于液化深度；

　　　W_i——i 层单位土层厚度的层位影响权函数值（单位为

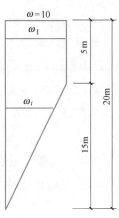

图 3-8　权函数图形

m^{-1}），当该层中点深度不大于 5m 时应采用 10，等于 20m 时采用零值，5～20m 时应按线性内插法取值（图 3-8）。

计算对比表明，液化指数 I_{IE} 与液化危害程度之间存在着明显的对应关系。一般地，液化指数越大，场地的喷水冒砂情况和建筑物的液化震害就越严重。因此，可以根据液化指数 I_{IE} 的大小来区别地基的液化危害程度，即地基的液化等级，其分级结果和相应的震害情况见表 3-10。

表 3-10 液化等级相应的震害情况

液化等级	液化指数 I_{IE}	地面喷水冒砂情况	对建筑物的危害情况
轻微	<6	地面无喷水冒砂，或仅在洼地、河边有零星的喷水冒砂点	危害性小，一般不引起明显的震害
中等	6～18	喷水冒砂可能性大，从轻微到严重均有，多数属中等	危害性较大，可造成不均匀沉陷和开裂，有时不均匀沉陷可能达到 200mm
严重	>18	一般喷水冒砂都很严重，地面变形很明显	危害性大，不均匀沉陷可能大于 200mm，高重心结构可能产生不容许的倾斜

【例 3-2】 某场地 8 度抗震设防，设计基本地震加速度为 $0.20g$，工程地质年代为第四纪全新世（Q_4），设计地震分组一组。拟在上面建造某丙类建筑，基础埋深 2.0m，钻孔深度为 20m，地下水、土层顶面标高及各贯入点深度、锤击数实测值如图 3-9 所示。试判别地基是否液化；若为液化土，求液化指数和液化等级。

【解】

（1）液化初步判别　地下水位深度 $d_w = 1.0$m，基础埋置深度 $d_b = 2.0$m，液化土特征深度 $d_0 = 8$m（查表 3-8），上覆非液化土层深度 $d_u = 0$m，则

$$d_u = 0\text{m} < d_0 + d_b - 2\text{m} = 8.0\text{m}$$

$$d_w = 1.0\text{m} < d_0 + d_b - 3\text{m} = 7.0\text{m}$$

$$d_u + d_w = 1.0\text{m} < 1.5d_0 + 2d_b - 4.5\text{m} = 11.5\text{m}$$

均不满足不液化条件，需进一步判别。

标准贯入试验判别测点 1：标准贯入锤击数基准值 $N_0 = 12$（查表 3-9），调整系数 β 取 0.80（第一组），砂土 ρ_c 取 3，测点 1 标准贯入点深度 $d_{s1} = 1.4$m，代入式（3-12）标准贯入锤击数临界值

$$N_{cr1} = N_0\beta\left[\ln(0.6d_s + 1.5) - 0.1d_w\right]\sqrt{3/\rho_c} = 7.2$$

标准贯入锤击数实测值 $N_1 = 3 < N_{cr1}$，为液化土；其余各点判别见表 3-11。

（2）求液化指数　求各标准贯入点所代表的土层厚度 d_i 及其中点深度 z_i

$$d_1 = (2.1 - 1.0)\text{m} = 1.1\text{m}, \quad z_1 = \left(1.0 + \frac{1.1}{2}\right)\text{m} = 1.55\text{m}$$

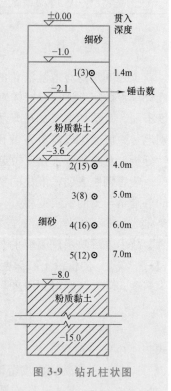

图 3-9　钻孔柱状图

$$d_3 = (5.5-4.5)\,\text{m} = 1.0\text{m}, \quad z_3 = \left(4.5 + \frac{1.0}{2}\right)\text{m} = 5.0\text{m}$$

$$d_5 = (8.0-6.5)\,\text{m} = 1.5\text{m}, \quad z_5 = \left(6.5 + \frac{1.5}{2}\right)\text{m} = 7.25\text{m}$$

求 d_i 层中点所对应的权函数值 W_i

z_1、$z_3 \leqslant 5.0\text{m}$，$W_1$，$W_2 = 10$；$W_3 = (20-7.25)\,\text{m} = 12.75\text{m}$

液化指数

$$I_{lE} = \sum_{i=1}^{n}\left(1 - \frac{N_i}{N_{\text{cri}}}\right)d_i W_i$$

$$= \left(1 - \frac{3}{7.2}\right) \times 1.1 \times 10 + \left(1 - \frac{8}{14.2}\right) \times 1.0 \times 10 + \left(1 - \frac{12}{16.5}\right) \times 1.5 \times 7.75$$

$$= 13.95$$

（3）判断液化等级　由表 3-11，$I_{lE} = 16.0 \leqslant 18$，判断其液化等级为严重。

表 3-11 【例 3-2】的液化指数计算

测点	贯入深度 d_{si}/m	实测值 N_i	临界值 N_{cri}	是否液化	液化土层厚度 d_i/m	中点深度 z_i/m	权函数 W_i	i 层液化指数 $\left(1-\dfrac{N_i}{N_{\text{cri}}}\right)d_iW_i$	液化指数 I_{lE}
1	1.4	3	7.2	是	1.1	1.55	10	6.42	13.95
2	4.0	15	12.1	否	—	—	—	0	
3	5.0	8	13.4	是	1.0	5.0	10	4.37	
4	6.0	16	14.7	否	—	—	—	0	
5	7.0	12	15.7	是	1.5	7.25	12.75	3.17	

3.5.4 地基抗液化措施

地基抗液化措施应根据建筑物的抗震设防类别和地基的液化等级，并结合具体情况综合确定。当液化土层较平坦且均匀时，宜按表 3-12 选用地基抗液化措施；尚可计入上部结构重力荷载对液化危害的影响，根据液化震陷量的估计适当调整抗液化措施；并且不宜将未经处理的液化土层作为天然地基持力层。

表 3-12 地基抗液化措施

建筑抗震设防类别	地基的液化等级		
	轻微	中等	严重
乙类	部分消除液化沉陷，或对基础和上部结构处理	全部消除液化沉陷，或部分消除液化沉陷且对基础和上部结构处理	全部消除液化沉陷
丙类	基础和上部结构处理，亦可不采取措施	基础和上部结构处理，或更高要求的措施	全部消除液化沉陷，或部分消除液化沉陷且对基础和上部结构处理
丁类	可不采取措施	可不采取措施	基础和上部结构处理，或其他经济的措施

表 3-12 中全部消除地基液化沉陷、部分消除地基液化沉陷、进行基础和上部结构处理等措施的具体要求如下：

1. 全部消除地基液化沉陷

1）采用桩基时，桩端伸入液化深度以下稳定土层中的长度（不包括桩尖部分），应按计算确定，且对碎石土，砾、粗、中砂，坚硬黏性土和密实粉土尚不应小于 0.5m，对其他非岩石土尚不宜小于 1.5m。

2）采用深基础时，基础底面应埋入液化深度以下的稳定土层中，其深度不应小于 0.5m。

3）采用加密法（如振冲、振动加密、挤密碎石桩强夯等）加固时，应处理至液化深度下界；振冲或挤密碎石桩加固后，桩间土的标准贯入锤击数不宜小于按式（3-12）和式（3-13）计算的液化判别标准贯入锤击数临界值。

4）用非液化土替换全部液化土层。

5）采用加密法或换土法处理时，在基础边缘以外的处理宽度应超过基础底面下处理深度的 1/2 且不小于基础宽度的 1/5。

2. 部分消除地基液化沉陷

1）处理深度应使处理后的地基液化指数减少，当判别深度为 15m 时，其值不宜大于 4，当判别深度为 20m 时，其值不宜大于 5；对独立基础和条形基础，尚不应小于基础底面下液化土特征深度和基础宽度的较大值。

2）采用振冲或挤密碎石桩加固后，桩间土的标准贯入锤击数不宜小于相应的液化判别标准贯入锤击数临界值。

3）基础边缘以外的处理宽度，应满足全部消除地基液化沉陷的第 5）条要求。

3. 基础和上部结构处理

1）选择合适的基础埋置深度。

2）调整基础底面面积，减少基础偏心。

3）加强基础的整体性和刚度，如采用箱基、筏基或钢筋混凝土交叉条形基础，加设基础圈梁等。

4）减轻荷载，增强上部结构的整体刚度和均匀对称性，合理设置沉降缝，避免采用对不均匀沉降敏感的结构形式等。

5）管道穿过建筑处应预留足够尺寸或采用柔性接头。

3.6 桩基抗震设计

3.6.1 非液化土中桩基抗震验算

震害调查表明，承受竖向荷载为主的低承台桩基，当地面下无液化土层，且桩承台周围无淤泥、淤泥质土和地基承载力特征值不大于 100kPa 的填土时，在下列建筑中很少发生失效，可不进行桩基抗震承载力验算：

1）一般的单层厂房和单层空旷房屋；不超过 8 层且高度在 24m 以下的一般民用框架房屋和框架-抗震墙房屋；基础荷载与民用建筑相当的多层框架厂房和多层混凝土抗

震墙房屋。

2）可不进行上部结构抗震验算的建筑。

桩基如果不符合上述条件，应进行抗震承载力验算，对于非液化土中的低承台桩基，其抗震验算应符合下列规定：

1）单桩的竖向和水平向抗震承载力特征值，可均比非抗震设计时提高25%。

2）当承台周围的回填土夯实至干密度不小于《建筑地基基础设计规范》对填土的要求时，可由承台正面填土与桩共同承担水平地震作用，但不应计入承台底面与地基土间的摩擦力。

当地下室埋深大于2m时，桩所承担的地震剪力可按式（3-14）计算

$$V = V_0 \frac{0.2\sqrt{H}}{\sqrt[4]{d_f}} \tag{3-14}$$

式中　V_0——上部结构的底部水平地震剪力（kN）；

　　　V——桩承担的地震剪力（kN），当小于$0.3V_0$时取$0.3V_0$，当大于$0.9V_0$时取$0.9V_0$；

　　　H——建筑地上部分的高度（m）；

　　　d_f——基础埋深（m）。

不计桩基承台与土的摩阻力为抗震水平力组成部分的问题，主要是因为这部分摩阻力不可靠；软弱黏性土震陷问题，一般黏性土也可能因桩身摩擦力产生的桩间土在附加应力下的压缩使土与承台脱空；欠固结土有固结下沉问题；非液化的砂砾则有振密问题等。但对于目前大力推广应用的疏桩基础，如果桩的设计承载力按极限荷载取用，则因此时承台与土不会脱空，且桩、土的竖向荷载分担比也比较明确，可以考虑承台与土间的摩阻力。

3.6.2　液化土中桩基抗震验算

采用桩基是消除和减轻地基液化危害的有效措施之一。然而，液化土层中的桩基承载力计算与非液化土层有很大的不同，需要考虑地层液化后对桩支撑作用减少的因素。

对于液化土中的低承台桩基，其抗震验算应符合下列规定：

1）对一般浅基础，不宜计入承台周围土的抗力或刚性地坪对水平地震作用的分担作用，这一点是出于安全考虑，用来作为安全储备的。

2）当桩承台底面上、下分别有厚度不小于1.5m、1.0m的非液化土层或非软弱土层时，可按下列两种情况进行桩的抗震验算，并按不利情况设计：

① 主震时桩承受全部地震作用，桩承载力按非液化土层中的桩基取用，此时土尚未充分液化，只是刚度下降很多，所以液化土的桩周摩阻力及桩水平抗力均应乘以表3-13的折减系数。

② 余震时地震作用按水平地震影响系数最大值的10%采用，桩承载力仍按非抗震设计时提高25%取用，但由于土层液化使得对桩基摩擦力大大减少甚至丧失殆尽，应扣除液化土层的全部摩阻力及桩承台下2m深度范围内非液化土的桩周摩阻力。

3）打入式预制桩及其他挤土桩的平均桩距为2.5~4倍桩径且桩数不少于5×5时，可计入打桩对土的加密作用及桩身对液化土变形限制的有利影响。当打桩后桩间土的标准贯入锤击数值达到不液化的要求时，单桩承载力可不折减，但对桩尖持力层做强度校核时，桩群外

表 3-13　土层液化影响折减系数

实际标贯锤击数/临界标贯锤击数	深度 d_s/m	折减系数
小于或等于 0.6	$d_s \leq 10$	0
	$10 < d_s \leq 20$	1/3
大于 0.6 且小于或等于 0.8	$d_s \leq 10$	1/3
	$10 < d_s \leq 20$	2/3
大于 0.8 且小于或等于 1.0	$d_s \leq 10$	2/3
	$10 < d_s \leq 20$	1

侧的应力扩散角应取为零。打桩后桩间土的标准贯入锤击数宜由试验确定，也可按下式计算

$$N_1 = N_p + 100\rho(1 - e^{-0.3 N_p}) \tag{3-15}$$

式中　N_1——打桩后的标准贯入锤击数；

ρ——打入式预制桩的面积置换率；

N_p——打桩前的标准贯入锤击数。

　　另外，处于液化土中的桩基承台周围，宜用非液化土填筑夯实，若用砂土或粉土则应使土层的标准贯入锤击数不小于液化判别标准贯入锤击数临界值。液化土中桩的配筋范围应自桩顶至液化深度以下符合全部消除液化沉陷所要求的深度，其纵向钢筋应与桩顶部相同，箍筋应加密。在有液化侧向扩展的地段，距常时水线 100m 范围内的桩基除应满足本节中的其他规定外尚应考虑土流动时的侧向作用力，且承受侧向推力的面积应按边桩外缘间的宽度计算。

本章知识点

　　1. 场地是指工程群体所在地，其范围相当于厂区、居民小区和自然村或不小于 $1.0km^2$ 的平面面积。工程地质条件对震害的影响包括局部地形的影响、局部地质构造的影响以及地下水位的影响。

　　2. 场地条件对建筑物震害的主要影响因素是场地土的刚度（即坚硬或密实程度）和场地覆盖层厚度，因此对建筑场地类别的划分是根据土层等效剪切波速和场地覆盖层厚度进行的。

　　3. 由于一般土的动承载力比其静承载力高，另外考虑到地震作用的偶然性和短暂性以及工程的经济性，地基土在地震作用下的可靠度可以比静力荷载下有所降低。故在确定地基土抗震承载力时，可将地基土的静承载力乘以一个大于 1 的调整系数，但对软弱土的抗震承载力不予提高。

　　4. 天然地基抗震验算时，作用于建筑物上的各类荷载与地震作用组合后，可认为其在基础底面所产生的压力是直线分布的，基础底面平均压力和边缘最大压力应分别不超过调整后的地基土抗震承载力及其 1.2 倍；并且对于高宽比大于 4 的高层建筑，在地震作用下基础底面不宜出现拉应力；其他建筑，基础底面与地基土之间零应力区面积不应超过基础底面面积的 15%。

5. 地震引起饱和砂土和粉土的颗粒趋于密实，同时孔隙水来不及排出，致使孔隙水压力增大，颗粒间的有效应力减少，达到一定程度，土体完全丧失抗剪能力，呈液体状态，称砂土液化。砂土液化可引起地面喷水冒砂，地基不均匀沉陷，斜坡失稳、滑移，从而造成建筑物破坏。其影响因素包括：土层的地质年代、土的组成、土层的相对密度、土层的埋深、地下水位的深度以及地震烈度和地震持续时间。

6. 当建筑物的地基有饱和砂土或粉土时，应经过勘察试验，来确定土层在地震时是否液化，以便采取相应的抗液化措施。由于6度区液化对房屋结构所造成的震害比较轻，一般情况下可不进行判别和处理，但对液化沉陷敏感的乙类建筑可按7度的要求进行判别和处理，7~9度时乙类建筑可按本地区抗震设防烈度的要求进行判别和处理。

7. 为了减少判别场地土液化的勘察工作量，液化判别分为两步进行，即初步判别和标准贯入试验判别。凡经过初步判别定为不液化或不考虑液化影响的场地土，就可不进行标准贯入试验判别。

初步判别主要是根据土层地质年代、粉土的黏粒含量百分率、基础埋深和上覆非液化土层厚度以及地下水位深度来判别。标准贯入试验判别是利用专门的试验设备并按规定的方法在现场进行试验，当饱和土标准贯入锤击数（未经杆长修正）小于液化判别标准贯入锤击数临界值 N_{cr} 时，即 $N_{63.5}<N_{cr}$ 时，应判为液化土，否则即为不液化土。

8. 液化判别只能得出场地土是否液化的结论，而对可液化土可能造成的危害，则需要首先确定液化指数，然后根据液化指数划分地基的液化等级，以区分地基的液化危害程度。

9. 地基抗液化措施应根据建筑物的抗震设防类别和地基的液化等级，结合具体情况综合确定，主要包括全部消除地基液化沉陷、部分消除地基液化沉陷以及基础和上部结构处理。

10. 桩基的抗震验算包括非液化土中桩基抗震验算和液化土中桩基抗震验算，具体应用时应注意有关规定和条件。

习　题

1. 简述工程地质条件对震害的影响。
2. 简述不同土质和土厚的场地条件对建筑物震害的影响。
3. 什么是场地？怎样划分场地土类型和场地类别？
4. 如何确定地基的抗震承载力？
5. 简述天然地基抗震承载力的验算方法。
6. 什么是砂土液化？液化会造成哪些危害？影响液化的主要因素有哪些？
7. 怎样判别地基土的液化？如何确定地基土液化的危害程度？
8. 简述可液化地基的抗液化措施。

第4章
地震作用与结构抗震验算

本章提要

    本章主要介绍了单自由度和多自由度弹性体系的结构动力方程以及计算水平地震作用的反应谱理论和底部剪力法等一般计算方法；阐述了结构扭转地震效应、竖向地震作用的基本原理和计算方法；讨论了结构地震反应分析的时程分析法；给出了工程结构地震作用考虑的原则和抗震验算方法。本章内容属于结构抗震设计的基本原理和分析方法，是本门课程的学习重点。

4.1　概述

    地震在地球内部发生后，从震源处发出的地震波通过地层传播到地表，引起的地表上结构内力、变形、位移及结构运动速度与加速度等统称为结构地震反应。

    地震时，地面上原来静止的结构物因地面运动而产生强迫振动。因此，结构地震反应是一种动力反应，其大小（或振动幅值）不仅与地面运动有关，还与结构动力特性（自振周期、振型和阻尼）有关，一般需采用结构动力学方法分析才能得到。

    地震作用属于动力荷载。它与一般静力荷载的区别体现在以下三个方面：

    1）结构所承受的动力荷载的大小与结构自身特性密切相关，即结构的质量与刚度大小的变化直接影响地震作用的强弱。而对于静力荷载，其大小至少与结构刚度特性基本无关。

    2）地震作用是一种不规则的循环往复荷载，因此，其解答不具有静力问题解答的唯一性，而是与时间相关。从工程意义上说，这一特点导致了对地震作用峰值的关注。

    3）与静力荷载相比，地震作用具有更大的随机性，这种随机性不仅表现在发生过程中的不确定性上，而且表现在发生地点、时间、强弱的不确定性方面。这一特点的后果之一便是抗震设计有别于一般静力设计的重要概念差别：在静力设计问题中，有结构强度安全储备的概念，而在抗震设计中，不能完全依靠强度安全储备。地震作用的复杂性使之成为地震工程学研究的重点。

4.2　单质点弹性体系水平地震作用

4.2.1　结构动力计算简图及体系自由度

进行结构地震反应分析的第一步，就是确定结构动力计算简图。

结构动力计算的关键是结构惯性的模拟，由于结构的惯性是结构质量引起的，因此结构动力计算简图的核心内容是结构质量的描述。描述结构质量的方法有以下两种：一种是连续化描述（分布质量）；另一种是集中化描述（集中质量）。如采用连续化方法描述结构的质量，结构的运动方程将为偏微分方程的形式，而一般情况下偏微分方程的求解和实际应用不方便。因此，工程上常采用集中化方法描述结构的质量，以此确定结构动力计算简图。

采用集中质量方法确定结构动力计算简图时，需先定出结构质量集中位置。可取结构各区域主要质量的质心为质量集中位置，将该区域主要质量集中在该点上，忽略其他次要质量或将次要质量合并到相邻主要质量的质点上去。例如，水塔建筑的水箱部分是结构的主要质量，而塔柱部分是结构的次要质量，可将水箱的全部质量及部分塔柱质量集中到水箱质心处，使结构成为一单质点体系（图4-1a）。再如，采用大型钢筋混凝土屋面板的厂房的屋盖部分是结构的主要质量（图4-1b），确定结构动力计算简图时，可将厂房各跨质量集中到各跨屋盖标高处。又如，多、高层建筑的楼盖部分是结构的主要质量（图4-1c），可将结构的质量集中到各层楼盖标高处，成为一多质点结构体系。当结构无明显主要质量部分时（如图4-1d所示烟囱），可将结构分成若干区域，而将各区域的质量集中到该区域核子力的质心处，同样形成一多质点结构体系。

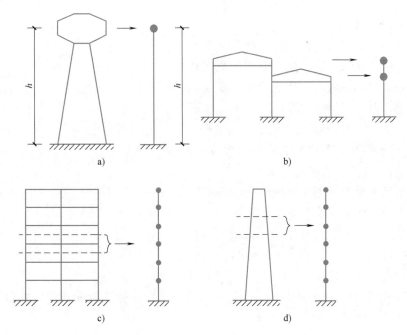

图 4-1　结构动力计算简图

a）水塔　b）厂房　c）多、高层建筑　d）烟囱

　　确定结构各质点运动的独立参量数为结构运动的体系自由度。空间中的一个自由质点可有三个独立位移，因此一个自由质点在空间有三个自由度。若限制质点在一个平面内运动，则一个自由质点有两个自由度。

　　结构体系上的质点，由于受到结构构件的约束，其自由度数可能小于自由质点的自由度数。如图 4-1 所示的结构体系，当考虑结构的竖向约束作用而忽略质点竖向位移时，则各质点在竖直平面内只有一个自由度，在空间有两个自由度。

4.2.2　单自由度弹性体系在地震作用下的运动方程

　　在确定结构动力计算简图之后，根据结构动力学理论建立相应的地震反应分析方程，并求解其地震响应。下文主要讨论在地震水平分量作用下，单自由度弹性体系的动力反应，为后继的地震作用反应分析奠定基础。

　　图 4-2 所示是单自由度体系在地震作用下的计算简图。在地面运动 x_g 作用下，结构发生振动，产生相对地面的位移 x、速度 $\dot{x}$ 和加速度 $\ddot{x}$。若取质点 m 为隔离体，则该质点上作用有三种力，即惯性力 f_I、阻尼力 f_c 和弹性恢复力 f_r。

　　惯性力是质点的质量 m 与绝对加速度 $[\ddot{x}_g+\ddot{x}]$ 的乘积，但方向与质点运动加速度方向相反，即

$$f_I = -m(\ddot{x}_g + \ddot{x}) \tag{4-1}$$

　　阻尼力是由结构内摩擦及结构周围介质（如空气、水等）对结构运动的阻碍造成的，阻尼力的大小一般与结构运动速度有关。按照黏滞阻尼理论，阻尼力与质点速度成正比，但方向与质点运动速度方向相反，即

$$f_c = -c\dot{x} \tag{4-2}$$

式中　　c——阻尼系数。

　　弹性恢复力是使质点从振动位置恢复到平衡位置的力，由结构弹性变形产生。根据胡克定律（Hooke's law），该力的大小与质点偏离平衡位置的位移成正比，但方向相反，即

$$f_r = -kx \tag{4-3}$$

式中　　k——体系刚度，即使质点产生单位位移，
　　　　　　需在质点上施加的力。

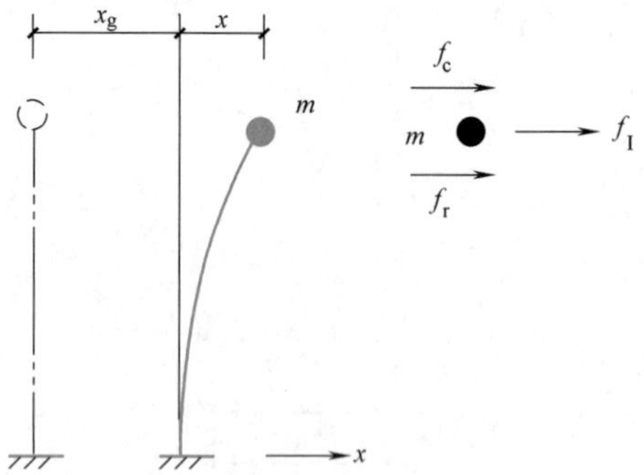

　　根据达朗贝尔原理（D'Alembert's principle），质点在上述三个力作用下处于平衡，即

$$f_I + f_c + f_r = 0 \tag{4-4}$$

　　将式（4-1）~式（4-3）代入式（4-4），得

$$m\ddot{x} + c\dot{x} + kx = -m\ddot{x}_g \tag{4-5}$$

图 4-2　单自由度体系在地震
作用下的计算简图

　　式（4-5）即为单自由度体系的运动方程，为一个常系数二阶非齐次线性微分方程。为便于方程的求解，将式（4-5）两边同除以 m，得

$$\ddot{x} + \frac{c}{m}\dot{x} + \frac{k}{m}x = -\ddot{x}_g \tag{4-6}$$

令

$$\omega = \sqrt{\frac{k}{m}} \quad (\omega \text{ 为圆频率}) \tag{4-7}$$

$$\xi = \frac{c}{2\omega m} \quad (\xi \text{ 为阻尼比}) \tag{4-8}$$

则式（4-6）可写成

$$\ddot{x} + 2\omega\xi\dot{x} + \omega^2 x = -\ddot{x}_g \tag{4-9}$$

4.2.3 运动方程的解

由常微分方程理论可知式（4-9）的解包含两部分：一个是微分方程对应的齐次方程的通解；另一个是微分方程的特解。由动力学理论可知，前者代表自由振动，后者代表强迫振动。下面分别讨论齐次和非齐次方程的解。

1. 方程的齐次解——自由振动

式（4-9）相应的齐次方程为

$$\ddot{x} + 2\omega\xi\dot{x} + \omega^2 x = 0 \tag{4-10}$$

式（4-10）描述的是在没有外界激励的情况下结构体系的运动（为自由振动）。为解式（4-10），按齐次常微分方程的求解方法，先求解相应的特征方程

$$r^2 + 2\omega\xi r + \omega^2 = 0 \tag{4-11}$$

其特征根为

$$r_1 = -\xi\omega + \omega\sqrt{\xi^2 - 1} \tag{4-12a}$$

$$r_2 = -\xi\omega - \omega\sqrt{\xi^2 - 1} \tag{4-12b}$$

则式（4-10）的解为

1）若 $\xi > 1$，r_1、r_2 为负实数，则

$$x(t) = c_1 e^{r_1 t} + c_2 e^{r_2 t} \tag{4-13a}$$

2）若 $\xi = 1$，$r_1 = r_2 = -\xi\omega$，则

$$x(t) = (c_1 + c_2 t)e^{-\xi\omega t} \tag{4-13b}$$

3）若 $\xi < 1$，r_1、r_2 为共轭复数，则

$$x(t) = e^{-\xi\omega t}(c_1 \cos\omega_D t + c_2 \sin\omega_D t) \tag{4-13c}$$

式中 c_1、c_2——待定系数，由初始条件确定。

$$\omega_D = \omega\sqrt{1 - \xi^2} \tag{4-14}$$

显然，$\xi > 1$ 时，体系不产生振动，称为过阻尼状态；$\xi < 1$ 时，体系产生振动，称为欠阻尼状态；而 $\xi = 1$ 时，介于上述两种状态之间，称为临界阻尼状态，此时体系也不产生振动（图4-3）。

由式（4-8）知，与 $\xi = 1$ 相应的阻尼系数为 $c_r = 2\omega m$，称之为临界阻尼系数，因此 ξ 也可表达为

$$\xi = \frac{c}{c_{\mathrm{r}}} \qquad (4\text{-}15)$$

故称 ξ 为临界阻尼比，简称阻尼比。

一般工程结构均为欠阻尼情形，为确定式（4-13c）中的待定系数，考虑如下初始条件

$$x_0 = x(0),\ \dot{x}_0 = \dot{x}(0)$$

式中　x_0、$\dot{x}_0$——体系质点的初始位移和初始速度。

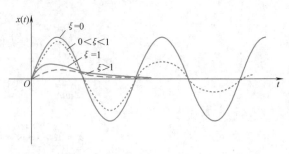

图 4-3　各种阻尼状态下单自由度体系的自由振动

由此可得

$$c_1 = x_0 \qquad (4\text{-}15a)$$

$$c_2 = \frac{\dot{x}_0 + \xi \omega x_0}{\omega_{\mathrm{D}}} \qquad (4\text{-}15b)$$

将式（4-15）代入式（4-13c），可得体系自由振动位移时程

$$x(t) = \mathrm{e}^{-\xi \omega t}\left[x_0 \cos \omega_{\mathrm{D}} t + \frac{\dot{x}_0 + \xi \omega x_0}{\omega_{\mathrm{D}}}\sin \omega_{\mathrm{D}} t \right] \qquad (4\text{-}16)$$

无阻尼时（$\xi = 0$）

$$x(t) = x_0 \cos \omega t + \frac{\dot{x}_0}{\omega_{\mathrm{D}}}\sin \omega t \qquad (4\text{-}17)$$

由于 $\cos \omega t$、$\sin \omega t$ 均为简谐函数，因此无阻尼单自由度体系的自由振动为简谐周期振动，振动圆频率为 ω，自振频率为 f，而振动周期为

$$T = \frac{1}{f} = \frac{2\pi}{\omega} = 2\pi\sqrt{\frac{m}{k}} \qquad (4\text{-}18)$$

因质量 m 与刚度 k 是结构固有的，因此无阻尼体系自振频率或周期也是体系固有的，称为固有频率与固有周期。同样可知，ω_{D} 为有阻尼单自由度体系的自振频率。一般结构的阻尼比很小，范围为 $\xi = 0.01 \sim 0.1$，由式（4-14）知，$\omega_{\mathrm{D}} \approx \omega$。

有阻尼和无阻尼单自由度体系的重要区别在于，在自由振动下结构阻尼能够不断耗散结构的内部能量，所以有阻尼体系自振的振幅将不断衰减（图 4-3），直至消失。

【例 4-1】　已知一水塔结构，可简化为单自由度体系（图 4-1a）。$m = 10000\mathrm{kg}$，$k = 1\mathrm{kN/cm}$，求该结构的自振周期。

【解】　直接由式（4-18），并采用国际单位可得

$$T = 2\pi\sqrt{\frac{m}{k}} = 2\pi\sqrt{\frac{10000}{1 \times 10^3 / 10^{-2}}}\mathrm{s} = 1.99\mathrm{s}$$

2. 方程的特解 I——简谐强迫振动

当地面运动为简谐运动时，将使体系产生简谐强迫振动。

设

$$x_{\mathrm{g}}(t) = A\sin \omega_{\mathrm{g}} t \qquad (4\text{-}19)$$

式中　A——地面运动振幅；

　　ω_{g}——地面运动圆频率。

将式（4-19）代入体系运动方程（4-9），得

$$\ddot{x}+2\omega\xi\dot{x}+\omega^2 x=-A\omega_{\mathrm{g}}{}^2\sin\omega_{\mathrm{g}}t \tag{4-20}$$

以上方程零初始条件 $x(0)=0$，$\dot{x}(0)=0$ 的特解为

$$x(t)=\frac{A\left(\dfrac{\omega_{\mathrm{g}}}{\omega}\right)^2\left\{\left[1-\left(\dfrac{\omega_{\mathrm{g}}}{\omega}\right)^2\right]\sin\omega_{\mathrm{g}}t-2\xi\dfrac{\omega_{\mathrm{g}}}{\omega}\cos\omega_{\mathrm{g}}t\right\}}{\left[1-\left(\dfrac{\omega_{\mathrm{g}}}{\omega}\right)^2\right]^2+\left[2\xi\left(\dfrac{\omega_{\mathrm{g}}}{\omega}\right)\right]^2} \tag{4-21}$$

显然，单自由度体系的简谐地面运动强迫振动是圆频率为 ω_{g} 的周期运动，可将其简化表达为

$$x(t)=B\sin(\omega_{\mathrm{g}}t+\varphi) \tag{4-22}$$

式中　B——体系质点的振幅；

　　φ——体系振动与地面运动的相位差。

考察如下振幅放大系数，可反映体系简谐地面运动反应特性

$$\beta=\frac{B}{A}=\frac{(\omega_{\mathrm{g}}/\omega)^2}{\sqrt{\left[1-\left(\dfrac{\omega_{\mathrm{g}}}{\omega}\right)^2\right]^2+\left[2\xi\left(\dfrac{\omega_{\mathrm{g}}}{\omega}\right)\right]^2}} \tag{4-23}$$

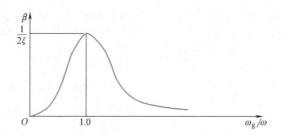

图 4-4　单自由度体系简谐地面强迫
振动振幅放大系数

放大系数 β 与频率比（$\omega_{\mathrm{g}}/\omega$）的关系曲线如图 4-4 所示，放大系数 β 最大值在 $\omega_{\mathrm{g}}/\omega=1$ 附近，即

$$\beta_{\max}\approx\beta\,|_{\,\omega_{\mathrm{g}}=\omega}=\frac{1}{2\xi} \tag{4-24}$$

由于结构阻尼一般较小（$\xi=0.01\sim0.1$），因此 $\beta_{\max}$ 可达 $5\sim50$，即体系质点振幅可为地面振幅的几倍至几十倍。这种当结构体系自振频率与简谐地面运动频率相近时结构发生强烈振动反应的现象称为共振。

3. 方程的特解 II——冲击强迫振动

当地面运动为如下冲击运动时（图 4-5）

$$\ddot{x}_{\mathrm{g}}(\tau)=\begin{cases}\ddot{x}_{\mathrm{g}} & 0\leqslant\tau\leqslant\mathrm{d}t \\ 0 & \tau>\mathrm{d}t\end{cases} \tag{4-25}$$

体系质点将受如下冲击力作用

$$P=\begin{cases}-m\,\ddot{x}_{\mathrm{g}} & 0\leqslant\tau\leqslant\mathrm{d}t \\ 0 & \tau>\mathrm{d}t\end{cases} \tag{4-26}$$

则体系质点在 $0\sim\mathrm{d}t$ 时间内的加速度为

$$a = \frac{P}{m} = -\ddot{x}_g \qquad (4\text{-}27)$$

在 dt 时刻的速度和位移分别为

$$v = \frac{P}{m}\mathrm{d}t = -\ddot{x}_g\mathrm{d}t \qquad (4\text{-}28)$$

$$d = \frac{1}{2}\frac{P}{m}(\mathrm{d}t)^2 \approx 0 \qquad (4\text{-}29)$$

图 4-5　地面冲击运动

可见，地面冲击运动的结果是使体系质点产生速度。因地面冲击作用后，体系不再受外界任何作用，因此体系地面冲击强迫振动即是初速度为 $v = -\ddot{x}_g\mathrm{d}t$ 的体系自由振动。由式（4-16）得

$$x(t) = -\frac{\ddot{x}_g\mathrm{d}t\, e^{-\xi\omega t}}{\omega_D}\sin\omega_D t \qquad (4\text{-}30)$$

4. 方程的特解Ⅲ——一般强迫振动

地震地面运动一般为不规则往复运动，如图 4-6a 所示。为求一般地震地面运动作用下单自由度弹性体系运动方程的解，可将地面运动分解为很多个脉冲运动，由任意 $t = \tau$ 时刻的地面运动脉冲 $\ddot{x}_g(\tau)\,\mathrm{d}\tau$ 引起的体系反应为

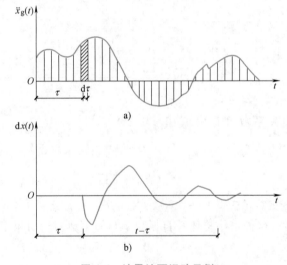

图 4-6　地震地面运动示例

a）地面运动加速度时程曲线　b）地面运动脉冲引起的单自由度体系反应

$$\mathrm{d}x(t) = \begin{cases} 0 & t < \tau \\[2mm] -e^{-\xi\omega(t-\tau)}\dfrac{\ddot{x}_g(\tau)\,\mathrm{d}\tau}{\omega_D}\sin\omega_D(t-\tau) & t \geqslant \tau \end{cases} \qquad (4\text{-}31)$$

体系在任意 t 时刻地震反应可由 $\tau = 0 \sim t$ 时段所有地面运动脉冲反应的叠加求得，即对式（4-31）从 0 到 t 进行积分

$$X(t) = \int_0^t dx(t) = -\frac{1}{\omega_D} \int_0^t \ddot{x}_g(\tau) e^{-\xi\omega(t-\tau)} \sin\omega_D(t-\tau) d\tau \qquad (4\text{-}32)$$

式（4-32）即为单自由度体系运动方程一般地面运动强迫振动的特解，称为杜哈梅（Duhamel）积分。

5. 方程的通解

根据线性常微分方程理论

$$方程的通解 = 齐次解 + 特解 \qquad (4\text{-}33a)$$

对于受地震作用的单自由度运动体系，上式的意义为

$$体系地震反应 = 自由振动 + 强迫振动 \qquad (4\text{-}33b)$$

由前面的论述已知，体系的自由振动由体系初位移和初速度引起，而体系的强迫振动由地面运动引起。若体系无初位移和初速度，则体系地震反应中的自由振动项为零。另即使体系有初位移或初速度，由于体系有阻尼，则由式（4-16）知，体系的自由振动项也会很快衰减，一般可不考虑。因此，可仅取体系强迫振动项，即式（4-32）表达的杜哈梅积分，计算单自由度体系的地震位移反应。

4.2.4　水平地震作用基本公式

根据上一小节的结构动力学理论，在水平地震作用下，将质点所受最大惯性力定义为单自由度体系的地震作用，即

$$F = \left| m(\ddot{x}_g + \ddot{x}) \right|_{\max} = m \left| \ddot{x}_g + \ddot{x} \right|_{\max} \qquad (4\text{-}34)$$

将单自由度体系运动方程式（4-5）改写为

$$m(\ddot{x}_g + \ddot{x}) = -(c\dot{x} + kx) \qquad (4\text{-}35)$$

注意到物体振动的一般规律为：加速度最大时，速度最小（$\dot{x} \to 0$）。则由式（4-35）近似可得

$$\left| m(\ddot{x}_g + \ddot{x}) \right|_{\max} = k \left| x \right|_{\max} \qquad (4\text{-}36)$$

即

$$F = k \left| x \right|_{\max} \qquad (4\text{-}37)$$

由式（4-37）可知，单自由度弹性体系在地震作用下质点产生的相对位移与惯性力成正比，某瞬间结构所受地震作用可以看作该瞬间结构自身质量产生的惯性力的等效力。这种力虽然不是直接作用于质点上，但它对结构体系的作用和地震对结构体系的作用相当。利用等效力对结构进行抗震设计，可使抗震计算这一动力问题转化为静力问题进行处理。

4.2.5　地震反应谱

对于结构设计来说，感兴趣的是结构最大反应，因此在结构抗震设计中，一般并不需要求出时域上整个地震反应过程，而只要求出其中的最大绝对值。这类理论称为地震反应谱理论。

1. 地震反应谱的定义与计算

在同一地震输入下，将具有相同阻尼比的一系列单自由度体系反应（加速度、速度和位移的绝对最大值）与单自由度体系自振周期 T 或频率的关系定义为地震反应谱，以表征地震动的频谱特性。本书将地震加速度反应谱记为 $S_a(T)$。

将地震位移反应表达式（4-32）微分两次得

$$\ddot{x}(t) = \omega_D \int_0^t \ddot{x}_g(\tau) e^{-\xi\omega(t-\tau)} \left\{ \left[1 - \left(\frac{\xi\omega}{\omega_D} \right)^2 \right] \sin\omega_D(t-\tau) + \right.$$
$$\left. 2\frac{\xi\omega}{\omega_D}\cos\omega_D(t-\tau) \right\} d\tau - \ddot{x}_g(t) \tag{4-38}$$

注意到结构阻尼比一般较小，$\omega_D \approx \omega$，另体系自振周期 $T = \frac{2\pi}{\omega}$，可得

$$S_a(T) = \left| \ddot{x}_g(t) + \ddot{x}(t) \right|_{max}$$
$$\approx \left| \omega \int_0^t \ddot{x}_g(\tau) e^{-\xi\omega(t-\tau)} \sin\omega(t-\tau) d\tau \right|_{max}$$
$$= \left| \frac{2\pi}{T} \int_0^t \ddot{x}_g(\tau) e^{-\xi\frac{2\pi}{T}(t-\tau)} \sin\frac{2\pi}{T}(t-\tau) d\tau \right|_{max} \tag{4-39}$$

2. $S_a(T)$ 的意义与影响因素

地震加速度反应谱可理解为一个确定的地面运动，通过一组阻尼比相同但自振周期各不相同的单自由度体系，所引起的各体系最大加速度反应与相应体系自振周期间的关系曲线，如图 4-7 所示。

由式（4-39）知，影响地震反应谱的因素有两个：一是体系阻尼比；二是地震动。

一般体系阻尼比越小，体系地震加速度反应越大，因此地震加速度反应谱值越大，如图 4-8 所示。

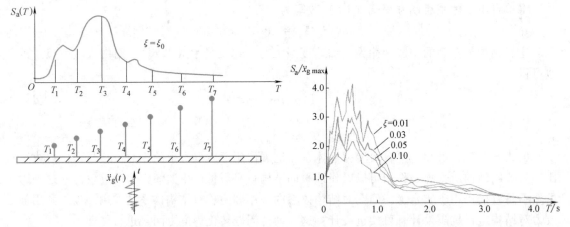

图 4-7　地震加速度反应谱的确定　　图 4-8　阻尼比对地震加速度反应谱的影响

地震动记录不同，显然地震加速度反应谱也将不同，即不同的地震动将有不同的地震加速度反应谱，或地震加速度反应谱总是与一定的地震动相应。因此，影响地震动的各种因素也将影响地震加速度反应谱。

第 1 章已介绍表征地震动特性的三要素（振幅、频谱和持时）。由于单自由度体系振动系统为线性系统，地震动振幅对地震加速度反应谱的影响将是线性的，即地震动振幅越大，地震加速度反应谱值也越大，且它们之间呈线性比例关系。因此，地震动振幅仅对地震加速度反应谱值大小有影响。

地震动频谱反映地震动不同频率简谐运动的构成，由共振原理知，地震加速度反应谱的

"峰"将分布在地震动的主要频率成分段上。因此地震动的频谱不同，地震加速度反应谱的"峰"的位置也将不同。图4-9、图4-10所示分别是不同场地条件和不同震中距条件下的地震加速度反应谱，反映了场地越软和震中距越大，地震动主要频率成分越小（或主要周期成分越长），因而地震加速度反应谱的"峰"对应的周期也越长的特性。可见，地震动频谱对地震加速度反应谱的形状有影响。因而影响地震动频谱的各种因素，如场地条件、震中距等，均对地震加速度反应谱有影响。

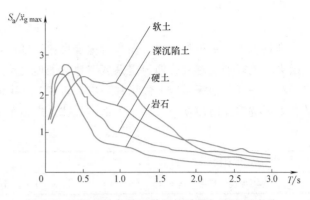

图 4-9 不同场地条件下的平均地震加速度反应谱

地震动持续时间影响单自由度体系地震反应的循环往复次数，一般对其最大反应或地震加速度反应谱影响不大。

4.2.6 设计反应谱

由地震加速度反应谱可方便地计算单自由度体系水平地震作用为

$$F = mS_a(T) \tag{4-40}$$

然而，地震加速度反应谱除受体系阻尼比的影响外，还受地震动的振幅、频谱等的影响，不同的地震动记录，地震加速度反应谱也不同。当进行结构抗震设计时，

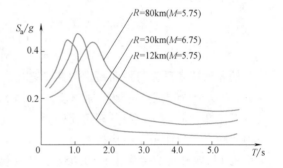

图 4-10 不同震中距条件下的平均地震加速度反应谱

R—震中距 M—震级

由于无法确知今后发生地震的地震动时程，因而无法确定相应的地震加速度反应谱。可见，地震加速度反应谱直接用于结构的抗震设计有一定的困难，而需专门研究可供结构抗震设计用的地震加速度反应谱，称之为设计反应谱。

为此，将式（4-40）改写为

$$F = mg \frac{|\ddot{x}_g|_{\max}}{g} \frac{S_a(T)}{|\ddot{x}_g|_{\max}} = Gk\beta(T) \tag{4-41}$$

式中 G——体系的重力；

k——地震系数；

$\beta(T)$——动力系数；

$|\ddot{x}_g|_{\max}$——地震动峰值加速度的绝对值。

下面讨论地震系数与动力系数的确定。

1. 地震系数

地震系数的定义为

$$k = \frac{|\ddot{x}_g|_{max}}{g} \qquad (4\text{-}42)$$

通过地震系数可将地震动振幅对地震反应谱的影响分离出来。一般，地面运动加速度峰值越大，地震烈度越大，即地震系数与地震烈度之间有一定的对应关系。根据统计分析，烈度每增加一度，地震系数大致增加一倍。表 4-1 是我国《建筑抗震设计规范》Ⅱ类场地采用的各地区抗震设防烈度与设计基本地震加速度取值的对应关系。

表 4-1　抗震设防烈度与Ⅱ类场地设计基本地震加速度关系

抗震设防烈度	6 度	7 度	8 度	9 度
设计基本地震加速度	0.05g	0.10g（0.15g）	0.20g（0.30g）	0.40g

从表 4-1 知，对Ⅱ类场地抗震设防烈度为 6、7、8、9 度的情况，地震系数 k 分别为 0.05、0.10（0.15）、0.20（0.30）和 0.40。

2. 动力系数

动力系数的定义为

$$\beta(T) = \frac{S_a(T)}{|\ddot{x}_g|_{max}} \qquad (4\text{-}43)$$

即体系最大加速度反应与地面最大加速度之比，意义为体系加速度放大系数。

$\beta(T)$ 实质为规则化的地震加速度反应谱。不同的地震动记录 $|\ddot{x}_g|_{max}$ 不同时，$S_a(T)$ 不具有可比性，但 $\beta(T)$ 却具有可比性。

为使动力系数能用于结构抗震设计，须采取以下措施：

措施 1：取确定的阻尼比 $\xi = 0.05$。因大多数实际建筑结构的阻尼比在 0.05 左右。

措施 2：按场地、震中距将地震动记录分类。

措施 3：计算每一类地震动记录动力系数的平均值

$$\overline{\beta}(T) = \frac{\sum\limits_{i=1}^{n} \beta_i(T) \Big|_{\xi = 0.05}}{n} \qquad (4\text{-}44)$$

式中　$\beta_i(T)$ ——第 i 条地震动记录计算所得动力系数。

上述措施 1 考虑了阻尼比对地震加速度反应谱的影响，措施 2 考虑了地震动频谱的主要影响因素，措施 3 考虑了类别相同的不同地震动记录地震加速度反应谱的变异性。由此得到的 $\overline{\beta}(T)$ 经平滑后的动力系数谱曲线，如图 4-11 所示，可供结构抗震设计采用。

图 4-11 中两式及物理量

$$\beta = \left(\frac{T_g}{T}\right)^{\gamma} \beta_{max}$$

$$\beta = \left[0.2^{\gamma} - \frac{\eta_1}{\eta_2}(T - 5T_g)\right] \beta_{max}$$

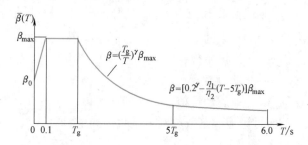

图 4-11　经平滑后的动力系数谱曲线

$$\beta_{\max} = 2.25$$

$$\beta_0 = 0.45\beta_{\max}/\eta_2$$

式中　T_g——特征周期，与场地条件和设计地震分组有关，按表4-2确定；

　　　T——结构自振周期；

　　　γ——衰减指数，$\gamma = 0.9$；

　　　η_1——直线下降段斜率调整系数，$\eta_1 = 0.02$；

　　　η_2——阻尼调整系数，$\eta_2 = 1.0$。

表 4-2　特征周期值 T_g　　　　　　　　　　　　　　（单位：s）

设计地震分组	场地类别				
	I_0	I_1	II	III	IV
第一组	0.20	0.25	0.35	0.45	0.65
第二组	0.25	0.30	0.40	0.55	0.75
第三组	0.30	0.35	0.45	0.65	0.90

注：计算罕遇地震作用时，特征周期应在本表基础上增加0.05s。

3. 地震影响系数

为应用方便，令

$$\alpha(T) = k\bar{\beta}(T) \tag{4-45}$$

称 $\alpha(T)$ 为地震影响系数。由于 $\alpha(T)$ 与 $\bar{\beta}(T)$ 仅相差一常系数地震系数，因而 $\alpha(T)$ 的物理意义与 $\bar{\beta}(T)$ 相同，是一设计反应谱。同时，$\alpha(T)$ 的形状与 $\bar{\beta}(T)$ 相同，如图4-12所示。图中 $\alpha_{\max}$ 为水平地震影响系数最大值。

$$\alpha_{\max} = k\beta_{\max} \tag{4-46}$$

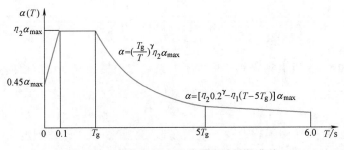

图 4-12　建筑结构水平地震影响系数曲线

图4-12所示即建筑结构水平地震影响系数曲线。除有专门规定外，建筑结构的阻尼比应取0.05，地震影响系数曲线的阻尼调整系数应按1.0采用，形状参数应符合下列规定：

1）直线上升段，周期小于0.1s的区段。

2）水平段，自0.1s至特征周期区段，应取最大值（$\alpha_{\max}$）。

3）曲线下降段，自特征周期至5倍特征周期区段，衰减指数应取0.9。

4）直线下降段，自5倍特征周期至6s区段，下降段斜率调整系数应取0.02。

目前，我国建筑抗震采用两阶段设计：第一阶段进行结构强度与弹性变形验算时采用多遇地震烈度，其 k 值相当于基本烈度的1/3；第二阶段进行结构弹塑性变形验算时采用罕遇地震烈度，其 k 值相当于基本烈度的 $1.5 \sim 2$ 倍（烈度越高，k 值越小）。由此，由表 4-1 及式（4-46）可得各设计阶段的 $\alpha_{\max}$ 值，见表 4-3。

表 4-3　水平地震影响系数最大值 $\alpha_{\max}$（阻尼比为 0.05）

地震影响	抗震设防烈度					
	6 度	7 度		8 度		9 度
	$0.05g$	$0.10g$	$0.15g$	$0.20g$	$0.30g$	$0.40g$
多遇地震	0.04	0.08	0.12	0.16	0.24	0.32
设防地震	0.12	0.23	0.34	0.45	0.68	0.90
罕遇地震	0.28	0.50	0.72	0.90	1.20	1.40

4. 阻尼对地震影响系数的影响

当建筑结构阻尼比按有关规定不等于 0.05 时，其地震影响系数曲线仍按图 4-12 确定，但形状参数应做调整：

1）曲线下降段衰减指数的调整

$$\gamma = 0.9 + \frac{0.05 - \xi}{0.3 + 6\xi} \qquad (4\text{-}47)$$

2）直线下降段斜率的调整

$$\eta_1 = 0.02 + \frac{0.05 - \xi}{4 + 32\xi} \qquad (4\text{-}48)$$

3）$\alpha_{\max}$ 的调整

当结构阻尼比不等于 0.05 时，表 4-3 中的 $\alpha_{\max}$ 值应乘以下列阻尼调整系数

$$\eta_2 = 1 + \frac{0.05 - \xi}{0.08 + 1.6\xi} \qquad (4\text{-}49)$$

当 $\eta_2 < 0.55$ 时，取 $\eta_2 = 0.55$。

5. 地震作用计算

由式（4-41）、式（4-45），可得抗震设计时单自由度体系水平地震作用计算公式为

$$F = \alpha G \qquad (4\text{-}50)$$

对比式（4-40）、式（4-50）知，地震影响系数与地震加速度反应谱的关系为

$$\alpha(T) = \frac{m S_a(T)}{G} = \frac{S_a(T)}{g} \qquad (4\text{-}51)$$

【例 4-2】　结构同【例 4-1】，位于 Ⅱ 类场地第二组，抗震设防烈度为 7 度（地震加速度为 $0.10g$），阻尼比 $\xi = 0.03$，求该结构多遇地震下的水平地震作用。

【解】　查表 4-3，$\alpha_{\max} = 0.08$；查表 4-2，$T_g = 0.4\text{s}$，$5T_g = 5 \times 0.4\text{s} = 2\text{s}$，由【例 4-1】计算知 $T = 1.99\text{s}$，$T_g < T < 5T_g$，故应按图 4-12 中曲线下降段公式进行计算。因 $\xi \neq 0.05$，故应考虑阻尼比对地震影响系数形状的调整。

$$\eta_2 = 1 + \frac{0.05 - \xi}{0.08 + 1.6\xi} = 1 + \frac{0.05 - 0.03}{0.08 + 1.6 \times 0.03} = 1.156$$

$$\gamma = 0.9 + \frac{0.05 - \xi}{0.3 + 6\xi} = 0.9 + \frac{0.05 - 0.03}{0.3 + 6 \times 0.03} = 0.942$$

由图 4-12 知

$$\alpha = \left(\frac{T_g}{T}\right)^\gamma \eta_2 \alpha_{max} = \left(\frac{0.4}{1.99}\right)^{0.942} \times 1.156 \times 0.08 = 0.0204$$

则

$$F = \alpha G = 0.0204 \times 10000 \times 9.81\text{N} = 2001.24\text{N}$$

4.3 多质点弹性体系水平地震作用

前面运用集中质量法确定了单质点弹性体系的计算简图，并在此基础上介绍了其在水平地震作用下的计算方法。在实际工程中有很多结构诸如多高层房屋、不等高厂房和烟囱等，应将其质量相对集中于若干高度处，简化成多质点体系进行计算，如4.2.1小节所述。本节介绍这类多质点弹性体系在地震作用下的计算方法。

4.3.1 多自由度弹性体系在地震作用下的运动方程

在单向水平地面运动作用下，多自由度弹性体系的变形如图4-13所示。设该体系各质点的相对水平位移为 x_i（$i=1$，2，$\cdots$，n），其中 n 为体系自由度数，则各质点所受的水平惯性力为

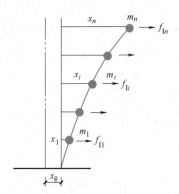

$$f_{I1} = -m_1(\ddot{x}_g + \ddot{x}_1)$$
$$f_{I2} = -m_2(\ddot{x}_g + \ddot{x}_2)$$
$$\vdots$$
$$f_{In} = -m_n(\ddot{x}_g + \ddot{x}_n)$$

图4-13 多自由度弹性体系的变形

将上列公式表达成向量和矩阵的形式为

$$\{F\} = -[M](\{\ddot{x}\} + \{1\}\ddot{x}_g) \tag{4-52}$$

其中

$$\{F\} = [f_{I1}, f_{I2}, \cdots, f_{In}]^T \tag{4-53a}$$

$$\{\ddot{x}\} = [\ddot{x}_1, \ddot{x}_2, \cdots, \ddot{x}_n]^T \tag{4-53b}$$

$$\{1\} = [1, 1, \cdots, 1]^T \tag{4-53c}$$

$$[M] = \begin{bmatrix} m_1 & & & \\ & m_2 & & \\ & & \ddots & \\ & & & m_n \end{bmatrix} \tag{4-53d}$$

式中 $[M]$——体系质量矩阵；

　　　$\{\ddot{x}\}$——质点相对水平加速度向量。

由结构力学的矩阵位移法，可列出该体系的刚度方程

$$[K]\{x\} = \{F\} \tag{4-54}$$

$$\{x\} = [x_1, x_2, \cdots, x_n]^T \tag{4-55}$$

$$[K] = \begin{bmatrix} k_{11} & k_{12} & \cdots & k_{1n} \\ k_{21} & k_{22} & \cdots & k_{2n} \\ \vdots & \vdots & & \vdots \\ k_{n1} & k_{n2} & \cdots & k_{nn} \end{bmatrix}$$

式中 $\{x\}$ ——体系的相对水平位移向量;

$[K]$ ——体系与 $\{x\}$ 相应的刚度矩阵, k_{ij} 为刚度系数, 其物理含义为当 j 自由度产生单位位移, 其余自由度不动时, 在 i 自由度上施加的力, $k_{ij} = k_{ji}$。

将式 (4-52) 代入式 (4-54), 可得多自由度弹性体系无阻尼运动方程

$$[M]\{\ddot{x}\} + [K]\{x\} = -[M]\{1\}\ddot{x}_g \tag{4-56}$$

当考虑阻尼影响时, 式 (4-54) 需改写为

$$[K]\{x\} = \{F\} + \{F_c\} \tag{4-57}$$

式中 $\{F_c\}$ ——体系阻尼力向量。

设

$$\{F_c\} = -[C]\{\dot{x}\} \tag{4-58}$$

$$[C] = \begin{bmatrix} c_{11} & c_{12} & \cdots & c_{1n} \\ c_{21} & c_{22} & \cdots & c_{2n} \\ \vdots & \vdots & & \vdots \\ c_{n1} & c_{n2} & \cdots & c_{nn} \end{bmatrix}$$

式中 $[C]$ ——体系阻尼矩阵, c_{ij} 为阻尼系数, 其物理含义为: 当 j 自由度产生单位速度, 其余自由度不动时, 在 i 自由度上产生的阻尼力;

$\{\dot{x}\}$ ——体系相对水平速度向量。

$$\{\dot{x}\} = [\dot{x}_1, \dot{x}_2, \cdots, \dot{x}_n]^T \tag{4-59}$$

将式 (4-49)、式 (4-58) 代入式 (4-54), 可得多自由度有阻尼体系运动方程

$$[M]\{\ddot{x}\} + [C]\{\dot{x}\} + [K]\{x\} = -[M]\{1\}\ddot{x}_g \tag{4-60}$$

4.3.2 多自由度弹性体系的自由振动

1. 自由振动方程

研究自由振动时, 不考虑阻尼的影响。此时体系不受外界作用, 可令 $\ddot{x}_g = 0$, 则由式 (4-56) 可得多自由度自由振动方程

$$[M]\{\ddot{x}\} + [K]\{x\} = \{0\} \tag{4-61}$$

根据方程式 (4-61) 的特点, 可设方程的解为

$$\{x\} = \{\phi\}\sin(\omega t + \varphi) \tag{4-62}$$

$$\{\phi\} = [\phi_1, \phi_2, \cdots, \phi_n]^T \tag{4-63}$$

式中 $\phi_i(i=1, 2, \cdots, n)$ ——常数, 是每个质点自由振动的振幅。

由式 (4-62) 对 $\{x\}$ 关于时间 t 微分两次, 得

$$\{\ddot{x}\} = -\omega^2\{\phi\}\sin(\omega t + \varphi) \tag{4-64}$$

将式 (4-62)、式 (4-64) 代入式 (4-61), 得

$$([K]-\omega^2[M])\{\phi\}\sin(\omega t+\varphi)=\{0\} \tag{4-65}$$

因 $\sin(\omega t+\varphi)\neq0$，则要求

$$([K]-\omega^2[M])\{\phi\}=\{0\} \tag{4-66}$$

式（4-66）实际是原来微分方程形式表达的多自由度弹性体系自由振动方程的代数方程形式，称之为动力特征方程。

2. 自振频率

由线性代数理论知，对于线性代数方程

$$[A]\{y\}=\{B\} \tag{4-67}$$

如果系数矩阵 $[A]$ 的行列式 $|A|\neq0$，则方程有唯一解

$$\{y\}=[A]^{-1}\{B\} \tag{4-68}$$

如果 $|A|=0$，则方程有多解。

多自由度弹性体系的特征方程式（4-66）是一线性代数方程，由上面的讨论知，如果 $|[K]-\omega^2[M]|\neq0$，则因方程右端向量 $\{B\}=\{0\}$，$\{\phi\}$ 的解将为 $\{0\}$，此表明体系不振动（即静止），这与体系发生自由振动的前提不符。而要得到 $\{\phi\}$ 的非零解，即体系发生振动的解，则必有

$$|[K]-\omega^2[M]|=0 \tag{4-69}$$

式（4-69）也称为多自由度弹性体系的动力特征值方程。由于 $[K]$、$[M]$ 均为常数矩阵，式（4-69）实际上是 ω^2 的 n 次代数方程，将有 n 个解。将解由小到大排列，设为 ω_1^2，ω_2^2，$\cdots$，ω_n^2。

由式（4-62）知，$\omega_i(i=1,2,\cdots,n)$ 为体系的一个自由振动圆频率。一个 n 自由度体系，有 n 个自振圆频率，即有 n 种自由振动方式或状态。称 ω_i 为体系第 i 阶自振圆频率。

【例 4-3】 计算仅有两个自由度弹性体系的自由振动频率。设

$$[M]=\begin{bmatrix}m_1 & 0 \\ 0 & m_2\end{bmatrix}$$

$$[K]=\begin{bmatrix}k_{11} & k_{12} \\ k_{21} & k_{22}\end{bmatrix}$$

【解】 由式（4-69）

$$|[K]-\omega^2[M]|=\left|\begin{bmatrix}k_{11} & k_{12} \\ k_{21} & k_{22}\end{bmatrix}-\omega^2\begin{bmatrix}m_1 & 0 \\ 0 & m_2\end{bmatrix}\right|$$

$$=m_1 m_2(\omega^2)^2-(k_{11}m_2+k_{22}m_1)\omega^2+(k_{11}k_{22}-k_{12}k_{21})$$

$$=0$$

解以上方程得

$$\begin{matrix}\omega_1^2 \\ \omega_2^2\end{matrix}=\frac{1}{2}\left(\frac{k_{11}}{m_1}+\frac{k_{22}}{m_2}\right)\mp\sqrt{\left[\frac{1}{2}\left(\frac{k_{11}}{m_1}+\frac{k_{22}}{m_2}\right)\right]^2-\frac{k_{11}k_{22}-k_{12}k_{21}}{m_1 m_2}}$$

3. 振型

多自由度弹性体系以某一阶圆频率 ω_i 自由振动时，将有一特定的振幅 $\{\phi_i\}$ 与之相

应，它们之间应满足动力特征方程

$$([K]-\omega_i^2[M])\{\phi_i\}=\{0\} \tag{4-70}$$

设

$$\begin{aligned}\{\phi_i\} &= [\phi_{i1},\phi_{i2},\cdots,\phi_{i(n-1)},\phi_{in}]^{\mathrm{T}}\\ &= \phi_{in}[\phi_{i1}/\phi_{in},\phi_{i2}/\phi_{in},\cdots,\phi_{i(n-1)}/\phi_{in},1]^{\mathrm{T}}\end{aligned}$$

$$= \phi_{in}\left\{\begin{array}{c}\{\overline{\phi}_i\}_{(n-1)}\\ 1\end{array}\right\} \tag{4-71}$$

与 $\{\phi_i\}$ 相应，用分块矩阵表达

$$([K]-\omega_i^2[M])=\begin{bmatrix}[A_i]_{(n-1)} & \{B_i\}_{(n-1)}\\ \{B_i\}_{(n-1)}^{\mathrm{T}} & C_i\end{bmatrix} \tag{4-72}$$

则式（4-70）成为

$$\phi_{in}\begin{bmatrix}[A_i]_{(n-1)} & \{B_i\}_{(n-1)}\\ \{B_i\}_{(n-1)}^{\mathrm{T}} & C_i\end{bmatrix}\left\{\begin{array}{c}\{\overline{\phi}_i\}_{(n-1)}\\ 1\end{array}\right\}=\{0\} \tag{4-73}$$

将式（4-73）展开得

$$[A_i]_{(n-1)}\{\overline{\phi}_i\}_{(n-1)}+\{B_i\}_{(n-1)}=\{0\} \tag{4-74}$$

$$\{B_i\}_{(n-1)}^{\mathrm{T}}\{\overline{\phi}_i\}_{(n-1)}+C_i=0 \tag{4-75}$$

由式（4-74）可解得

$$\{\overline{\phi}_i\}_{(n-1)}=-[A_i]_{(n-1)}^{-1}\{B_i\}_{(n-1)} \tag{4-76}$$

将式（4-76）代入式（4-75），可用以复验 $\{\overline{\phi}_i\}_{(n-1)}$ 求解结果的正确性。

令

$$\phi_{in}=a_i$$

$$\{\overline{\phi}_i\}=\left\{\begin{array}{c}\{\overline{\phi}_i\}_{(n-1)}\\ 1\end{array}\right\}$$

则

$$\{\phi_i\}=a_i\{\overline{\phi}_i\} \tag{4-77}$$

由此得体系以 ω_i 频率自由振动的解为

$$\{x\}=a_i\{\overline{\phi}_i\}\sin(\omega_i t+\varphi) \tag{4-78}$$

由于向量 $\{\overline{\phi}_i\}$ 各元素的值是确定的，则由式（4-78）知，多自由度弹性体系自由振动时，各质点在任意时刻位移幅值的比值是一定的，不随时间而变化，即体系在自由振动过程中的形状保持不变。因此把反映体系自由振动形状的向量 $\{\phi_i\}=a_i\overline{\phi}_i$ 称为振型，而把 $\{\overline{\phi}_i\}$ 称为规则化的振型或也简称为振型。因 $\{\phi_i\}$ 与体系第 i 阶自振圆频率相应，故 $\{\phi_i\}$ 也称为第 i 阶振型。

【例 4-4】 三层剪切型结构如图 4-14 所示，求该结构的自振圆频率和振型。

【解】 该结构为 3 自由度弹性体系，质量矩阵和刚度矩阵分别为

$$[M]=\begin{bmatrix}2 & 0 & 0\\ 0 & 1.5 & 0\\ 0 & 0 & 1\end{bmatrix}\times10^3\,\mathrm{kg}$$

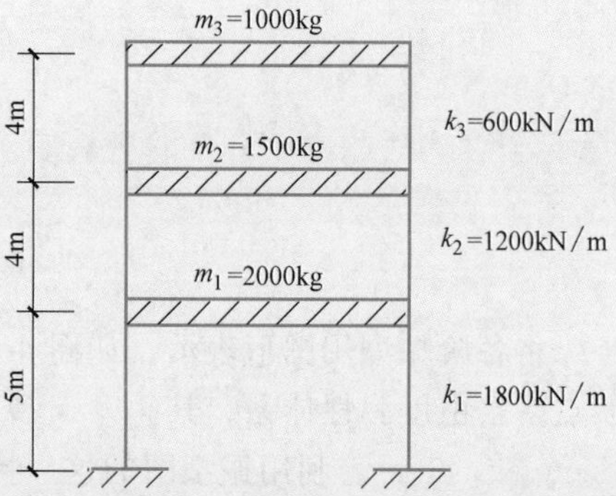

$$[K] = \begin{bmatrix} K_1+K_2 & -K_2 & 0 \\ -K_2 & K_2+K_3 & -K_3 \\ 0 & -K_3 & K_3 \end{bmatrix}$$

$$= \begin{bmatrix} 3 & -1.2 & 0 \\ -1.2 & 1.8 & -0.6 \\ 0 & -0.6 & 0.6 \end{bmatrix} \times 10^6 \text{N/m}$$

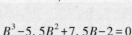

先由特征值方程求自振圆频率，令

$$B = \frac{\omega^2}{600}$$

图 4-14　三层剪切型结构

得

$$\left|[K]-\omega^2[M]\right| = \begin{vmatrix} 5-2B & -2 & 0 \\ -2 & 3-1.5B & -1 \\ 0 & -1 & 1-B \end{vmatrix} = 0$$

或

$$B^3 - 5.5B^2 + 7.5B - 2 = 0$$

由上式可解得

$$B_1 = 0.351, B_2 = 1.61, B_3 = 3.54$$

从而由 $\omega = \sqrt{600B}$ 得

$$\omega_1 = 14.5\text{rad/s}, \omega_2 = 31.3\text{rad/s}, \omega_3 = 46.1\text{rad/s}$$

由自振周期与自振频率的关系 $T = 2\pi/\omega$，可得结构的各阶自振周期分别为

$$T_1 = 0.433\text{s}, T_2 = 0.202\text{s}, T_3 = 0.136\text{s}$$

为求第一阶振型，将 $\omega_1 = 14.5\text{rad/s}$ 代入

$$([K]-\omega_1^2[M]) = \begin{bmatrix} 2579.5 & -1200 & 0 \\ -1200 & 1484.6 & -600 \\ 0 & -600 & 389.8 \end{bmatrix}$$

由式（4-76）得

$$\begin{pmatrix} \overline{\phi}_{11} \\ \overline{\phi}_{12} \end{pmatrix} = -\begin{pmatrix} 2579.5 & -1200 \\ -1200 & 1484.6 \end{pmatrix}^{-1} \begin{pmatrix} 0 \\ -600 \end{pmatrix} = \begin{pmatrix} 0.301 \\ 0.648 \end{pmatrix}$$

代入式（4-75）校核

$$(0, -600)\begin{pmatrix} 0.301 \\ 0.648 \end{pmatrix} + 389.8 \approx 0$$

则第一阶振型为

$$\{\overline{\phi}_1\} = \begin{pmatrix} 0.301 \\ 0.648 \\ 1 \end{pmatrix}$$

同样可求得第二阶和第三阶振型为

$$\{\overline{\phi}_2\} = \begin{pmatrix} -0.676 \\ -0.601 \\ 1 \end{pmatrix}$$

$$\{\overline{\phi}_3\} = \begin{pmatrix} 2.47 \\ -2.57 \\ 1 \end{pmatrix}$$

将各阶振型用图形表示，如图 4-15 所示。图中反映振型具有如下特征：对于串联多质点多自由度弹性体系，其第几阶振型，在振型图上就有几个节点（振型曲线与体系平衡位置的交点）。利用振型图的这一特征，可以定性判别所得振型正确与否。

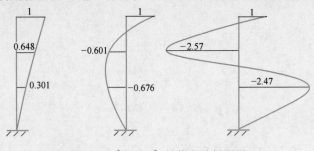

图 4-15 【例 4-4】结构各阶振型图

4. 振型的正交性

将体系动力特征方程改写为

$$[K]\{\phi\} = \omega^2[M]\{\phi\} \tag{4-79}$$

式（4-79）对体系任意第 i 阶和第 j 阶频率和振型均应成立，即

$$[K]\{\phi_i\} = \omega_i^2[M]\{\phi_i\} \tag{4-80}$$

$$[K]\{\phi_j\} = \omega_j^2[M]\{\phi_j\} \tag{4-81}$$

对式（4-80）两边左乘 $\{\phi_j\}^{\mathrm{T}}$，并对式（4-81）两边左乘 $\{\phi_i\}^{\mathrm{T}}$，得

$$\{\phi_j\}^{\mathrm{T}}[K]\{\phi_i\} = \omega_i^2\{\phi_j\}^{\mathrm{T}}[M]\{\phi_i\} \tag{4-82}$$

$$\{\phi_i\}^{\mathrm{T}}[K]\{\phi_j\} = \omega_j^2\{\phi_i\}^{\mathrm{T}}[M]\{\phi_j\} \tag{4-83}$$

将式（4-83）两边转置，并注意到刚度矩阵和质量矩阵的对称性得

$$\{\phi_j\}^{\mathrm{T}}[K]\{\phi_i\} = \omega_j^2\{\phi_j\}^{\mathrm{T}}[M]\{\phi_i\} \tag{4-84}$$

将式（4-82）与式（4-84）相减得

$$(\omega_i^2 - \omega_j^2)\{\phi_j\}^{\mathrm{T}}[M]\{\phi_i\} = 0 \tag{4-85}$$

如果 $i \neq j$，则 $\overline{\omega}_i \neq \overline{\omega}_j$，由式（4-85）可得

$$\{\phi_j\}^{\mathrm{T}}[M]\{\phi_i\} = 0, i \neq j \tag{4-86}$$

将式（4-86）代入式（4-82）得

$$\{\phi_j\}^{\mathrm{T}}[K]\{\phi_i\} = 0, i \neq j \tag{4-87}$$

式（4-86）和式（4-87）分别表示振型关于质量矩阵 $[M]$ 和刚度矩阵 $[K]$ 正交。

4.3.3 振型分解法

1. 运动方程的求解

由振型的正交性知，$\{\phi_1\}$，$\{\phi_2\}$，$\cdots$，$\{\phi_n\}$ 相互独立，根据线性代数理论，n 维向

量 $\{x\}$ 总可以表示为 n 个独立向量的线性组合，则体系地震位移反应向量 $\{x\}$ 可表示成

$$\{x\} = \sum_{j=1}^{n} q_j \{\phi_j\} \tag{4-88}$$

其中 $q_j(j=1,2,\cdots,n)$ 称为振型正则坐标，当 $\{x\}$ 一定时，q_j 具有唯一解。注意到 $\{x\}$ 为时间的函数，则 q_j 也将为时间的函数。

将式（4-88）代入多自由度体系，一般由阻尼运动方程（4-60）得

$$\sum_{j=1}^{n} ([M]\{\phi_j\}\ddot{q}_j + [C]\{\phi_j\}\dot{q}_j + [K]\{\phi_j\}q_j) = -[M]\{1\}\ddot{x}_g \tag{4-89}$$

将式（4-89）两边左乘 $\{\phi_i\}^T$ 得

$$\sum_{j=1}^{n} (\{\phi_i\}^T[M]\{\phi_j\}\ddot{q}_j + \{\phi_i\}^T[C]\{\phi_j\}\dot{q}_j + \{\phi_i\}^T[K]\{\phi_j\}q_j) = -\{\phi_i\}^T[M]\{1\}\ddot{x}_g \tag{4-90}$$

注意到振型关于质量矩阵和刚度矩阵的正交性式（4-86）、式（4-87），并设振型关于阻尼矩阵也正交，即

$$\{\phi_i\}^T[C]\{\phi_j\} = 0, i \neq j \tag{4-91}$$

则式（4-90）成为

$$\{\phi_i\}^T[M]\{\phi_i\}\ddot{q}_i + \{\phi_i\}^T[C]\{\phi_i\}\dot{q}_i + \{\phi_i\}^T[K]\{\phi_i\}q_i = -\{\phi_i\}^T[M]\{1\}\ddot{x}_g \tag{4-92}$$

将式（4-80）两边左乘 $\{\phi_i\}^T$

$$\{\phi_i\}^T[K]\{\phi_i\} = \omega_i^2\{\phi_i\}^T[M]\{\phi_i\} \tag{4-93}$$

则可得

$$\omega_i^2 = \frac{\{\phi_i\}^T[K]\{\phi_i\}}{\{\phi_i\}^T[M]\{\phi_i\}} \tag{4-94}$$

令

$$2\omega_i\xi_i = \frac{\{\phi_i\}^T[C]\{\phi_i\}}{\{\phi_i\}^T[M]\{\phi_i\}} \tag{4-95}$$

$$\gamma_i = \frac{\{\phi_i\}^T[M]\{1\}}{\{\phi_i\}^T[M]\{\phi_i\}} \tag{4-96}$$

则将式（4-92）两边同除以 $\{\phi_i\}^T[M]\{\phi_i\}$，可得

$$\ddot{q}_i + 2\omega_i\xi_i\dot{q}_i + \overline{\omega_i^2}q_i = -\gamma_i\ddot{x}_g \tag{4-97}$$

式（4-97）与一单自由度弹性体系的运动方程相同。可见，原来 n 自由度弹性体系的 n 维联立运动微分方程，被分解为 n 个独立的关于正则坐标的单自由度弹性体系运动微分方程，各单自由度弹性体系的自振频率为原多自由度弹性体系的各阶频率，相应 ξ_i（$i=1,2,\cdots,n$）为原体系各阶阻尼比，而 γ_i 为原体系 i 阶振型参与系数。

由杜哈梅积分，可得式（4-97）的解

$$q_i(t) = -\frac{1}{\omega_{iD}}\int_0^t \gamma_i\dot{x}_g(\tau)e^{-\xi_i\omega_i(t-\tau)}\sin\omega_{iD}(t-\tau)d\tau$$

$$= \gamma_i\Delta_i(t) \tag{4-98}$$

$$\omega_{iD} = \omega_i \sqrt{1-\xi_i^2} \tag{4-99}$$

显然，$\Delta_i(t)$ 是阻尼比为 ξ_i、自振频率为 ω_i 的单自由度弹性体系的地震位移反应。

将式（4-98）代入式（4-88），即得到多自由度弹性体系地震位移反应的解

$$\{x(t)\} = \sum_{j=1}^n \gamma_j \Delta_j(t)\{\phi_j\} = \sum_{j=1}^n \{x_j(t)\} \tag{4-100}$$

$$\{x_j(t)\} = \gamma_j \Delta_j(t)\{\phi_j\} \tag{4-101}$$

因 $\{x_j(t)\}$ 仅与体系的第 j 阶自振特性有关，故称 $\{x_j(t)\}$ 为体系的第 j 阶振型地震反应。由式（4-100）知，多自由度弹性体系的地震反应可通过分解为各阶振型地震反应求解，故称为振型分解法。

2. 阻尼矩阵的处理

由前述讨论知，振型分解法的前提条件是振型关于质量矩阵 $[M]$、刚度矩阵 $[K]$ 和阻尼矩阵 $[C]$ 均正交。振型关于 $[M]$、$[K]$ 的正交性是无条件的，但是振型关于 $[C]$ 的正交性却是有条件的，不是任何形式的阻尼矩阵均满足正交条件。为使阻尼矩阵具有正交性，可采用如下瑞利（Rayleigh）阻尼矩阵形式

$$[C] = a[M] + b[K] \tag{4-102}$$

因 $[M]$、$[K]$ 均具有正交性，故瑞利阻尼矩阵也一定具有正交性。为确定其中待定系数 a、b，任取体系两阶振型 $\{\phi_i\}$、$\{\phi_j\}$，关于式（4-102）做如下运算

$$\{\phi_i\}^T[C]\{\phi_i\} = a\{\phi_i\}^T[M]\{\phi_i\} + b\{\phi_i\}^T[K]\{\phi_i\} \tag{4-103}$$

$$\{\phi_j\}^T[C]\{\phi_j\} = a\{\phi_j\}^T[M]\{\phi_j\} + b\{\phi_j\}^T[K]\{\phi_j\} \tag{4-104}$$

由式（4-94）、式（4-95），将式（4-103）、式（4-104）两边分别同除以 $\{\phi_i\}^T[M]\{\phi_i\}$ 和 $\{\phi_j\}^T[M]\{\phi_j\}$ 得

$$2\omega_i\xi_i = a + b\omega_i^2 \tag{4-105}$$

$$2\omega_j\xi_j = a + b\omega_j^2 \tag{4-106}$$

由式（4-105）和式（4-106）可解得

$$a = \frac{2\omega_i\omega_j(\xi_i\omega_j - \xi_j\omega_i)}{\omega_j^2 - \omega_i^2} \tag{4-107}$$

$$b = \frac{2(\omega_j\xi_j - \omega_i\xi_i)}{\omega_j^2 - \omega_i^2} \tag{4-108}$$

实际计算时，可取对结构地震反应影响最大的两个振型的频率，并取 $\xi_i = \xi_j$。一般情况下，可取 $i=1$，$j=2$。

4.3.4 多自由度弹性体系地震作用的振型分解反应谱法

对结构抗震设计最有意义的是结构最大地震反应。下面介绍两种计算多自由度弹性体系最大地震反应的方法，一种是振型分解反应谱法，另一种是底部剪力法。其中前者的理论基础是地震反应分析的振型分解法及地震反应谱概念，而后者则是振型分解反应谱法的一种简化。

1. 振型参与系数

γ_j 为体系 j 阶振型参与系数，它可以看作多质点弹性体系各质点发生单位位移时的广义

坐标 a_j。

由于各阶振型 $\{\phi_i\}$（$i=1$，2，$\cdots$，n）是相互独立的向量，则可将单位向量 $\{1\}$ 表示成 $\{\phi_1\}$，$\{\phi_2\}$，$\cdots$，$\{\phi_n\}$ 的线性组合，即

$$\{1\} = \sum_{i=1}^{n} a_i \{\phi_i\} \tag{4-109}$$

其中，a_i 为待定系数，为确定 a_i，将式（4-109）两边左乘 $\{\phi_j\}^T[M]$，得

$$\{\phi_j\}^T[M]\{1\} = \sum_{i=1}^{n} a_i \{\phi_j\}^T[M]\{\phi_i\} = a_j\{\phi_j\}^T[M]\{\phi_j\} \tag{4-110}$$

由式（4-110）解得

$$a_j = \frac{\{\phi_j\}^T[M]\{1\}}{\{\phi_j\}^T[M]\{\phi_j\}} = \gamma_j \tag{4-111}$$

将式（4-111）代入式（4-109）得如下以后有用的表达式

$$\sum_{i=1}^{n} \gamma_i \{\phi_i\} = \{1\} \tag{4-112}$$

2. 质点 i 任意时刻的地震惯性力

对于图 4-16 所示的多质点体系，由式（4-100）可得质点 i 任意时刻的水平相对位移反应

$$x_i(t) = \sum_{j=1}^{n} \gamma_j \Delta_j(t) \phi_{ji} \tag{4-113}$$

式中 ϕ_{ji}——振型 j 在质点 i 处的振型位移。

则质点 i 在任意时刻的水平相对加速度反应为

$$\ddot{x}_i(t) = \sum_{j=1}^{n} \gamma_j \ddot{\Delta}_j(t) \phi_{ji} \tag{4-114}$$

由式（4-112），将水平地面运动加速度表达成

$$\ddot{x}_g(t) = \left(\sum_{j=1}^{n} \gamma_j \phi_{ji} \right) \ddot{x}_g(t) \tag{4-115}$$

图 4-16 多质点体系

则可得质点 i 任意时刻的水平地震惯性力

$$\begin{aligned} f_i &= -m_i[\ddot{x}_i(t) + \ddot{x}_g(t)] \\ &= -m_i\left[\sum_{j=1}^{n} \gamma_j \ddot{\Delta}_j(t) \phi_{ji} + \sum_{j=1}^{n} \gamma_j \phi_{ji} \ddot{x}_g(t) \right] \\ &= -m_i \sum_{j=1}^{n} \gamma_j \phi_{ji}[\ddot{\Delta}_j(t) + \ddot{x}_g(t)] = \sum_{j=1}^{n} f_{ji} \end{aligned} \tag{4-116}$$

式中 f_{ji}——质点 i 的第 j 振型水平地震惯性力。

$$f_{ji} = -m_i \gamma_j \phi_{ji}[\ddot{\Delta}_j(t) + \ddot{x}_g(t)] \tag{4-117}$$

3. 质点 i 的第 j 振型水平地震作用

将质点 i 的第 j 振型水平地震作用定义为该阶振型最大惯性力，即

$$F_{ji} = |f_{ji}|_{\max} \tag{4-118}$$

将式（4-117）代入式（4-118）得

$$F_{ji} = m_i \gamma_j \phi_{ji} \left| \ddot{\Delta}_j(t) + \ddot{x}_g(t) \right|_{\max} \tag{4-119}$$

注意到 $\ddot{\Delta}_j(t) + \ddot{x}_g(t)$ 是自振频率为 ω_j（或自振周期为 T_j）、阻尼比为 ξ_j 的单自由度弹性体系的地震绝对加速度反应，则由地震反应谱的定义，见式（4-39），可将质点 i 的第 j 振型水平地震作用表达为

$$F_{ji} = m_i \gamma_j \phi_{ji} S_a(T_j) \tag{4-120}$$

进行结构抗震设计需采用设计谱，由地震影响系数设计谱与地震反应谱的关系式（4-51），可得

$$F_{ji} = (m_i g) \gamma_j \phi_{ji} \alpha_j = G_i \alpha_j \gamma_j \phi_{ji} \tag{4-121}$$

式中 G_i——质点 i 的重力；

α_j——按体系第 j 阶周期计算的第 j 振型地震影响系数。

4. 振型组合

由振型 j 各质点水平地震作用，按静力分析方法计算，可得体系振型 j 最大地震反应。记体系振型 j 某特定最大地震反应（即振型地震作用效应，如构件内力、楼层位移等）为 S_j，而该特定体系最大地震反应为 S，则可通过各振型反应 S_j 估计 S，此称为振型组合。

由于各振型最大反应不在同一时刻发生，因此直接由各振型最大反应叠加估计体系最大反应，结果会偏大。通过随机振动理论分析，得出采用平方和开方的方法（SRSS 法）估计体系最大反应可获得较好的结果，即

$$S = \sqrt{\sum S_j^2} \tag{4-122}$$

【例 4-5】 结构同【例 4-4】。已知

$$T_1 = 0.433\,\text{s}, \quad T_2 = 0.202\,\text{s}, \quad T_3 = 0.136\,\text{s}$$

$$\{\phi_1\} = \begin{bmatrix} 0.301 \\ 0.648 \\ 1 \end{bmatrix}, \quad \{\phi_2\} = \begin{bmatrix} -0.676 \\ -0.601 \\ 1 \end{bmatrix}, \quad \{\phi_3\} = \begin{bmatrix} 2.47 \\ -2.57 \\ 1 \end{bmatrix}$$

结构处于 8 度区（地震加速度为 $0.20g$），I_1 类场地第一组，结构阻尼比为 0.05。试采用振型分解反应谱法，求结构在多遇地震下的最大底部剪力和最大顶点位移。

【解】 由

$$\gamma_j = \frac{\{\phi_j\}^{\text{T}}[M]\{1\}}{\{\phi_j\}^{\text{T}}[M]\{\phi_j\}} = \frac{\sum\limits_{i=1}^{n} m_i \phi_{ji}}{\sum\limits_{i=1}^{n} m_i \phi_{ji}^2}$$

$$[M] = \begin{bmatrix} 2 & 0 & 0 \\ 0 & 1.5 & 0 \\ 0 & 0 & 1 \end{bmatrix} \times 10^3\,\text{kg}$$

得

$$\gamma_1 = \frac{1 + 1.5 \times 0.648 + 2 \times 0.301}{1 + 1.5 \times 0.648^2 + 2 \times 0.301^2} = 1.421$$

$$\gamma_2 = \frac{1 + 1.5 \times (-0.601) + 2 \times (-0.676)}{1 + 1.5 \times (-0.601)^2 + 2 \times (-0.676)^2} = -0.510$$

$$\gamma_3 = \frac{1+1.5\times(-2.57)+2\times2.47}{1+1.5\times(-2.57)^2+2\times2.47^2} = 0.090$$

查表 4-2、表 4-3 得 $T_g = 0.25\text{s}$，$\alpha_{\max} = 0.16$，$5T_g = 1.25\text{s}$。$T_1 = 0.433\text{s}$，$T_g < T_1 < 5T_g$，则按图 4-12 中曲线下降段公式计算 α_1。因 $\xi = 0.05$，故衰减指数 $\gamma = 0.9$，阻尼调整系数 $\eta_2 = 1.0$，则

$$\alpha_1 = \left(\frac{T_g}{T_1}\right)^{\gamma}\eta_2\alpha_{\max} = \left(\frac{T_g}{T_1}\right)^{0.9}\alpha_{\max} = \left(\frac{0.25}{0.433}\right)^{0.9}\times0.16 = 0.0976$$

因 $T_2 = 0.202\text{s}$，$T_3 = 0.136\text{s}$，$0.1\text{s} < T_2 < T_g$，$0.1\text{s} < T_3 < T_g$，按图 4-12 中水平段计算 α_2、α_3，则

$$\alpha_2 = \eta_2\alpha_{\max} = 0.16$$

$$\alpha_3 = \eta_2\alpha_{\max} = 0.16$$

由 $F_{ji} = G_i\alpha_j\gamma_j\phi_{ji}$ 得第一振型各质点（或各楼面）水平地震作用为

$$F_{11} = 2\times9.8\times0.0976\times1.421\times0.301\text{kN} = 0.818\text{kN}$$

$$F_{12} = 1.5\times9.8\times0.0976\times1.421\times0.648\text{kN} = 1.321\text{kN}$$

$$F_{13} = 1.0\times9.8\times0.0976\times1.421\times1\text{kN} = 1.359\text{kN}$$

第二振型各质点水平地震作用为

$$F_{21} = 2\times9.8\times0.16\times(-0.510)\times(-0.676)\text{kN} = 1.081\text{kN}$$

$$F_{22} = 1.5\times9.8\times0.16\times(-0.510)\times(-0.601)\text{kN} = 0.721\text{kN}$$

$$F_{23} = 1.0\times9.8\times0.16\times(-0.510)\times1\text{kN} = -0.800\text{kN}$$

第三振型各质点水平地震作用为

$$F_{31} = 2\times9.8\times0.16\times0.09\times2.47\text{kN} = 0.697\text{kN}$$

$$F_{32} = 1.5\times9.8\times0.16\times0.09\times(-2.57)\text{kN} = -0.544\text{kN}$$

$$F_{33} = 1.0\times9.8\times0.16\times0.09\times1\text{kN} = 0.141\text{kN}$$

则由各振型水平地震作用产生的底部剪力为

$$V_{11} = F_{11}+F_{12}+F_{13} = 3.498\text{kN}$$

$$V_{21} = F_{21}+F_{22}+F_{23} = 1.002\text{kN}$$

$$V_{31} = F_{31}+F_{32}+F_{33} = 0.294\text{kN}$$

通过振型组合求结构的最大底部剪力为

$$V_1 = \sqrt{\sum V_{j1}^2} = \sqrt{3.498^2+1.002^2+0.294^2}\,\text{kN} = 3.651\text{kN}$$

若仅取前两阶振型反应进行组合

$$V_1 = \sqrt{3.498^2+1.002^2}\,\text{kN} = 3.639\text{kN}$$

由各振型水平地震作用产生的结构顶点位移为

$$U_{13} = \frac{F_{11}+F_{12}+F_{13}}{k_1}+\frac{F_{12}+F_{13}}{k_2}+\frac{F_{13}}{k_3}$$

$$= \left(\frac{3.498}{1800}+\frac{1.321+1.359}{1200}+\frac{1.359}{600}\right)\text{m} = 6.442\times10^{-3}\,\text{m}$$

$$U_{23} = \frac{F_{21}+F_{22}+F_{23}}{k_1} + \frac{F_{22}+F_{23}}{k_2} + \frac{F_{23}}{k_3}$$

$$= \left[\frac{1.081}{1800} + \frac{0.721+(-0.800)}{1200} + \frac{-0.800}{600}\right] m = -0.799 \times 10^{-3} m$$

$$U_{33} = \frac{F_{31}+F_{32}+F_{33}}{k_1} + \frac{F_{32}+F_{33}}{k_2} + \frac{F_{33}}{k_3}$$

$$= \left[\frac{0.309}{1800} + \frac{(-0.529)+0.141}{1200} + \frac{0.141}{600}\right] m = 0.083 \times 10^{-3} m$$

通过振型组合求结构的最大顶点位移

$$U_3 = \sqrt{\sum U_{j3}^2} = 10^{-3}\sqrt{6.442^2+(-0.799)^2+0.083^2} \, m = 6.492mm$$

若仅取前两阶振型反应进行组合

$$U_3 = 10^{-3}\sqrt{6.442^2+(-0.799)^2} \, m = 6.491mm$$

采用振型分解反应谱法计算结构最大地震反应容易犯的一个错误是，首先将各振型地震作用组合成总地震作用，然后用总地震作用计算结构总地震反应。这样的计算次序与正确的计算次序（即先由振型地震作用计算振型地震反应，再由振型地震反应组合成总地震反应）所得结果是不一致的。下面以本例底部剪力结果加以说明。

若先计算总地震作用，则各楼层处的总地震作用分别为

$$F_1 = \sqrt{F_{11}^2+F_{21}^2+F_{31}^2} = \sqrt{0.818^2+1.081^2+0.697^2} \, kN = 1.524kN$$

$$F_2 = \sqrt{F_{12}^2+F_{22}^2+F_{32}^2} = \sqrt{1.321^2+0.721^2+(-0.529)^2} \, kN = 2.318kN$$

$$F_3 = \sqrt{F_{13}^2+F_{23}^2+F_{33}^2} = \sqrt{1.359^2+(-0.800)^2+0.141^2} \, kN = 1.609kN$$

按上面各楼层总地震作用所计算的结构底部剪力为

$$V_1 = F_1+F_2+F_3 = (1.524+2.318+1.609)kN = 5.451kN$$

与前面正确计算次序的结果相比，值偏大。原因是：振型各质点地震作用有方向性，负值作用与正值作用方向相反，而按平方和开方的方法计算各质点总地震作用，没有反映振型各质点地震作用方向性的影响。

5. 振型组合时振型反应数的确定

从【例4-5】可以发现，结构的低阶振型反应大于高阶振型反应，振型阶数越高，振型反应越小。因此，结构的总地震反应以低阶振型反应为主，而高阶振型反应对结构总地震反应的贡献较小。故求结构总地震反应时，不需要取结构全部振型反应进行组合。通过统计分析，振型反应的组合数可按如下规定确定：

1）一般情况下，可取结构前2~3阶振型反应进行组合，但不多于结构自由度数。

2）当结构基本周期 $T_1 > 1.5s$ 时或建筑高宽比大于5时，可适当增加振型反应组合数。

4.3.5 底部剪力法

1. 计算假定

采用振型分解反应谱法计算结构最大地震反应精度较高，一般情况下无法采用手算，必

须通过计算机计算，且计算量较大。理论分析表明，当建筑物高度不超过 40m，结构以剪切变形为主且质量和刚度沿高度分布较均匀时，结构的地震反应将以第一振型反应为主，而结构的第一振型接近直线。为简化满足上述条件的结构地震反应计算，假定：

1）结构的地震反应可用第一振型反应表征。

2）结构的第一振型为线性倒三角形，如图 4-17 所示，即任意质点的第一振型位移与其高度成正比

$$\phi_{1i} = CH_i \tag{4-123}$$

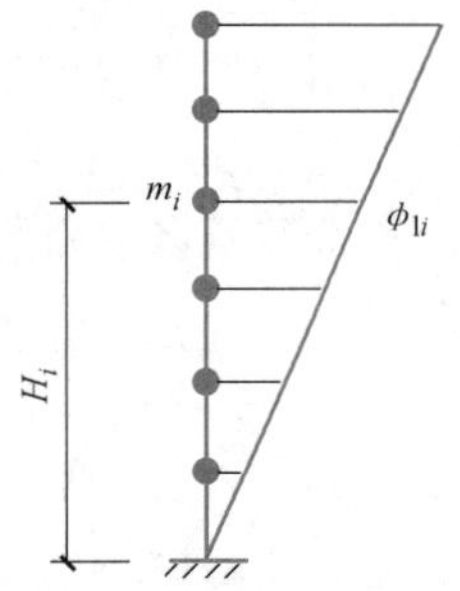

式中　C——比例常数；

　　　H_i——质点 i 离地面的高度。

图 4-17　结构简
化第一振型

2. 底部剪力的计算

由上述假定，任意质点 i 的水平地震作用为

$$F_i = G_i \alpha_1 \gamma_1 \phi_{1i} = G_i \alpha_1 \frac{\{\phi_1\}^T [M] \{1\}}{\{\phi_1\}^T [M] \{\phi_1\}} \phi_{1i}$$

$$= G_i \alpha_1 \frac{\sum_{j=1}^{n} G_j \phi_{1j}}{\sum_{j=1}^{n} G_j \phi_{1j}^2} \phi_{1i} \tag{4-124}$$

将式（4-123）代入式（4-124）得

$$F_i = \frac{\sum_{j=1}^{n} G_j H_j}{\sum_{j=1}^{n} G_j H_j^2} G_i H_i \alpha_1 \tag{4-125}$$

则结构底部剪力为

$$F_{Ek} = \sum_{i=1}^{n} F_i = \frac{\sum_{j=1}^{n} G_j H_j}{\sum_{j=1}^{n} G_j H_j^2} \sum_{i=1}^{n} G_i H_i \alpha_1$$

$$= \frac{\left(\sum_{j=1}^{n} G_j H_j \right)^2}{\sum_{j=1}^{n} G_j H_j^2 \sum_{j=1}^{n} G_j} \left(\sum_{j=1}^{n} G_j \alpha_1 \right) \tag{4-126}$$

令

$$\chi = \frac{\left(\sum_{j=1}^{n} G_j H_j \right)^2}{\left(\sum_{j=1}^{n} G_j H_j^2 \right) \left(\sum_{j=1}^{n} G_j \right)} \tag{4-127}$$

$$G_{eq} = \chi G_E = \chi \sum_{j=1}^{n} G_j \tag{4-128}$$

式中　G_{eq}——结构等效总重力荷载；

　　　χ——结构总重力荷载等效系数。

则结构底部剪力的计算可简化为

$$F_{Ek} = G_{eq}\alpha_1 \tag{4-129}$$

一般建筑各层重力和层高均大致相同，即

$$G_i = G_j = G \tag{4-130}$$

$$H_j = jh \tag{4-131}$$

式中　h——层高。

将式（4-130）、式（4-131）代入式（4-127），得

$$\chi = \frac{3(n+1)}{2(2n+1)} \tag{4-132}$$

对于单质点体系，$n=1$，则 $\chi=1$。而对于多质点体系，$n \geq 2$，则 $\chi=0.75 \sim 0.9$，《建筑抗震设计规范》规定统一取 $\chi=0.85$。

3. 地震作用分布

先按式（4-129）求得结构的底部剪力即结构所受的总水平地震作用后，再将其分配至各质点上（图4-18）。为此，将式（4-125）改写为

$$F_i = \frac{\left(\sum\limits_{j=1}^{n} G_j H_j \right)^2}{\sum\limits_{j=1}^{n} G_j H_j^2 \sum\limits_{j=1}^{n} G_j} \left(\sum\limits_{j=1}^{n} G_j \right) \alpha_1 \frac{G_i H_i}{\sum\limits_{j=1}^{n} G_j H_j} \tag{4-133}$$

将式（4-127）、式（4-128）和式（4-129）代入式（4-133），得

$$F_i = \frac{G_i H_i}{\sum\limits_{j=1}^{n} G_j H_j} F_{Ek}, i = 1, 2, \cdots, n \tag{4-134}$$

式（4-134）表达的地震作用分布实际仅考虑了第一振型地震作用。当结构基本周期较长时，结构的高阶振型地震作用影响将不能忽略。图4-19显示了高阶振型反应对地震作用分布的影响，可见高阶振型反应对结构上部地震作用的影响较大，为此我国《建筑抗震设计规范》采用在结构顶部附加集中水平地震作用的方法考虑高阶振型的影响。《建筑抗震设计规范》规定，当结构基本周期 $T_1 > 1.4 T_g$ 时，需在结构顶部附加如下集中水平地震作用

$$\Delta F_n = \delta_n F_{Ek} \tag{4-135}$$

式中　δ_n——结构顶部附加地震作用系数，对于多层钢筋混凝土房屋和钢结构房屋按表4-4
　　　　采用，对于多层内框架砖房取 $\delta_n = 0.2$，其他房屋可不考虑。

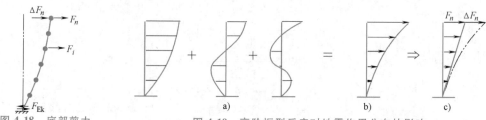

图4-18　底部剪力　　　　图4-19　高阶振型反应对地震作用分布的影响

法地震作用分布　　　a）各阶振型地震反应　b）总地震作用分布　c）等效地震作用分布

表4-4 顶部附加地震作用系数

T_g/s	$T_1 > 1.4T_g$	$T_1 \leqslant 1.4T_g$
$T_g \leqslant 0.35$	$0.08T_1 + 0.07$	
$0.35 < T_g < 0.55$	$0.08T_1 + 0.01$	不考虑
$T_g \geqslant 0.55$	$0.08T_1 - 0.02$	

当考虑高阶振型的影响时，结构的底部剪力仍按式（4-129）计算而保持不变，但各质点的地震作用需按 $F_{Ek} - \Delta F_n = (1 - \delta_n)F_{Ek}$ 进行分布，即

$$F_i = \frac{G_i H_i}{\sum\limits_{j=1}^{n} G_j H_j}(1 - \delta_n)F_{Ek}, i = 1, 2, \cdots, n \qquad (4\text{-}136)$$

4. 鞭梢效应

底部剪力法适用于重力和刚度沿高度分布均比较均匀的结构。当建筑物有局部突出屋面的小建筑（如屋顶间、女儿墙、烟囱）等时，由于该部分结构的重力和刚度突然变小，将产生鞭梢效应，即局部突出小建筑的地震反应有加剧的现象。因此，当采用底部剪力法计算这类小建筑的地震作用效应时，按式（4-134）或式（4-136）计算作用在小建筑上的地震作用需乘以增大系数，《建筑抗震设计规范》规定该增大系数取为3。但是，应注意鞭梢效应只对局部突出小建筑有影响，因此作用在小建筑上的地震作用向建筑主体传递时（或计算建筑主体的地震作用效应时），则不乘增大系数。

【例4-6】 结构同【例4-4】，设计基本地震加速度及场地条件同【例4-5】。试采用底部剪力法求结构在多遇地震下的最大底部剪力和最大顶点位移。

【解】 由【例4-5】已求得 $\alpha_1 = 0.0976$。而结构总重力荷载为

$$G_E = (1.0 + 1.5 + 2.0) \times 9.8\mathrm{kN} = 44.1\mathrm{kN}$$

则结构的底部剪力为

$$F_{Ek} = G_{eq}\alpha_1 = 0.85G_E\alpha_1$$
$$= 0.85 \times 44.1 \times 0.0976\mathrm{kN} = 3.659\mathrm{kN}$$

已知 $T_g = 0.25\mathrm{s}$，$T_1 = 0.433\mathrm{s} > 1.4T_g = 0.35\mathrm{s}$。设该结构为钢筋混凝土房屋结构，则需考虑结构顶部附加集中作用。查表4-4得

$$\delta_n = 0.08T_1 + 0.07 = 0.08 \times 0.433 + 0.07 = 0.105$$

则

$$\Delta F_n = \delta_n F_{Ek} = 0.105 \times 3.659\mathrm{kN} = 0.384\mathrm{kN}$$

又已知 $H_1 = 5\mathrm{m}$，$H_2 = 9\mathrm{m}$，$H_3 = 13\mathrm{m}$，

$$\sum_{j=1}^{n} G_j H_j = (2 \times 5 + 1.5 \times 9 + 1 \times 13) \times 9.8\mathrm{kN} = 357.7\mathrm{kN \cdot m}$$

则作用在结构各楼层上的水平地震作用为

$$F_1 = \frac{G_1 H_1}{\sum\limits_{j=1}^{n} G_j H_j}(1 - \delta_n)F_{Ek}$$

$$=\frac{2\times5\times9.8}{357.7}\times(1-0.105)\times3.659\text{kN}=0.897\text{kN}$$

$$F_2=\frac{1.5\times9\times9.8}{357.7}\times(1-0.105)\times3.659\text{kN}=1.211\text{kN}$$

$$F_3=\frac{1.0\times13\times9.8}{357.7}\times(1-0.105)\times3.659\text{kN}=1.166\text{kN}$$

由此得结构的顶点位移

$$U_3=\frac{F_{\text{Ek}}}{k_1}+\frac{F_2+F_3+\Delta F_n}{k_2}+\frac{F_{33}+\Delta F_n}{k_3}$$

$$=\left(\frac{3.659}{1800}+\frac{1.211+1.166+0.384}{1200}+\frac{1.166+0.384}{600}\right)\text{m}=6.917\times10^{-3}\text{m}$$

与【例 4-5】的结果对比，可见底部剪力法的计算结果与振型分解反应谱法的计算结果是很接近的。

4.3.6 结构基本周期的近似计算

采用底部剪力法进行结构抗震计算，只需确定结构基本周期，如采用特征方程式（4-69）计算结构基本周期，不仅需通过计算机计算，而且计算量较大。下面介绍几种计算结构基本周期的近似方法，计算量小、精度高，可以手算。

1. 能量法

能量法的理论基础是能量守恒原理，即一个无阻尼的弹性体系做自由振动时，其总能量（变形能与动量之和）在任何时刻均保持不变。

图 4-20 所示为一多质点弹性体系，设其质量矩阵和刚度矩阵分别为 $[M]$ 和 $[K]$。令 $\{x(t)\}$ 为体系自由振动 t 时刻质点水平位移向量，因弹性体系自由振动是简谐运动，$\{x(t)\}$ 可表示为

$$\{x(t)\}=\{\phi\}\sin(\omega t+\varphi) \tag{4-137}$$

式中 $\{\phi\}$——体系的振型位移幅向量；

ω、φ——体系的自振圆频率和初相位角。

则体系质点水平速度向量为

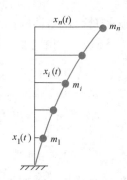

图 4-20 多质点弹性
体系自由振动

$$\{\dot{x}(t)\}=\omega\{\phi\}\cos(\omega t+\varphi) \tag{4-138}$$

当体系振动到达振幅最大值时，体系变形能达到最大值 $U_{\max}$，而体系的动能等于零。此时体系的振动能为

$$E_d=U_{\max}=\frac{1}{2}\{X(t)\}_{\max}^{\text{T}}[K]\{X(t)\}_{\max}=\frac{1}{2}\{\Phi\}^{\text{T}}[K]\{\Phi\} \tag{4-139a}$$

当体系达到平衡位置时，体系质点振幅为零，但质点速度达到最大值 $T_{\max}$，而体系变形能等于零。此时，体系的振动能为

$$E_d=T_{\max}=\frac{1}{2}\{\dot{x}(t)\}_{\max}^{\text{T}}[M]\{\dot{x}(t)\}_{\max}=\frac{1}{2}\omega^2\{\Phi\}^{\text{T}}[M]\{\Phi\} \tag{4-139b}$$

由能量守恒原理，$T_{\max}=U_{\max}$，得

$$\omega^2 = \frac{\{\Phi\}^T [K] \{\Phi\}}{\{\Phi\}^T [M] \{\Phi\}} \tag{4-140}$$

当体系质量矩阵 $[M]$ 和刚度矩阵已知时，频率 ω 是振型 $\{\Phi\}$ 的函数，当所取的振型为第 i 阶振型 $\{\Phi_i\}$ 时，按式（4-140）求得的是第 i 阶的自振频率 ω_i。为求得体系基本频率 ω_1，需确定体系第一振型，注意到 $[K]\{\Phi_1\} = \{F_1\}$ 为产生第一阶振型 $\{\Phi_1\}$ 的力向量，如果近似将作用于各个质点的重力荷载 G_i 当作水平力所产生的质点水平位移 u_i 作为第一振型位移，则

$$\omega_1^2 = \frac{\{\Phi_1\}^T \{F_1\}}{\{\Phi_1\}^T [M] \{\Phi_1\}} = \frac{\sum_{i=1}^{n} G_i u_i}{\sum_{i=1}^{n} m_i u_i^2} = \frac{g \sum_{i=1}^{n} G_i u_i}{\sum_{i=1}^{n} G_i u_i^2} \tag{4-141}$$

注意到 $T_1 = 2\pi/\omega_1$，$g = 9.8 \text{m/s}^2$，则由式（4-141）可得

$$T_1 = 2\sqrt{\frac{\sum_{i=1}^{n} G_i u_i^2}{\sum_{i=1}^{n} G_i u_i}} \tag{4-142}$$

式中 u_i——将各质点的重力荷载 G_i 视为水平力所产生的质点 i 处的水平位移（m）。

【例 4-7】 采用能量法求【例 4-4】结构的基本周期。

【解】 各楼层的重力荷载为

$$G_3 = 1 \times 9.8 \text{kN} = 9.8 \text{kN}$$
$$G_2 = 1.5 \times 9.8 \text{kN} = 14.7 \text{kN}$$
$$G_1 = 2 \times 9.8 \text{kN} = 19.6 \text{kN}$$

将各楼层的重力荷载当作水平力产生的楼层剪力为

$$V_3 = G_3 = 9.8 \text{kN}$$
$$V_2 = G_3 + G_2 = 24.5 \text{kN}$$
$$V_1 = G_3 + G_2 + G_1 = 44.1 \text{kN}$$

则将楼层重力荷载当作水平力所产生的楼层水平位移为

$$u_1 = \frac{V_1}{k_1} = \frac{44.1}{1800} \text{m} = 0.0245 \text{m}$$

$$u_2 = \frac{V_2}{k_2} + u_1 = \left(\frac{24.5}{1200} + 0.0245\right) \text{m} = 0.0449 \text{m}$$

$$u_3 = \frac{V_3}{k_3} + u_2 = \left(\frac{9.8}{600} + 0.0449\right) \text{m} = 0.0613 \text{m}$$

由式（4-142）求基本周期

$$T_1 = 2\sqrt{\frac{\sum_{i=1}^{n} G_i u_i^2}{\sum_{i=1}^{n} G_i u_i}} = 2 \times \sqrt{\frac{19.6 \times 0.0245^2 + 14.7 \times 0.0449^2 + 9.8 \times 0.0613^2}{19.6 \times 0.0245 + 14.7 \times 0.0449 + 9.8 \times 0.0613}} \text{s} = 0.424 \text{s}$$

与精确解的相对误差为-2%。

2. 等效质量法

等效质量法的思想是用一个等效单质点弹性体系来代替原来的多质点体系，如图 4-21 所示。等效原则为：

1）等效单质点弹性体系的自振频率与原多质点弹性体系的基本自振频率相等。

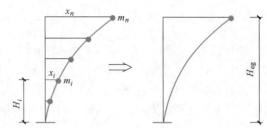

图 4-21　用单质点体系等效多质点体系

2）等效单质点弹性体系自由振动的最大动能与原多质点弹性体系的基本自由振动的最大动能相等。

多质点弹性体系按第一振型振动的最大动能为

$$U_{1\max} = \frac{1}{2}\sum_{i=1}^{n} m_i(\omega_1 x_i)^2 \tag{4-143}$$

等效单质点的最大动能为

$$U_{2\max} = \frac{1}{2} m_{eg}(\omega_1 x_{eg})^2 \tag{4-144}$$

由 $U_{1\max} = U_{2\max}$，可得等效单质点弹性体系的质量

$$m_{eg} = \frac{\sum_{i=1}^{n} m_i x_i^2}{x_{eg}^2} \tag{4-145}$$

式中　x_i——体系按第一振型振动时，质点 m_i 处的最大位移；

x_{eg}——体系按第一振型振动时，相应于等效质点 m_{eg} 处的最大位移。

式（4-145）中，x_i、x_{eg} 可通过将体系各质点重力荷载当作水平力所产生的体系水平位移确定。

若体系为图 4-22 所示的连续质量悬臂结构体系，将其等效为位于结构顶部的单质点弹性体系时，可将式（4-145）改写为

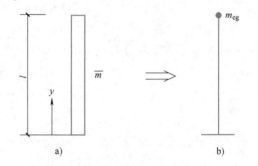

图 4-22　连续质量悬臂体系及其等效质量体系
a）连续质量悬臂体系　b）等效质量体系

$$m_{eg} = \frac{\int_0^l \overline{m} x^2 \, \mathrm{d}y}{x_{eg}^2} \tag{4-146}$$

式中　$\overline{m}$——沿高度方向悬臂结构单位长度质量。

当悬臂结构为等截面的均质体系时，可近似采用水平均布荷载 $q = \overline{m}g$ 产生的水平侧移曲线作为第一振型曲线，即：

若为弯曲型结构

$$x(y) = \frac{q}{24EI}(y^4 - 4ly^3 + 6l^2 y^2) \tag{4-147a}$$

$$x_{eg} = x(l) = \frac{ql^4}{8EI} \qquad (4\text{-}148a)$$

若为剪切型结构

$$x(y) = \frac{q}{GA}\left(ly - \frac{y^2}{2}\right) \qquad (4\text{-}147b)$$

$$x_{eg} = x(l) = \frac{ql^2}{2GA} \qquad (4\text{-}148b)$$

式中　I——悬臂结构截面惯性矩；

　　　A——悬臂结构截面面积；

　E、G——弹性模量和剪切模量。

将式（4-147）、式（4-148）代入式（4-146），可得

$$m_{eg} = 0.25\overline{m}l,\text{弯曲型悬臂结构} \qquad (4\text{-}149)$$

$$m_{eg} = 0.40\overline{m}l,\text{剪切型悬臂结构} \qquad (4\text{-}150)$$

显然，对于弯剪型悬臂结构，等效单质点质量 $m_{eg} = (0.25 \sim 0.4)\overline{m}l$。

确定等效单质点弹性体系的质量 m_{eg} 后，即可按单质点弹性体系计算原多质点弹性体系的基本频率和基本周期

$$\omega_1 = \sqrt{\frac{1}{m_{eg}\delta}}h \qquad (4\text{-}151)$$

$$T_1 = 2\pi\sqrt{m_{eg}\delta} \qquad (4\text{-}152)$$

式中　δ——体系在等效质点处受单位水平力作用所产生的水平位移。

【例 4-8】　采用等效质量法求【例 4-4】结构的基本周期。

【解】　将等效单质点体系的质点置于结构第二层（图 4-23），按式（4-145）计算等效质量。由【例 4-7】已知

$$x_1 = 0.0245\text{m}, x_2 = 0.0449\text{m}, x_3 = 0.0613\text{m}, x_{eg} = x_2$$

则

$$m_{eg} = \frac{\sum_{i=1}^{n} m_i x_i^2}{x_{eg}^2} = \frac{2000 \times 0.0245^2 + 1500 \times 0.0449^2 + 1000 \times 0.0613^2}{0.0449^2}\text{kg} = 3959\text{kg}$$

在单位质点下施加单位水平力产生的水平位移为

$$\delta = \frac{1}{k_1} + \frac{1}{k_2} = \left(\frac{1}{1800 \times 10^3} + \frac{1}{1200 \times 10^3}\right)\text{m/N}$$

$$= 1.389 \times 10^{-6}\text{m/N}$$

由式（4-152），体系基本周期为

$$T_1 = 2\pi\sqrt{3595 \times 1.389 \times 10^{-6}}\text{s} = 0.466\text{s}$$

与精确解的相对误差为 7.6%。

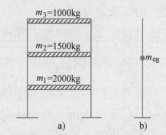

图 4-23　【例 4-8】图

a）连续质量悬臂体系　b）等效质量体系

3. 顶点位移法

顶点位移法的基本思想是，将悬臂结构的基本周期用将结构重力荷载作为水平荷载所产生的

顶点位移 u_T 来表示。例如，对于质量沿高度均匀分布的等截面弯曲型悬臂杆，基本周期为

$$T_1 = 1.78\sqrt{\frac{ml^4}{EI}} \qquad (4\text{-}153)$$

由式（4-148）知，将重力分布荷载 $\overline{mg}$ 作为水平分布荷载产生的悬臂杆顶点位移为

$$u_T = \frac{\overline{mg}l^4}{8EI}$$

将上式代入式（4-153）得

$$T_1 = 1.6\sqrt{u_T} \qquad (4\text{-}154)$$

同样，对于质量沿高度均匀分布的等截面剪切型悬臂杆，可得

$$T_1 = 1.8\sqrt{u_T} \qquad (4\text{-}155)$$

式（4-154）、式（4-155）可用于质量和刚度沿高度非均匀分布的弯曲型和剪切型结构基本周期的近似计算。当结构为弯剪型时，可取

$$T_1 = 1.7\sqrt{u_T} \qquad (4\text{-}156)$$

注意式（4-154）、式（4-155）、式（4-156）中结构顶点位移 u_T 的单位为 m。

【例 4-9】 采用顶点位移法计算【例 4-4】结构的基本周期。

【解】 【例 4-7】中，已求得结构在重力荷载当作水平荷载作用下的顶点位移

$$u_T = 0.0613\text{m}$$

因本例结构为剪切型结构，由式（4-155）计算结构基本周期为

$$T_1 = 1.8\sqrt{u_T} = 1.8 \times \sqrt{0.0613}\,\text{s} = 0.0446\text{s}$$

与精确解的误差为 3%。

4.4 竖向地震作用

震害调查表明，在烈度较高的震中区，竖向地震对结构的破坏也会有较大影响。烟囱等高耸结构和高层建筑的上部在竖向地震的作用下，因上下振动，会出现受拉破坏，对于大跨度结构，竖向地震引起的结构上下振动惯性力，相当增加结构的上下荷载作用。因此我国《建筑抗震设计规范》规定：抗震设防烈度为 8 度和 9 度区的大跨度屋盖结构、长悬臂结构、烟囱及类似高耸结构和设防烈度为 9 度区的高层建筑，应考虑竖向地震作用。

4.4.1 高耸结构及高层建筑

可采用类似于水平地震作用的底部剪力法，计算高耸结构及高层建筑的竖向地震作用，即先确定结构底部总竖向地震作用，再计算作用在结构各质点上的竖向地震作用（图 4-24），公式为

$$F_{EVk} = \alpha_{V1} G_{eg} \qquad (4\text{-}157)$$

$$F_{Vi} = \frac{G_i H_i}{\sum\limits_{j=1}^{n} G_j H_j^2} F_{EVk} \qquad (4\text{-}158)$$

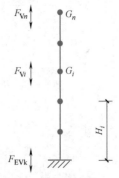

图 4-24 高耸结构与高层建筑竖向地震作用

式中　F_{EVk}——结构总竖向地震作用标准值；

F_{Vi}——质点 i 的竖向地震作用标准值；

α_{V1}——按结构竖向基本周期计算的竖向地震影响系数；

G_{eg}——结构等效总重力荷载。

式（4-157）中结构等效总重力荷载 G_{eg} 同样按式（4-128）计算，其中等效系数 χ 可按式（4-132）确定。由于高耸结构或高层建筑质点数 n 较大，《建筑抗震设计规范》规定统一取 $\chi = 0.75$，即计算高耸结构或高层建筑竖向地震作用时，结构等效总重力荷载取为实际总重力荷载的 75%。

分析表明，竖向地震反应谱与水平地震反应谱大致相同，因此竖向地震影响系数谱与图 4-12 所示水平地震影响系数谱形状类似。因高耸结构或高层建筑竖向基本周期很短，一般处在地震影响系数最大值的周期范围内，同时注意到竖向地震动加速度峰值为水平地震动加速度峰值的 $1/2 \sim 2/3$，因而可近似取竖向地震影响系数最大值为水平地震影响系数最大值的 65%，则有

$$\alpha_{V1} = 0.65\alpha_{max} \tag{4-159}$$

式中，α_{max} 按表 4-3 确定。

计算竖向地震作用效应时，可按各构件承受的重力荷载代表值的比例分配，并乘以 1.5 的竖向地震动力效应增大系数。

4.4.2　大跨度结构

大量分析表明，对平板型网架、大跨度屋盖、长悬臂结构的大跨度结构的各主要构件，竖向地震作用内力与重力荷载的内力比值一般彼此相差不大，因而可以认为竖向地震作用的分布与重力荷载的分布相同，其大小可按下式计算

$$F_V = \zeta_V G \tag{4-160}$$

式中　F_V——竖向地震作用标准值；

G——重力荷载标准值；

ζ_V——竖向地震作用系数，对于平板型网架和跨度大于 24m 屋架按表 4-5 采用；对于长悬臂和其他大跨度结构，8 度时取 $\zeta_V = 0.1$，9 度时取 $\zeta_V = 0.2$。

表 4-5　竖向地震作用系数

结构类别	烈度	场地类别		
		I	II	III、IV
平板型网架 钢屋架	8 度	不考虑（0.10）	0.08（0.12）	0.10（0.15）
	9 度	0.15	0.15	0.20
钢筋混凝土屋架	8 度	0.10（0.15）	0.13（0.19）	0.13（0.19）
	9 度	0.20	0.25	0.25

注：括号中数值用于设计基本地震加速度为 $0.30g$ 的地区。

4.5　结构平扭耦合地震反应与双向水平地震影响

本章 4.2 ~ 4.3 节所讨论的单向水平地震作用下结构沿地震方向反应及地震作用计算，只适用于结构平面布置规则、无显著刚度与质量偏心的情况。然而，为满足建筑上外观多样

化和功能现代化的要求，结构平面往往满足不了均匀、规则、对称的要求，而存在较大的偏心。结构平面质量中心与刚度中心的不重合（即存在偏心），将导致水平地震下结构的扭转振动，对结构抗震不利。因此，我国《建筑抗震设计规范》规定：对于质量和刚度明显不均匀、不对称的结构，应考虑水平地震作用的扭转影响。

由于地震动是多维运动，当结构在平面两个主轴方向均存在偏心时，则沿两个方向的水平地震动都将引起结构扭转振动。此外，地震动绕地面竖轴扭转分量，也对结构扭转动力反应有影响，但由于目前缺乏地震动扭转分量的强震记录，因而由该原因引起的扭转效应还难于确定。下面主要讨论由水平地震引起的多高层建筑结构平扭耦合地震反应。

4.5.1　平扭耦合体系的运动方程

根据多高层建筑的特点，为简化计算，可采用以下假定：

1）建筑各层楼板在其自身平面内为绝对刚性，楼板在其水平面内的移动为刚体位移。

2）建筑整体结构由多榀平面内受力的抗侧力结构（框架或剪力墙）构成，如图 4-25 所示。各榀抗侧力结构在其自身平面内刚度很大，在平面外刚度较小，可以忽略。

3）结构的抗扭刚度主要由各榀抗侧力结构的侧移恢复力提供，结构所有构件自身的抗扭作用可以忽略。

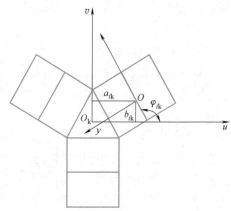

图 4-25　平面抗侧力结构与楼板坐标系

4）将所有质量（包括梁、柱、墙等质量）都集中到各层楼板处。

在上述假定下，结构的运动可用每一楼层某一参考点沿两个正交方向的水平移动和绕通过该点竖轴的转动来描述。为便于结构运动方程的建立，可将各楼层的质心定为楼层运动参考点。这样，描述结构各楼层运动的楼层坐标系原点不一定在同一竖轴上（图 4-26），但各楼层坐标轴方向一致。

利用达朗贝尔原理，按结构静力分析的矩阵位移方法，可建立多高层建筑在双向水平地震作用下的运动方程

$$[K]\{D\} = \{F_{\mathrm{I}}\} + \{F_{\mathrm{c}}\} \tag{4-161}$$

$$\{D\} = \left\{ \begin{array}{c} \{D_x\} \\ \{D_y\} \\ \{D_\varphi\} \end{array} \right\} \tag{4-162}$$

$$[K] = \sum [K]_i \tag{4-163}$$

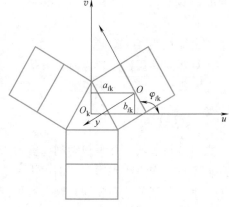

图 4-26　结构整体坐标系

式中　$\{D_x\}$、$\{D_y\}$——结构各楼层质心沿 x 轴平移和沿 y 轴
　　　　　　　　平移向量；

　　　　$\{D_\varphi\}$——结构各楼层扭转角向量；

　　　　$[K]$——结构总体刚度矩阵；

$[K]_i$——第 i 榀抗侧力结构在整体坐标系下的刚度矩阵；

$\{F_c\}$——阻尼向量。

$$[K]_i = \begin{bmatrix} [K_{xx}]_i & [K_{xy}]_i & [K_{x\varphi}]_i \\ [K_{yx}]_i & [K_{yy}]_i & [K_{y\varphi}]_i \\ [K_{\varphi x}]_i & [K_{\varphi y}]_i & [K_{\varphi\varphi}]_i \end{bmatrix} \quad (4\text{-}164)$$

$$[K_{xx}]_i = \cos^2\theta_i [K_u]_i$$

$$[K_{xy}]_i = [K_{yx}]_i^{\mathrm{T}} = \cos\theta_i\sin\theta_i [K_u]_i$$

$$[K_{yy}]_i = \sin^2\theta_i [K_u]_i$$

$$[K_{x\varphi}]_i = [K_{\varphi x}]_i^{\mathrm{T}} = \cos\theta_i(-\cos\theta_i[b]_i+\sin\theta_i[a]_i)[K_u]_i$$

$$[K_{y\varphi}]_i = [K_{\varphi y}]_i^{\mathrm{T}} = \sin\theta_i(-\cos\theta_i[b]_i+\sin\theta_i[a]_i)[K_u]_i$$

$$[K_{\varphi\varphi}]_i = (-\cos\theta_i[b]_i+\sin\theta_i[a]_i)^2[K_u]_i$$

$$[a]_i = \begin{bmatrix} a_{i1} \\ & a_{i2} \\ & & \ddots \\ & & & a_{ij} \\ & & & & \ddots \\ & & & & & a_{in} \end{bmatrix} \quad (4\text{-}165)$$

$$[b]_i = \begin{bmatrix} b_{i1} \\ & b_{i2} \\ & & \ddots \\ & & & b_{ij} \\ & & & & \ddots \\ & & & & & b_{in} \end{bmatrix} \quad (4\text{-}166)$$

式中　$[K_u]_i$——第 i 榀抗侧力结构在其自身平面内的楼层侧移刚度矩阵；

a_{ij}、b_{ij}——第 i 榀抗侧力结构上任一固定点在结构第 j 层整体坐标下的坐标值（图 4-25）；

θ_i——第 i 榀抗侧力与整体坐标 x 轴间夹角。

$$\{F_I\} = \begin{Bmatrix} \{F_{IX}\} \\ \{F_{IY}\} \\ \{F_{I\varphi}\} \end{Bmatrix} \quad (4\text{-}167)$$

式中　$\{F_{IX}\}$、$\{F_{IY}\}$——作用在结构各楼层质心处沿 x 轴和沿 y 轴水平惯性力向量；

$\{F_{I\varphi}\}$——作用在结构各楼层惯性扭矩向量。

$$\{F_{IX}\} = -([M]\{\ddot{D}_x\}+[M]\{1\}\ddot{x}_g)$$

$$\{F_{IY}\} = -([M]\{\ddot{D}_y\}+[M]\{1\}\ddot{y}_g) \quad (4\text{-}168)$$

$$\{F_{I\varphi}\} = -[J]\{\ddot{D}_\varphi\}$$

式中　$\ddot{x}_g$、$\ddot{y}_g$——沿 x 轴和 y 轴方向水平地面运动加速度。

$$[m] = \begin{bmatrix} m_1 & & & & & \\ & m_2 & & & & \\ & & \ddots & & & \\ & & & m_i & & \\ & & & & \ddots & \\ & & & & & m_n \end{bmatrix} \qquad (4\text{-}169)$$

$$[J] = \begin{bmatrix} J_1 & & & & & \\ & J_2 & & & & \\ & & \ddots & & & \\ & & & J_i & & \\ & & & & \ddots & \\ & & & & & J_n \end{bmatrix} \qquad (4\text{-}170)$$

式中 m_i——结构第 i 楼层的质量;

   J_i——结构第 i 楼层绕本层质心的转动惯量;

   n——结构的楼层数。

由式（4-167）、式（4-168），$\{F_I\}$ 可表示为

$$\{F_I\} = -([M]\{\ddot{D}\} + [M]\{\ddot{D}_g\}) \qquad (4\text{-}171)$$

式中 $[M]$——结构总质量矩阵。

$$[M] = \begin{bmatrix} [m] & & \\ & [m] & \\ & & [J] \end{bmatrix} \qquad (4\text{-}172)$$

$$\{\ddot{D}_g\} = \begin{Bmatrix} \{1\}\ddot{x}_g \\ \{1\}\ddot{y}_g \\ \{0\} \end{Bmatrix} \qquad (4\text{-}173)$$

式中 $\{1\}$、$\{0\}$——由 n 个 1 元素和 n 个 0 元素组成的向量。

由黏滞阻尼理论，结构阻尼力向量可表达为

$$\{F_c\} = -[C]\{\dot{D}\} \qquad (4\text{-}174)$$

式中 $[C]$——结构总体阻尼矩阵，可采用瑞利阻尼模型通过结构总体刚度矩阵和总体质量
   矩阵线性组合获得。

将式（4-171）、式（4-174）代入式（4-161），得结构平扭耦合运动微分方程

$$[M]\{\ddot{D}\} + [C]\{\dot{D}\} + [K]\{D\} = -[M]\{\ddot{D}_g\} \qquad (4\text{-}175)$$

4.5.2   平扭耦合体系的地震作用

由体系的自由振动方程

$$[M]\{\ddot{D}\} + [K]\{D\} = -\{0\} \qquad (4\text{-}176)$$

可求得体系的各阶周期为 T_j，振型为

$$\{\phi_j\} = \left\{ \begin{array}{c} \{x_j\} \\ \{y_j\} \\ \{\varphi_j\} \end{array} \right\} \qquad j = 1, 2, 3 \cdots, n \tag{4-177}$$

$$\left\{ \begin{array}{l} \{x_j\} = [x_{j1}, x_{j2}, \cdots, x_{ji}, \cdots, x_{jn}]^{\mathrm{T}} \\ \{y_j\} = [y_{j1}, y_{j2}, \cdots, y_{ji}, \cdots, y_{jn}]^{\mathrm{T}} \\ \{\varphi_j\} = [\varphi_{j1}, \varphi_{j2}, \cdots, \varphi_{ji}, \cdots, \varphi_{jn}]^{\mathrm{T}} \end{array} \right. \tag{4-178}$$

式中　x_{ji}、y_{ji}——振型 j 楼层 i 质心沿 x 轴和 y 轴方向的水平位移；

φ_{ji}——振型 j 楼层 i 的扭转角。

令

$$\{D\} = \sum q_j \{\phi_j\} \tag{4-179}$$

将式（4-179）代入式（4-175），利用振型的正交性，按与式（4-97）相同的推导方法，可得正则坐标 q_j 的控制方程

$$\ddot{q}_j + 2\omega_j \zeta_j \dot{q}_j + \omega_j^2 = -\gamma_{xj} \ddot{x}_{\mathrm{g}} - \gamma_{yj} \ddot{y}_{\mathrm{g}} \tag{4-180}$$

式中　γ_{xj}、γ_{yj}——x 方向地震动和 y 方向地震动振型参与系数。

$$\gamma_{xj} = \frac{\displaystyle\sum_{i=1}^{n} x_{ji} G_i}{\displaystyle\sum_{i=1}^{n} (x_{ji}^2 + y_{ji}^2 + r_i^2 \varphi_{ji}^2) G_i} \tag{4-181a}$$

$$\gamma_{yj} = \frac{\displaystyle\sum_{i=1}^{n} y_{ji} G_i}{\displaystyle\sum_{i=1}^{n} (x_{ji}^2 + y_{ji}^2 + r_i^2 \varphi_{ji}^2) G_i} \tag{4-181b}$$

$$G_i = m_i g$$

$$r_i = \sqrt{\frac{J_i}{m_i}}$$

由于地震反应谱是一个关于地震记录定义的，因此，如果采用振型分解反应谱法求平扭耦合体系最大反应，则只能考虑单向水平地震动的影响，此时体系水平地震作用的计算公式为

$$\left\{ \begin{array}{l} F_{xji} = G_i \alpha_j \gamma_{tj} x_{ji} \\ F_{yji} = G_i \alpha_j \gamma_{tj} y_{ji} \\ F_{\varphi ji} = G_i \alpha_j \gamma_{tj} r_i^2 \varphi_{ji} \end{array} \right. \tag{4-182}$$

式中　F_{xji}、F_{yji}——振型 j 楼层 i 质心处 x 方向和 y 方向水平地震作用标准值；

$F_{\varphi ji}$——振型 j 楼层 i 扭转地震作用标准值；

γ_{tj}——振型参与系数，当仅考虑 x 方向地震动时，$\gamma_{tj} = \gamma_{xj}$；当仅考虑 y 方向地震动时 $\gamma_{tj} = \gamma_{yj}$；当考虑与 x 方向斜交 θ 角的地震时，$\gamma_{tj} = \gamma_{xj}\cos\theta + \gamma_{yj}\sin\theta$；

α_j——与体系自振周期 T_j 相应的地震影响系数。

4.5.3　考虑扭转作用时的振型组合

由每一振型地震作用按静力分析方法求得某一特定最大振型地震反应后，同样需进行振型组合求该特定最大总地震反应。与结构单向平移水平地震反应计算相比，考虑平扭耦合效应进行振型组合时，需注意由于平扭耦合体系有 x 向、y 向和扭转三个主振方向，取 $3r$ 个振型组合可能只相当于不考虑平扭耦合影响时只取 r 个振型组合的情况，故平扭耦合体系的组合数比非平扭耦合体系的振型组合数多，一般应为 3 倍以上。此外，由于平扭耦合影响，一些振型的频率间隔可能很小，振型组合时，需考虑不同振型地震反应间的相关性。为此，可采用完全二次振型组合法（CQC 法），即按下式计算地震作用效应 S

$$S = \sqrt{\sum_{j=1}^{r}\sum_{k=1}^{r}\rho_{jk}S_jS_k}\qquad(4\text{-}183)$$

其中

$$\rho_{jk} = \frac{8(1+\lambda_{\mathrm{T}})\lambda_{\mathrm{T}}^{1.5}\zeta^2}{(1-\lambda_{\mathrm{T}}^2)^2 + 2(1+\lambda_{\mathrm{T}})^2(1+\lambda_{\mathrm{T}}^2)\zeta^2}\qquad(4\text{-}184)$$

式中　S_j、S_k——振型 j 和振型 k 地震作用效应；

　　　　ρ_{jk}——振型 j 和振型 k 相关系数，式（4-184）是按各阶振型阻尼比均相等时得出的；

　　　　λ_{T}——振型 k 与振型 j 的自振周期比；

　　　　ζ——结构阻尼比；

　　　　r——振型组合数，可取 $r=9\sim15$。

表 4-6 列出了 ρ_{jk} 与 λ_{T} 的关系（取 $\zeta=0.05$），从中可以看出，ρ_{jk} 随两个振型周期比 λ_{T} 的减小迅速衰减，当 $\lambda_{\mathrm{T}}<0.7$ 时，两个振型的相关性已经很小，可以不再计。

表 4-6　ρ_{jk} 与 λ_{T} 的数值关系（$\zeta=0.05$）

λ_{T}	0.4	0.5	0.6	0.7	0.8	0.9	0.95	1.0
ρ_{jk}	0.010	0.018	0.035	0.071	0.165	0.472	0.791	1.000

4.5.4　双向水平地震影响

按式（4-182）可分别计算 x 向水平地震动和 y 向水平地震动产生的各阶水平地震作用，按式（4-183）进行振型组合，可分别得出由 x 向水平地震动产生的某一特定地震作用效应（如楼层位移、构件内力等）和由 y 向水平地震动产生的同一地震效应，分别计为 S_x、S_y。同样，由于 S_x、S_y 不一定在同一时刻发生，可采用平方和开方的方式估计由双向水平地震产生的地震作用效应。根据强震观测记录的统计分析，两个方向水平地震加速度的最大值不相等，二者之比约为 $1:0.85$，则可按下面两式的较大值确定双向水平地震作用效应。

$$S = \sqrt{S_x^2 + (0.85S_y)^2}\qquad(4\text{-}185a)$$

$$S = \sqrt{(0.85S_x)^2 + S_y^2}\qquad(4\text{-}185b)$$

假设 $S_x \geqslant S_y$，表 4-7 列出了 S/S_x 与 S_y/S_x 的关系，从中可知，当两个方向水平地震单独作用时的效应相等时，双向水平地震的影响最大，此时双向水平地震作用效应是单向水平地震作用效应的 1.31 倍。而随着两个方向水平地震单独作用时的效应之比减小，双向水平地震的影响也减小。

表 4-7　S/S_x 与 S_y/S_x 的数值关系

S_y/S_x	1.0	0.9	0.8	0.7	0.6	0.5	0.4	0.3	0.2	0.1	0
S/S_x	1.31	1.26	1.21	1.16	1.12	1.09	1.06	1.03	1.01	1.00	1.00

考虑到一般建筑结构角部构件受双向水平地震作用的影响较大，为便于工程设计，抗震计算时可先只考虑单向水平地震作用，但将角部构件的水平地震作用效应提高 30%，然后与其他荷载组合。

4.6　结构非弹性地震反应分析

在罕遇地震（大震）下，允许结构开裂，产生塑性变形，但不允许结构倒塌。为保证结构"大震不倒"，则需进行结构非弹性地震反应分析。

结构超过弹性变形极限，进入非弹性变形状态后，结构的刚度发生变化，这时结构弹性状态下的动力特征（自振频率和振型）不再存在。因而基于结构弹性动力特征的振型分解反应谱法或底部剪力法不适用于结构非弹性地震反应分析。本节将讨论如何进行结构非弹性地震反应计算。

4.6.1　结构的非弹性性质

1. 滞回曲线

将结构或构件在反复荷载作用下的力与非弹性变形之间的关系曲线定义为滞回曲线。滞回曲线可反映在地震反复作用下的结构非弹性性质，可通过反复加载试验得到。图 4-27 所示为几种典型的钢筋混凝土构件的滞回曲线，图 4-28 所示为几种典型钢构件的滞回曲线。

2. 滞回模型

描述结构或构件滞回关系的数学模型称为滞回模型。图 4-29 所示是几种常用的滞回模型。其中，图 4-29a 所示是双线性模型，一般适用于钢结构梁、柱、节点域构件，图 4-29b 所示是退化三线性模型，一般适用于钢筋混凝土梁、柱、墙等构件，图 4-29c 所示是剪切滑移模型，一般适用于砌体墙和长细比比较大的交叉钢支撑构件。滞回模型的参数，如屈曲强度 P_y、开裂强度 P_c、滑移强度 P_s、弹性刚度 k_0、弹塑性刚度 k_p、开裂刚度 k_c 等可通过试验或理论分析得到。

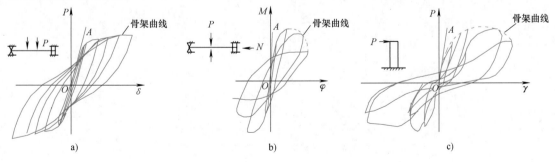

图 4-27　几种典型的钢筋混凝土构件的滞回曲线
a）受弯构件　b）压弯构件　c）剪力墙

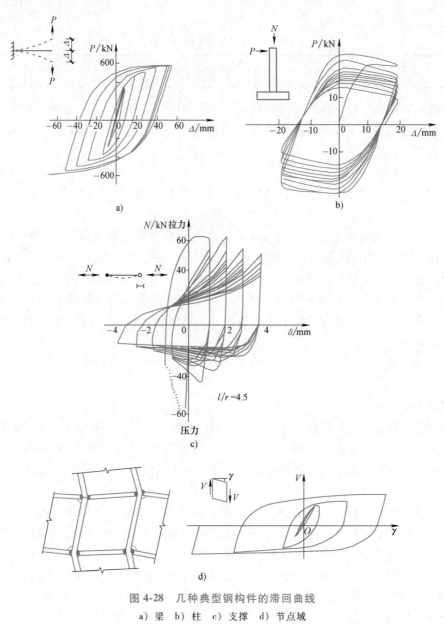

图 4-28　几种典型钢构件的滞回曲线

a）梁　b）柱　c）支撑　d）节点域

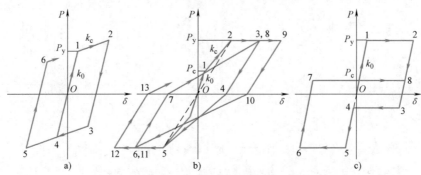

图 4-29　几种常用的滞回模型

a）双线性模型　b）退化三线性模型　c）剪切滑移模型

4.6.2 结构非弹性地震反应分析的逐步积分法

1. 运动方程

式（4-60）中，$[K]\{x\}$ 实际上是结构变形状态为 $\{x\}$ 时的弹性恢复力向量 $\{F_e\}$。但是，当结构进入非弹性变形状态后，结构的恢复力不再与 $[K]\{x\}$ 对应，而与结构运动的时间历程 $\{x(t)\}$ 及结构的非弹性性质有关。因此，结构的弹塑性运动方程应表达为

$$[M]\{\ddot{x}(t)\}+[C]\{\dot{x}(t)\}+\{F(t)\}=-[M]\{1\}\ddot{x}_g(t) \tag{4-186}$$

方程（4-186）适用于结构任意时刻，对结构 $t+\Delta t$ 时刻同样适用，则

$$[M]\{\ddot{x}(t+\Delta t)\}+[C]\{\dot{x}(t+\Delta t)\}+\{F(t+\Delta t)\}=-[M]\{1\}\ddot{x}_g(t+\Delta t) \tag{4-187}$$

令

$$\{\Delta\ddot{x}\}=\{\ddot{x}(t+\Delta t)\}-\{\ddot{x}(t)\} \tag{4-188a}$$

$$\{\Delta\dot{x}\}=\{\dot{x}(t+\Delta t)\}-\{\dot{x}(t)\} \tag{4-188b}$$

$$\{\Delta x\}=\{x(t+\Delta t)\}-\{x(t)\} \tag{4-188c}$$

$$\ddot{x}_g=\ddot{x}_g(t+\Delta t)-\ddot{x}_g(t) \tag{4-189}$$

$$\{\Delta F\}=\{F(t+\Delta t)\}-\{F(t)\} \tag{4-190}$$

则将式（4-187）与式（4-186）相减得

$$[M]\{\Delta\ddot{x}\}+[C]\{\Delta\dot{x}\}+\{\Delta F\}=-[M]\{1\}\Delta\ddot{x}_g \tag{4-191}$$

式（4-191）为结构运动的增量方程。如在增量时间内，结构的增量变形 $\{\Delta x\}$ 不大，则近似有（图 4-30）

$$\{\Delta F\}=[K(t)]\{\Delta x\} \tag{4-192}$$

式中 $[K(t)]$——结构在 t 时刻的刚度矩阵，由 t 时刻结构各构件的刚度确定。

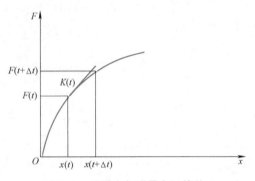

图 4-30　增量力与增量变形的关系

将式（4-192）代入式（4-191）得

$$[M]\{\Delta\ddot{x}\}+[c]\{\Delta\dot{x}\}+[K(t)]\{\Delta x\}=-[M]\{1\}\Delta\ddot{x}_g \tag{4-193}$$

2. 方程的求解

方程（4-193）与方程（4-60）很相似，但由于 $[K(t)]$ 随时间发生变化（即为时间的函数），使方程（4-193）成为非常系数微分方程组，一般情况下无解析解，但可通过逐步积分，获得方程的数值解。为此，采用泰勒（Taylor）级数展开式，由结构 t 时刻的位移、速度、加速度等向量 $\{x(t)\}$、$\{\dot{x}(t)\}$、$\{\ddot{x}(t)\}$ 分别表示 $t+\Delta t$ 时刻的位移和速度向量，即

$$\{x(t+\Delta t)\}=\{x(t)\}+\{\dot{x}(t)\}\Delta t+\{\ddot{x}(t)\}\frac{\Delta t^2}{2}+\{\dddot{x}(t)\}\frac{\Delta t^3}{6}+\cdots \tag{4-194a}$$

$$\{\dot{x}(t+\Delta t)\}=\{\dot{x}(t)\}+\{\ddot{x}(t)\}\Delta t+\{\dddot{x}(t)\}\frac{\Delta t^2}{2}+\cdots \tag{4-194b}$$

假定在 Δt 的时间间隔内，结构运动加速度的变化是线性的，则

$$\{\dddot{x}(t)\} = \frac{1}{\Delta t}(\{\ddot{x}(t+\Delta t)\} - \{\dot{x}(t)\}) = \frac{1}{\Delta t}\{\ddot{x}\} = 常量 \qquad (4\text{-}195)$$

$$\frac{d^r\{x(t)\}}{dt^r} = \{0\}, r=4,5,\cdots \qquad (4\text{-}196)$$

将式（4-195）、式（4-196）代入式（4-194）得

$$\{\Delta x\} = \{\dot{x}(t)\}\Delta t + \{\ddot{x}(t)\}\frac{\Delta t^2}{2} + \{\Delta \ddot{x}\}\frac{\Delta t^2}{6} \qquad (4\text{-}197a)$$

$$\{\Delta \dot{x}\} = \{\ddot{x}(t)\}\Delta t + \{\Delta \ddot{x}\}\frac{\Delta t}{2} \qquad (4\text{-}197b)$$

由式（4-197a）和式（4-197b）可解得

$$\{\ddot{x}\} = \frac{6}{\Delta t^2}\{\Delta x\} - \frac{6}{\Delta t}\{\dot{x}(t)\} - 3\{\ddot{x}(t)\} \qquad (4\text{-}198a)$$

$$\{\Delta \dot{x}\} = \frac{3}{\Delta t}\{\Delta x\} - 3\{\dot{x}(t)\} - \frac{\Delta t}{2}\{\ddot{x}(t)\} \qquad (4\text{-}198b)$$

将式（4-198）代入式（4-193）得

$$[K^*(t)]\{\Delta x\} = \{F^*(t)\} \qquad (4\text{-}199)$$

$$[K^*(t)] = [K(t)] + \frac{6}{\Delta t^2}[M] + \frac{3}{\Delta t}[C] \qquad (4\text{-}200)$$

$$\{F^*(t)\} = -[M]\{1\}\Delta \ddot{x}_g + [M]\left(\frac{6}{\Delta t}\{\dot{x}(t)\} + 3\{\ddot{x}(t)\}\right) + [C]\left(3\{\dot{x}(t)\} + \frac{\Delta t}{2}\{\ddot{x}(t)\}\right)$$

$$(4\text{-}201)$$

由以上公式按图 4-31 所示流程，可逐步求得结构的非弹性地震反应。

应该指出，以上计算公式是采用 Δt 时间间隔内加速度线性变化假定得到的，因此称为线性加速度法。实用上还可采用其他加速度假定，而导得另外一套计算公式和方法，如平均加速度法、Newmark—β 法、Wilson—θ 法等。

3. $[K(t)]$ 的确定

采用逐步积分法计算结构非弹性地震反应的关键是，确定任意 t 时刻的总体楼层侧移刚度矩阵 $[K(t)]$，为此，可根据 t 时刻的结构受力和变形状态，采用结构构件滞回模型，先确定 t 时刻各构件的刚度，再按照一定的结构分析模型确定 $[K(t)]$。

可采用两种分析模型确定 $[K(t)]$：一种是层模型，如图 4-32a 所示；另一种是杆模型，如图 4-32b 所示。层模型适用于砌体结构和强梁弱柱型结构；杆模型则适用于任意框架结构。一般层模型自由度少，而杆模型自由度多，但计算精度高。图 4-33 所示为确定结构任意总刚度矩阵 $[K(t)]$ 的流程图。

应该指出，上述结构非弹性地震反应分析的逐步积分法，也适用于结构弹性地震反应时程分析，此时结构的刚度矩阵 $[K(t)]$ 保持为弹性不变。

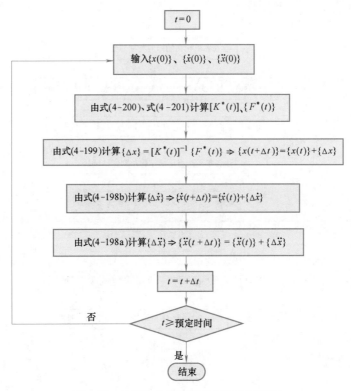

图 4-31　计算结构非弹性地震反应流程图

4.6.3　结构非弹性地震反应分析的简化方法

采用逐步积分法进行结构非弹性地震反应分析，计算量大，需专门计算程序，且对计算人员的水平要求较高。为便于工程应用，我国在编制《建筑抗震设计规范》时，通过数千个算例的计算统计，提出了结构非弹性最大地震反应的简化计算方法，适用于不超过 12 层且层刚度无突变的钢筋混凝土框架结构和填充墙钢筋混凝土框架结构、不超过 20 层且层刚度无突变的钢框架结构和支撑钢框架结构及单层钢筋混凝土柱厂房。下面介绍计算步骤。

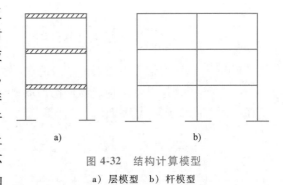

图 4-32　结构计算模型
a）层模型　b）杆模型

1. 确定楼层屈服强度系数 ζ_y

楼层屈服强度系数 ζ_y 定义为

$$\zeta_y(i) = \frac{V_y(i)}{V_e(i)} \qquad (4\text{-}202)$$

式中　$V_y(i)$——按框架或排架梁、柱实际截面实际配筋和材料强度标准值计算的楼层 i 抗剪承载力；

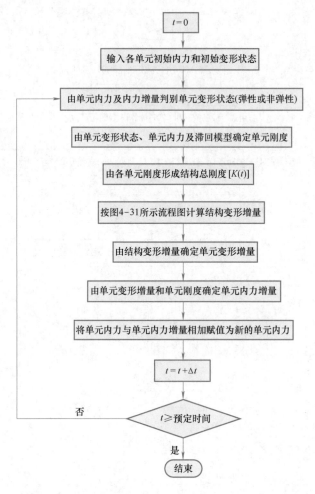

图 4-33 结构任意总刚度矩阵 $[K(t)]$ 计算流程图

$V_e(i)$——罕遇地震下楼层 i 弹性地震剪力。计算地震作用时，无论是钢筋混凝土结构还是钢结构，阻尼比均取 $\zeta = 0.05$。

任一楼层的抗剪承载力可由下式计算（图 4-34）

$$V_y = \sum_j V_{cyj} = \sum_j \frac{M_{cj}^{上} + M_{cj}^{下}}{h_j} \qquad (4\text{-}203)$$

式中 $M_{cj}^{上}$、$M_{cj}^{下}$——楼层屈服时柱 j 上、下端弯矩；

  h_j——楼层柱 j 净高。

楼层屈服时，$M_{cj}^{上}$、$M_{cj}^{下}$ 可按下列情形分别计算：

（1）强梁弱柱型节点（图 4-35a） 此时，柱端屈服，则柱端弯矩为

钢筋混凝土结构

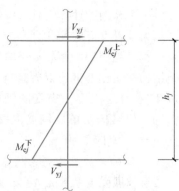

图 4-34 一个框架柱的抗剪承载力

$$M_c = M_{cy} = f_{yk} A_s^a (h_0 - a_s') + 0.5 N_G h_c \left(1 - \frac{N_G}{f_{ck} b_c h_c}\right) \qquad (4\text{-}204a)$$

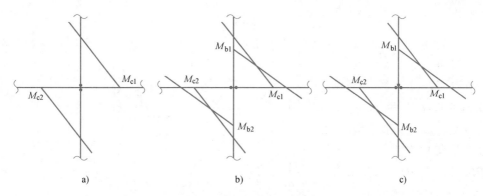

图 4-35　框架柱梁柱节点计算模型

a）强梁弱柱型节点　b）强柱弱梁型节点　c）混合型节点

钢结构

$$M_c = M_{cy} = W_p \left(f_{yk} - \frac{N}{A_c} \right) \tag{4-204b}$$

式中　b_c、h_c——构件截面的宽和高；

　　　　h_0——构件截面的有效高度；

　　　　a'_s——受压钢筋合力点至截面近边的距离；

　　　　f_{yk}——受拉钢筋或钢材强度标准值；

　　　　f_{ck}——混凝土弯曲拉压强度标准值；

　　　　A_s^a——实际受拉钢筋面积；

　　　　N_G——重力荷载代表值所产生的柱轴压力（分项系数取为1）；

　　　　W_p——构件截面塑性抵抗矩；

　　　　N——柱轴向压力设计值；

　　　　A_c——柱截面面积。

（2）强柱弱梁型节点（图 4-35b）　此时梁端屈服，而柱端不屈服。因梁端所受轴力可以忽略，则梁端屈服弯矩为

钢筋混凝土结构　　　　　　$$M_{by} = f_{yk} A_s^a (h_0 - a'_s) \tag{4-205a}$$

钢结构　　　　　　　　　　$$M_{by} = f_{yk} W_p \tag{4-205b}$$

考虑节点平衡，可将柱两侧梁端弯矩之和按节点处上下柱的线刚度之比分配给上、下柱，即

$$M_{c1} = \frac{i_{c1}}{i_{c1} + i_{c2}} \sum M_{by} \tag{4-206a}$$

$$M_{c2} = \frac{i_{c2}}{i_{c1} + i_{c2}} \sum M_{by} \tag{4-206b}$$

式中　$\sum M_{by}$——节点两侧梁端屈服弯矩之和；

　　　i_{c1}、i_{c2}——相交于同一节点上、下柱的线刚度（弯曲刚度与柱净高之比）。

（3）混合型节点（图 4-35c）　此时，相交于同一节点的梁端屈服，而相交于同一节点的其中一个柱端屈服，而另一柱端未屈服。则由节点弯矩平衡，容易得出节点上、下柱的柱端弯矩分别为

$$M_{c1} = M_{cy} \tag{4-207a}$$

$$M_{c2} = \sum M_{by} - M_{c1} \tag{4-207b}$$

2. 结构薄弱层位置判别

分析表明，对于 ζ_y 沿高度分布不均匀的框架结构，在地震作用下一般发生塑性变形集中现象，即塑性变形集中发生在某一或某几个楼层（图4-36），发生的部位为 ζ_y 最小或相对较小的楼层，称之为结构薄弱层。在薄弱层发生塑性变形集中的原因是，ζ_y 较小的楼层在地震作用下会率先屈服，这些楼层屈服后将引起卸载作用，限制地震作用进一步增加，从而保护其他楼层不屈服。由于 ζ_y 沿高度分布不均匀，结构塑性变形

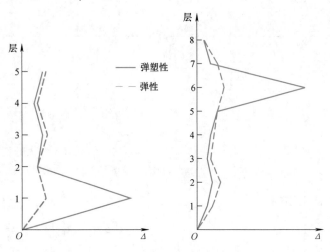

图4-36 地震作用下结构塑性变形的集中现象

集中在少数楼层，其他楼层的耗能作用不能充分发挥，因而对结构抗震不利。

对于 ζ_y 沿高度分布均匀的框架结构，分析表明，此时一般结构底层的层间变形最大，因而可将底层当作结构薄弱层。

对于单层钢筋混凝土柱厂房，薄弱层一般出现在上柱。多层框架结构楼层屈服强度系数 ζ_y 沿高度分布均匀与否，可通过参数 a 判别。

$$\begin{cases} a(i) = \dfrac{2\zeta_y(i)}{\left[\zeta_y(i-1) + \zeta_y(i+1)\right]} \\ \zeta_y(0) = \zeta_y(2) \\ \zeta_y(n+1) = \zeta_y(n-1) \end{cases} \tag{4-208}$$

如果各层 $a(i) \geqslant 0.8$，判别 ζ_y 沿高度分布均匀；如果任意某层 $a(i) < 0.8$，判别 ζ_y 沿高度分布不均匀。

3. 结构薄弱层弹塑性层间位移的计算

分析表明，地震作用下结构薄弱层的弹塑性层间位移与相应弹性层间位移之间有相对稳定的关系，因此薄弱层弹塑性层间位移可由相应弹性层间位移乘以修正系数得到，即

$$\Delta u_p = \eta_p \Delta u_e \tag{4-209}$$

$$\Delta u_e(i) = \frac{V_e(i)}{k_i} \tag{4-210}$$

式中　　Δu_p ——弹塑性层间位移；

　　　　Δu_e ——弹性层间位移；

　　$V_e(i)$ ——楼层 i 的弹性地震剪力；

　　　　k_i ——楼层 i 的弹性层间刚度；

　　　　η_p ——弹塑性位移增大系数。

η_p 的取值如下：

1）当 $a(i) \geqslant 0.8$ 时，对于钢筋混凝土结构，η_p 按表4-8确定；对于钢结构 η_p 按表4-9确定。

2）当 $a(i) \leqslant 0.5$ 时，η_p 分别按表4-8和表4-9中的值的1.5倍确定。

3）当 $0.5 < a(i) < 0.8$ 时，η_p 由内插法确定，即

$$\eta_p = \left\{ 1 + \frac{5 \times [0.8 - a(i)]}{3} \right\} \eta_p(0.8) \tag{4-211}$$

式中 $\eta_p(0.8)$ ——$a(i) \geqslant 0.8$ 时 η_p 的取值。

表 4-8 钢筋混凝土结构弹塑性位移增大系数 η_p

结构类别	总层数 n 或部位	屈服强度系数 ζ_y			
		0.5	0.4	0.3	0.2
多层均匀结构	2~4	1.30	1.40	1.60	2.10
	5~7	1.50	1.65	1.80	2.40
	8~12	1.80	2.00	2.20	2.80
单层厂房	上柱	1.30	1.60	2.00	2.60

表 4-9 钢框架及框架-支撑结构弹塑性位移增大系数 η_p

R_s	层数	屈服强度系数 ζ_y			
		0.6	0.5	0.4	0.3
0（无支撑）	5	1.05	1.05	1.10	1.20
	10	1.10	1.15	1.20	1.20
	15	1.15	1.15	1.20	1.30
	20	1.15	1.15	1.20	1.30
1	5	1.50	1.65	1.70	2.10
	10	1.30	1.40	1.50	1.80
	15	1.25	1.35	1.40	1.80
	20	1.10	1.15	1.20	1.80
2	5	1.60	1.80	1.95	2.65
	10	1.30	1.40	1.55	1.80
	15	1.25	1.30	1.40	1.80
	20	1.10	1.15	1.25	1.80
3	5	1.70	1.85	2.15	3.20
	10	1.30	1.40	1.70	2.10
	15	1.25	1.30	1.40	1.80
	20	1.10	1.15	1.25	1.80
4	5	1.70	1.85	2.35	3.45
	10	1.30	1.40	1.70	2.50
	15	1.25	1.30	1.40	1.80
	20	1.10	1.15	1.25	1.80

注：R_s 为框架-支撑结构支撑部分抗侧移承载力与该层框架部分抗侧移承载力的比值。

应用表 4-9 计算 R_s 时，受拉支撑取截面屈服时的抗侧移承载力，受压支撑取压屈时（可按轴心受压杆计算）的抗侧移承载力。

【例 4-10】 一个 4 层钢筋混凝土框架，如图 4-37 所示。图中 $G_1 \sim G_4$ 为各楼层重力荷载代表值。该框架梁截面尺寸为 250mm×600mm，柱截面尺寸为 450mm×450mm，为强梁弱柱型框架。柱混凝土为 C30，$f_{ck} = 20.1 \text{N/mm}^2$，钢筋为 HRB400 级，$f_{yk} = 400 \text{N/mm}^2$。第一层柱配筋 $A_s^a = 628 \text{N/mm}^2$。第二层柱配筋 $A_s^a = 402 \text{N/mm}^2$。混凝土保护层厚 $a_s' = 40\text{mm}$。已知结构基本周期 $T_1 = 0.4\text{s}$，位于 I_1 类场地第一组，抗震设防烈度为 8 度，阻尼比为 0.05，设计基本地震加速度为 $0.3g$。要求采用简化方法计算罕遇地震下该框架的最大弹塑性层间位移。

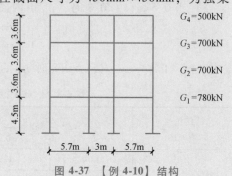

图 4-37 【例 4-10】结构

【解】 (1) 确定楼层屈服强度系数

按底部剪力法确定罕遇地震下作用于各楼层处的水平地震作用。

① 查表 4-2 知 $T_g = 0.25\text{s}$，查表 4-3 知 $\alpha_{max} = 1.2$；$\eta_2 = 1.0$，$\gamma = 0.9$；$T_1 = 0.4\text{s}$，$T_g < T_1 < 5T_g$；则

$$\alpha_1 = \left(\frac{T_g}{T_1}\right)^{\gamma} \eta_2 \alpha_{max} = \left(\frac{0.25}{0.4}\right)^{0.9} \times 1 \times 1.2 = 0.786$$

② $G_{eq} = \chi \sum_{i=1}^{n} G_i = 0.85 \times (500 + 700 + 700 + 780)\text{kN} = 2278\text{kN}$

$F_{Ek} = \alpha_1 G_{eq} = 0.786 \times 2278\text{kN} = 1790.51\text{kN}$

因 $1.4T_g = 0.35\text{s} < T_1 = 0.4\text{s}$，须考虑顶部附加地震作用，查表 4-4

③ $\delta_n = 0.08T_1 + 0.07 = 0.102$

$\Delta F_n = \delta_n F_{ek} = 0.102 \times 1790.51\text{kN} = 182.63\text{kN}$

$(1 - \delta_n)F_{Ek} = (1 - 0.102) \times 1790.51\text{kN} = 1607.88\text{kN}$

④ $H_1 = 4.5\text{m}$，$H_2 = H_1 + 3.6\text{m} = 8.1\text{m}$，$H_3 = H_2 + 3.6\text{m} = 11.7\text{m}$

$H_4 = H_3 + 3.6\text{m} = 15.3\text{m}$，则

按式 (4-136) 计算得

$F_1 = 226\text{kN}$，$F_2 = 364\text{kN}$，$F_3 = 526\text{kN}$，$F_4 = 492\text{kN}$

则各楼层弹性地震剪力为

$$V_e(4) = F_4 = 492\text{kN}$$

$$V_e(3) = V_e(4) + F_3 = 1018\text{kN}$$

$$V_e(2) = V_e(3) + F_2 = 1382\text{kN}$$

$$V_e(1) = V_e(2) + F_1 = 1608\text{kN}$$

为简化计算，近似假设框架每一楼层四根柱承受的重力荷载相同，则各楼层柱的轴压力分别为

$$N_{G4} = G_4/4 = 500/4 \, \text{kN} = 125 \, \text{kN}$$

$$N_{G3} = N_{G4} + G_3/4 = (125 + 700/4) \, \text{kN} = 300 \, \text{kN}$$

$$N_{G2} = N_{G3} + G_2/4 = (300 + 700/4) \, \text{kN} = 475 \, \text{kN}$$

$$N_{G1} = N_{G2} + G_1/4 = (475 + 780/4) \, \text{kN} = 670 \, \text{kN}$$

因是强梁弱柱型框架，楼层屈服时所有柱端屈服，则各楼层柱柱端弯矩均按式（4-204）计算。其中，$h_0 = h_c - a'_s = 450 \, \text{mm} - 40 \, \text{mm} = 410 \, \text{mm}$。

$$M_{c4} = \left[400 \times 402 \times (410-40) + 0.5 \times 125 \times 10^3 \times 450 \times \left(1 - \frac{125 \times 10^3}{20.1 \times 450 \times 450}\right) \right] \text{N} \cdot \text{mm}$$

$$= 8.676 \times 10^7 \, \text{N} \cdot \text{mm}$$

$$M_{c3} = \left[400 \times 402 \times (410-40) + 0.5 \times 300 \times 10^3 \times 450 \times \left(1 - \frac{300 \times 10^3}{20.1 \times 450 \times 450}\right) \right] \text{N} \cdot \text{mm}$$

$$= 12.202 \times 10^7 \, \text{N} \cdot \text{mm}$$

$$M_{c2} = \left[400 \times 402 \times (410-40) + 0.5 \times 475 \times 10^3 \times 450 \times \left(1 - \frac{475 \times 10^3}{20.1 \times 450 \times 450}\right) \right] \text{N} \cdot \text{mm}$$

$$= 15.390 \times 10^7 \, \text{N} \cdot \text{mm}$$

$$M_{c1} = \left[400 \times 402 \times (410-40) + 0.5 \times 670 \times 10^3 \times 450 \times \left(1 - \frac{670 \times 10^3}{20.1 \times 450 \times 450}\right) \right] \text{N} \cdot \text{mm}$$

$$= 18.543 \times 10^7 \, \text{N} \cdot \text{mm}$$

由式（4-203），各楼层的抗剪承载力为

$$V_y(4) = \frac{2 \times 8.676 \times 10^7}{3600 - 600} \times 4 \, \text{N} = 231 \times 10^3 \, \text{N}$$

$$V_y(3) = \frac{2 \times 12.202 \times 10^7}{3600 - 600} \times 4 \, \text{N} = 325 \times 10^3 \, \text{N}$$

$$V_y(2) = \frac{2 \times 15.390 \times 10^7}{3600 - 600} \times 4 \, \text{N} = 410 \times 10^3 \, \text{N}$$

$$V_y(1) = \frac{2 \times 18.543 \times 10^7}{4500 - 300} \times 4 \, \text{N} = 353 \times 10^3 \, \text{N}$$

由式（4-202），各楼层屈服强度系数为

$$\zeta_y(4) = \frac{231}{492} = 0.47$$

$$\zeta_y(3) = \frac{325}{1018} = 0.32$$

$$\zeta_y(2) = \frac{410}{1382} = 0.30$$

$$\zeta_y(1) = \frac{353}{1608} = 0.22$$

（2）结构薄弱层的判别　按式（4-208）计算各楼层 a 值

$$a(4) = \frac{\zeta_y(4)}{\zeta_y(3)} = \frac{0.47}{0.32} = 1.47$$

$$a(3) = \frac{2\zeta_y(3)}{\zeta_y(4) + \zeta_y(2)} = \frac{2 \times 0.32}{0.47 + 0.30} = 0.83$$

$$a(2) = \frac{2\zeta_y(2)}{\zeta_y(3) + \zeta_y(1)} = \frac{2 \times 0.30}{0.32 + 0.22} = 1.11$$

$$a(1) = \frac{\zeta_y(1)}{\zeta_y(2)} = \frac{0.22}{0.30} = 0.73$$

因楼层 $a(1) < 0.8$，则结构 ζ_y 沿高度分布不均匀，由此判别结构底层为薄弱层。

（3）结构薄弱层的弹塑性层间位移 分析得结构底部弹性层间刚度为

$$k_1 = 28630 \text{kN/m}$$

则

$$\Delta u_e(1) = \frac{V_e(1)}{k_1} = \frac{1608}{28630} \text{m} = 0.0562 \text{m}$$

由于 $a(1) = 0.73 < 0.8$，可按式（4-211）确定 η_p 值，由 $\zeta_1(1) = 0.22$ 查表 4-8 得 $\eta_p = 2.23$。

则

$$\Delta u_p = \eta_p \Delta u_e = 2.23 \times 0.0562 \text{m} = 0.125 \text{m}$$

4.7　结构抗震验算

4.7.1　结构抗震计算原则

各类建筑结构的抗震计算，应遵循下列原则：

1）一般情况下，可在建筑结构的两个主轴方向分别考虑水平地震作用并进行抗震验算，各方向的水平地震作用全部由该方向抗侧力构件承担。

2）有斜交抗侧力构件的结构，当相交角度大于 15° 时，宜分别考虑各抗侧力构件方向的水平地震作用。

3）质量和刚度明显不均匀、不对称的结构，应考虑水平地震作用的扭转影响，同时应考虑双向水平地震作用的影响。

4）不同方向的抗侧力结构的共同构件（如框架结构角柱），应考虑双向水平地震作用的影响。

5）8 度和 9 度时的大跨度结构、长悬臂结构、烟囱和类似高耸结构及 9 度时的高层建筑，应考虑竖向地震作用。

4.7.2　结构抗震计算方法的确定

可将前面介绍的结构抗震计算方法总结如下：

1）底部剪力法。把地震作用当作等效静力荷载，计算结构最大地震反应。

2）振型分解反应谱法。利用振型分解原理和反应谱理论进行结构最大地震反应分析。

3）时程分析法。首先选用一定的地震波，直接输入到所设计的结构，然后对结构的运动平衡微分方程进行数值积分，求得结构在整个地震时程范围内的地震反应。时程分析法有两种：一种是振型分解时程分析法；另一种是逐步积分时程分析法。

底部剪力法是一种拟静力法，结构计算量最小，但因忽略了高振型的影响，且对第一振型也做了简化，因此计算精度稍差。振型分解反应谱法是一种拟动力方法，计算量稍大，但计算精度较高，计算误差主要来自振型组合时关于地震动随机特性的假定。时程分析法是一完全动力方法，计算量大，而计算精度高。但时程分析法计算的是某一确定地震动的时程反应，不像底部剪力法和振型分解反应谱法考虑了不同地震动时程记录的随机性。

底部剪力法、振型分解反应谱法和振型分解时程分析法，因建立在结构的动力特性基础上，只适用于结构弹性地震反应分析。而逐步积分时程分析法，则不仅适用于结构非弹性地震反应分析，也适用于作为非弹性特例的结构弹性地震反应分析。

采用什么方法进行抗震设计，可根据不同的结构和不同的设计要求分别对待。在多遇地震作用下，结构的地震反应是弹性的，可按弹性分析方法进行计算；在罕遇地震作用下，结构的地震反应是非弹性的，则要按非弹性方法进行抗震计算。对于规则、简单的结构，可以采用简化方法进行抗震计算；对于不规则、复杂的结构，则应采用较精确的方法进行计算。对于次要结构，可按简化方法进行抗震计算；对于重要结构，则应采用精确方法进行抗震计算。为此，我国《建筑抗震设计规范》规定，各类建筑结构的抗震计算，采用下列方法：

1）高度不超过40m，以剪切变形为主且质量和刚度沿高度分布比较均匀的结构，以及近似于单质点弹性体系的结构，可采用底部剪力法等简化方法。

2）除1）外的建筑结构，宜采用振型分解反应谱法。

3）特别不规则建筑、甲类建筑和表4-10所列高度范围的高层建筑，应采用时程分析法进行多遇地震下的补充计算；当取三组加速度时程曲线输入时，计算结果宜取时程分析法的包络值和振型分解反应谱法的较大值；当取七组及七组以上的时程曲线输入时，计算结果可取时程分析法的平均值和振型分解反应谱法的较大值。

表 4-10　采用时程分析法的房屋高度范围

7 度和 8 度时 I 、Ⅱ类场地	>100m
8 度Ⅲ、Ⅳ类场地	>80m
9 度	>60m

采用时程分析法进行结构抗震计算时，应注意下列问题：

1）地震波的选用。最好选用本地历史上的强震记录，如果没有这样的记录，也可选用震中距和场地条件相近的其他地区的强震记录，或选用主要周期接近的场地卓越周期或其反应谱接近当地设计反应谱的人工地震波。地震波的加速度峰值可按表4-11取用。

表 4-11　地震波加速度峰值　　　　　　　　　（单位：m/s^2）

类型	设防烈度			
	6 度	7 度	8 度	9 度
多遇地震	0.18	0.35(0.55)	0.70(1.10)	1.44
罕遇地震	1.25	2.20(3.10)	4.00(5.10)	6.20

注：括号内数值分别用于设计基本地震加速度取 0.15g 和 0.30g 的地区。

2）最小底部剪力要求。弹性时程分析时，每条时程曲线计算所得结构底部剪力不应小于振型分解反应谱法计算结果的 65%，多条时程曲线计算所得结构底部剪力的平均值不应小于振型分解反应谱法的 80%。如不满足这一最小底部剪力要求，可将地震波加速度峰值提高，以使时程分析的最小底部剪力要求得以满足。

3）最少地震波数。为考虑地震波的随机性，采用时程分析法进行抗震设计需至少选用 2 条实际强震记录和一条人工模拟的加速度时程曲线，取 3 条或 3 条以上地震波反应计算结果的平均值或最大值进行抗震验算。

4.7.3 重力荷载代表值

进行结构抗震设计时，所考虑的重力荷载，称为重力荷载代表值。

结构的重力荷载分恒载（自重）和活载（可变荷载）两种。活载的变异性较大，我国荷载规范规定的活载标准值是按 50 年最大活载的平均值加 0.5~1.5 倍的均方差确定的，地震发生时，活载不一定达到标准值的水平，一般小于标准值，因此计算重力荷载代表值时可对活载折减。抗震规范规定

$$G_{\mathrm{E}} = D_{\mathrm{k}} + \sum \psi_i L_{\mathrm{k}i} \tag{4-212}$$

式中　G_{E}——重力荷载代表值；

　　　D_{k}——结构恒载标准值；

　　　$L_{\mathrm{k}i}$——有关活载（可变荷载）标准值；

　　　ψ_i——有关活载组合值系数，按表 4-12 采用。

表 4-12　有关活载组合值系数

可变荷载种类		组合值系数
雪荷载		0.5
屋面积灰荷载		0.5
屋面活荷载		不计入
按实际情况计算的楼面活荷载		1.0
按等效均布荷载考虑的楼面活荷载	藏书库、档案库	0.8
	其他民用建筑	0.5
起重机悬吊物重力	硬钩起重机	0.3
	软钩起重机	不计入

4.7.4 不规则结构的内力调整及最低水平地震剪力要求

对于符合表 4-13 情况的竖向不规则结构，其薄弱层的地震剪力应乘以 1.15 的增大系数，并应符合下列要求：

1）竖向抗侧力构件不连续时，该构件传递给水平转换构件的地震内力应乘以 1.25~1.5 的增大系数。

2）楼层承载力突变时，薄弱层抗侧力结构的受剪承载力不应小于相邻上一楼层的 65%。

为保证结构的基本安全性，抗震验算时，结构任一楼层的水平地震剪力应符合下式的最低要求

$$V_{\mathrm{E}ki} > \lambda \sum_{j=i}^{n} G_j \tag{4-213}$$

式中　$V_{\mathrm{E}ki}$——第 i 层对应于水平地震作用标准值的楼层剪力；

λ——剪力系数，不应小于表 4-14 规定的楼层最小地震剪力系数值，对竖向不规则结构的薄弱层，尚应乘以 1.15 的增大系数；

G_j——第 j 层的重力荷载代表值。

表 4-13　竖向不规则结构的主要类型

不规则类型	定义和参考指标
侧向刚度不规则	该层的侧向刚度小于相邻上一层的 70%，或小于其上相邻三个楼层侧向刚度平均值的 80%；除顶层或出屋面小建筑外，局部收进的水平向尺寸大于相邻下一层的 25%
竖向抗侧力构件不连续	竖向抗侧力构件（柱、抗震墙、抗震支撑）的内力由水平转换构件（梁、桁架等）向下传递
楼层承载力突变	抗侧力结构的层间受剪承载力小于相邻上一楼层的 80%

表 4-14　楼层最小地震剪力系数值

类　别	抗震设防烈度		
	7 度	8 度	9 度
扭转效应明显或基本周期小于 3.5s 的结构	0.016(0.024)	0.032(0.048)	0.064
基本周期大于 5.0s 的结构	0.012(0.018)	0.024(0.032)	0.040

注：1. 基本周期介于 3.5s 和 5.0s 之间的结构，可插入取值。
2. 括号内数值分别用于设计基本地震加速度为 0.15g 和 0.30g 的地区。

4.7.5　地基-结构相互作用

8 度和 9 度时建造于Ⅲ、Ⅳ类场地，采用箱基、刚性较好的筏基和桩箱联合基础的钢筋混凝土高层建筑，当结构基本周期处于特征周期的 1.2~5 倍范围时，若计入地基与结构动力相互作用的影响，对刚性地基假定计算的水平地震剪力可按下列规定折减，其层间变形可按折减后的楼层剪力计算。

1）高宽比小于 3 的结构，各楼层水平地震剪力的折减系数，可按下式计算

$$\psi = \left(\frac{T_1}{T_1 + \Delta T}\right)^{0.9} \tag{4-214}$$

式中　ψ——计入地基与结构动力相互作用后的地震剪力系数；

T_1——按刚性地基假定确定的结构基本自振周期（s）；

ΔT——计入地基与结构动力相互作用的附加周期（s），可按表 4-15 采用。

表 4-15　附加周期　　　　　　　　　　（单位：s）

抗震设防烈度	场地类别	
	Ⅲ类	Ⅳ类
8 度	0.08	0.20
9 度	0.10	0.25

2）高宽比不小于 3 的结构，底部的地震剪力按 1）款规定折减，顶部不折减，中间各层按线性插入值折减。

3）折减后各楼层的水平地震剪力，尚应满足结构最低地震剪力要求。

4.7.6 结构抗震验算内容

为满足"小震不坏、中震可修、大震不倒"的抗震要求，我国《建筑抗震设计规范》规定进行下列内容的抗震验算：

1）多遇地震下结构允许弹性变形验算，以防止非结构构件（隔墙、幕墙、建筑装饰等）破坏。

2）多遇地震下结构强度验算，以防止结构构件破坏。

3）罕遇地震下结构弹塑性变形验算，以防止结构倒塌。

"中震可修"抗震要求，通过构造措施加以保证。

1. 多遇地震下结构允许弹性变形验算

因砌体结构刚度大、变形小，以及厂房对非结构构件要求低，故可不验算砌体结构和厂房结构的允许弹性变形，而只验算框架结构、填充墙框架结构、框架-剪力墙结构、框架-支撑结构和框支结构的框支层部分的允许弹性变形。其验算公式为

$$\Delta u_e \leqslant [\theta_e] h \tag{4-215}$$

式中　Δu_e——多遇地震作用标准值产生的结构弹性层间位移；

　　　h——结构层高；

　　　$[\theta_e]$——结构弹性层间位移角限值，按表4-16采用。

表 4-16　结构弹性层间位移角限值

结 构 类 型		$[\theta_e]$
钢筋混凝土结构	框架	1/550
	框架-抗震墙,板柱-抗震墙,框架-核心筒	1/800
	抗震墙、筒中筒	1/1000
	框支层	1/1000
多、高层钢结构		1/250

2. 多遇地震下结构强度验算

经分析，下列情况可不进行结构强度抗震验算，但仍应符合有关构造措施：

1）6度时的建筑（建造于Ⅳ类场地上较高的高层建筑与高耸结构除外）。

2）7度时Ⅰ、Ⅱ类场地、柱高不超过10m且两端有山墙的单跨及多跨等高的钢筋混凝土厂房（锯齿形厂房除外），或柱顶标高不超过4.5m，两端均有山墙的单跨及多跨等高的砖柱厂房。

除上述情况的所有结构，都要进行结构构件的强度（或承载力）的抗震验算，验算公式如下

$$S \leqslant R/\gamma_{RE} \tag{4-216}$$

式中　S——包含地震作用效应的结构构件内力组合设计值；

　　　R——构件承载力设计值，按各有关结构设计规范计算；

　　　γ_{RE}——承载力抗震调整系数，按表4-17采用。但当仅考虑竖向地震作用时，各类结构构件承载力抗震调整系数均宜采用1.0。

进行结构抗震设计时，结构构件的地震作用内力效应和其他荷载内力效应组合的设计值，应按下式计算

$$S=\gamma_G S_{GE}+\gamma_{Eh} S_{Ehk}+\gamma_{EV} C_{EV} S_{EVk}+\sum \gamma_{Di} S_{Dik}+\sum \gamma_i \psi_i S_{ik} \tag{4-217}$$

式中　　S——结构构件地震组合内力设计值，包括组合的弯矩、轴向力和剪力的设计值；

γ_G——重力荷载分项系数，一般情况下采用 1.3，当重力荷载效应对构件承载力有利时，可采用 1.0；

γ_{Eh}、γ_{EV}——水平、竖向地震作用分项系数，不同时考虑时，分别取 1.4，同时考虑时，γ_{Eh} 取 1.4，γ_{EV} 取 0.5；

γ_{Di}——风荷载分项系数，采用 1.4；

γ_i——不包括在重力荷载内的第 i 个可变荷载的分项系数，不应小于 1.5；

S_{GE}——重力荷载代表值的效应，有吊车时，尚应包括悬吊物重力标准值的效应；

S_{Ehk}——水平地震作用标准值的效应；

S_{EVk}——竖向地震作用标准值的效应；

S_{Dik}——不包括在重力荷载内的第 i 个永久荷载标准值的效应；

S_{ik}——不包括在重力荷载内的第 i 个可变荷载标准值的效应；

ψ_i——不包括在重力荷载内的第 i 个可变荷载的组合值系数，按表 4-18 采用。

表 4-17　承载力抗震调整系数

材料	结构构件	受力状态	γ_{RE}
钢	柱、梁、节点板件、螺栓、焊缝	强度	0.75 0.80
	柱、支撑	稳定	0.85 0.90
砌体	两端均有构造柱、芯柱的抗震墙		0.9
	其他抗震墙	受剪	1.0
	组合砖砌体抗震墙	受剪	0.9
	配筋砌块体抗震墙		0.85
	自承重墙		0.75
钢筋混凝土	梁	受弯	0.75
	轴压比小于 0.15 的柱	偏压	0.75
	轴压比不小于 0.15 的柱	偏压	0.80
	抗震墙	偏压	0.85
	各类构件	受剪、偏拉	0.85

表 4-18　各荷载分项系统及组合系数

荷载类别、分项系数、组合系数			对承载力不利	对承载力有利	适用对象
永久荷载	重力荷载	γ_G	≥1.3	≤1.0	所有工程
	预应力	γ_{Dy}			
	土压力	γ_{Ds}	≥1.3	≤1.0	市政工程、地下结构
	水压力	γ_{Dw}			

(续)

荷载类别、分项系数、组合系数			对承载力不利	对承载力有利	适用对象
可变荷载	风荷载	ψ_w	0.0		一般的建筑结构
			0.2		风荷载起控制作用的建筑结构
	温度作用	ψ_t	0.65		市政工程

进行结构抗震设计时，对结构构件承载力加以调整（提高），主要考虑下列因素：

1) 动力荷载下材料强度比静力荷载下高。

2) 地震是偶然作用，结构的抗震可靠度要求可比承受其他荷载的可靠度要求低。

3. 罕遇地震下结构弹塑性变形验算

在罕遇地震下，结构薄弱层（部位）的弹塑性层间位移应满足下式要求

$$\Delta u_p = [\theta_p] h \qquad (4\text{-}218)$$

式中　Δu_p——弹塑性层间位移；

　　　h——结构薄弱层的层高或钢筋混凝土结构单层厂房上柱高度；

　　$[\theta_p]$——结构弹塑性层间位移角限值，按表4-19采用。对钢筋混凝土框架结构，当轴压比小于0.4时，可提高10%；当柱子全高的箍筋构造采用比规定的最小配箍特征值大30%时，可提高20%，但累计不超过25%。

表 4-19　结构弹塑性层间位移角限值

结 构 类 别	$[\theta_p]$
单层钢筋混凝土柱排架	1/30
钢筋混凝土框架或填充墙框架	1/50
底层框架砖房中的框架-抗震墙	1/100
框架-抗震墙、板柱-抗震墙、框架-核心筒	1/100
抗震墙和筒中筒	1/120
多高层钢结构	1/50

《建筑抗震设计规范》规定，下列结构应进行弹塑性变形验算：

1) 8度Ⅲ、Ⅳ类场地和9度时，高大的单层钢筋混凝土厂房的横向排架。

2) 7~9度时楼层屈服强度系数小于0.5的钢筋混凝土框架结构和框排架结构。

3) 高度大于150m的结构。

4) 甲类建筑和9度时乙类建筑中的钢筋混凝土结构和钢结构。

5) 采用隔震和消能减震设计的结构。

下列结构宜进行弹塑性变形验算：

1) 表4-10所列高度范围且符合表4-13所列竖向不规则类型的高层建筑结构。

2) 7度Ⅲ、Ⅳ类场地和8度乙类建筑中的钢筋混凝土结构和钢结构。

3) 板柱-抗震墙结构和底部框架砌体房屋。

4) 高度不大于150m的其他高层钢结构。

5) 不规则的地下建筑结构及地下空间综合体。

本章知识点

1. 结构由地震引起的振动称为结构的地震反应，振动过程中作用在结构上的惯性力就是"地震作用"，它使结构产生内力，产生变形。地震时结构所承受的地震作用实际上就是地震动输入结构后产生的动态反应。地震作用的数值大小不仅取决于地面运动的强弱程度，而且与结构的动力特性有关，即与结构的自振周期、质量、阻尼等直接相关，这就使得地震作用的确定比一般荷载要复杂得多。目前我国和世界上绝大多数国家均把反应谱理论作为确定地震作用的主要手段。

2. 单质点弹性体系在地震作用下的运动微分方程是一个常系数二阶非齐次微分方程。它的解包含两部分：一个是微分方程对应的齐次方程的通解，代表自由振动；另一个是微分方程的特解，代表强迫运动。方程的通解可由常微分方程理论求得，方程的特解可由杜哈梅积分给出，求解方程过程中采用了迭加原理，杜哈梅积分只能用于弹性体系，地面运动加速度是不规则函数，杜哈梅积分只能通过数值积分求解。

3. 单质点弹性体系作用于质点上的水平地震作用 F 可表示成地震系数 k，动力系数 β 与质点重量 G 的乘积，即 $F = k\beta G$，其中 k 反映地面运动强弱程度，β 反映结构动力特性。《建筑抗震设计规范》将地震系数与动力系数的乘积用一个地震影响系数 α 表示，并以 α 为参数给出了设计反应谱。该设计反应谱由四部分组成，谱的形状与场地条件、震中距远近和结构阻尼比有关，设计时地震影响系数 α 可根据结构自振周期及其他条件确定。

4. 介绍了多自由度弹性体系地震反应求解的振型分解反应谱法，引出了主振型的概念。振型分解反应谱法是将多自由度弹性体系的振动问题转化为单自由度弹性体系计算的一种途径。在计算多自由度地震作用时，一般可按振型分解反应谱法进行，对于高度不超过40m，以剪切变形为主且质量和刚度沿高度分布比较均匀的结构，可采用底部剪力法计算水平地震作用。这两种地震作用计算方法都是抗震设计地震作用计算时的重要内容。

5. 震害调查表明，在烈度较高的震中区，竖向地震对结构的破坏也会有较大影响。研究表明，竖向地震作用对结构物的影响至少在以下几个方面应予以考虑：

1）高耸结构、高层建筑和对竖向运动敏感的建筑物。

2）以竖向地震作用为主要地震作用的结构物，如大跨度结构、水平悬臂结构。

3）位于大震震中区的结构物，特别是有迹象表明竖向地震动分量可能很大的地区的结构物。

6. 体型复杂的结构，质量和刚度分布明显不均匀、不对称的结构，在地震作用下会发生扭转振动。引起扭转振动的主要原因是结构质量中心与刚度中心不重合，水平地震力的合力通过质心，结构抗力的合力通过刚心，质心和刚心的偏离使得结构除产生平移振动外，还围绕刚心作扭转振动，形成平扭耦联运动。

7. 在罕遇地震（大震）下，允许结构开裂，产生塑性变形，但不允许结构倒塌。为保证结构"大震不倒"，则需进行结构非弹性地震反应分析。

8. 建筑结构的抗震变形验算包括在多遇地震作用下的弹性变形验算和罕遇地震作用下的弹塑性变形验算。前者为了避免多遇地震作用下非结构构件出现损伤，而对主体结构弹性位移加以限制；后者为了保证结构在罕遇地震作用下产生过大变形，不发生倒塌，而对主体结构弹塑性变形加以控制。

习　题

1. 什么是地震作用？如何确定结构的地震作用？
2. 地震系数和动力系数的物理意义是什么？通过什么途径确定这两个因素？
3. 计算结构地震作用的底部剪力法和振型分解反应谱法的原理和适应条件分别是什么？
4. 在什么情况下须考虑竖向地震作用？如何计算地震作用？
5. 什么叫作结构的刚心和质心？结构的扭转地震效应是如何产生的？
6. 什么是楼层屈服强度系数？怎样确定结构的薄弱层或部位？
7. 结构抗震的计算原则有哪些？
8. 什么是承载力抗震调整系数？为什么要引入这一系数？

第5章
多层及高层钢筋混凝土房屋抗震设计

本章提要

本章主要介绍了钢筋混凝土房屋结构的震害特点及发生原因；阐述了框架结构、框架-剪力墙结构中剪力墙布置原则以及相关结构在进行抗震设计时应采取的主要抗震措施；介绍了框架结构在地震作用下的内力计算、变形验算及竖向荷载作用下内力计算方法，并给出了框架和框架-剪力墙结构的受力特点、受力性能、相关抗震设计要点和相应的抗震构造措施等。

5.1 概述

钢筋混凝土结构取材容易、造价低廉，并且具有较好的耐久性和耐火性，较高的承载力、延性和整体性，被广泛应用于抗震设防区。按照其结构类型，钢筋混凝土结构可分为框架结构、框架-剪力墙结构、剪力墙结构、部分框支剪力墙结构、框架-核心筒结构等（图 5-1）。

框架结构的工程应用最为广泛，其平面布置灵活，易于满足建筑物内大空间的要求，同时其竖向可以通过框架梁的外挑内收，抑或通过设置构架等方法，形成较为丰富的立面。

剪力墙结构由纵横交错的钢筋混凝土墙体替代框架结构中的梁柱，承受竖向和水平力，相对框架结构具有较大的抗侧刚度。

框架-剪力墙结构，指的是在框架结构中布置一定数量的剪力墙，提高结构的抗侧刚度，融合框架结构和剪力墙结构各自的优点，易构成灵活的使用空间，满足不同建筑功能的要求。

部分框支剪力墙结构则是指首层或底部两层为框支层的结构，一般用作大空间，如商店或停车场等。

框架-核心筒结构的外围是由梁柱构成的框架受力体系，中间则是筒体（如电梯井），该种结构在一定程度上也可视作为一种特殊的框架-剪力墙结构，即将中间筒体视作剪力墙围成。

此外，还有其他形式的钢筋混凝土多层和高层结构体系，如筒中筒结构、板柱-抗震墙结构。

研究和工程实践表明，设计合理的钢筋混凝土结构具备足够的强度、良好的延性和整体性，可保证结构在抗震设防区应用的安全性。设计不合理或施工质量欠佳的钢筋混凝土房屋在地震中易遭到破坏。

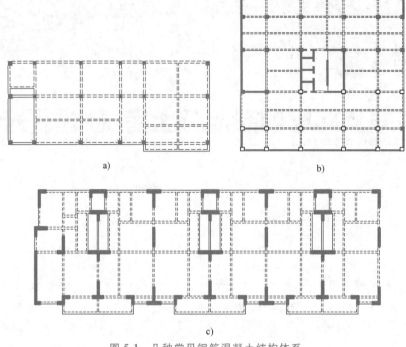

图 5-1　几种常见钢筋混凝土结构体系
a）框架结构　b）框架-剪力墙结构　c）剪力墙结构

5.2　多层及高层钢筋混凝土房屋的震害分析

5.2.1　结构布置不当引起的震害

1. 平面布置不合理导致的震害

结构平面布置多受限于建筑物的使用功能和要求，主要包括柱子的距离、通道和楼梯的位置、内墙的布置、空间活动面积的设计、电梯井的布置、房间的数量和布置等。结构平面布置不合理则易造成质量和刚度分布不均匀、不对称，进而造成刚度中心和质量中心有较大的不重合，易使结构在地震时因过大的扭转反应而严重破坏。最为典型的例子是 1972 年 2 月 2 日南美洲马那瓜地震中破坏严重的中央银行大厦（图 5-2a）。该建筑为 15 层钢筋混凝土单跨框架，钢筋混凝土电梯井和楼梯间布置在西端，且布置有填充墙，其结构刚度严重不对称，在地震作用下，结构发生了严重扭转效应。地震后，中央银行大厦 5 层柱严重开裂，纵筋压屈，电梯井的墙体开裂严重、混凝土剥落，一些非结构构件破坏甚至塌毁，最终中央银行大厦因为损毁严重，震后不得不拆除重建。但是，距离中央银行大厦仅一街之隔的美洲银行大厦（图 5-2b）仅有轻微损坏，震后只经过简单修复即投入使用。美洲银行大厦的主要抗侧力构件为钢筋混凝土核心筒，此核心筒又由 4 个 L 形小井筒以及连接小井筒的连梁组成，结构平面布置均匀、对称，地震中扭转效应小，L 形小井筒刚度大变形较小，连梁中有管道穿过，削弱了连梁，遭到一定程度的剪切破坏开裂同时还耗散了一部分地震能量，降低了地震对结构的破坏。可以看出，结构平面布置规则性对结构抗震能力具有重要影响，只有

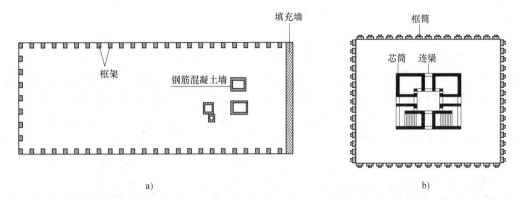

a)   b)

图 5-2　马那瓜中央银行大厦与美洲银行大厦平面布置图

a）中央银行大厦平面布置图　b）美洲银行大厦平面布置图

将各个部分协调对称布置，才能有效地降低建筑物在地震灾害中可能造成的损害。

2. 结构竖向布置不合理导致的震害

当钢筋混凝土结构刚度沿竖向分布上存在有局部削弱或是有突变时，如竖向体型突变（建筑物顶部内收形成塔楼，楼层外挑内收等）、结构的体系变化（剪力墙结构底部大空间，底层或底部若干层剪力墙不落地等）、中部部分楼层剪力墙中断；顶部楼层设置空旷大空间，取消部分内柱或剪力墙等，会在刚度或强度较小的楼层形成薄弱层。地震作用下，结构在刚度突然变小的楼层将产生过大变形，会导致结构在该层发生严重破坏（图 5-3），甚至

a)   b)

c)   d)

图 5-3　几种结构竖向布置不合理导致的震害

a）竖向体型突变　b）底部大空间　c）中部部分楼层刚度突变　d）底部无抗震墙

引发结构倒塌。

3. 防震缝处碰撞

防震缝两侧的结构单元由于各自的振动特性不同,在地震时会发生不同形式的振动,如果防震缝宽度不够或构造不当,就有可能发生碰撞而导致震害,如图 5-4 所示。例如,唐山地震时,天津友谊宾馆东段为 8 层钢筋混凝土框架结构,西段为 11 层钢筋混凝土框架-抗震墙结构,东西段之间设置宽度为 150mm 的防震缝,防震缝宽度不足,两部分结构互相碰撞致使东段西山墙严重破坏。

图 5-4 防震缝破坏

5.2.2 结构构件设计不当引起震害

1. 框架柱、梁和节点的震害

未经抗震设计的框架的震害主要反映在梁柱节点区(图 5-5)。柱的震害重于梁;柱顶震害重于柱底;角柱震害重于内柱;短柱震害重于一般柱。

由于在水平地震作用下,柱端处的弯矩、剪力和轴力都比较大,柱的箍筋配置不足或锚固不好,在弯、剪共同作用下,使箍筋失效、混凝土剥落,甚至压碎崩落,纵向力使纵筋压曲呈灯笼状,如图 5-6 所示。

当有错层、夹层或有半高的填充墙,或不适当地设置某些连系梁时,容易形成短柱(当反弯点在层高范围内时,柱净高/柱截面的边长<4 的柱)。一方面由于短柱的侧向

图 5-5 梁柱节点破坏

刚度大,相应地承担了较大的地震剪力,另一方面短柱变形能力差,常发生剪切破坏,形成交叉裂缝乃至脆断,如图 5-7 所示。梁柱节点区的破坏大都是因为节点区无箍筋或少箍筋,在剪、压作用下混凝土出现斜裂缝甚至挤压破碎,纵向钢筋压曲成灯笼状。在地震中房屋不可避免地要发生扭转,因此角柱所受剪力最大,同时角柱又受双向弯矩作用,而其约束又较

其他柱小，所以震害重于内柱。

图 5-6　柱端灯笼状破坏

图 5-7　柱剪切破坏

2. 剪力墙和墙肢连梁的震害

框架-剪力墙和纯剪力墙结构震害较框架结构要轻，剪力墙的工作性能与悬臂梁相似，因此其底部弯矩和剪力最大，破坏多发生在剪力墙的底部（图 5-8），当剪力墙的剪跨比较大时，破坏形式则可能发生弯曲破坏或剪切破坏，而当剪力墙的剪跨比较小时，更容易发生剪切破坏。此外，地震作用下剪力墙结构的震害还主要体现在剪力墙墙肢连梁的剪切破坏，如图 5-9 所示。剪力墙墙肢连梁剪切破坏的主要原因是连梁剪跨比较小，反复荷载作用下，容易形成 X 形裂缝导致剪切破坏，尤其在房屋结构 1/3 高度处连梁破坏更为明显。

3. 框架砖填充墙和楼梯的震害

框架中嵌砌砖填充墙，容易发生墙面斜裂缝，并沿柱周边开裂，如图 5-10 所示。端墙、窗间墙和门窗洞口边角部位破坏更加严重。烈度较高时墙体容易倒塌。由于框架侧向变形属剪切型，下部层间位移大，填充墙震害呈现"下重上轻"的现象。填充墙破坏的主要原因是，墙体受剪承载力低，变形能力小，墙体与框架缺乏有效的拉结。因此，在往复变形时墙

图 5-8　剪力墙震害图

图 5-9　墙肢连梁震害

体易发生剪切破坏和散落。地震中，楼梯段斜向受力构件与框架主体结构相连，形成一个空间的 K 形支撑体系，处于压弯或拉弯受力状态下。反复荷载作用下，楼梯板在反复交替轴向拉压作用下，易造成楼梯板屈服或断裂（图 5-11）。

图 5-10 填充墙震害图

图 5-11 楼梯震害

5.3 多层及高层钢筋混凝土房屋的抗震设计要求

5.3.1 房屋适用的最大高度

多层和高层钢筋混凝土房屋建筑，出于安全和经济等方面综合考虑，需要对其适用高度进行限制。房屋的最大适用高度与抗震设防烈度、结构类型和场地类别等因素有关。我国《建筑抗震设计规范》中规定的现浇钢筋混凝土结构房屋的最大高度见表 5-1。

对于平面和竖向均不规则的结构，以及对处于Ⅳ类场地上的结构，最大适用高度应有所降低，降低的高度一般为 20% 左右。同时，当钢筋混凝土结构的房屋高度超过最大适用高度时，需要经过专门研究后采取有效加强措施，必要时可采用其他结构形式。

表 5-1 现浇钢筋混凝土结构房屋适用的最大高度 （单位：m）

结构类型		抗震设防烈度				
		6 度	7 度	8 度(0.2g)	8 度(0.3g)	9 度
框架		60	50	40	35	24
框架-抗震墙		130	120	100	80	50
抗震墙		140	120	100	80	60
部分框支抗震墙		120	100	80	50	不应采用
筒体	框架核心筒	150	130	100	90	70
	筒中筒	180	150	120	100	80
板柱-抗震墙		80	70	55	40	不应采用

5.3.2 抗震等级

钢筋混凝土结构的抗震措施，包括内力调整和抗震构造措施，不仅要按建筑抗震设防类别区别对待，而且要按抗震等级划分，因为同样烈度下不同结构体系、不同高度有不同的抗震要求。例如，次要抗侧力构件的抗震要求可低于主要抗侧力构件。又如，框架-剪力墙中的框架，其抗震要求低于框架结构中的框架，而其中的剪力墙部分则比剪力墙结构有更高的要求。这样做的目的是考虑到框架-抗震墙中的框架主要是为了承担竖向荷载，水平荷载主要由剪力墙予以承担；较高的房屋地震反应大，位移延性的要求也较高，墙肢底部塑性铰区的曲率延性要求也较高。场地不同时，抗震构造措施也有区别。例如，Ⅰ类场地的所有建筑及Ⅳ类场地较高的高层建筑。抗震等级分为四级，并应符合相应的计算和构造措施要求。它体现了不同设防烈度下不同结构类型、不同高度有不同的抗震要求，其中一级抗震要求最高。丙类建筑的抗震等级按表5-2确定。

表 5-2 现浇钢筋混凝土房屋的抗震等级

结构类型		抗震设防烈度								
		6 度		7 度			8 度			9 度	
框架结构	高度/m	≤24	25~60	≤24	25~50		≤24	25~40		≤24	
	框架	四	三	三	二		二	一		一	
	大跨度框架	三		二			一			一	
框架-抗震墙结构	高度/m	≤60	61~130	≤24	25~60	61~120	≤24	25~60	61~100	≤24	25~50
	框架	四	三	四	三	二	三	二	一	二	一
	抗震墙	三		三		二	二		一	一	
抗震墙结构	高度/m	≤80	81~140	≤24	25~80	81~120	≤24	25~80	81~100	≤24	25~60
	抗震墙	四	三	四	三	二	三	二	一	二	一
部分框支抗震墙结构	高度/m	≤80	81~120	≤24	25~80	81~100	≤24	25~80			
	抗震墙 一般部位	四	三	四	三	二	三	二			
	加强部位	三	二	三	二	一	二	一			
	框支层框架	二		二		一	一				
框架-核心筒结构	高度/m	≤150		≤130			≤100			≤70	
	框架	三		二			一			一	
	核心筒	二		二			一			一	
筒中筒结构	高度/m	≤180		≤150			≤120			≤80	
	外筒	三		二			一			一	
	内筒	三		二			一			一	
板柱-抗震墙结构	高度/m	≤35	36~80	≤35	36~70		≤35	36~55			
	框架、板柱的柱	三	二	二	二		一	二			
	抗震墙	二	二	二	二		二	一			

注：1. 建筑场地为Ⅰ类时，除6度外应允许按表内降低一度所对应的抗震等级采取抗震构造措施，但相应的计算要求不应降低。

2. 接近或等于高度分界时，应允许结合房屋不规则程度及场地、地基条件确定抗震等级。

3. 大跨度框架是指跨度不小于18m的框架。

4. 高度不超过60m的框架-核心筒结构按框架-剪力墙的要求设计时，应按表中框架-抗震墙结构的规定确定其抗震等级。

在确定钢筋混凝土房屋抗震等级时，尚应符合下列要求：

1）框架-抗震墙结构，在基本振型地震作用下，若框架部分承受的地震倾覆力矩大于结构总地震倾覆力矩的50%，考虑到这时抗震墙侧向刚度较小，框架要承担较大的水平荷载，相应地其框架部分的抗震等级应按框架结构确定。考虑到结构体系中抗震墙的作用，其最大适用高度可比框架结构适当增加，但一般不超过20%。框架承受的地震倾覆力矩可按下式计算

$$M_c = \sum_{i=1}^{n} \sum_{j=1}^{m} V_{ij} h_i \tag{5-1}$$

式中　M_c——框架-抗震墙结构在基本振型地震作用下框架部分承受的地震倾覆力矩；

　　　n——结构层数；

　　　m——框架i层的柱根数；

　　　V_{ij}——第i层j根框架柱的计算地震剪力；

　　　h_i——第i层层高。

2）裙房与主楼相连，除应按裙房本身确定抗震等级外，也不应低于主楼的抗震等级；主楼结构在裙房顶层及相邻上下各一层应适当加强抗震构造措施。裙房与主楼分离时，应按裙房本身确定抗震等级，如图5-12a、b所示。

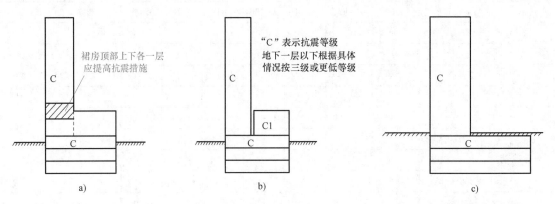

图 5-12　裙房和地下室的抗震等级

3）带地下室的多层和高层建筑，当地下室结构的刚度和受剪承载力比上部楼层相对较大时，地下室顶板可视作嵌固部位，在地震作用下的屈服部位将发生在地上楼层，同时将影响到地下一层。地面以下地震响应虽然逐渐减小，但是地下一层的抗震等级不能降低。因此，地下一层的抗震等级应与上部结构相同。地下一层以下的抗震等级可根据具体情况采用三级或更低等级。地下室中无上部结构的部分，可根据具体情况采用三级或更低等级，如图5-12c所示。

4）抗震设防类别为甲、乙、丁类的建筑，应按各抗震设防类别建筑的抗震设防标准的要求。甲、乙类建筑抗震措施，当抗震设防烈度为6~8度时，应符合本地区抗震设防烈度提高一度的要求，当为9度时，应符合比9度抗震设防更高的要求；丁类建筑，一般情况下，抗震措施应允许比本地区抗震设防烈度的要求适当降低，但抗震设防烈度为6度时不应降低，应按表5-2确定抗震等级；其中，8度乙类建筑高度超过表5-2规定的范围时，应经专门研究采取比一级更有效的抗震措施。

5.3.3 防震缝

当建筑平面过长、结构单元的结构体系不同、高度或刚度相差过大以及各结构单元的地基条件有较大差异时，应考虑设置防震缝。震害表明，即使满足规定的防震缝宽度，在强烈地震作用下由于地面运动变化、结构扭转、地基变形等复杂因素，相邻结构仍可能局部碰撞而损坏，但宽度过大会给立面处理造成困难。防震缝的最小宽度应符合下列要求：

1）框架结构（包括设置少量抗震墙的框架结构）房屋的防震缝宽度，当高度不超过15m 时，不应小于100mm；高度超过15m 时，6度、7度、8度和9度分别每增加高度5m、4m、3m、2m，宜加宽20mm。

2）框架-抗震墙结构房屋的防震缝宽度不应小于1）项规定数值的70%，抗震墙结构房屋的防震缝宽度不应小于上述对框架结构房屋规定数值的50%，且均不宜小于100mm。

3）防震缝两侧结构类型不同时，宜按需要较宽防震缝的结构类型和较低房屋高度确定缝宽。

因此，高层建筑宜选用合理的建筑结构方案而不设置防震缝，同时采用合适的计算方法和有效的措施，以消除不设防震缝带来的不利影响。当有多层地下室形成大底盘，上部结构为带裙房的单塔或多塔结构时，可将裙房用防震缝自地下室以上分隔，地下室顶板应有良好的整体性和刚度，能将上部结构地震作用分布到地下室结构。防震缝可以结合沉降缝要求贯通到地基，当无沉降问题时也可以从基础或地下室以上贯通。图5-13说明在罕遇地震作用下，防震缝处发生碰撞时的不利部位。不利部位产生的后果包括地震剪力增大，产生扭转、位移增大、部分主要承重构件撞坏等。

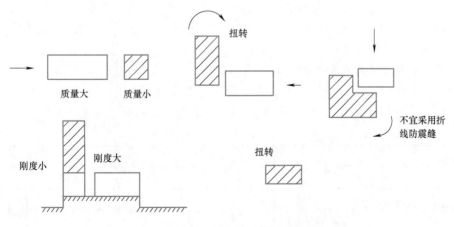

图 5-13 设置防震缝后的不利部位

震害和试验研究都表明框架结构对抗撞不利，特别是防震缝两侧，房屋高度相差较大或两侧层高不一致的情况。针对上述情况，对8度、9度框架结构房屋防震缝两侧结构高度、刚度或层高相差较大时，可在防震缝两侧房屋的尽端沿全高设置垂直于防震缝的抗撞墙，每一侧抗撞墙的数量不应少于两道，宜分别对称布置，墙肢长度可不大于一个柱距，框架和抗撞墙内力应按考虑和不考虑抗撞墙两种情况进行分析，并按不利情况取值。防震缝两侧抗撞墙的端柱和框架边柱，箍筋应沿房屋全高加密，如图5-14所示。

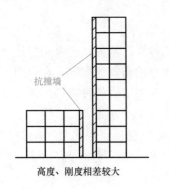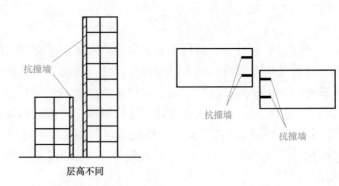

高度、刚度相差较大　　　　　　　　层高不同

图 5-14　框架结构采用抗撞墙示意

5.3.4　结构布置

钢筋混凝土结构房屋结构布置的基本原则是：结构平面应力求简单规则，结构的主要抗侧力构件应对称均匀布置，尽量使结构的刚心与质心重合，避免地震时引起结构扭转及局部应力集中。结构的竖向布置，应使其质量沿高度方向均匀分布，避免结构刚度突变，并应尽可能降低建筑物的重心，以利结构的整体稳定性。合理地设置变形缝，加强楼屋盖的整体性。结构一般布置要求如下：

1. 对楼盖的刚度要求

楼盖的刚度和整体性在抗震设计中具有重要作用。楼层水平地震作用是通过楼盖传递和分配到结构各抗侧力构件的。楼盖在其自身平面内的刚度足够大，才能满足水平地震作用传递和分配的要求，才能符合计算模型采用的楼盖水平刚度无穷大的假定。为此，要求在框架-抗震墙结构中，抗震墙之间无大洞口的楼盖的最大长度，即抗震墙的最大间距，不宜超过表 5-3 中规定的限值，对有较大的楼盖，其限值应适当减小，超过表中限值时需考虑楼盖平面内变形对水平地震作用分配的影响。

多层和高层的钢筋混凝土楼、屋盖宜优先采用现浇混凝土板。当采用混凝土预制装配楼、屋盖时，应从楼盖体系和构造上采取措施，以确保各预制板之间连接的整体性。

表 5-3　抗震墙之间楼（屋）盖的长宽比

楼（屋）盖形式		设防烈度			
		6 度	7 度	8 度	9 度
框架-抗震墙结构	现浇或叠合楼、屋盖	4	4	3	2
	装配整体式楼、屋盖	3	3	2	不宜采用
板柱-抗震墙结构的现浇楼、屋盖		3	3	2	—
框支层的现浇楼、屋盖		2.5	2.5	2	—

2. 框架结构的布置要求

为使结构在横向和纵向均具有较好的抗震能力，框架结构应设计为双向抗侧力体系，主体结构在两个方向上均不应采用铰接，不宜采用单跨框架。框架梁和柱的中线应尽可能重合在同一平面内，二者间的偏心距不超过柱宽的 1/4 以避免或减小对柱不利的扭转效应，超过此限值时，应进行具体分析并采取有效措施。

良好的抗震结构体系应尽量设置多道抗震防线，当某部分结构出现破坏，降低或丧失了抗震能力时，其余部分能继续抵抗地震作用。具有多道防线的结构要求结构体系具有尽可能多的抗震赘余度。单跨框架结构抗震赘余度少，抗震防线单薄。《建筑抗震设计规范》规定，高层框架结构不应采用单跨框架结构，多层框架结构不宜采用单跨框架结构。

非承重墙体的材料、选型和布置，应根据地震烈度、房屋高度、建筑体型、结构层间变形，墙体自身抗侧性能的利用等因素，综合分析后确定。非承重墙体应优先选用轻质墙体材料，墙体与主体结构应有可靠的拉结。砌体填充墙的设置应采取措施减少对主体结构的不利影响，避免使主体结构形成薄弱层或短柱。

框架结构体系不应采用部分由砌体墙承重的混合形式，如楼、电梯间及局部突出屋顶的部分不应采用砌体承重，应采用框架承重。

3. 抗震墙结构布置要求

抗震墙结构应具有适宜的侧向刚度，平面布置宜简单、规则，宜沿两个主轴方向或其他方向双向布置，两个方向的侧向刚度不宜相差过大。不应采用仅单向有墙的结构布置。宜自下到上连续布置，避免刚度突变。门窗洞口宜上下对齐、成列布置，形成明确的墙肢和连梁，宜避免造成墙肢宽度相差悬殊的洞口设置。一、二、三级剪力墙的底部加强部位不宜采用上下洞口不对齐的错洞墙，全高均不宜采用洞口局部重叠的叠合错洞墙。

剪力墙不宜过长，较长剪力墙宜设置跨高比较大的连梁将其分成长度较均匀的若干墙段。较长的抗震墙宜开设洞口，将一道抗震墙分成长度较均匀的若干墙段，洞口连梁的跨高比宜大于 6，各墙段的高宽比不应小于 2，这主要是使构件有足够的弯曲变形能力。

4. 框架-抗震墙结构布置要求

框架-抗震墙结构中的抗震墙应沿结构平面各主轴方向设置，各方向侧向刚度接近，且纵、横向抗震墙宜连成 L 形、T 形等形式，互为翼缘；抗震墙和柱中线应尽可能重合，二者间的偏心距不宜超过柱宽的 1/4。

布置抗震墙时，除应遵循均匀对称的原则外，还应尽量沿建筑平面的周边布置，以提高结构的抗扭能力；宜在楼、电梯间和平面变化较大处布置；以加强薄弱部位和应力集中部位；宜在竖向荷载较大处布置，以尽可能避免在水平地震作用时墙体出现轴向拉力；宜适当增多抗震墙的片数，每片墙的刚度不要太大，单片墙在底部承担的水平地震剪力不宜超过结构底部总剪力的 40%，不要使少数一两片墙承担大部分地震作用。

一般框架结构均采用现浇钢筋混凝土，设防烈度为 6~8 度时，可采用装配式楼盖，板与梁应有可靠连接，板面应有现浇配筋面层。框架结构的梁、柱沿房屋高度宜保持完整，不宜抽柱或抽梁，使传力途径突然变化；柱截面变化，不宜位于同一楼层。在同一结构单元，宜避免由于错层形成短柱。局部突出屋顶的塔楼不宜布置在房屋端部，且不应做成砖混结构，可将框架柱延伸上去或做钢木轻型结构，以防鞭梢效应造成结构破坏。楼电梯间不宜设在结构单元的两端及拐角处，因为单元角部扭转应力大，受力复杂，容易造成破坏。电梯筒非对称布置时，应考虑其不利作用，必要时可采取措施，减小电梯筒的刚度。

框架结构由梁、柱构成，构件截面较小，因此框架结构的承载力和刚度都较低，在地震中容易产生震害。因此，框架结构应在纵、横两个方向或多个斜交方向都布置为框架，不得采用横向为框架、纵向为铰接排架的结构体系，也不得采用某一斜交方向为铰接排架的结构体系。

非承重墙体的材料、选型和布置，应根据烈度、房屋高度、建筑体型、结构层间变形、墙体自身抗侧力性能的利用等因素，经综合分析后确定。非承重墙体应优先选用轻质墙体材料。

刚性非承重墙的布置，应避免使结构形成刚度和强度分布上的突变。墙体与主体结构应有可靠的拉结，应能适应主体结构不同方向的层间位移；8 度、9 度时应具有满足层间变位的变形能力，与悬挑构件相连时，尚应具有满足节点转动引起的竖向变形的能力。

外墙板的连接件应具有足够的延性和适当的转动能力，并宜满足在设防烈度下主体结构层间变形的要求。

砌体墙应采取措施减少其对主体结构的不利影响，并应设置拉结筋、水平系梁、圈梁、构造柱等与主体结构可靠拉结。

钢筋混凝土结构中的砌体填充墙，宜与柱脱开或采用柔性连接，并应符合下列要求：

1）填充墙在平面和竖向的布置，宜均匀对称，避免形成薄弱层或短柱。

2）砌体的砂浆强度等级不应低于 M5，墙顶应与框架梁密切结合。

3）填充墙应沿框架柱全高每隔 500mm，设 2Φ6 拉筋，拉结筋伸入墙内的长度：6 度、7 度时不应小于墙长的 1/5 且不小于 700mm；8 度、9 度时宜沿墙全长贯通，如图 5-15 所示。

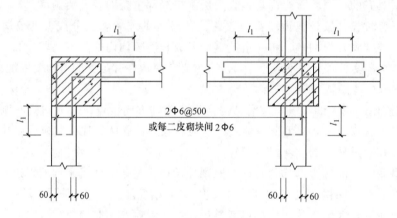

图 5-15　填充墙与柱拉结

4）墙长大于 5m 时，墙顶与梁宜有拉结，如图 5-16 所示；墙高超过 4m 时，墙体半高处宜设置与柱连接且沿墙全长贯通的钢筋混凝土水平系梁，如图 5-17 所示。

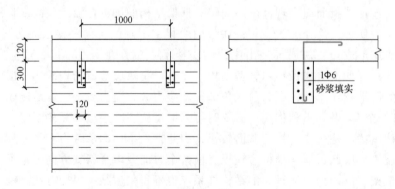

图 5-16　砌体填充墙顶部拉结

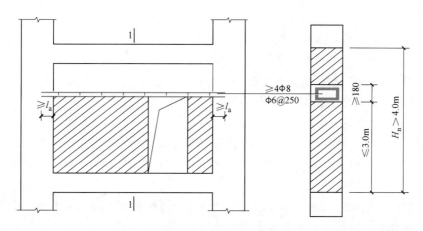

图 5-17 砌体填充墙中间设拉梁

砌体女儿墙中宜设构造柱，且墙顶宜设置通长的钢筋混凝土压顶，在人流出入口处应与主体结构锚固。

5.3.5 基础及地下室

1. 基础结构抗震设计基本要求

基础结构应有足够承载力承受上部结构的重力荷载和地震作用，基础与地基应保证上部结构的良好嵌固、抗倾覆能力和整体工作性能。在地震作用下，当上部结构进入弹塑性阶段，基础结构应保持弹性工作，此时，基础结构可按非抗震的构造要求设计。

多层和高层建筑带有地下室时，在具有足够刚度、承载力和整体性的条件下，地下室结构可考虑为基础结构的一部分。当地下室不少于两层时，地下室顶部可作为上部结构的嵌固部位。上部结构与地下室结构可分别进行抗震验算。

采用天然地基的高层建筑的基础，根据具体情况应有适当的埋置深度，在地基及侧面土的约束下增强基础结构抗侧力稳定性。高层建筑的基础埋深应按地基土质、抗震设防烈度及基础结构刚度等条件来确定。较高的烈度要求较深的基础，土质坚硬则埋深可较浅。根据具体情况，基础埋深可采用地面以上房屋总高度的 $1/18 \sim 1/15$。

为了保证在地震作用下基础的抗倾覆能力，高宽比大于 4 的高层建筑的天然地基在多遇地震作用和竖向荷载共同作用下，基础底面不宜出现零应力区，其他建筑基础底面的零应力区面积不宜超过基础底面面积的 15%。当高层建筑与裙房相连，地基的差异沉降和地震作用下基础的转动都会给相连结构造成损伤。因此在相连部位，高层建筑基础底面在地震作用下也不宜出现零应力区，同时应加强高低层之间相连基础结构的承载力，并采取措施减少高、低层之间的差异沉降影响。

无整体基础的框架-抗震墙结构和部分框支抗震墙结构是对抗震墙基础转动非常敏感的结构，为此必须加强抗震墙基础结构的整体刚度，必要时应适当考虑抗震墙基础转动的不利影响。

2. 各类基础的抗震设计

（1）单独柱基 单独柱基一般用于地基条件较好的多层框架，采用单独柱基时，应采取措施保证基础结构在地震作用下的整体工作。属于以下情况之一时，宜沿两个主轴方向，设置基础系梁。

1）一级框架和Ⅳ类场地的二级框架。

2）各柱基承受的重力荷载代表值差别较大。

3）基础埋置较深，或各基础埋置深度差别较大。

4）地基主要受力层范围内存在软弱黏性土层或液化土层。

5）桩基承台之间。

一般情况，系梁宜设在基础顶部，当系梁的受弯承载力大于柱的受弯承载力时，地基和基础可不考虑地震作用，应避免系梁与基础之间形成短柱。当系梁距基础顶部较远，系梁与柱的节点应按强柱弱梁设计。

一、二级框架结构的基础系梁除承受柱弯矩外，边跨系梁尚应同时考虑不小于系梁以上的柱下端组合的剪力设计值产生的拉力或压力。

（2）弹性地基梁　无地下室的框架结构采用地基梁时，一、二级框架结构地基梁应考虑柱根部屈服、超强的弯矩作用。

（3）桩基　桩的纵筋与承台或基础应满足锚固要求；桩顶箍筋应满足柱端加密区要求。上、下端嵌固的支承短桩，在地震作用下类似短柱作用，宜采取相应构造措施。采用空心桩时，宜将柱桩的上、下端用混凝土填实。计算地下室以下桩基承担的地震剪力，当地基出现零应力区时，不宜考虑受拉桩承受水平地震作用。

3. 地下室顶板作为上部结构嵌固部位的要求

地下室顶板作为上部结构的嵌固部位时，地下室层数不宜少于两层，并应能将上部结构的地震剪力传递到全部地下室结构。地下室顶板不宜有较大洞口。地下室结构应能承受上部结构屈服超强及地下室本身的地震作用，为此近似考虑地下室结构的侧向刚度与上部结构侧向刚度之比不宜小于 2，地下室柱截面每一侧的纵向钢筋面积，除满足计算要求外，不应小于地上一层对应柱每侧纵筋面积的 1.1 倍。地下室抗震墙的配筋不应少于地上一层抗震墙的配筋。当进行方案设计时，侧向刚度比可用下列剪切刚度比 γ 估计。

$$\gamma = \frac{G_0 A_0 h_0}{G_1 A_1 h_1} \tag{5-2}$$

$$[A_0, A_1] = A_w + 0.12 A_c \tag{5-3}$$

式中　G_0、G_1——地下室及地上一层的混凝土剪切模量；

A_0、A_1——地下室及地上一层折算受剪面积；

A_w——在计算方向上，抗震墙全部有效面积；

A_c——全部柱截面面积；

h_0、h_1——地下室及地上一层的层高。

地上一层的框架结构柱底截面和抗震墙底部的弯矩均为调整后的弯矩设计值。考虑柱在地上一层的下端出现塑性铰，该处梁柱节点的梁端受弯承载力之和不宜小于柱端受弯承载力之和。

4. 地下室结构的抗震设计

地下室结构的抗震设计，除考虑上部结构地震作用以外，还应考虑地下室结构本身的地震作用，这部分地震作用与地下室埋置深度、不同土质和基础转动有关。日本规范规定建筑结构埋置深度在 20m 以下可按地面处的 50% 考虑地震作用。我国规范明确了在一定条件下考虑地基与上部结构相互作用，可考虑各楼层地震剪力的折减，对地下室结构的地震作用如何取值未做明确规定。因此对一般埋置深度的地下室地震作用，可不考虑折减。当地下室层数较多以及地基产生零应力情况时，地下室部分的地震作用可考虑适当折减。

5.4　多层及高层框架结构的抗震计算要点

近年来随着微型计算机的日益普及和应用程序的不断出现，框架结构分析时更多是采用空间结构模型进行变形、内力的计算，以及构件截面承载力计算。但是采用平面结构假定的近似的手算方法虽然计算精度较差，但概念明确，能够直观地反映结构的受力特点。因此，工程设计中也常利用手算的结果来定性地校核判断电算结果的合理性。在本节中，将介绍框架结构的近似手算方法，包括竖向荷载作用下的分层法、弯矩二次分配法以及水平荷载作用下的反弯点法和 D 值法，以帮助读者掌握结构分析的基本方法，建立结构受力性能的基本概念。

5.4.1　结构计算简图

钢筋混凝土建筑结构是一个复杂的三维空间结构。它是由垂直方向的抗侧力构件与水平方向刚度很大的楼板相互连接所组成的。由于地震作用的随机性、复杂性和动力特性，以及钢筋混凝土材料的弹塑性，其受力情况是非常复杂的。为了便于设计计算，在计算模型和受力分析上必须进行不同程度的简化。

1. 结构分析的弹性静力假定

高层建筑结构内力与位移均按弹性体静力学方法计算，一般情况下不考虑结构进入弹塑性状态所引起的内力重分布。

按照"小震不坏、中震可修、大震不倒"的抗震设计目标，对于钢筋混凝土房屋的抗震设计，在"小震不坏"方面要求：当遭受到多遇小震影响时，建筑结构应处于弹性阶段内工作。采用弹性分析法，进行地震作用效应计算，与其他荷载效应进行不利组合，按多系数截面承载力公式，验算构件的截面承载力；为了防止装修损坏，以小震作用下的弹性层间位移，验算结构是否满足建筑功能要求。因此，抗震建筑的结构内力分析，按照弹性静力分析方法进行。

钢筋混凝土结构，是具有明显弹塑性性质的结构，即使在较低应力情况下也有明显的弹塑性性质，当荷载增大，构件出现裂缝或钢筋屈服，塑性性质更为明显。但在目前，国内设计规范仍沿用按弹性方法计算结构内力，按弹塑性极限状态进行截面设计。因此，在实际工程抗震设计中，仍按弹性结构进行内力计算，只在某些特殊情况下，考虑设计和施工的方便，才对某些钢筋混凝土结构有条件地考虑由弹塑性性质引起的局部塑性内力重分布。

2. 平面结构假定

在正交布置情况下，可以认为每一方向的水平力只由该方向的抗侧力结构承担，垂直于该方向的抗侧力结构不受力，如图 5-18 所示。

当抗侧力结构与主轴斜交时，简化计算中，可将抗侧力构件的抗侧刚度转换到主轴方向上再进行计算。对于复杂的结构，又可进一步适当简化：当斜交构件之间的角度不超过 15° 时，可视为一个轴线；当两个轴线相距不大（如小于 300~500mm），考虑到楼板的共同工

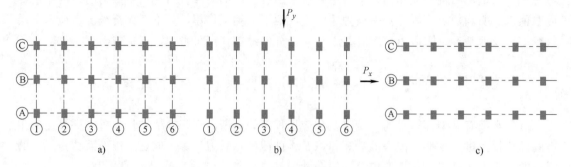

图 5-18　平面结构假定计算图形

a）平面结构　b）y 方向抗侧力结构　c）x 方向抗侧力结构

作，可视为在同一轴线。

3. 楼板在自身平面内刚性假定

各个平面抗侧力结构之间，是通过楼板联系在一起而作为一个整体的。而楼板常假定在自身平面内的刚度为无限大。这一假定的依据是，建筑的进深较大，框架相距较近；楼板可视为水平放置的深梁，在水平平面内有很大的刚度，并可按楼板在平面内不变形的刚性隔板考虑。建筑在水平荷载作用下产生侧移时，楼板只有刚性位移——平移和转动，而不必考虑楼板的变形。

当不考虑结构发生扭转时，根据刚性楼板的假定，在同一标高处所有抗侧力结构的水平位移都相等。对于有扭转的结构，由于楼板刚度无限大的假定，各个抗侧力结构的位移，都可按楼板的三个独立位移分量 x、y、θ 来计算，使计算简化。

计算中采用了楼板刚度无限大的假定，就必须采取构造措施，加强楼板刚度，使其刚性楼板位移假定成立。当楼面有大的开洞或缺口、刚度受到削弱，楼板平面有较长的外伸段等情况时，应考虑楼板变形对内力与位移的影响，对简化计算的结果给予修正。

4. 水平荷载按位移协调原则分配

将空间结构简化为平面结构后，整体结构上的水平荷载应按位移协调原则，分配到各片抗侧力结构上。

当结构只有平移而无扭转发生时，根据刚性楼板的假定。在同一标高处的所有抗侧力结构的水平位移都相等。为此，对于框架结构中各柱的水平力，按各柱的抗侧刚度 D 值的比例分配。

5.4.2　框架在水平荷载下的内力计算

1. 反弯点法

框架在水平荷载作用下，框架结构弯矩图的形状如图 5-19 所示。由图中可以看出，各杆的弯矩图都呈直线形，并且一般均有一个弯矩为零的点，因为弯矩图在该处反向，故该点称为反弯点。如果能够确定该点的位置和柱端剪力，则可求出柱端弯矩，进而通过节点平衡求出梁端弯矩和其他内力。为此假定：梁柱线刚度之比为无穷大，即在水平力作用下，各柱上下端没有角位移。相应地，在确定柱反弯点位置时，除底层柱外，各层柱的反弯点位置处于层高的中点；底层柱的反弯点位于 2/3 柱高处。梁端弯矩由节点平衡条件求出，并按节点左右梁线刚度进行分配。

一般认为,当梁的线刚度与柱的线刚度之比超过 3 时,由上述假定所引起的误差能够满足工程设计的精度要求。

下面说明任一楼层的层总剪力在该楼层各柱之间的分配方法。设框架结构共有 n 层,每层内有 m 个柱子,如图 5-20 所示,将框架沿第 j 层各柱的反弯点处切开,则按水平力的平衡条件有

$$V_j = \sum_{i=j}^{n} F_i = \sum_{k=1}^{m} V_k \quad (5\text{-}4)$$

式中　V_j——外荷载 F 在第 j 层所产生的层总剪力;

　　　V_k——第 j 层第 k 柱所承受的剪力;

　　　m——第 j 层内的柱子数。

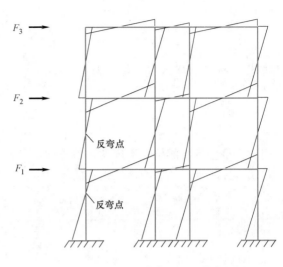

图 5-19　框架在水平荷载作用下的弯矩图

由于柱上下端没有角位移,则框架柱在受到侧向荷载作用时的变形如图 5-21 所示,由结构力学可知,在柱端产生单位位移时,柱内的剪力为 $12i/h^2$,也就是说要使柱端产生单位位移所需要的水平力是 $12i/h^2$,此项即为柱的抗侧刚度。如果柱端水平位移是 Δ_j,则柱剪力为(设同楼层各柱的高度是相同的)。

$$V_{jk} = \frac{12i_{jk}}{h^2}\Delta_j \quad (5\text{-}5)$$

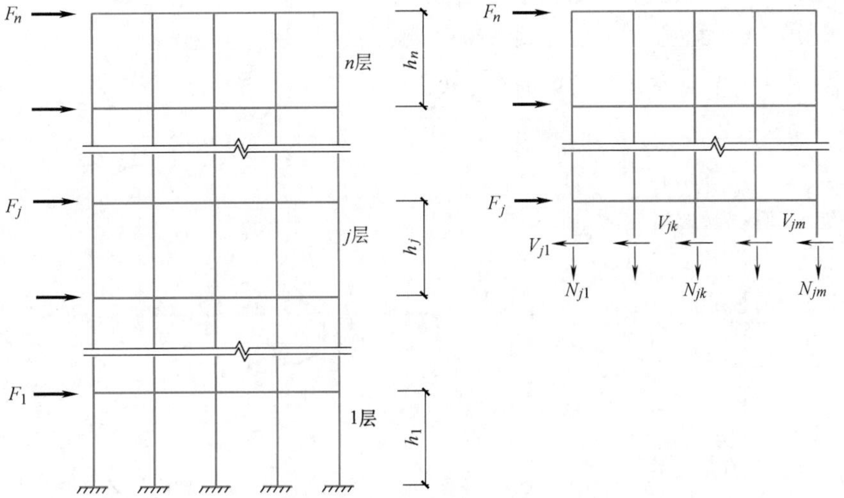

图 5-20　柱剪力分配

在刚性楼板的假定下,梁的轴向变形是忽略不计的,则同楼层各柱的水平位移是相同的,设层间位移为 Δ_j,有

$$\Delta_j = \frac{V_j}{\sum_{k=1}^{m} \frac{12i_{jk}}{h^2}} \tag{5-6}$$

将式（5-6）代入式（5-5），得

$$V_{jk} = \frac{i_{jk}}{\sum_{k=1}^{m} i_{jk}} V_j \tag{5-7}$$

即层间剪力是按各柱的抗侧刚度的比值分配给各柱的。

在求得柱所承担的剪力后，由柱的反弯点高度即可求出柱端弯矩。对于底层柱有

$$M_{1k}^{\mathrm{u}} = V_{1k} \cdot \frac{1}{3} h_1 \tag{5-8a}$$

$$M_{1k}^{\mathrm{d}} = V_{1k} \cdot \frac{2}{3} h_1 \tag{5-8b}$$

对于其余各层柱，有

$$M_{jk}^{\mathrm{u}} = M_{jk}^{\mathrm{d}} = V_{1k} \cdot \frac{1}{2} h_j \tag{5-9}$$

求得柱端弯矩后，由节点平衡（图 5-22）条件既可求出梁端弯矩。

$$M_{\mathrm{b}}^{l} = \frac{i_{\mathrm{b}}^{l}}{i_{\mathrm{b}}^{l} + i_{\mathrm{b}}^{\mathrm{r}}} (M_{\mathrm{c}}^{\mathrm{u}} + M_{\mathrm{c}}^{\mathrm{d}}) \tag{5-10a}$$

$$M_{\mathrm{b}}^{\mathrm{r}} = \frac{i_{\mathrm{b}}^{\mathrm{r}}}{i_{\mathrm{b}}^{l} + i_{\mathrm{b}}^{\mathrm{r}}} (M_{\mathrm{c}}^{\mathrm{u}} + M_{\mathrm{c}}^{\mathrm{d}}) \tag{5-10b}$$

式中　　M_{b}^{l}、$M_{\mathrm{b}}^{\mathrm{r}}$——节点左、右的梁端弯矩；

$\qquad M_{\mathrm{c}}^{\mathrm{u}}$、$M_{\mathrm{c}}^{\mathrm{d}}$——节点上、下的柱端弯矩；

$\qquad i_{\mathrm{b}}^{l}$、$i_{\mathrm{b}}^{\mathrm{r}}$——节点左、右的梁的线刚度。

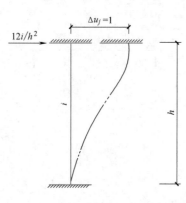

图 5-21　柱抗侧刚度

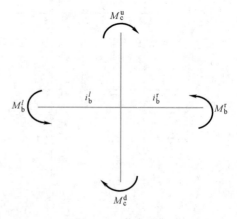

图 5-22　节点平衡

以各个梁为脱离体，将梁的左右端弯矩之和除以该梁的跨长，便得梁内剪力。再以柱子

为脱离体自上而下逐层叠加节点左右的梁端剪力，即可得到柱内轴向力。这样就可以求得框架的全部内力。

反弯点法适用于低层建筑，因为此类建筑柱子的截面尺寸较小，而梁的刚度较大，容易满足梁、柱的线刚度之比超过 3 的要求。

2. D 值法

反弯点法的基本假定是梁柱线刚度之比为无穷大，由此进行框架在水平荷载下的内力计算，计算方法也较为简单。但在多层和高层建筑中，建筑的柱截面尺寸往往很大，无法满足反弯点法中的梁、柱的线刚度之比超过 3 的要求。为此，日本武藤清教授提出了经过改进的反弯点法——D 值法。改进从两个方面进行：一是考虑了柱端转角的影响，即梁线刚度不是无穷大的情况下，对柱抗侧刚度的修正；二是考虑了梁、柱的线刚度比、上下层横梁线刚度比，以及层高对柱端约束的影响，对反弯点高度的修正。

（1）修正后的柱抗侧刚度——D 值　柱的 D 值是柱上下端产生单位水平位移时，柱承担的剪力。图 5-23 所示为多层框架，为了推导出柱的 D 值，做如下假定。

1）柱 AB 端节点以及相邻杆件的杆端转角均为 θ。

2）柱 AB 以及相邻上下柱的线刚度均为 i_c；层间位移为 Δ，相应地，柱的弦转角 $\psi = \Delta / h_j$。

3）与柱 AB 相交梁的线刚度为 i_1、i_2、i_3、i_4。

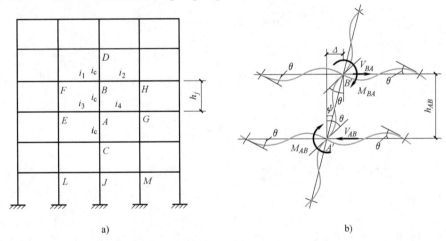

a)　　　　　　　　　　　　　　b)

图 5-23　D 值的推导

由节点 A 的平衡条件

$$\sum M_A = 0$$

$$M_{AB} + M_{AG} + M_{AC} + M_{AE} = 0 \tag{5-11a}$$

由结构力学的转角位移方程，得

$$M_{AB} = 4i_c\theta_A + 2i_c\theta_B - 6i_c\theta_B - 6i_c\frac{\Delta}{h_{AB}} = 6i_c(\theta - \psi)$$

$$M_{AG} = 4i_4\theta_A + 2i_4\theta_G = 6i_4\theta$$

$$M_{AC} = 4i_c\theta_A + 2i_c\theta_c - 6i_c\frac{\Delta}{h_{AC}} = 6i_c(\theta - \psi)$$

$$M_{AE} = 4i_3\theta_A + 2i_3\theta_G = 6i_3\theta$$

将上述公式代入式（5-11a），整理后得

$$6(i_3+i_4)\theta+12i_c\theta-12i_c\psi=0 \qquad (5\text{-}11b)$$

同理，由节点 B 的平衡条件，$\sum M_B=0$，得

$$6(i_1+i_2)\theta+12i_c\theta-12i_c\psi=0 \qquad (5\text{-}11c)$$

将式（5-11b）、式（5-11c）相加，整理后得

$$\theta=\frac{2}{2+\dfrac{i_1+i_2+i_3+i_4}{2i_c}}\psi=\frac{2}{2+K}\psi \qquad (5\text{-}11d)$$

式中 K——一般层梁柱线刚度比，$K=\dfrac{\sum i}{2i_c}$。

由结构力学的转角位移方程，柱 AB 所受到的剪力为

$$V_{AB}=-\frac{6i_c}{h_{AB}}\theta_A-\frac{6i_c}{h_{AB}}+\frac{12}{h_{AB}^2}\Delta=\frac{12i_c}{h_{AB}}(\psi-\theta) \qquad (5\text{-}11e)$$

将式（5-11d）代入式（5-11e），得

$$V_{AB}=\frac{K}{2+K}\cdot\frac{12i_c}{h_{AB}}\psi=\frac{K}{2+K}\cdot\frac{12i_c}{h_{AB}^2}\Delta$$

令

$$\alpha=\frac{K}{2+K} \qquad (5\text{-}12)$$

则

$$V_{AB}=\alpha\frac{12i_c}{h_{AB}^2}\Delta$$

由此得柱 AB 的抗侧刚度——D 值

$$D_{AB}=\frac{V_{AB}}{\Delta}=\alpha\frac{12i_c}{h_{AB}^2} \qquad (5\text{-}13)$$

式（5-13）中系数 α 反映了梁柱线刚度比值对柱的抗侧刚度的影响，由式（5-12）知，当 $K\to\infty$ 时，$\alpha=1$；此时柱的 D 值则变为反弯点法中的柱抗侧刚度。底层柱的抗侧刚度修正系数 α 同理可以得出。各种情况下的 α 值汇总于表 5-4。

表 5-4 柱抗侧刚度修正系数的计算

楼层	简图	K	α
一般层		$K=\dfrac{i_1+i_2+i_3+i_4}{2i_c}$	$\alpha=\dfrac{K}{2+K}$

（续）

楼层	简图	K	α
底层	i_2 $\quad$ i_1 $\quad$ i_2 i_c $\qquad$ i_c	$K=\dfrac{i_1+i_2}{2i_c}$	$\alpha=\dfrac{0.5+K}{2+K}$

注：边柱情况下，式中 i_1、i_3 取 0。

（2）修正后的反弯点高度　各个柱的反弯点位置取决于该柱上下端转角的比值，即柱上下端约束刚度的大小。如果柱下端转角相同，反弯点就在柱高的中央；如果柱上下端转角不同，则反弯点偏向转角较大的一端，即偏向约束刚度较小的一端。影响柱两端转角大小的影响因素有：侧向外荷载的形式、梁柱线刚度比、结构总层数及该柱所在的层次、柱上下横梁线刚度比、上下层层高的变化等。为分析上述因素对反弯点高度的影响，首先分析在水平力作用下，标准框架（各层等高、各跨相等、各层梁和柱的线刚度都不改变的框架）的反弯点高度，然后求出当上述影响因素逐一发生变化时，柱底端至柱反弯点的距离（反弯点高度），并制成相应的表格（详见"混凝土结构设计原理"课程教材），以供查用。

根据理论分析，D 值法中反弯点高度比采用下式确定

$$y=y_0+y_1+y_2+y_3 \tag{5-14}$$

式中　y_0——标准反弯点高度比，根据水平荷载作用形式、总层数 m、该层位置 n 以及梁柱线刚度比的 K 值，查表求得；

$\quad\quad y_1$——上下层梁刚度不同时，柱的反弯点高度比的修正值；当 $i_1+i_2<i_3+i_4$ 时，令 $I=\dfrac{i_1+i_2}{i_3+i_4}$，查表得 y_1，此时柱上部约束变大，反弯点下移，y_1 取负值；底层柱不考虑 y_1；

$\quad\quad y_2$——上层层高 $h_上$ 与本层高度 h 不同时反弯点高度比的修正值，其值根据 $h_上/h$ 和 K 的数值查表得；

$\quad\quad y_3$——下层层高 $h_下$ 与本层高度 h 不同时反弯点高度比的修正值，其值根据 $h_下/h$ 和 K 的数值查表得。

综上所述，利用 D 值法计算在水平荷载作用下框架内力的步骤如下：

1）根据表 5-4，计算出各柱的梁柱刚度比 K，及其相应的抗侧刚度影响系数 α，则抗侧刚度，按式（5-13），计算各框架柱的抗侧刚度 D 值。

2）每层各柱剪力按其刚度 D 分配，当 j 层的层剪力为 V_j 时，柱 jk 的剪力：$V_{jk}=\dfrac{D_{jk}}{\sum D}V_j$。

3）计算柱 jk 的反弯点高度比 y，按式（5-14）计算。

4）计算柱 jk 上下端弯矩，$M_下=V_{jk}yh$；$M_上=V_{jk}(1-y)h$。

5）任一节点处左右横梁的端弯矩根据上下柱端弯矩的代数和按横梁线刚度进行分配，见式（5-10）。

5.4.3　框架在竖向荷载下的内力计算

有关框架的内力和位移计算，在结构力学中，都有详细介绍，可采用电算或手算。在工程设计中，为了便于手算，对于在竖向荷载作用下的框架内力分析，常采用近似分析方法，即分层法和弯矩二次分配法。这两种近似分析都是从结构弹性静力分析的精确计算角度来简化的。但对于实际工程，还要考虑到实际结构的具体构造，如现浇楼板对梁截面承载力的影响，钢筋混凝土结构材料的弹塑性特征，以及活荷载分布的不利位置等，使之内力计算更符合工程实际。

1. 分层法

分层法计算竖向荷载下的框架内力，其基本计算单元是取每层框架梁连同上、下层框架柱来考虑的，并假定柱远端为固定端的开口框架。由于原本的框架的柱端是弹性嵌固，故在计算中，除实际的固定端（如底层柱端）外，其他各层柱的线刚度均乘以折减系数0.9，同时柱端的弯矩传递系数也相应地从原来的1/2改为1/3。

竖向荷载产生的梁端弯矩，只在本单元内进行弯矩分配，单元之间不再进行传递。基本单元弯矩分配后，梁端计算弯矩即为最终弯矩；而柱端弯矩，则应取相邻单元柱端弯矩之和，这是由于选取基本单元时，每根柱都在上、下两个单元中各用了一次。整个框架的内力由各分层的内力叠加后求得。在刚结点上的各杆端弯矩之和可能不平衡，可对结点不平衡弯矩再进行一次分配。

2. 弯矩二次分配法

当建筑层数不多时，采用弯矩二次分配法较为方便，所得结果与精确法比较，相差很小。其计算精度能满足工程需要。

弯矩二次分配法就是将各节点的不平衡弯矩，同时做分配和传递，并以二次为限。其计算步骤是：首先计算梁端的固端弯矩，然后将各节点的不平衡弯矩同时按弯矩分配系数进行分配，并假定远端固定同时进行传递，即左（右）梁分配弯矩向右（左）梁传递，上（下）柱分配弯矩向下（上）柱传递，传递系数均为1/2。第一次分配弯矩传递后，必然在节点处产生新的不平衡弯矩，最后将各节点的不平衡弯矩再进行一次分配，而不再传递。实际上，弯矩二次分配法，只是将不平衡弯矩分配二次，分配弯矩传递一次。

3. 框架梁的惯性矩取值

当框架梁与楼板整体现浇时，现浇楼板可作为框架梁的有效翼缘。如图5-24所示，框架梁形成T形或L形截面。计算框架梁的截面惯性矩时，在工程设计时，允许简化计算，采用下列计算式。

边框架梁　　　　　　　　　　　　　$I = 1.5I_0$

中框架梁　　　　　　　　　　　　　$I = 2I_0$

式中　I_0——矩形部分的惯性矩。

装配式整体框架叠加梁，可视装配式楼盖与梁连接的整体性，取小于或等于上述值。一般装配整体框架梁的惯性矩：边框架梁取$I = 1.2I_0$；中框架梁取$I = 1.5I_0$。当板与梁无可靠连接时，或虽有连接但开孔较多板面削弱较大的楼板，不考虑翼缘的作用，惯性矩仅按矩形截面计算：$I = I_0$。

由于钢筋混凝土结构具有塑性内力重分布的性质，在竖向荷载下可以考虑适当降低梁端弯矩进行调幅。对现浇框架，调幅系数可取 $0.8 \sim 0.9$；装配整体式框架，可取 $0.7 \sim 0.8$。支座弯矩调幅降低后，梁跨中弯矩应相应增加，且调幅后的跨中弯矩不应小于简支情况下跨中弯矩的 50%。

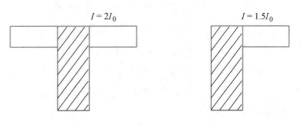

图 5-24　框架梁的惯性矩

只有竖向荷载作用下的梁端弯矩可以调幅，水平荷载作用下的梁端弯矩不能考虑调幅。因此，必须先在竖向荷载作用下的梁端弯矩调幅后，再与水平荷载产生的梁端弯矩进行组合。据统计，国内高层民用建筑重力荷载约 $12 \sim 15kN/m^2$，其中活荷载约为 $2kN/m^2$ 左右，所占比例较小，其不利布置对结构内力的影响并不大。因此，当活荷载不是很大时，可按全部满载布置。这样，可不考虑框架侧移，以简化计算。当活荷载较大时，可将跨中弯矩乘以 $1.1 \sim 1.2$ 系数加以修正，以考虑活荷载不利分布跨中弯矩的影响。

5.5　多层及高层框架结构的抗震构造措施

5.5.1　一般设计原则

抗震结构设计的要点在于达到抗震设防"三水准"的设防目标，特别是"第三水准"，即在罕遇地震作用下防止结构发生倒塌的设防目标的实现。防倒塌是建筑抗震设计的最低设防标准，也是最重要而必须得到确实保证的要求。因为只要房屋不倒塌，哪怕破坏再严重，也不会造成大量的人员伤亡。众所周知，只有当结构因某些杆件发生破坏而变成机动构架后，才会发生倒塌。结构实现最佳破坏机制的特征是，结构在其杆件出现塑性铰之后，在承载能力基本保持稳定的条件下，可以持续地变形而不倒塌，最大限度地吸收和耗散地震能量。结构最佳破坏机制的判别条件如下：

1）结构的塑性发展，从次要构件开始，或从主要构件的次要杆件（或部位）开始，最后才在主要构件或主要杆件上出现塑性铰，从而形成多道抗震防线。

2）结构中所形成的塑性铰的数目多，塑性变形发展的过程长。

3）构件中塑性铰的塑性转动量大，结构的塑性变形量大。

多层构件（含高层）的屈服机制，可以划归为两个基本类型：楼层屈服机制和总体屈服机制。若按构件的总体变形性质来定名，又称为剪切型屈服机制和弯曲型屈服机制。若就构件中杆件出现塑性铰的位置和次序而论，又可称为柱铰机制和梁铰机制。

楼层屈服机制是指构件在侧力作用下，竖杆件先于水平杆件屈服，导致某一楼层或某几个楼层，发生侧向整体屈服。可能发生此屈服机制的多层构件，有弱柱型框架，如图 5-25a 所示。

总体屈服机制则是指构件在侧力作用下，全部水平杆件先于竖杆件屈服，然后才是竖杆件底部的屈服。可能发生此屈服机制的多层构件有强柱型框架，如图 5-25b 所示。

构件发生总体屈服机制时，其塑性铰的数量远比楼层屈服机制要多；发生总体屈服机制的构件，层间侧移沿竖向分布比较均匀，而发生楼层屈服机制的构件，不仅层间侧移沿竖向呈非均匀分布，而且柔弱楼层处存在着塑性变形集中。所以，不论是从构件实际表现出来的超静定次数，还是从构件实际耗能能力和层间侧移限值等角度来衡量，属于总体屈服机制的构件，其耐震性能均优于楼层屈服机制的构件。

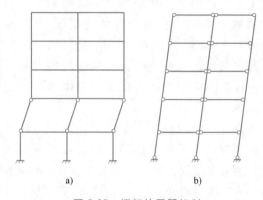

图 5-25　框架的屈服机制

a）楼层屈服机制　b）总体屈服机制

从国内外多次地震中建筑物破坏和倒塌的过程中认识到，建筑物在地震时要免于倒塌和严重破坏，构件中的杆件，发生强度屈服的顺序应该符合下列条件：杆先于节；梁先于柱；弯先于剪。当一幢建筑遭遇地震时，其抗侧力体系中的构件（如框架）的损坏过程应该是：梁、柱的屈服先于框架节点；梁的屈服又先于柱的屈服；而且梁和柱又是弯曲屈服在前，剪切屈服在后。在这种情况下，构件具有较好的延性，构件的破坏而不属于脆性破坏，即各环节的变形中，塑性变形成分远大于弹性变形成分，建筑就具有较高的耐震性能，当遭遇等于设防烈度的地震时，建筑不会发生严重破坏；当遭遇高于设防烈度 1 度的地震时，建筑不至于倒塌。

为使钢筋混凝土框架结构的破坏状态和过程能够符合上述准则，进行框架抗震设计时，需要遵循以下设计原则：强柱弱梁（或强竖弱平）；强剪弱弯；强节点弱杆件、强锚固。

（1）强柱弱梁　控制同一节点的梁柱的相对承载力，使其在地震作用下，柱端的实际抗弯承载力大于梁端的实际抗弯承载力。因为对于同一节点处的梁柱弯矩应是平衡的，当梁端弯矩达到其承载能力时，梁端纵筋将会屈服，梁所承担的弯矩值将不会增加，由于节点弯矩平衡，此时柱所承担的弯矩就等于梁端的抗弯承载力，如果柱端的抗弯承载力大于梁端的抗弯承载力，则柱承担的弯矩就会小于其承载力而使得柱端不会出现塑性铰，这样，塑性铰将首先出现在梁中而避免在柱中出现。

（2）强剪弱弯　对同一杆件，使其在地震作用下，杆件的抗剪承载力大于其塑性铰的抗弯承载力。由于实际工程的复杂性和地震的不确定性，实际中即使满足"强柱弱梁"的构件也无法完全避免塑性铰在柱中出现，因此，对于梁柱杆件的破坏形式，应该是延性的受弯破坏而不能是脆性的受剪破坏。当塑性铰在杆件中出现后，杆件承担的弯矩即为其实际抗弯承载力，而杆件承担的剪力就是按实际抗弯承载力及梁上荷载反算出的剪力，如果杆件的抗剪承载力大于前述的剪力值，则杆件的破坏将不会出现剪切破坏形式，保证塑性铰的确能够在杆件中出现。

（3）强节点弱杆件、强锚固　节点的抗剪承载力应大于与其相连的杆件的抗剪承载力，并且梁柱纵筋在节点区应有可靠的锚固，以保证在梁的塑性铰充分发挥作用前，框架节点、钢筋的锚固不会过早地破坏。节点区的破坏是脆性的剪切破坏，而梁柱相交节点区的可靠是保证结构整体性的前提，故应保证破坏不出现在节点区；钢筋屈服的前提是有可靠的锚固，在地震交变荷载作用下，混凝土开裂会使得钢筋的锚固性能变差，为防止在地震中出现钢筋锚固失效破坏甚至钢筋被拔出，抗震结构的钢筋锚固要求应比非抗震结构更高一些。

5.5.2 框架梁的设计

框架结构最佳破坏机制是在梁上出现塑性铰。因此在框架梁的抗震设计中，应保证框架梁在形成塑性铰后仍有足够的抗剪能力，在梁纵筋屈服后，塑性铰区段有良好的变形能力和耗能能力。

1. 梁的截面尺寸

梁的截面高度，一般按照挠度要求取梁跨度的 1/12 ~ 1/8；为使塑性铰出现后，梁的截面尺寸不致有过大的削弱，以保证梁有足够的抗剪能力，梁的截面宽度不宜小于 200mm。从采用定型模板考虑，框架梁宽多取 250mm，当梁的负荷较重或跨度较大时，也常采用 300mm。实际工程中，为使得室内不露梁，在满足结构要求的前提下，可以将梁宽取与填充墙厚度相同。

抗震试验表明，对截面面积相同的梁，当梁的高宽比较小时，混凝土承担的剪力有较大降低，如截面高宽比小于 1/4 的无箍筋梁，约比方形截面梁降低 40% 左右。并且，狭而高的梁不利于混凝土的约束，且会在梁刚度降低后引起侧向失稳，为此，框架梁的截面高宽比不宜大于 4。跨高比小于 4 的梁极易发生斜裂缝的剪切破坏，在这种梁上，一旦形成主斜裂缝，构件承载力急剧下降，呈现出很差的延性。因而框架梁的净跨与截面高度之比不宜小于 4。

2. 梁正截面受弯承载力计算

在完成梁的内力组合后，即可按 GB 50010—2010《混凝土结构设计规范》（2015 年版）的规定进行正截面承载力计算，但在受弯承载力计算公式右边应除以相应的承载力抗震调整系数 γ_{RE}（表 4-17）。

即

$$\begin{cases} M \leqslant \dfrac{1}{\gamma_{RE}} \left[\alpha_1 f_c bx \left(h_0 - \dfrac{x}{2} \right) + f'_y A'_s (h_0 - a'_s) \right] \\ \alpha_1 f_c bx = f_y A_s - f'_y A'_s \end{cases} \tag{5-15}$$

且应符合：$x \leqslant \xi_b h_0$；$x \geqslant 2a'$。

式中　α_1——混凝土强度系数，当混凝土强度等级不超过 C50 时，α_1 取为 1.0，当混凝土强度等级为 C80 时，α_1 取为 0.94，其间按线性内插法确定；

　　　f_c——混凝土轴心抗压强度设计值；

A_s、A'_s——受拉区、受压区纵向普通钢筋的截面面积；

　　　b——矩形截面的宽度或倒 T 形截面的腹板宽度；

　　　h_0——截面有效高度；

　　　a'_s——受压区纵向普通钢筋合力点至截面受压边缘的距离。

3. 梁斜截面受剪承载力计算

（1）剪压比限值　剪压比是截面上平均剪应力与混凝土轴心抗压强度设计值的比值，以 $V/f_c bh_0$ 表示，用以说明截面上承受名义剪应力的大小。梁的截面出现斜裂缝之前，构件剪力基本上由混凝土抗剪强度来承受。如果构件截面的剪压比过大，混凝土就会过早被压坏，待箍筋充分发挥作用时，混凝土抗剪承载力已极大降低。因此，必须对剪压比加以限制。实际上，对梁的剪压比的限制，就是对梁最小截面的限制。

根据反复荷载下配箍率较高的梁剪切试验资料，其极限剪压比平均值约为 0.24。当剪压比大于 0.30 时，即使增加配箍，也容易发生斜压破坏。

为了保证梁截面不至于过小，使其不产生过高的主压应力。《建筑抗震设计规范》规定，对于跨高比大于 2.5 的框架梁，其截面尺寸与剪力设计值应符合下式的要求

$$V \leqslant \frac{1}{\gamma_{RE}}(0.2f_c bh_0) \tag{5-16}$$

对于跨高比不大于 2.5 的框架梁，其截面尺寸与剪力设计值应符合下式的要求

$$V \leqslant \frac{1}{\gamma_{RE}}(0.15f_c bh_0) \tag{5-17}$$

（2）根据"强剪弱弯"的原则调整梁的截面剪力 为了避免梁在弯曲破坏前发生剪切破坏，应按"强剪弱弯"的原则调整框架梁端截面组合的剪力设计值。《建筑抗震设计规范》规定，对于抗震等级为一、二、三级的框架梁端截面剪力设计值 V，应按下式调整

$$V = \frac{\eta_{vb}(M_b^l + M_b^r)}{l_n} + V_{Gb} \tag{5-18}$$

一级框架结构及 9 度时尚应符合

$$V = \frac{1.1(M_{bua}^l + M_{bua}^r)}{l_n} + V_{Gb} \tag{5-19}$$

式中　　V——梁端截面组合的剪力设计值；

l_n——梁的净跨；

V_{Gb}——梁在重力荷载代表值（9 度时高层建筑还应包括竖向地震作用标准值）作用下，按简支梁分析的梁端截面剪力设计值；

M_b^l、M_b^r——梁左右端截面逆时针或顺时针方向组合的弯矩设计值，一级框架两端弯矩均为负弯矩时，绝对值较小的弯矩应取零；

M_{bua}^l、M_{bua}^r——梁左右端截面逆时针或顺时针方向实配的正截面抗震受弯承载力所对应的弯矩值，根据实配钢筋面积（计入受压筋）和材料强度标准值确定；

η_{vb}——梁端剪力增大系数，一级取 1.3，二级取 1.2，三级取 1.1。

（3）梁斜截面受剪承载力 与非抗震设计类似，梁的受剪承载力由混凝土和抗剪钢筋两部分组成。但是在反复荷载作用下，混凝土的抗剪作用将有明显的削弱，其原因是梁的受压区混凝土不再完整，斜裂缝的反复张开与闭合，使集料咬合作用下降，严重时混凝土将剥落。根据试验资料，在反复荷载下梁的受剪承载力比静载下低 20% ~ 40%。按《混凝土结构设计规范》规定计算的矩形、T 形和 I 字形截面的一般框架梁斜截面受剪承载力应除以相应的抗震调整系数 γ_{RE}（表 4-17）。

考虑地震组合的矩形、T 形和 I 形截面的框架梁，其斜截面受剪承载力应符合下列规定

$$V_b \leqslant \frac{1}{\gamma_{RE}}\left[0.6\alpha_{cv}f_t bh_0 + f_{yv}\frac{A_{sv}}{s}h_0\right] \tag{5-20}$$

式中　α_{cv}——截面混凝土受剪承载力系数，按《混凝土结构设计规范》第 6.3.4 条取值。

4. 构造要求

为了实现《建筑抗震设计规范》"三水准"的设防目标，地震反应计算和截面承载力计算仅解决了众值烈度下第一水准的设防问题，对于基本烈度下的非弹性变形及罕遇烈度下的

防倒塌问题，尚有赖于合理的概念设计及正确的构造措施。

对钢筋混凝土框架结构来说，构造设计的目的，主要在于保证结构在非弹性变形阶段有足够的延性，使之能吸收较多的地震能量。因此，在设计中应注意防止结构发生剪切破坏或混凝土受压区脆性破坏。

为保证框架梁的延性，《建筑抗震设计规范》规定，梁端纵向受拉钢筋的配筋率不宜大于 2.5%。限制受拉配筋率是为了避免剪跨比较大的梁在未达到延性要求之前，梁端下部受压区混凝土过早达到极限压应变而破坏。

梁端截面上纵向受压钢筋与纵向受拉钢筋应保持一定的比例，原因是一定的受压钢筋可以减小混凝土受压区高度，从而提高了梁的延性；另外，在地震作用下，梁端可能会出现正弯矩，如果梁底面钢筋过少，梁下部破坏严重，也会影响梁的承载力和变形能力。

考虑到地震弯矩的不确定性，沿梁全长顶面、底面的配筋，一、二级不应少于 2 Φ 14，且分别不应少于梁顶面、底面两端纵向配筋中较大截面面积的 1/4，三、四级不应少于 2 Φ 12。

在梁端预期塑性铰区段加密箍筋，可以起到约束混凝土、提高混凝土变形能力的作用，从而可获得提高梁截面的转动能力，增加其延性的效果。《建筑抗震设计规范》还规定，梁端加密区的箍筋肢距，一级不宜大于 200mm 和 20 倍箍筋直径的较大值，二、三级不宜大于 250mm 和 20 倍箍筋直径的较大值，四级不宜大于 300mm。

5.5.3　框架柱的设计

柱是框架结构中最主要的承重构件，即使个别柱失效，也可能导致结构倒塌；另外，柱为偏压构件，其截面变形能力远不如以弯曲作用为主的梁。框架结构若要具有较好的抗震性能，框架柱应具有足够的承载力和必要的延性。

1. 柱的截面尺寸

柱的截面尺寸，宜符合下列各项要求：

1）截面的宽度和高度，四级或不超过 2 层时不宜小于 300mm，一、二、三级且超过 2 层时不宜小于 400mm；圆柱的直径四级或不超过 2 层时不宜小于 350mm，一、二、三级且超过 2 层时不宜小于 450mm。

2）为避免形成短柱，剪跨比宜大于 2。

3）因为地震作用方向是不确定的，则框架柱是双向受弯构件，相应地其截面长边与短边的边长比不宜大于 3。

2. 柱的正截面受弯承载力计算

为了提高柱的延性，在柱的正截面承载力计算中，应注意以下问题。

（1）控制柱轴压比　轴压比 μ_N 是指柱组合的轴压力设计值与柱的全截面面积和混凝土轴心抗压强度设计值乘积之比值，以 $N/(f_c b_c h_c)$ 表示。轴压比是影响柱子破坏形态和延性的主要因素之一。试验表明，柱的位移延性随轴压比增大而急剧下降，尤其是在高轴压比条件下，箍筋对柱的变形能力的影响越来越不明显。随轴压比的大小，柱将呈现两种破坏形态，即混凝土压碎而受拉钢筋并未屈服的小偏心受压破坏和受拉钢筋首先屈服具有较好延性的大偏心受压破坏。框架柱的抗震设计一般应控制在大偏心受压破坏范围。因此，必须控制轴压比。柱轴压比不宜超过表 5-5 的规定；建造于 IV 类场地且较高的高层建筑，柱轴压比限值应适当减小。

（2）根据"强柱弱梁"的原则调整柱端弯矩 为了使塑性铰首先出现在梁上，尽可能避免在危害更大的柱上形成塑性铰，即满足"强柱弱梁"的要求，《建筑抗震设计规范》规定，一、二、三级框架的梁柱节点处，除框架顶层和柱轴压比小于 0.15 者，柱端组合的弯矩设计值应符合下式要求

$$\sum M_c = \eta_c \sum M_b \qquad (5\text{-}21)$$

一级框架结构及 9 度时尚应符合

$$\sum M_c = 1.2 \sum M_{bua} \qquad (5\text{-}22)$$

式中　$\sum M_c$——节点上下柱端截面顺时针或逆时针方向组合的弯矩设计值之和，上下柱端的弯矩设计值，可按弹性分析分配；

$\sum M_b$——节点左右梁端截面逆时针或顺时针方向组合的弯矩设计值之和，一级框架节点左右梁端均为负弯矩时，绝对值较小的弯矩应取零；

$\sum M_{bua}$——节点左右梁端截面逆时针或顺时针方向实配的正截面抗震受弯承载力所对应的弯矩值之和，根据实配钢筋面积（计入受压筋）和材料强度标准值确定；

η_c——柱端弯矩增大系数，一级取 1.4，二级取 1.2，三级取 1.1。

表 5-5　柱轴压比限值

结构类型	抗震等级			
	一	二	三	四
框架结构	0.65	0.75	0.85	0.90
框架-抗震墙、板柱-抗震墙、框架核心筒及筒中筒	0.75	0.85	0.90	0.95
部分框支抗震墙	0.6	0.7	—	

注：1. 轴压比是指柱组合的轴压力设计值与柱的全截面面积和混凝土轴心抗压强度设计值乘积之比值；可不进行地震作用计算的结构，取无地震作用组合的轴力设计值。

　　2. 表内限值适用于剪跨比大于 2、混凝土强度等级不高于 C60 的柱；剪跨比不大于 2 的柱轴压比限值应降低 0.05；剪跨比小于 1.5 的柱，轴压比限值应专门研究并采取特殊构造措施。

　　3. 沿柱全高采用井字复合箍且箍筋肢距不大于 200mm、间距不大于 100mm、直径不小于 12mm，或沿柱全高采用复合螺旋箍，螺旋间距不大于 100mm、箍筋肢距不大于 200mm、直径不小于 12mm，或沿柱全高采用连续复合矩形螺旋箍，螺旋净距不大于 80mm、箍筋肢距不大于 200mm、直径不小于 10mm，轴压比限值均可增加 0.10；上述三种箍筋的配箍特征值均应按增大的轴压比由表 5-9 确定。

　　4. 在柱的截面中部附加芯柱，如图 5-26 所示，其中另加的纵向钢筋的总面积不少于柱截面面积的 0.8%，轴压比限值可增加 0.05；此项措施与注 3 的措施共同采用时，轴压比限值可增加 0.15，但箍筋的配箍特征值仍可按轴压比增加 0.10 的要求确定。

　　5. 柱轴压比不应大于 1.05。

当反弯点不在柱的层高范围内时，说明框架梁对柱的约束作用较弱，为避免在竖向荷载和地震共同作用下柱压屈失稳，柱端的弯矩设计值可乘以上述增大系数。对于轴压比小于 0.15 的柱，包括顶层柱，因其具有与梁相近的变形能力，故可不必满足上述要求。

试验表明，即便满足上述"强柱弱梁"的计算要求，要完全避免柱中出现塑性铰仍是

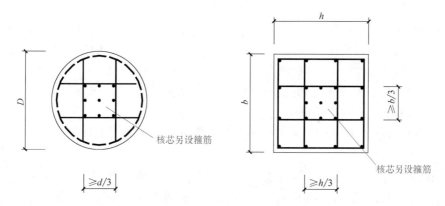

图 5-26　芯柱尺寸示意

很困难的。对于某些柱端，特别是底层柱的底端很容易形成塑性铰。因为地震时柱的实际反弯点会偏离柱的中部，使柱的某一端承受的弯矩很大，超过了其极限抗弯能力。另外，地震作用可能来自任意方向，柱双向偏心受压会降低柱的承载力，而楼板钢筋参加工作又会提高梁的抗弯承载力。凡此种种原因，都会使柱出现塑性铰，难以完全避免。因此，按式（5-21）设计时只能取得在同一楼层中部分为梁铰，部分为柱铰以及不至于在柱上、下两端同时出现铰的混合机制。故对框架柱的抗震设计还应采取其他措施，尽可能提高其极限变形能力，如限制轴压比和剪压比，加强柱端约束箍筋等。

框架底层柱根部对整体框架延性起控制作用，柱脚过早出现塑性铰将影响整个结构的变形及耗能能力。随着底层框架梁铰的出现，底层柱根部弯矩也有增大趋势。为了延缓底层根部柱铰的发生，使整个结构的塑化过程得以充分发展，而且底层柱计算长度和反弯点有更大的不确定性，故应当适当加强底层柱的抗弯能力。为此《建筑抗震设计规范》规定，一、二、三、四级框架结构的底层，柱下端截面组合的弯矩设计值，应分别乘以增大系数 1.7、1.5、1.3 和 1.2。

《建筑抗震设计规范》还规定，一、二、三、四级框架结构的角柱按调整后的弯矩及剪力设计值尚应乘以不小于 1.10 的增大系数。

3. 柱斜截面受剪承载力计算

（1）剪压比限值　柱截面上平均剪应力与混凝土轴心抗压强度设计值的比值，称为柱的剪压比，以 $V/(f_c bh_0)$ 表示。如果剪压比过大，混凝土就会过早地产生脆性破坏，使箍筋不能充分发挥作用。因此必须限制剪压比，实质上也就是构件最小截面尺寸的限制条件。

《建筑抗震设计规范》规定，对于剪跨比大于 2 的矩形截面框架柱，其截面尺寸与剪力设计值应符合下式的要求

$$V \leqslant \frac{1}{\gamma_{RE}}(0.2f_c bh_0) \tag{5-23}$$

对于剪跨比不大于 2 的框架短柱，其截面尺寸与剪力设计值应符合下式的要求

$$V \leqslant \frac{1}{\gamma_{RE}}(0.15f_c bh_0) \tag{5-24}$$

剪跨比应按下式计算

$$\lambda = M_c/(V_c h_0) \tag{5-25}$$

式中　λ——剪跨比，应按柱端截面组合的弯矩计算值 M_c、对应的截面组合剪力计算值 V_c 及截面有效高度 h_0 确定，并取上下端计算结果的较大值；反弯点位于柱高中部的框架柱可按柱净高与 2 倍柱截面高度之比计算；

　　V——按"强剪弱弯"的原则调整后的柱端截面组合的剪力设计值；

　　f_c——混凝土轴心抗压强度设计值；

　　b——梁、柱截面宽度，圆形截面柱可按面积相等的方形截面计算；

　　h_0——截面有效高度。

（2）根据"强剪弱弯"的原则调整柱的截面剪力　为防止框架柱在压弯破坏之前发生剪切破坏，应按"强剪弱弯"的原则，对于抗震等级为一、二、三、四级的框架柱端剪力设计值，按下式进行调整，并以此剪力进行柱斜截面计算

$$V = \eta_{vc}(M_c^t + M_c^b)/H_n \tag{5-26}$$

一级框架结构及 9 度的一级框架可不按上式调整，但应符合

$$V = 1.2(M_{cua}^t + M_{cua}^b)/H_n \tag{5-27}$$

式中　　V——柱端截面组合的剪力设计值；

　　H_n——柱的净高；

M_c^t、M_c^b——柱的上下端顺时针或逆时针方向截面组合的弯矩设计值，应考虑"强柱弱梁"调整、底层柱下端及角柱弯矩放大系数的影响；

M_{cua}^t、M_{cua}^b——偏心受压柱的上下端顺时针或逆时针方向实配的正截面抗震受弯承载力所对应的弯矩值，根据实配钢筋面积、材料强度标准值和轴压力等确定；

　　η_{vc}——柱剪力增大系数，对框架结构，一、二、三、四级分别取 1.5、1.3、1.2、1.1；对其他结构类型的框架，一级取 1.4，二级取 1.2，三、四级取 1.1。

（3）柱斜截面受剪承载力　《混凝土结构设计规范》规定，框架柱斜截面受剪承载力按下式计算

$$V_c \leq \frac{1}{\gamma_{RE}}\left[\frac{1.05}{\lambda+1}f_t b h_0 + f_{yv}\frac{A_{sv}}{s}h_0 + 0.056N\right] \tag{5-28}$$

式中　λ——框架柱和框支柱的计算剪跨比，取 $\lambda = M/(Vh_0)$；此处，M 宜取柱上、下端考虑地震作用组合的弯矩设计值的较大值，V 取与 M 对应的剪力设计值，h_0 为柱截面有效高度；当框架结构中的框架柱的反弯点在柱层高范围内时，可取 $\lambda = H_n/(2h_0)$，此处，H_n 为柱净高；当 $\lambda < 1.0$ 时，取 $\lambda = 1.0$；当 $\lambda > 3.0$ 时，取 $\lambda = 3.0$；

　　N——考虑地震作用组合的框架柱和框支柱轴向压力设计值，当 $N > 0.3f_c A$ 时，取 $N = 0.3f_c A$。

当考虑地震作用组合的框架柱出现拉力时，其斜截面抗震受剪承载力应符合下列规定

$$V_c \leq \frac{1}{\gamma_{RE}}\left[\frac{1.05}{\lambda+1}f_t b h_0 + f_{yv}\frac{A_{sv}}{s}h_0 - 0.2N\right] \tag{5-29}$$

式中 N——考虑地震作用组合的框架柱轴向拉力设计值。

当式（5-29）右边括号内的计算值小于 $f_{yv}A_{sv}h_0/s$ 时，取等于 $f_{yv}A_{sv}h_0/s$，且 $f_{yv}A_{sv}h_0/s$ 值不应小于 $0.36f_tbh_0$。

4. 构造要求

（1）柱内纵向钢筋的配置 总配筋率按柱截面中全部纵向钢筋的面积与截面面积之比计算。柱纵向钢筋宜对称配置，截面尺寸大于 400mm 的柱，纵向钢筋间距不宜大于 200mm。

框架柱纵向钢筋的最大总配筋率也应受到控制。过大的配筋率易产生黏结破坏并降低柱的延性。因此，柱的总配筋率不应大于 5%。一级且剪跨比不大于 2 的柱，其纵向受拉钢筋单边配筋率不宜大于 1.2%，并应沿柱全高采用复合箍筋。为了避免柱的受拉纵筋屈服后再受压时，由于包兴格效应，导致纵筋压屈，边柱、角柱在地震作用组合产生小偏心受拉时，柱内纵筋总截面面积应比计算值增加 25%。柱纵向钢筋的绑扎接头应避开柱端的箍筋加密区。

（2）柱端箍筋加密区的配置 根据震害调查，框架柱的破坏主要集中在柱端 1.0～1.5 倍柱截面高度范围内。加密柱端箍筋可以起到承担柱子剪力，约束混凝土，提高混凝土的抗压强度及变形能力以及为纵向钢筋提供侧向支承，防止纵筋压屈的作用。试验表明，当箍筋间距小于 6～8 倍柱纵筋直径时，在受压混凝土压溃之前，一般不会出现钢筋压屈现象。

柱的箍筋加密范围，应按下列规定采用：

1）柱端，取截面高度（圆柱直径），柱净高的 1/6 和 500mm 三者的最大值。

2）底层柱的下端不小于柱净高的 1/3；当有刚性地面时，除柱端外尚应取刚性地面上下各 500mm。

3）剪跨比不大于 2 的柱和因设置填充墙等形成的柱净高与柱截面高度之比不大于 4 的柱，取全高。

4）框支柱，取全高。

5）一级及二级框架的角柱，取全高。

柱箍筋加密区箍筋肢距，一级不宜大于 200mm，二、三级不宜大于 250mm，四级不宜大于 300mm。至少每隔一根纵向钢筋宜在两个方向有箍筋或拉筋约束；采用拉筋复合箍时，拉筋宜紧靠纵向钢筋并钩住箍筋。

柱箍筋加密区的体积配箍率，应符合下式要求

$$\rho_v \geqslant \frac{\lambda_v f_c}{f_{yv}} \tag{5-30}$$

式中 ρ_v——柱箍筋加密区的体积配箍率，一级不应小于 0.8%，二级不应小于 0.6%，三、四级不应小于 0.4%；计算复合螺旋箍的体积配箍率时，其非螺旋箍的箍筋体积应乘以折减系数 0.80；

f_c——混凝土轴心抗压强度设计值；强度等级低于 C35 时，应按 C35 计算；

f_{yv}——箍筋或拉筋抗拉强度设计值；

λ_v——最小配箍特征值，宜按表 5-6 采用。

表 5-6　柱箍筋加密区的箍筋最小配箍特征值

抗震等级	箍筋形式	柱轴压比								
		≤0.3	0.4	0.5	0.6	0.7	0.8	0.9	1.0	1.05
一	普通箍、复合箍	0.10	0.11	0.13	0.15	0.17	0.20	0.23	—	—
	螺旋箍、复合或连续复合矩形螺旋箍	0.08	0.09	0.11	0.13	0.15	0.18	0.21	—	—
二	普通箍、复合箍	0.08	0.09	0.11	0.13	0.15	0.17	0.19	0.22	0.24
	螺旋箍、复合或连续复合矩形螺旋箍	0.06	0.07	0.09	0.11	0.13	0.15	0.17	0.20	0.22
三、四	普通箍、复合箍	0.06	0.07	0.09	0.11	0.13	0.15	0.17	0.20	0.22
	螺旋箍、复合或连续复合矩形螺旋箍	0.05	0.06	0.07	0.09	0.11	0.13	0.15	0.18	0.20

注：1. 普通箍指单个矩形箍和单个圆形箍；复合箍指由矩形、多边形、圆形箍或拉筋组成的箍筋；复合螺旋箍指由螺旋箍与矩形、多边形、圆形箍或拉筋组成的箍筋；连续复合矩形螺旋箍指全部螺旋箍为同一根钢筋加工而成的箍筋，如图 5-27 所示。

2. 框支柱宜采用复合螺旋箍或井字复合箍，其最小配箍特征值应比表内数值增加 0.02，且体积配箍率不应小于 1.5%。

3. 剪跨比不大于 2 的柱宜采用复合螺旋箍或井字复合箍，其体积配箍率不应小于 1.2%，9 度时不应小于 1.5%。

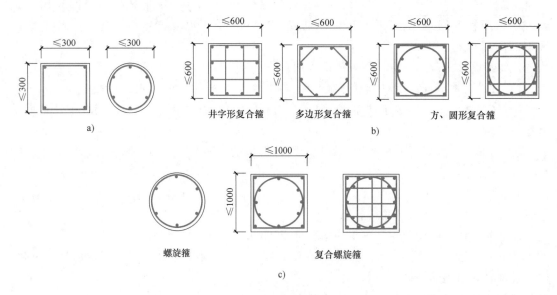

图 5-27　各类箍筋示意

a）普通箍　b）复合箍　c）螺旋箍

柱体积配箍率是单位核心混凝土中所含箍筋的体积比率。矩形柱加密区的普通箍、复合箍筋的体积配箍率可按下式计算

$$\rho_v = \frac{l_n}{(b_c-2c)(h_c-2c)} \frac{A_{sv}}{s} \times 100\% \qquad (5-31)$$

式中　l_n——不计重叠部分的箍筋长度；

　　　A_{sv}——箍筋的截面面积；

　　　b_c、h_c——矩形截面柱的宽度、高度；

s——箍筋间距；

c——混凝土保护层厚度。

柱箍筋非加密区的体积配箍率不宜小于加密区的 50%；箍筋间距，一、二级框架柱不应大于 10 倍纵向钢筋直径，三、四级框架柱不应大于 15 倍纵向钢筋直径。

5.5.4　框架节点的设计

在竖向荷载和地震作用下，框架节点主要承受柱传来的轴向力、弯矩、剪力和梁传来的弯矩、剪力，如图 5-28 所示。节点区的破坏形式为由主拉应力引起的剪切破坏。如果节点未设箍筋或箍筋不足，则由于抗剪能力不足，节点区出现多条交叉斜裂缝，斜裂缝间混凝土被压碎，柱内纵向钢筋压屈。

国内外大地震的震害表明，钢筋混凝土框架节点在地震中多有不同程度的破坏，破坏的主要形式是节点核心区剪切破坏和钢筋锚固破坏，严重的会引起整个框架倒塌。节点破坏后的修复也比较困难。框架节点是框架梁柱构件的公共部分，节点的失效意味着与之相连的梁与柱同时失效。另外，混凝土构件中钢筋屈服的前提是钢筋必须有可靠的锚固，相应地，塑性铰形成的基本前提也是保证梁柱纵筋在节点区有可靠的锚固。根据"强节点弱构件"的设计原则，在框架节点的抗震设计中应满足：节点的承载力不应低于其连接构件（梁、柱）的承载力，梁柱纵筋在节点区应有可靠的锚固。

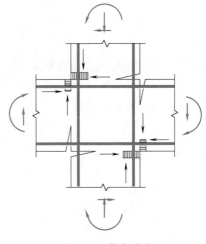

图 5-28　节点受力

1. 一般框架梁柱节点截面抗震验算

框架节点核心区的抗震验算应符合下列要求：一、二级框架的节点核心区，应进行抗震验算；三、四级框架节点核心区以及各抗震等级的顶层端节点核心区，可不进行抗震验算，但应符合抗震构造措施的要求。但当三级框架房屋高度接近二级框架房屋的高度下限或核心区混凝土强度等级低于柱混凝土强度等级的 0.7 倍时，宜进行核心区抗震验算。

（1）节点剪力设计值的计算　二级框架梁柱节点核心区组合的剪力设计值，应按下列公式确定

$$V_j = \frac{\eta_{jb} \sum M_b}{h_{b0} - a'_s}\left(1 - \frac{h_{b0} - a'_s}{H_c - h_b}\right) \tag{5-32a}$$

9 度时和一级框架结构尚应符合

$$V_j = \frac{1.15 \sum M_{bua}}{h_{b0} - a'_s}\left(1 - \frac{h_{b0} - a'_s}{H_c - h_b}\right) \tag{5-32b}$$

式中　V_j——梁柱节点核心区组合的剪力设计值；

h_{b0}——梁截面的有效高度，节点两侧梁截面高度不等时可采用平均值；

a'_s——梁纵向受压钢筋合力点至截面近边的距离；

H_c——柱的计算高度，可采用节点上柱和下柱反弯点之间的距离；

h_b——梁的截面高度，节点两侧梁截面高度不等时可采用平均值；

η_{jb}——节点剪力增大系数，对于框架结构，一级取 1.50，二级取 1.35，三级取 1.20；对于其他结构中的框架，一级取 1.35，二级取 1.20，三级取 1.10；

$\sum M_b$——节点左、右梁端逆时针或顺时针方向组合弯矩设计值之和，一级抗震等级时节点左、右梁端均为负弯矩，绝对值较小的弯矩应取零；

$\sum M_{bua}$——节点左、右梁端逆时针或顺时针方向实配的正截面抗震受弯承载力所对应的弯矩值之和，根据实配钢筋面积（计入受压筋）和材料强度标准值确定。

上式中，若不考虑节点剪力增大系数，则为按节点剪力平衡推导出的节点所承担的剪力值，式（5-32a）中的 η_{jb} 和式（5-32b）中的系数 1.15 即为考虑"强节点"的剪力增大系数。

（2）核心区截面有效验算宽度　核心区截面有效验算宽度，当验算方向的梁截面宽度不小于该侧柱截面宽度的 1/2 时，可采用该侧柱截面宽度，当小于柱截面宽度的 1/2 时，可采用下列二者的较小值

$$b_j = b_b + 0.5h_c \tag{5-33}$$
$$b_j = b_c \tag{5-34}$$

式中　b_j——节点核心区的截面有效验算宽度；

b_b——梁截面宽度；

h_c——验算方向的柱截面高度；

b_c——验算方向的柱截面宽度。

当梁柱的中线不重合且偏心距不大于柱宽的 1/4 时，核心区的截面有效验算宽度可采用式（5-33）、式（5-34）和下式计算结果的较小值。

$$b_j = 0.5(b_b + b_c) + 0.25h_c - e \tag{5-35}$$

式中　e——梁与柱中线偏心距。

（3）节点受剪截面限制条件　为了防止节点核心区混凝土承受过大的斜压应力而先于钢筋破坏，节点区截面尺寸不能过小，考虑到节点核心周围一般都有梁的约束，抗剪面积实际比较大，故剪压比限值可适当放宽，因此，框架节点的水平截面应满足

$$V \leqslant \frac{1}{\gamma_{RE}}(0.3\eta_j f_c b_j h_j) \tag{5-36}$$

式中　η_j——正交梁的约束影响系数，楼板为现浇，梁柱中线重合，四侧各梁截面宽度不小于该侧柱截面宽度的 1/2，且正交方向梁高度不小于框架梁高度的 3/4 时，可采用 1.5，9 度时宜采用 1.25，其他情况均采用 1.0；

h_j——节点核心区的截面高度，可采用验算方向的柱截面高度；

γ_{RE}——承载力抗震调整系数，可采用 0.85。

（4）节点抗震受剪承载力　节点核心区截面抗震受剪承载力，应采用下列公式验算

$$V_j \leqslant \frac{1}{\gamma_{RE}}\left(1.1\eta_j f_t b_j h_j + 0.05\eta_j N \frac{b_j}{b_c} + f_{yv} A_{svj} \frac{h_{b0} - a_z'}{s}\right) \tag{5-37}$$

9 度时

$$V_j \leqslant \frac{1}{\gamma_{RE}}\left(0.9\eta_j f_t b_j h_j + f_{yv} A_{svj} \frac{h_{b0} - a_z'}{s}\right) \tag{5-38}$$

式中　N——对应于组合剪力设计值的上柱组合轴向压力较小值，其取值不应大于柱的截面面积和混凝土轴心抗压强度设计值的乘积的 50%，当 N 为拉力时，取 $N=0$；

　　f_{yv}——箍筋的抗拉强度设计值；

　　f_t——混凝土轴心抗拉强度设计值；

　　A_{svj}——核心区有效验算宽度范围内同一截面验算方向箍筋的总截面面积；

　　s——箍筋间距。

（5）构造要求　为保证节点核心区的抗剪承载力，使框架梁、柱纵向钢筋有可靠的锚固条件，对节点核心区混凝土进行有效的约束是必要的。但节点核心区箍筋的作用与柱端有所不同，为便于施工，可适当放宽构造要求，一、二、三级框架节点核心区配箍特征值分别不宜小于 0.12、0.10 和 0.08，且体积配箍率分别不宜小于 0.6%、0.5% 和 0.4%。柱剪跨比不大于 2 的框架节点核心区配箍特征值不宜小于核心区上、下柱端的大配箍特征值。

2. 梁柱纵筋在节点区的锚固

在反复荷载作用下，钢筋与混凝土的黏结强度将发生退化，梁筋锚固破坏是常见的脆性破坏形式之一。锚固破坏将大大降低梁截面后期抗弯承载力及节点刚度。当梁端截面的底面钢筋面积与顶面钢筋面积比相差较多时，底面钢筋更容易产生滑动，应设法防止。为满足抗震要求，抗震结构的纵向受拉钢筋的最小锚固长度应按下式采用

一、二级抗震等级

$$l_{aE} = 1.15l_a \tag{5-39a}$$

三级抗震等级

$$l_{aE} = 1.05l_a \tag{5-39b}$$

四级抗震等级

$$l_{aE} = 1.00l_a \tag{5-39c}$$

式中　l_a——纵向受拉钢筋的锚固长度。

受拉钢筋的锚固长度应按下列公式计算

普通钢筋

$$l_a = \alpha \frac{f_y}{f_t d} \tag{5-40}$$

式中　f_y——普通钢筋抗拉强度设计值；

　　f_t——混凝土轴心抗拉强度设计值；当混凝土强度等级高于 C40 时，按 C40 取值；

　　d——钢筋的公称直径；

　　α——钢筋的外形系数，按表 5-7 取用。

表 5-7　钢筋的外形系数

钢筋类型	光圆钢筋	带肋钢筋	螺旋肋钢筋	三股钢绞线	七股钢绞线
α	0.16	0.14	0.13	0.16	0.17

5.6　多层及高层抗震墙结构的抗震设计

抗震墙结构是由内、外墙作为承重构件的结构。在低层房屋结构中，墙体主要承受重力

荷载；在高层房屋中，墙体除了承受重力荷载外，还承受水平荷载引起的剪力、弯矩和倾覆力矩。所以在高层建筑中，承重墙体系又称全墙结构体系或剪力墙结构体系。

抗震墙是竖向悬臂构件，在水平荷载作用下，其变形曲线是弯曲型的，凸向水平荷载面，层间变形下部楼层小、上部楼层大。在抗震墙结构中，所有抗侧力构件都是抗震墙，变形特性相同，侧移曲线类似，所以水平力在各片抗震墙之间按其等效刚度分配。

5.6.1　抗震墙结构的地震作用计算

抗震墙结构的地震作用，可以视情况用底部剪力法、振型分解法或者时程分析法计算。有些部位或部件的抗震墙的内力设计值是按内力组合结果取值的，但是也有一些部位或部件为实现"强肢弱梁""强剪弱弯"，或是为了把塑性铰限制发生在某个指定的部位，它们的内力设计值有专门的规定。

1. 墙肢弯矩设计值计算

抗震等级为一级的单肢墙，其正截面弯矩设计值，不完全依照静力法求得的设计弯矩图，而是按照图 5-29 简图。具体做法是，底部加强部位各截面采用墙肢截面的组合弯矩设计值，底部加强部位以上则按 1.2 倍的相应部位墙肢组合弯矩设计值采用。

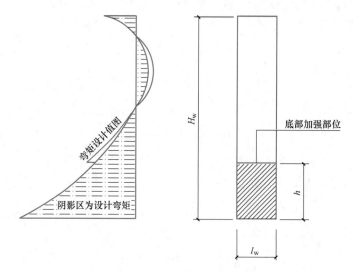

图 5-29　单肢墙的弯矩设计值图

这样的弯矩设计值图有以下三个特点：

1）使墙肢的塑性铰在底部加强部位的范围内得到发展，而不是将塑性铰集中在底层，甚至集中在底截面以上不大的范围内，从而减轻墙肢底截面附近的破坏程度，使墙肢有较大的塑性变形能力。

2）避免底部加强部位紧邻的上层墙肢屈服而底部加强部位不屈服。

3）在底部加强部位以上的一般部位，弯矩设计值与设计弯矩值相比，有较多的余量，因而大震时塑性铰将必然发生在 h_s 范围内，这样可以吸收大量的地震能量，缓和地震作用。如果按设计弯矩值配筋，弯曲屈服就可能沿墙任何高度发生，此时为保证墙的延性，就要在整个墙高范围采取严格的构造措施，这是很不经济的。

2. 墙肢剪力设计值计算

抗震墙如果按上述的弯矩设计值进行配筋，大地震时塑性铰将必然发生在 h_s 范围内，但尚应该补充一个"强剪弱弯"条件，要求墙的弯曲破坏先于剪切破坏。为此，抗震墙考虑抗震等级的剪力设计值 V_w 应按下列要求计算

1）一、二、三级的抗震墙底部加强部位，其截面组合的剪力设计值应按下式调整

$$V = \eta_{vw} V_w \tag{5-41}$$

9 度的一级可不按上式调整，但应符合下式要求

$$V = 1.1 \frac{M_{wua}}{M_w} V_w \tag{5-42}$$

式中　V——底部加强部位剪力墙截面剪力设计值；

　　V_w——底部加强部位剪力墙截面考虑地震作用组合的剪力计算值；

　M_{wua}——剪力墙正截面抗震受弯承载力，应考虑承载力抗震调整系数 γ_{RE}、采用实配纵筋面积、材料强度标准值和组合的轴力设计值等计算，有翼墙时应计入墙两侧各一倍翼墙厚度范围内的纵向钢筋；

　　M_w——底部加强部位剪力墙底截面弯矩的组合计算值；

　　η_{vw}——剪力增大系数，一级取 1.6，二级取 1.4，三级取 1.2，四级抗震等级取地震组合下的剪力设计值。

2）其他部位，均取

$$V = V_w \tag{5-43}$$

3. 双肢墙墙肢的弯矩、剪力设计值

若双肢抗震墙承受的水平荷载较大，竖向荷载较小，则内力组合后可能出现一个墙肢的轴向力为拉力，另一墙肢轴向力为压力的情况。为了考虑当墙的一肢出现受拉开裂而刚度降低和内力将转移集中到另一墙肢的内力重分布影响，双肢抗震墙中墙肢不宜出现小偏心受拉；当任一墙肢为偏心受拉时，另一墙肢的剪力设计值、弯矩设计值应乘以增大系数 1.25。

4. 抗震墙中连梁的剪力设计值

为了使连梁有足够延性，在弯曲破坏之前不发生剪坏，抗震墙中跨高比大于 2.5 的连梁，其梁端截面组合的剪力设计值应按下式计算

$$V = \eta_{vb} \frac{M_b^l + M_b^r}{l_n} + V_{Gb} \tag{5-44}$$

9 度时的连梁可不按上式调整，但应符合下式要求

$$V = 1.1 \frac{M_{bua}^l + M_{bua}^r}{l_n} + V_{Gb} \tag{5-45}$$

式中　M_b^l、M_b^r——连梁左右端截面顺时针或逆时针方向的弯矩设计值；

　M_{bua}^l、M_{bua}^r——连梁左右端截面顺时针或逆时针方向实配的抗震受弯承载力所对应的弯矩值，应按实配钢筋面积（计入受压钢筋）和材料强度标准值并考虑承载力抗震调整系数计算；

　　　l_n——连梁的净跨；

　　V_{Gb}——在重力荷载代表值作用下按简支梁计算的梁端截面剪力设计值；

η_{vb}——连梁剪力增大系数，对于普通箍筋连梁一级取 1.3，二级取 1.2，三级取 1.1，四级取 1.0；配有对角斜筋的连梁 η_{vb} 取 1.0。

5.6.2 抗震墙的截面设计

1. 截面尺寸的限制

跨高比大于 2.5 的连梁及剪跨比大于 2 的抗震墙截面应符合下列条件

$$V \leqslant \frac{1}{\gamma_{RE}} 0.20 \beta_c f_c b h_0 \tag{5-46}$$

跨高比不大于 2.5 的连梁、剪跨比不大于 2 的柱和抗震墙、部分框支抗震墙结构的框支柱和框支梁以及落地抗震墙的底部加强部位

$$V \leqslant \frac{1}{\gamma_{RE}} 0.15 \beta_c f_c b h_0 \tag{5-47}$$

剪跨比应按下式计算

$$\lambda = M^c / (V^c h_0) \tag{5-48}$$

式中　λ——剪跨比，应按柱端或墙端截面组合的弯矩计算值 M^c、对应的截面组合剪力计算值 V^c 及截面有效高度 h_0 确定，并取上下端计算结果的较大值；反弯点位于柱高中部的框架柱可按柱净高与 2 倍柱截面高度之比计算；

　　　　V——按《建筑抗震设计规范》条文规定调整后的梁端、柱端或墙端截面组合的剪力设计值；

　　　　f_c——混凝土轴心抗压强度设计值；

　　　　b——梁、柱截面宽度或抗震墙墙肢截面宽度；圆形截面柱可按面积相等的方形截面柱计算；

　　　　h_0——截面有效高度，抗震墙可取墙肢长度。

2. 考虑承载力抗震调整系数后的截面承载力设计值

矩形截面偏心受拉剪力墙的正截面受拉承载力应符合下列规定

$$N \leqslant \frac{1}{\gamma_{RE}} \left(\frac{1}{\dfrac{1}{N_{0u}} + \dfrac{e_0}{M_{wu}}} \right) \tag{5-49}$$

N_{0u} 和 M_{wu} 可分别按下列公式计算

$$N_{0u} = 2A_s f_y + A_{sw} f_{yw} \tag{5-50}$$

$$M_{wu} = A_s f_y (h_{w0} - a'_s) + A_{sw} f_{yw} \frac{(h_{w0} - a'_s)}{2} \tag{5-51}$$

式中　A_{sw}——剪力墙竖向分布钢筋的截面面积。

偏心受压剪力墙的斜截面受剪承载力应符合下列规定

$$V \leqslant \frac{1}{\gamma_{RE}} \left[\frac{1}{\lambda - 0.5} \left(0.4 f_t b_w h_{w0} + 0.1 N \frac{A_w}{A} \right) + 0.8 f_{yh} \frac{A_{sh}}{s} h_{w0} \right] \tag{5-52}$$

式中　N——剪力墙截面轴向压力设计值，N 大于 $0.2 f_c b_w h_w$ 时，应取 $0.2 f_c b_w h_w$；

　　　　A——剪力墙全截面面积；

　　　　A_w——T 形或 I 形截面剪力墙腹板的面积，矩形截面时应取 A；

λ——计算截面的剪跨比，λ 小于 1.5 时应取 1.5，λ 大于 2.2 时应取 2.2，计算截面与墙底之间的距离小于 $0.5h_{w0}$ 时，λ 应按距墙底 $0.5h_{w0}$ 处的弯矩值与剪力值计算；

s——剪力墙水平分布钢筋间距。

偏心受拉剪力墙的斜截面受剪承载力应符合下列规定

$$V \leqslant \frac{1}{\gamma_{RE}}\left[\frac{1}{\lambda-0.5}\left(0.4f_t b_w h_{w0} - 0.1N\frac{A_w}{A}\right) + 0.8f_{yh}\frac{A_{sh}}{s}h_{w0}\right] \tag{5-53}$$

式（5-53）右端方括号内的计算值小于 $0.8f_{yh}\dfrac{A_{sh}}{s}h_{w0}$ 时，应取等于 $0.8f_{yh}\dfrac{A_{sh}}{s}h_{w0}$。

抗震等级为一级的剪力墙，水平施工缝的抗滑移应符合下式要求

$$V_{wj} \leqslant \frac{1}{\gamma_{RE}}(0.6f_y A_s + 0.8N) \tag{5-54}$$

式中　V_{wj}——剪力墙水平施工缝处剪力设计值；

A_s——水平施工缝处剪力墙腹板内竖向分布钢筋和边缘构件中的竖向钢筋总面积（不包括两侧翼墙），以及在墙体中有足够锚固长度的附加竖向插筋面积；

f_y——竖向钢筋抗拉强度设计值；

N——水平施工缝处考虑地震作用组合的轴向力设计值，压力取正值，拉力取负值。

5.6.3　抗震墙的构造措施

1. 抗震墙的厚度

1）一、二级不应小于 160mm 且不宜小于层高或无支长度的 1/20，三、四级不应小于 140mm 且不宜小于层高或无支长度的 1/25；无端柱或翼墙时，一、二级不宜小于层高或无支长度的 1/16，三、四级不宜小于层高或无支长度的 1/20。

2）底部加强部位的墙厚，一、二级不应小于 200mm 且不宜小于层高或无支长度的 1/16，三、四级不应小于 160mm 且不宜小于层高或无支长度的 1/20；无端柱或翼墙时，一、二级不宜小于层高或无支长度的 1/12，三、四级不宜小于层高或无支长度的 1/16。

2. 抗震墙竖向、横向分布钢筋的配筋

1）抗震墙的竖向和横向分布钢筋的间距不宜大于 300mm，部分框支抗震墙结构的落地抗震墙底部加强部位，竖向和横向分布钢筋的间距不宜大于 200mm。

2）抗震墙厚度大于 140mm 时，其竖向和横向分布钢筋应双排布置，双排分布钢筋间拉筋的间距不宜大于 600mm，直径不应小于 6mm。

3）抗震墙竖向和横向分布钢筋的直径，均不宜大于墙厚的 1/10 且不应小于 8mm；竖向钢筋直径不宜小于 10mm。

3. 抗震墙的轴压比

一、二、三级抗震墙在重力荷载代表值作用下墙肢的轴压比，一级时，9 度不宜大于 0.4，7、8 度不宜大于 0.5；二、三级时不宜大于 0.6。

墙肢轴压比指墙的轴压力设计值与墙的全截面面积和混凝土轴心抗压强度设计值乘积之比值。

4. 抗震墙两端和洞口两侧的处置

抗震墙两端和洞口两侧应设置边缘构件，边缘构件包括暗柱、端柱和翼墙，并应符合下列要求。

1）对于抗震墙结构，底层墙肢底截面的轴压比不大于表 5-8 规定的一、二、三级抗震墙及四级抗震墙，墙肢两端可设置构造边缘构件，构造边缘构件的范围可按图 5-30 采用，构造边缘构件的配筋除应满足受弯承载力要求外，并宜符合表 5-9 的要求。

表 5-8　抗震墙设置构造边缘构件的最大轴压比

抗震等级（抗震设防烈度）	一级（9度）	一级（7、8度）	二、三级
轴压比	0.1	0.2	0.3

表 5-9　抗震墙构造边缘构件的配筋要求

抗震等级	底部加强部位			其他部位		
	纵向钢筋最小量（取较大值）	箍筋		纵向钢筋最小量（取较大值）	拉筋	
		最小直径/mm	沿竖向最大间距/mm		最小直径/mm	沿竖向最大间距/mm
一	$0.010A_c,6\phi16$	8	100	$0.008A_c,6\phi14$	8	150
二	$0.008A_c,6\phi14$	8	150	$0.006A_c,6\phi12$	8	200
三	$0.006A_c,6\phi12$	6	150	$0.005A_c,4\phi12$	8	200
四	$0.005A_c,4\phi12$	6	200	$0.004A_c,4\phi12$	8	250

注：1. A_c 为边缘构件的截面面积。
　　2. 其他部位的拉筋，水平间距不应大于纵筋间距的 2 倍；转角处宜采用箍筋。
　　3. 当端柱承受集中荷载时，其纵向钢筋、箍筋直径和间距应满足柱的相应要求。

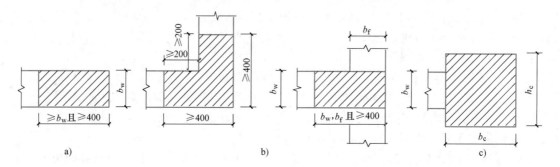

图 5-30　抗震墙的构造边缘构件范围
a）暗柱　b）翼柱　c）端柱

2）底层墙肢底截面的轴压比大于表 5-10 规定的一、二、三级抗震墙，以及部分框支抗震墙结构的抗震墙，应在底部加强部位及相邻的上一层设置约束边缘构件，在以上的其他部位可设置构造边缘构件。约束边缘构件沿墙肢的长度、配箍特征值、箍筋和纵向钢筋宜符合表 5-10 的要求。

表 5-10　抗震墙约束边缘构件的范围及配筋要求

项　目	一级（9度）		一级（7、8度）		二、三级	
	$\lambda \leqslant 0.2$	$\lambda > 0.2$	$\lambda \leqslant 0.3$	$\lambda > 0.3$	$\lambda \leqslant 0.4$	$\lambda > 0.4$
l_c（暗柱）	$0.20h_w$	$0.25h_w$	$0.15h_w$	$0.20h_w$	$0.15h_w$	$0.20h_w$
l_c（翼墙或暗柱）	$0.15h_w$	$0.20h_w$	$0.10h_w$	$0.15h_w$	$0.10h_w$	$0.15h_w$
λ_v	0.12	0.20	0.12	0.20	0.12	0.20

（续）

项　目	一级（9度）		一级（7、8度）		二、三级	
	$\lambda \leqslant 0.2$	$\lambda > 0.2$	$\lambda \leqslant 0.3$	$\lambda > 0.3$	$\lambda \leqslant 0.4$	$\lambda > 0.4$
纵向钢筋（取较大值）	$0.012A_c$，$8 \oplus 16$		$0.012A_c$，$8 \oplus 16$		$0.010A_c$，$6 \oplus 16$（三级 $6 \phi 14$）	
箍筋或拉筋沿竖向间距/mm	100		100		150	

注：1. 抗震墙的翼墙长度小于其3倍厚度或端柱截面边长小于2倍墙厚时，按无翼墙、无端柱查表；端柱有集中荷载时，配筋构造尚应满足与墙相同抗震等级框架柱的要求。

2. l_c 为约束边缘构件沿墙肢长度，且不小于墙厚和400mm；有翼墙或端柱时不应小于翼墙厚度或端柱沿墙肢方向截面高度加300mm。

3. λ_v 为约束边缘构件的配箍特征值，体积配箍率可按《建筑抗震设计规范》式（5-30）计算，并可适当计入满足构造要求且在墙端有可靠锚固的水平分布钢筋的截面面积。

4. h_w 为抗震墙墙肢长度；λ 为墙肢轴压比；A_c 为图5-31中约束边缘构件阴影部分的截面面积。

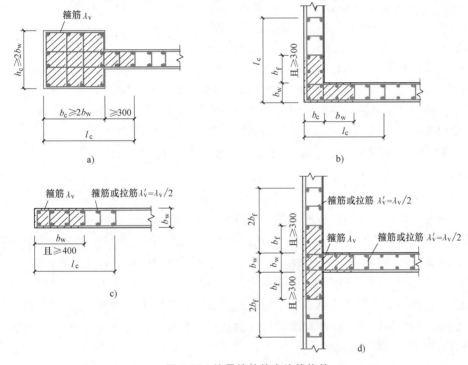

图 5-31　抗震墙的约束边缘构件

a）有端柱　b）转角墙（L形墙）　c）暗柱　d）有翼墙

5. 连梁

1）一、二级抗震墙底部加强部位跨高比不大于2，且墙厚不小于200mm的连梁，宜采用斜交叉构造配筋。

2）顶层连梁的纵向钢筋锚固长度的范围内应该设置箍筋，其箍筋间距可以采用150mm，箍筋、直径应该与连梁箍筋直径相同。

3）跨高比较小的高连梁，可设水平缝形成双连梁、多连梁或采取其他加强受剪承载力的构造。顶层连梁的纵向钢筋伸入墙体的锚固长度范围内，应设置箍筋。

5.7 多层及高层框架-抗震墙结构的抗震设计

5.7.1 框架-抗震墙结构的受力特点和抗震设计方法

1. 框架-抗震墙结构的受力特点

钢筋混凝土框架-抗震墙结构是由框架和抗震墙两种抗侧力结构组成的结构体系。这两种结构在分别单独承受侧向力作用时，具有互不相同的受力变形特点。抗震墙相当于竖向悬臂梁，在侧向力作用下的变形曲线为弯曲型，即悬臂梁由弯曲变形产生的变形曲线形状。其特点是，越接近结构顶部，其水平位移增长得越快，结构的上部层间位移大而下部层间位移较小。框架在侧向力作用下的变形曲线为剪切型，其形状类似于竖向悬臂梁由剪切变形产生的变形曲线。其特点是，结构的上部层间位移小而下部层间位移大，越接近结构顶部，其水平位移增长得越慢。框架-抗震墙结构通过平面内刚度很大的楼屋盖结构将框架和抗震墙结合在一起，使二者变形协调一致。因此，框架-抗震墙结构变形曲线的特点应该是上述两种曲线合起来之后的形状，介于两者之间，上下各层的层间位移相对比较均匀（图 5-32）。

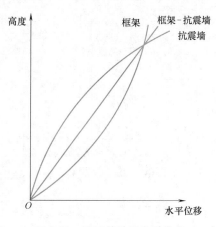

图 5-32　不同结构的位移曲线

2. 框架部分抗震等级、房屋适用高度和高宽比的调整

抗震设计时，地震引起的对房屋的倾覆力矩由框架和剪力墙两部分共同承担。若由框架承担的部分大于总倾覆力矩（基本振型作用下）的 50% 以上，说明框架部分已居于较主要地位，应加强其抗震能力的储备。具体要求是：按纯框架结构的要求来确定其抗震等级，轴压比也按纯框架结构的规定来限制。至于适用高度和高度比则可取框架结构和剪力墙结构两者之间的值，视框架部分承担总倾覆力矩的百分比而定：当框架部分承担的百分比接近于 0 时，取接近剪力墙结构的适用高度和高宽比；当框架部分承担的百分比接近于 100% 时，取接近框架结构的适用高度和高宽比。

对于竖向布置比较规则的框架-剪力墙结构，框架部分承担的地震倾覆力矩可按下式计算

$$M_c = \sum_{i=1}^{n} \sum_{j=1}^{m} V_{ij} h_i \tag{5-55}$$

式中　M_c——框架承担的在基本振型地层作用下的地震倾覆力矩；

n——房屋层数；

m——框架第 i 层的柱根数；

V_{ij}——第 i 层第 j 根框架柱的计算地震剪力；

h_i——第 i 层层高。

3. 框架剪力的调整

1）抗震设计的框架-剪力墙结构中，框架部分承担的地层力满足式（5-56）要求的楼层，其框架剪力不必调整；不满足式（5-56）要求的楼层，其框架总剪力应按 $0.2V_0$ 和 $1.5V_{f,max}$ 二者的较小值采用。

$$V_f \geq 0.2V_0 \tag{5-56}$$

式中　V_0——对框架柱数量从下至上基本不变的规则建筑，应取对应于地层作用标准值的结构底部总剪力；对框架柱数量从下至上分段有规律变化的结构，应取每段最下一层结构对应于地震作用标准值的总剪力；

　　　V_f——对应于地层作用标准值且未经调整的各层（或某一段内各层）框架承担的地震总剪力；

　　$V_{f,max}$——对框架柱数量从下至上基本不变的规则建筑，应取对应于地震作用标准值且未经调整的各层框架承担的地震总剪力中的最大值；对框架柱数量从下至上分段有规律变化的结构，应取每段中对应于地震作用标准值且未经调整的各层框架承担的地震总剪力中的最大值。

框架-剪力墙结构中，柱与剪力墙相比，其抗剪刚度是很小的，故在地震作用下，楼层地震总剪力主要由剪力墙来承担，框架柱只承担很小一部分，就是说框架由于地震作用引起的内力是很小的，而框架作为抗震的第二道防线，过于单薄是不利的。为了保证框架部分有一定的能力储备，规定框架部分所承担的地震剪力不应小于一定的值，并将该值规定为：取基底总剪力的 20%（$0.2V_0$）和各层框架承担的地震总剪力中的最大值的 1.5 倍（$1.5V_{f,max}$）两者中的较小值。在 JGJ 3—2010《高层建筑混凝土结构技术规程》中有这个规定，但在执行中发现，若某楼层段突然减少了框架柱，按原方法来调整柱剪力时，将使这些楼层的单根柱承担过大的剪力而难以处理，故本版增加了容许分段进行调整的做法，即当某楼层段柱根数减少时，则以该段为调整单元，取该段最底一层的地震剪力为其该段的底部总剪力；该段内各层框架承担的地层总剪力中的最大值为该段的 $V_{f,max}$。

2）各层框架所承担的地震总剪力按1）调整后，应按调整前、后总剪力的比值调整每根框架柱以及与之相连框架梁的剪力及端部弯矩标准值，框架柱的轴力标准值可不予调整。

3）按振型分解反应谱法计算地层作用时，为便于操作，框架柱地震剪力的调整可在振型组合之后进行。

4. 框架-抗震墙结构的抗震计算方法

框架剪力的调整应在楼层剪力满足《高层建筑混凝土结构技术规程》规定的楼层最小剪力系数（剪重比）的前提下进行。框架-抗震墙结构抗震计算不同于框架结构和抗震墙结构的一个最重要的特点是，在结构整体分析时要进行框架与抗震墙的协同工作计算。其计算方法有矩阵位移法和简化计算方法两类。

矩阵位移法以结构力学为基础，一般以框架梁柱为杆件单元，抗震墙被简化为受弯杆件，与抗震墙相连的杆件被模型化为带刚域的杆件单元，并假定楼板水平刚度无限大，进行框架-抗震墙结构的整体空间协同工作分析，直接求出结构的位移和各杆件的内力。这类方法是比较精确的方法，但必须采用电算。

框架-抗震墙结构采用简化计算方法分为两步进行。第一步是采用微分方程法进行框架-抗震墙协同工作体系的结构分析，即在引入一些基本假定的基础上，将框架-抗震墙结构中的所有框架和抗震墙分别合并为总框架和总抗震墙,通过总连梁连接,建立变形协调微分方程并求解,得到内力和位移函数,由此求得结构体系在各层的位移和总框架、总抗震墙的内力;第二步是将总框架、总抗震墙的内力分配到各单片框架和抗震墙。下面介绍当不考虑结构整体扭转时这种简化计算方法的主要公式。

5.7.2 框架-抗震墙结构的抗震计算简化方法

1. 基本体系的简化

实际工程中的框架-抗震墙结构是个复杂的空间超静定结构,简化计算时可做如下基本假定:各层楼屋盖在自身平面内刚度无穷大,各平面抗侧力结构之间通过楼屋盖联系而协同工作,因此同一楼层处所有框架和抗震墙的水平位移均相等;水平地震作用由框架和抗震墙共同承担。

基于上述假定,可以把同一结构单元内的所有框架和抗震墙分别合并为总框架和总抗震墙,在总框架和总抗震墙之间用无轴向变形的总连梁连接。总框架和总抗震墙分别按框架结构和抗震墙结构单独工作时的变形特点考虑其刚度。总框架相当于竖向悬臂剪切构件,总抗震墙相当于竖向悬臂弯曲构件。

根据实际情况,连梁的连接形式可有两种不同的处理方式:其一,当框架和抗震墙之间只是通过楼板连接时,如图 5-33 所示,结构在考虑横向工作的情况,总连梁代表楼板。由于楼板在平面外的刚度一般是忽略的,因此只能保证二者水平位移相同,而不能传递弯矩。这样,连梁可进一步简化为铰接链杆,得到如图 5-33b 所示的简图,称为铰接体系。其二,若在框架和抗震墙之间起连接作用的除楼板外还有在平面内与抗震墙刚接的框架梁,如图 5-33c 所示,结构考虑纵向工作的情况,此时用双线表示的 8 根梁与抗震墙刚接,这种梁能够传递弯矩和剪力,对于抗震墙的约束作用一般是不忽略的,因此连梁与抗震墙之间的连接可视为刚接,如图 5-33c 所示,称为刚接体系。此例中,上述 8 根梁应合并在总连梁中。

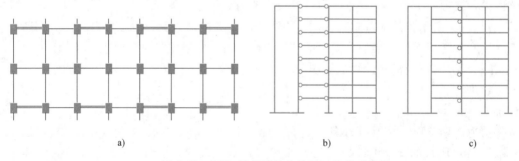

a)   b)   c)

图 5-33 框架-抗震墙结构协同工作体系简图

a) 结构平面布置 b) 横向简图 (铰接系列) c) 纵向简图 (刚接系列)

2. 总框架和总抗震墙的刚度

总框架刚度和总抗震墙刚度的确定分别以在计算框架结构和抗震墙结构刚度时的假定和方法为基础。总抗震墙的等效抗弯刚度 $E_c I_{eq}$ 是所有单片抗震墙等效刚度之和,即有

$$E_c I_{eq} = \sum (E_c I_{eq})_j \tag{5-57}$$

式中 $\sum (E_c I_{eq})_j$——第 j 片抗震墙的等效刚度,应根据抗震墙的类型按相应公式计算。

总框架的刚度在这里用剪切刚度表示。总框架的剪切刚度 C_F 是所有柱剪切刚度 C_{Fj} 之和。这里，框架剪切刚度的定义是框架产生单位层间变形角时所需要的水平推力。柱剪切刚度 C_{Fj} 可由 D 值求得，即对于抗推刚度为 D_j 且层高为 h 的第 j 柱，$C_{Fj}=hD_j$。因此有

$$C_F = \sum C_{Fj} = h \sum D_j \tag{5-58}$$

在框架-抗震墙结构协同工作的简化计算方法中，假定总抗震墙各层的等效抗弯刚度相等、总框架各层的剪切刚度相等。这在实际工程中很难做到。如果相差不大，则可用加权平均的方法求得近似的总抗震墙等效抗弯刚度 $E_c I_{eq}$ 和总框架剪切刚度 C_F。

3. 刚接体系中的连梁约束刚度

对于刚接体系，连梁对抗震墙肢的约束弯矩增大了结构体系的剪切刚度，连梁的这种附加作用可称为连梁的约束刚度，或称等效剪切刚度。总连梁的约束刚度 C_b 是所有与抗震墙刚接的连梁约束刚度之和。连梁与墙肢的连接，可以是一端连接，也可以是两端连接。这里连梁对抗震墙肢的约束，是指对墙肢轴线的约束。由于连梁在墙内部分的抗弯刚度可视为无穷大，故连梁在与墙肢连接的一端可以简化为刚域（图5-34）。刚域长度可取从墙肢形心轴到连梁边的距离减去1/4连梁高度。于是，连梁约束刚度就可以通过一端或两端带刚域的梁的梁端约束弯矩来表示。

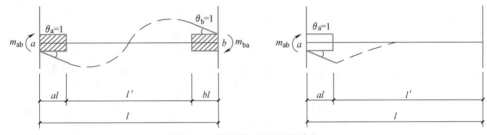

图 5-34 刚接体系连梁的简化

对两端带刚域的梁，当两端发生单位转角时，梁两端的约束弯矩系数分别为

$$m_{ab} = \frac{1+a-b}{(1+\beta)(1-a-b)^3} \frac{6E_c I_b}{l} \tag{5-59}$$

$$m_{ba} = \frac{1+b-a}{(1+\beta)(1-a-b)^3} \frac{6E_c I_b}{l} \tag{5-60}$$

$$\beta = \frac{12\mu E_c I_b}{GA l'^2} \tag{5-61}$$

式中 E_c、G——混凝土弹性模量和剪切模量；

I_b——连梁截面惯性矩。

如不考虑剪切变形，取 $\beta=0$。

在式（5-59）中，令 $b=0$，则得仅左端带有刚域的梁在该端的约束弯矩系数

$$m_{ab} = \frac{1+a}{(1+\beta)(1-a)^3} \frac{6E_c I_b}{l} \tag{5-62}$$

同理可得仅右端带有刚域的梁在该端的约束弯矩系数

$$m_{ba} = \frac{1+b}{(1+\beta)(1-b)^3} \frac{6E_c I_b}{l} \tag{5-63}$$

如果层高为 h，将连梁端约束弯矩沿高度连续化，则可得第 j 梁端对与之相连的墙肢在

本层层高范围的线约束弯矩系数为$\dfrac{m_{abj}}{j}$，这是一个连梁梁端对一个墙肢在某一层范围内的约束刚度，如果结构各层层高相同、与该墙肢相连的各层连梁自下到上也相同，则是连梁对该墙肢沿全高范围的约束刚度。如果每层均有 n 个与抗震墙刚接的连梁梁端，则总连梁的约束刚度 C_b 就等于所有梁端的约束刚度之和，即

$$C_{b} = \sum_{j=1}^{n} \left(\frac{m_{ab}}{h} \right)_{j} \tag{5-64}$$

式中　m_{ab}——m_{ab} 或 m_{ba}；

　　　n——同一层连梁与抗震墙刚接的所有梁端数：每根两端有刚域的连梁是 2 个梁端，每根一端有刚域的连梁是 1 个梁端。

当各层有变化时，应取各层连梁约束刚度关于层高 h 的加权平均值作为总连梁的约束刚度

$$C_{b} = \frac{\sum \left(\frac{m_{ab}}{h} \right)_{j}}{\sum h} \tag{5-65}$$

4. 框架–抗震墙结构协同工作体系的刚度特征值

框架–抗震墙结构协同工作体系的刚度特征值 λ 一般定义为

$$\lambda = H \sqrt{\frac{C_{F} + C_{b}}{E_{c} I_{eq}}} \tag{5-66}$$

式中　H——结构总高度。

对于铰接体系，$C_b = 0$，有

$$\lambda = H \sqrt{\frac{C_{F}}{E_{c} I_{eq}}} \tag{5-67}$$

刚度特征值 λ 是反映总框架和总抗震墙之间相对刚度的重要参数，对于结构体系的受力变形性能、总框架和总抗震墙之间的内力分配有很大影响。纯抗震墙结构时，$\lambda = 0$，纯框架结构时，$\lambda = \infty$；当 λ 较小时，结构体系的变形曲线内抗震墙的变形起主导作用，接近于弯曲型，抗震墙承担很大比例的地震作用，框架分配到的地层剪力很少；而当 λ 较大时，则情况正相反。因此，合理选择 λ 值非常重要，一般在 $1 \leqslant \lambda \leqslant 2.4$ 范围内较合适。

5. 各单片抗震墙、框架及连梁的内力计算

总抗震墙、总框架的内力，按刚度分配到各单片抗震墙和单榀框架。

对抗震墙的内力分配可采用式（5-68）和式（5-69）的方法。第 i 层第 j 片墙分得的地震剪力 V_{wij} 和地震弯矩 M_{wij} 分别为

$$V_{wij} = \frac{(E_{c}I)_{j}}{\sum (E_{c}I)} V_{wi} \tag{5-68}$$

$$M_{wij} = \frac{(E_{c}I)_{j}}{\sum (E_{c}I)} M_{wi} \tag{5-69}$$

式中　V_{wi}、M_{wi}——该层墙体第 i 层的剪力和弯矩；

　$(E_c I)_j$、$\sum (E_c I)$——该层墙体第 j 片墙的刚度和该层所有墙体的总刚度，当结构各墙体之间的刚度比沿高度变化不大时，也可近似地分别用 $E_c I_{eqi}$ 和 $\sum E_c I_{eqi}$ 代替。

对框架的内力分配可采用式（5-70）的方法，第 i 层第 j 柱所分得的剪力 $V_{\mathrm{F}ij}$ 为

$$V_{\mathrm{F}ij}=\frac{D_j}{\sum D}V_{\mathrm{F}i} \qquad (5\text{-}70)$$

式中　$V_{\mathrm{F}i}$——总框架第 i 层的剪力；
　D_j、$\sum D$——该层第 j 柱的 D 值和该层的总 D 值。

然后可用 D 值法计算出各单榀框架内力。

对于刚接体系，还应计算出刚接连梁的剪力和在墙边处的弯矩（图 5-35），其近似计算方法如下：

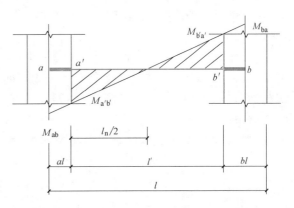

图 5-35　刚接连梁剪力和墙边处弯矩计算简图

1）求出各连梁对抗震墙墙肢轴线处的约束弯矩，由式（5-71）求出的总连梁线约束弯矩 $m(\xi_i)$，可近似地按连梁约束弯矩系数 m_{ab} 的比例分配到每个连梁刚域的端部。因此，第 j 连梁刚域端部的线约束弯矩 m 为

$$m_{ij}=\frac{(m_{\mathrm{ab}})_j}{\sum m_{\mathrm{ab}}}m(\xi_i) \qquad (5\text{-}71)$$

式中　$(m_{\mathrm{ab}})_j$ 和 $\sum m_{\mathrm{ab}}$——按以上各公式计算的第 j 连梁梁端约束弯矩系数和参加分配的各连梁梁端约束弯矩系数之和。

于是第 j 连梁刚域端部的约束弯矩 M_{ij} 为

$$M_{ij}=m_{ij}h \qquad (5\text{-}72)$$

式中　h——该层层高。

2）计算连梁的剪力和在墙边处的弯矩。按图 5-35 中示意的方法，可近似求出连梁的剪力 V_{b} 和在墙边处的弯矩 $M_{\mathrm{a'b'}}$（$M_{\mathrm{b'a'}}$）

$$V_{\mathrm{b}}=\frac{M_{\mathrm{ab}}+M_{\mathrm{ba}}}{l} \qquad (5\text{-}73)$$

$$M_{\mathrm{a'b'}}=M_{\mathrm{b'a'}}=V_{\mathrm{b}}\frac{l_{\mathrm{n}}}{2} \qquad (5\text{-}74)$$

式中　M_{ab}、V_{b}——按式（5-73）求出的同一根连梁两端刚域端部的约束弯矩和在墙边处的弯矩；
　l、l_{n}——连梁总跨度（即墙肢轴线之间的距离）和净跨度。

5.7.3　框架-抗震墙结构的抗震构造措施

框架-抗震墙结构的抗震墙厚度和边框设置，应符合下列要求：

1）抗震墙的厚度不应小于 160mm 且不宜小于层高或无支长度的 1/20，底部加强部位的抗震墙厚度不应小于 200mm 且不宜小于层高或无支长度的 1/16。

2）有端柱时，墙体在楼盖处宜设置暗梁，暗梁的截面高度不宜小于墙厚和 400mm 的较大值；端柱截面宜与同层框架柱相同，并应满足《建筑抗震设计规范》第 6.3 节对框架柱

的要求；抗震墙底部加强部位的端柱和紧靠抗震墙洞口的端柱宜按柱箍筋加密区的要求沿全高加密箍筋。

抗震墙的竖向和横向分布钢筋，配筋率均不应小于 0.25%，钢筋直径不宜小于 10mm，间距不宜大于 300mm，并应双排布置，双排分布钢筋间应设置拉筋。楼面梁与抗震墙平面外连接时，不宜支承在洞口连梁上；沿梁轴线方向宜设置与梁连接的抗震墙，梁的纵筋应锚固在墙内；也可在支承梁的位置设置扶壁柱或暗柱，并应按计算确定其截面尺寸和配筋。

框架-抗震墙的其他构造要求同框架-抗震墙的要求。

本章知识点

本章主要介绍了多层及高层钢筋混凝土房屋抗震设计的理论与方法，多层和高层钢筋混凝土结构房屋在抗震设计中应该遵循的设计原则，以及多层和高层钢筋混凝土结构房屋中框架结构和框架-抗震墙结构的抗震设计步骤和抗震构造要求。

1. 应做好概念设计，从整体到局部，在房屋结构设计和施工的每个环节上都要考虑如何才有利于抗震。框架结构由梁、柱、节点三种基本构件组成，同时承受房屋的竖向荷载和水平荷载。其平面布置灵活，但抗侧刚度小；水平位移大，适用于多层建筑。框架-抗震墙结构是在框架中设置一些抗震墙而成，框架主要承担竖向荷载，抗震墙主要承担大部分水平荷载。其特点是把框架与抗震墙结合起来，取长补短。平面布置灵活，水平刚度适中，有良好的抗震性能，适用于高层建筑。其受力和变形性能与抗震墙的数量及布置方式有关，框架-抗震墙结构中既有框架结构部分又有抗震墙部分，尽管它们的受力与变形性能与框架结构、抗震墙结构有不同之处，但是在抗震计算和抗震构造措施方面基本上是一致的。

2. 根据抗震设防烈度进行抗震计算，抗震计算包括三个内容，即多遇地震烈度下的抗震承载力验算、多遇地震烈度下的结构侧移验算以及罕遇地震烈度下结构薄弱层弹塑性变形验算（重要结构或存在薄弱层的结构才需要做此验算）。本章主要介绍了多层和高层钢筋混凝土房屋结构中的框架结构和框架-抗震墙结构的抗震计算内容和计算步骤，框架结构和框架-抗震墙结构是多层和高层混凝土房屋常用的基本结构体系。

3. 在抗震设计中必须高度重视抗震构造要求，必须满足抗震构造要求。抗震构造要求涵盖了很多抗震计算所不能体现的重要因素，是在总结了历次地震的房屋震害经验教训以及抗震试验研究得到的规律后，以规范条文的形式确定下来的抗震设计要求。总体来说，多层和高层钢筋混凝土房屋抗震设计就是在给定的抗震设防烈度下合理地确定结构的选型、布置、各构件的截面乃至构件之间的联系，使房屋结构在经济的条件下具有足够的强度、刚度和延性。

在学习本章时，应全面掌握多层及高层钢筋混凝土结构的抗震性能、抗震设计的基本思路与对策及设计方法。通过本章的学习，应达到如下要求：

1）了解多层及高层钢筋混凝土结构房屋震害现象并能分析其原因。

2）掌握和深刻理解多层及高层钢筋混凝土结构抗震概念设计的基本要求与一般规定。

3）掌握多层及高层钢筋混凝土结构抗震性能的特点。

4）熟练掌握钢筋混凝土框架结构房屋抗震设计的内容与方法步骤。

5）掌握框架结构和框架-抗震墙结构房屋的抗震设计方法。

6）掌握和深刻理解多层及高层钢筋混凝土结构抗震性能的主要抗震构造措施，并深刻理解其意义。

习　题

1. 框架结构的震害特点是什么？
2. 为什么限制结构体系的最大高度？
3. 为什么要划分结构的抗震等级？如何确定结构的抗震等级？
4. 钢筋混凝土结构房屋结构布置的基本原则是什么？
5. 框架结构内力计算的计算假定是什么？
6. 框架结构在竖向荷载和水平荷载作用下的内力如何计算？
7. 框架结构抗震设计的原则是什么？
8. 什么是"强柱弱梁""强剪弱弯""强节弱杆"？
9. 为什么要限制杆件的截面尺寸？
10. 框架梁纵筋、箍筋配置有哪些要求？
11. 框架柱纵筋、箍筋配置有哪些要求？
12. 梁柱纵筋在节点区的有哪些锚固要求？

第6章

多层及高层钢结构房屋抗震设计

本章提要

本章介绍了多层及高层钢结构房屋的震害特点和发生原因；钢结构房屋的结构体系和抗震防线、抗震设计要求；给出了钢结构房屋的抗震计算要点和抗震构造措施。

6.1 概述

钢结构是多层及高层房屋主要的结构形式之一。与钢筋混凝土结构相比，钢结构材质均匀，强度较高，结构所受地震作用减小，可靠性大；另外，钢结构还具有良好的延性，具有较大的变形能力，保证了结构的抗震安全性，故钢结构被认为具有良好的抗震性能，在地震中较少发生破坏现象。但是，如果钢结构房屋设计、制作与施工不当，在地震作用下，也可能发生构件失稳、材料脆性破坏或连接破坏，无法充分发挥钢材的优良性能，结构未必具有较高的承载力和延性，同样会造成结构的局部破坏或整体倒塌。因此，需要对钢结构的体系选择、构件布置、结构内力及变形计算、节点连接构造措施等给予重视，充分发挥钢结构良好的抗震性能。

6.2 多层及高层钢结构房屋的震害分析

钢结构房屋的主要震害现象大体表现为：构件破坏、节点破坏、基础锚固破坏、结构倒塌破坏以及空间围护结构震害等。

6.2.1 构件破坏

钢结构构件的破坏形式主要有支撑构件的压屈破坏、梁柱的局部失稳破坏、柱的水平裂缝或断裂破坏。

1. 支撑构件的压屈破坏

由于支撑构件为结构提供了较大的侧向刚度，因此当地震作用较大时，支撑受到的轴向力（反复拉压）增加，如果支撑承受的压力超过其屈曲临界力时，即发生压屈破坏。图 6-1

所示为 1995 年日本阪神大地震中，柱间支撑发生压屈失稳破坏。

2. 梁柱的局部失稳破坏

在地震作用下，梁或柱子反复受弯，由于过度弯曲的影响，在弯矩最大截面附近可能发生翼缘的局部失稳破坏（图 6-2）。

图 6-1　柱间支撑压屈失稳破坏

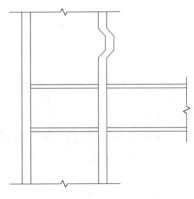

图 6-2　H 形截面柱局部失稳破坏

3. 柱的水平裂缝或断裂破坏

1995 年日本发生的阪神大地震中，位于震区的 52 栋高层钢结构住宅中，有 57 根钢柱发生了断裂破坏。图 6-3 所示为这次地震中钢柱的断裂破坏现象。图 6-3a 所示为某带有斜撑的钢框架高层住宅，与支撑连接处的箱形截面柱出现水平裂缝，同时 H 型钢支撑的端部也发生了局部失稳破坏。图 6-3b 所示为某高层钢结构住宅的底层柱身发生水平断裂的破坏情况。原因主要是竖向地震作用下柱中出现了动拉力，由于应变速率高，使钢材变脆；再加上焊接残余应力及柱端截面弯矩和剪力的不利影响，最终造成了柱身的水平断裂。

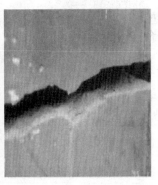

a)　　　　　　　　　　　　　　　　　b)

图 6-3　钢柱断裂破坏

a）支撑连接处钢柱水平裂缝　b）钢柱水平断裂

6.2.2　节点破坏

节点连接破坏主要有支撑节点连接破坏和梁柱节点连接破坏两种类型。

1. 支撑节点连接破坏

支撑节点连接破坏是地震中钢结构常见的一种破坏形式。图 6-4 所示为日本阪神大地震中框架支撑在节点连接处被完全拉断的破坏情况。这主要是由于支撑为结构提供较大侧向刚度的同时，强烈的地震作用使支撑构件承受的轴向力（反复拉压）增加，当支撑所受的拉力超过支撑节点连接的极限承载力时，即发生支撑在节点连接处的断裂破坏。

图 6-4　柱间支撑断裂

2. 梁柱节点连接破坏

梁柱节点连接破坏是地震中钢结构的另一种破坏形式。在 1994 年的美国洛杉矶大地震和 1995 年的日本阪神大地震中，钢框架梁柱节点的刚性连接遭到了严重破坏，这些梁柱节点呈现脆性破坏，破坏主要出现在梁柱节点的下翼缘，上翼缘的破坏相对要少得多。图 6-5 给出了日本阪神大地震中框架梁柱节点的两种不同的破坏模式。图 6-5a 所示为梁连接柱的焊缝发生断裂破坏，图 6-5b 所示为柱子加劲肋板在节点处发生断裂破坏。

a)

b)

图 6-5　梁柱节点破坏

a）梁节点的破坏　b）柱节点破坏

6.2.3　基础锚固破坏

钢柱与基础的连接锚固破坏主要有螺栓拉断、混凝土锚固失效、连接板断裂等。图 6-6 所示为地震引起的钢柱脚锚固破坏情况，主要原因是锚固力不足造成的混凝土剥落。

6.2.4　结构倒塌破坏

结构倒塌是地震中最严重的结构破坏形式。虽然钢结构房屋抗震性能好，一般较少出现整层坍塌的破坏情况。在 1995 年日本阪神特大地震中，不仅许多多层钢结构在首层发生了倒塌破坏，还有不少钢结构在中间层发生了整体坍塌的破坏现象。对地震中破坏的 988 幢钢结构房屋调查发现，其中有 90 幢房屋发生了倒塌，占 9.1% 比例，主要原因是设计布置不合理、施工质量不良等，形成了结构的薄弱层。

图 6-6　钢柱脚的锚固破坏

6.2.5　空间围护结构震害

对于网架结构、网壳结构等空间钢结构，由于其自重轻、刚度好，在经历了汶川地震这样的强震考验后，调查结果表明，空间钢结构抵御地震的能力比较强，震害主要发生在围护结构。图 6-7a 所示为都江堰宾馆游泳池，地震导致部分支座杆件断裂或屈服破坏，屋面板局部变形但主体结构未发生倒塌。图 6-7b 所示为江油市电厂汽机房，地震导致支座（未见有橡胶垫或弹簧）螺栓剪断，部分高强度螺栓断裂，未垮塌部分亦有少量杆件弯曲变形，最终造成抗震缝一侧屋盖整体垮塌。

a)　　　　　　　　　　　　　　　　　b)

图 6-7　空间围护结构震害
a）都江堰宾馆游泳池　b）江油市电厂汽机房

6.3　多层及高层钢结构房屋的结构体系和抗震防线

钢结构房屋的结构体系主要有框架体系、框架-支撑体系、框架-抗震墙板体系和筒体体系等。

6.3.1　框架体系

框架体系是仅由钢梁和钢柱构成的结构体系。这类结构的抗侧移能力主要取决于框架柱和梁的抗弯能力，当房屋层数较多或地震作用增大时，要提高结构的抗侧移刚度只有加大梁和柱的截面尺寸。因此，根据结构的承载性能和工程经济性指标，框架体系在低烈度区主要适用于30层以下的钢结构房屋。在设防烈度较高地区，框架体系的适用高度则有所降低。

6.3.2 框架-支撑体系

框架-支撑体系是在框架结构体系中沿平面纵、横两个方向均匀布置一定数量的支撑所形成的结构体系，它是在框架的一跨或几跨中沿竖向连续布置支撑构成的。框架-支撑结构体系主要依靠支撑抵抗风和水平地震作用。在水平力作用下，支撑构件只承受拉、压轴向力。从强度或变形的角度看，这种结构形式是十分有效的。与钢框架结构相比，框架-支撑体系大大提高了结构的抗侧移刚度。因此，在相同的侧移限值标准情况下，框架-支撑体系可用于比框架体系更高的房屋。

支撑体系的布置主要根据建筑要求及结构功能来确定，一般布置在端框架中及电梯井周围处。支撑类型的选择与抗震要求有关，也与建筑的层高、柱距以及建筑使用要求（如人行通道、门洞和空调管道设置等）有关，因此需要根据不同的设计条件选择适宜的支撑类型。按照钢支撑的布置形式，主要分为框架-中心支撑和框架-偏心支撑两大类。

1. 框架-中心支撑

框架-中心支撑是指支撑斜杆与横梁及柱的轴线交汇于一点。根据斜杆布置形式的不同，框架-中心支撑可布置成 X 形（图 6-8a）、单斜杆形（图 6-8b）、人字形（图 6-8c）、K 形（图 6-8d）和 V 形（图 6-8e）等。当采用单斜杆支撑且按受拉设计时，应同时设置不同倾斜方向的两组单斜杆，且每层中不同方向单斜杆的截面面积在水平方向的投影面积之差不得大于 10%。

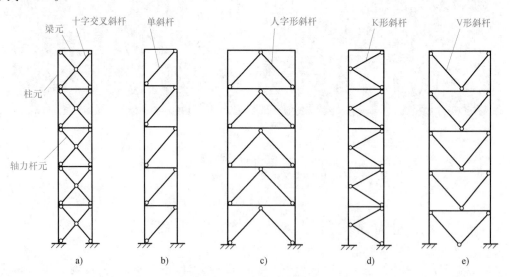

图 6-8　框架-中心支撑的类型
a) X 形支撑　b) 单斜杆形支撑　c) 人字形支撑　d) K 形支撑　e) V 形支撑

考虑到 K 形支撑的斜杆在受压屈曲或受拉屈服时，会使柱子发生屈曲甚至严重破坏，因此对于地震区建筑，不宜采用 K 形支撑。实际结构中，框架-中心支撑的斜杆轴线偏离梁柱轴线交点不超过支撑杆的宽度时，仍可按框架-中心支撑分析，但应计及由此产生的附加弯矩。

框架-中心支撑结构是通过支撑提高框架的侧向刚度和水平承载力，是抵抗水平地震作用的有效结构体系，因而在相同烈度地区，框架-中心支撑结构的高度可以比框架结构高度高得多。但是在水平地震的往复作用下，支撑斜杆重复受压后一旦发生屈曲，其抗压承载力急剧下降，从而导致原结构承力的降低。

2. 框架-偏心支撑

框架-偏心支撑是指支撑斜杆的轴线偏离梁柱轴线交点，或一端偏离梁柱轴线交点，或在人字形支撑的形式中，将原来交于一点的支撑拉开一段距离，形成消能梁段。框架-偏心支撑的做法还可以是从钢梁上往下悬出一垂直消能段，在其上连接支撑，图6-9中标注耗能梁段的构件段，具有与梁柱构件相似的稳定的滞回特点，可以耗散较大的塑性变形能量，称为消能梁段。框架-偏心支撑的形式如图6-9所示。

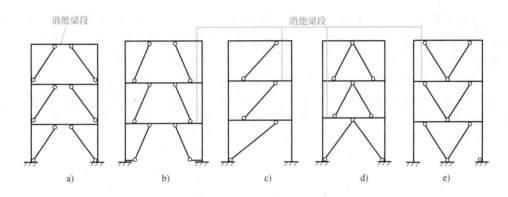

图6-9　框架-偏心支撑的类型
a）门架式1　b）门架式2　c）单斜杆式　d）人字形式　e）V字形式

框架-偏心支撑的设计原则是强柱、强支撑和弱消能梁段。采用框架-偏心支撑的主要目的是在支撑失稳之前，通过消能梁段率先屈服来限制支撑受压屈曲，从而保证结构具有稳定的承载能力和良好的耗能性能。框架-偏心支撑结构的侧向刚度介于框架结构和框架-中心支撑结构之间，框架-偏心支撑具有弹性阶段，刚度接近于框架-中心支撑，并且具有弹塑性阶段的延性和消能能力。

框架-偏心支撑接近于延性框架，是一种很好的抗震结构。因此，与框架-中心支撑相比，框架-偏心支撑具有较大的延性，更适宜于高烈度地区使用。

6.3.3　框架-抗震墙板体系

框架-抗震墙板体系是以钢框架为主体，并配置一定数量的抗震墙板。框架结构中设置抗震墙板，可以起到与设置支撑相同的作用。抗震墙板可以根据需要灵活布置在任何位置上。在多高层建筑中，抗震墙板一般结合楼梯间、电梯间、竖向防火通道等进行设置。抗震墙板对提高框架结构的承载能力和侧向刚度，以及在强震时吸收地震能量方面具有重要作用。抗震墙板主要有钢板剪力墙、内藏钢板支撑钢筋混凝土墙板、带竖缝钢筋混凝土墙板三种类型。

1. 钢板剪力墙

钢板剪力墙一般需采用厚钢板，其上下两边缘和左右两边缘可分别与框架-梁和框架柱连接，采用高强度螺栓连接或焊接。钢板剪力墙承担了沿框架梁、柱周边的剪力，不承担框架梁上的竖向荷载。

2. 内藏钢板支撑钢筋混凝土墙板

内藏钢板支撑剪力墙是以钢板为基本支撑，外包钢筋混凝土墙板的预制构件，如图 6-10所示。内藏钢板支撑可做成中心支撑也可做成偏心支撑，但在高烈度地区，宜采用偏心支撑。预制墙板仅在钢板支撑斜杆的上下端节点处与钢框架梁相连，除该节点部位外，与钢框架的梁或柱均不相连，并留有间隙。因此，内藏钢板支撑剪力墙仍是一种受力明确的钢支撑。由于钢支撑有外包混凝土，故可不考虑平面内和平面外的屈曲。墙板对提高框架结构的承载能力和刚度，以及在强震作用时吸收地震能量方面均有重要作用。

3. 带竖缝钢筋混凝土墙板

普通整块钢筋混凝土墙板由于初期刚度过高，地震时首先斜向开裂，发生脆性破坏而退出工作，造成框架超载而破坏，为此提出了一种带竖缝的剪力墙板，如图 6-11所示。它在墙板中设有若干条竖缝，将墙板分割成一系列延性较好的壁柱。多遇地震时，墙板处于弹性阶段，侧向刚度大，墙板如同由壁柱组成的框架板承担水平剪力。罕遇地震时，墙板处于弹塑性阶段而在壁柱上产生裂缝，壁柱屈服后刚度降低，变形增大，起到消能减震的作用。

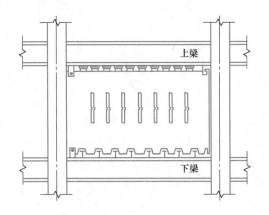

图 6-10 内藏钢板支撑剪力墙与框架的连接

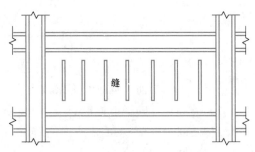

图 6-11 带竖缝钢筋混凝土墙板与框架的连接

6.3.4 筒体体系

筒体结构体系因其刚度较大，有较强的抗侧向荷载能力，能形成较大的使用空间，对于超高层建筑是一种经济有效的结构形式。根据筒体的布置、组成、数量的不同，筒体结构体系可分为框架筒体系、桁架筒体系、筒中筒体系及束筒体系等。

1. 框架筒体系

框架筒体系是由密柱深梁刚性连接构成外筒结构来承担水平荷载的结构体系。房屋内部的梁柱铰接，内部柱子只承受竖向荷载而不承担水平荷载。柱网布置如图 6-12a 所示。

　　框架筒作为悬臂筒体结构，在水平荷载作用下结构能整体工作，但由于框架横梁的弯曲变形，引起剪切滞后现象，截面上弯曲应力的分布将呈非线性分布，如图 6-12a 中实线所示，这样，使得房屋的角柱要承受比中柱更大的轴力。结构的侧向挠度呈明显的剪切型变形。

　　2. 桁架筒体系

　　在框架筒体系中沿外框筒的四个面设置大型桁架（支撑）构成桁架筒体系，如图 6-12b 所示。由于设置了大型桁架（支撑），一方面大大提高了结构的空间刚度和整体性，另一方面因剪力主要由桁架（支撑）斜杆承担，避免了横梁受剪切变形，基本上消除了剪切滞后现象。

　　3. 筒中筒体系

　　筒中筒体系是由内外设置的几个筒体通过楼盖系统连接组成的能共同工作的结构体系，如图 6-12c 所示。它具有很大的侧向刚度和抗侧力能力。

　　4. 束筒体系

　　几个筒体并列组合在一起形成的结构整体称为束筒结构体系，如图 6-12d 所示。它是以外框筒为基础，在其内部沿纵横向设置多榀密柱深梁框架所构成。因此，具有更好的整体性和更大的整体侧向刚度；同时由于设置了多榀腹板框架，减小了筒体的边长，从而大大减小了剪切滞后效应。

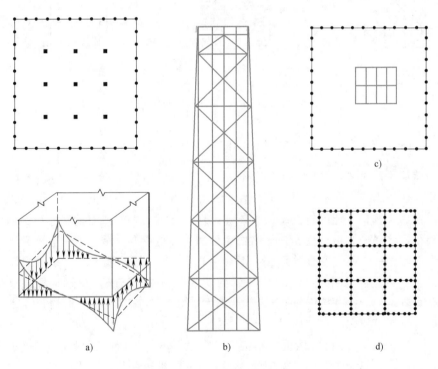

图 6-12　筒体体系
a）框架筒　b）桁架筒　c）筒中筒　d）束筒

6.3.5　巨型框架结构

　　巨型框架结构体系是由柱距较大的立体桁架柱及桁架梁构成的一种结构体系

（图 6-13）。立体桁架柱和梁分别形成巨型柱和梁，巨型梁沿纵横向布置形成空间桁架层，在空间桁架层之间设置次框架结构，以承受空间桁架层之间的各层楼面荷载，并将其传递给巨型梁和柱。这种体系能满足建筑设计大空间要求，同时又保证结构具有较大的刚度和强度。

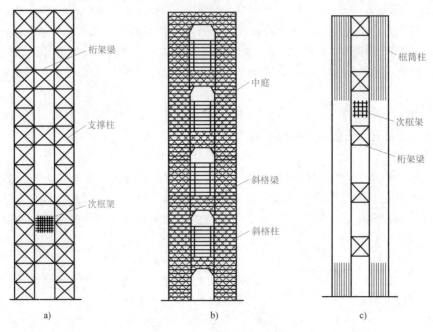

图 6-13　巨型框架结构类型

a）桁架型　b）斜格型　c）框筒型

6.3.6　钢结构房屋抗震防线

钢结构房屋进行抗震设计时，为了实现"大震不倒"的抗震目标，应该考虑多道抗震防线的设置问题，即对于罕遇地震下允许发生塑性变形和局部损伤的结构，应考虑在大地震造成结构损伤后，结构仍能维持系统的整体稳定性、支承其上的重力荷载而不倒塌破坏。

在框架结构体系中，由于柱子是使结构免于倒塌的最重要支承重力荷载构件，因此一般希望梁端形成塑性铰而不是在柱端形成。图 6-14a 所示为"强柱弱梁"型破坏机制，即整体梁铰屈服机制（或总体机制）；图 6-14b 所示为"强梁弱柱"型破坏机制，即某层柱铰屈服机制（或层间机制）。显然，前者的结构耗能远大于后者，后者仅在结构的某一薄弱层中实现能量耗散。所以，框架结构中的梁抵抗机制就是结构的第一道抗震防线。

在框架-中心支撑（或抗震墙板）结构中，支撑（或抗震墙板）部分的刚度远大于柱子的侧向刚度，所以其承担了整体结构中绝大部分的水平地震作用，支撑失稳后，才有较大的水平力转移到框架柱上，所以支撑（或抗震墙板）部分就是结构的第一道抗震防线。

在多遇地震下框架-支撑结构中的水平地震剪力主要由水平刚度较大的支撑负担。但是，在罕遇地震下支撑部分进入非线性，此时支撑负担的水平力将下降，而框架柱负担的水平力比例将上升。因此，为了发挥框架部分的第二道防线作用，要求框架部分自身应具有一定的承载能力。故结构分析后需对框架负担的计算剪力进行调整，使得框架部分按刚度分配

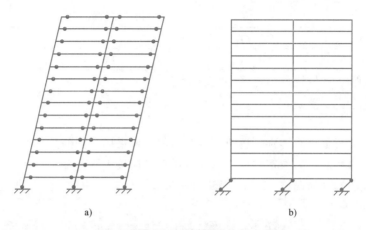

a)　　　　　　　　　　　　b)

图 6-14　破坏机制

a）梁铰屈服机制　b）柱铰屈服机制

计算得到的地震剪力不小于一定的数值，具体内容详见 6.5.3 小节。

框架-偏心支撑是通过梁的消能段来耗散地震能量的，所以可以认为梁的消能段构成框架-偏心支撑结构的第一道抗震防线。

6.4　多层及高层钢结构房屋的抗震设计要求

6.4.1　钢结构房屋适用的最大高度

钢结构民用房屋的结构类型和最大高度应符合表 6-1 的规定。平面和竖向均不规则的钢结构，适用的最大高度宜适当降低。

表 6-1　钢结构房屋适用的最大高度　　　　　　　（单位：m）

结构类型	6 度	7 度	8 度		9 度
	（0.1g）	（0.15g）	（0.20g）	（0.30g）	（0.40g）
框架	110	90	90	70	50
框架-中心支撑	220	200	180	150	120
框架-偏心支撑（延性墙）	240	220	200	180	160
简体（框架简、简中简、桁架简、束简）和巨型框架	300	280	260	240	180

注：1. 房屋高度是指室外地面到主要屋面板板顶的高度（不包括局部凸出屋顶部分）。
　　2. 超过表内高度的房屋，应进行专门研究和论证，采取有效的加强措施。
　　3. 表内的简体不包括混凝土简。

6.4.2　钢结构房屋适用的最大高宽比

高宽比是指房屋总高度和沿水平地震作用方向宽度的比值，由于建筑可能承受各方向的水平地震作用，故高宽比是指房屋总高度与平面较小宽度之比。房屋总高度的概念与表 6-1 中房屋高度概念一致。房屋高宽比过大，则结构体系较柔，在地震作用下的侧移就较大。因此，《建筑抗震设计规范》规定钢结构民用建筑最大高宽比不宜超过表 6-2 的数值。

表 6-2　钢结构民用房屋适用的最大高宽比

抗震设防烈度	6 度、7 度	8 度	9 度
最大高宽比	6.5	6.0	5.5

注：当塔形建筑的底部有大底盘时，高宽比可按大底盘以上计算。

6.4.3　钢结构房屋抗震等级的划分

钢结构房屋应根据设防类别、设防烈度和房屋高度采用不同的抗震等级，并应符合相应的设计和构造措施要求。丙类钢结构房屋的抗震等级应按表 6-3 确定。甲、乙类设防的建筑结构，其抗震设防标准的确定，按 GB 55002—2021《建筑与市政工程抗震通用规范》的规定处理。

表 6-3　丙类钢结构房屋的抗震等级

房屋高度	抗震设防烈度			
	6 度	7 度	8 度	9 度
≤50m	一	四	三	二
>50m	四	三	二	一

6.4.4　结构布置要求

钢结构的平面布置应尽量满足下列要求：

1）建筑平面宜简单规则，并使结构各层的抗侧力刚度中心与质量中心接近或重合，同时各层刚心与质心接近在同一竖直线上。

2）建筑的开间、进深宜统一，其常用平面的尺寸关系应符合表 6-4 的图 6-15 要求。当钢框筒结构采用矩形平面时，其长宽比不应大于 1.5：1，不能满足此项要求时，宜采用多束筒结构。

表 6-4　结构平面尺寸限值

L/B	L/B_{max}	l/b	l'/B_{max}	B'/B_{max}
<5	<4	<1.5	>1	<0.5

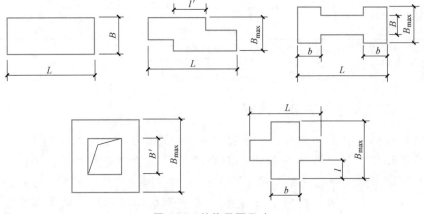

图 6-15　结构平面尺寸

3）楼层刚度大于其相邻上层刚度的 70%，且连续三层总的刚度降低不超过 50%。

4）相邻楼层质量之比不超过 1.5（屋顶层除外）。

5）任意楼层抗侧力构件的总受剪承载力大于其相邻上层的 80%。

6）框架-支撑结构中，支撑（或剪力墙板）宜竖向连续布置，除底部楼层和外伸刚臂所在楼层外，支撑的形式和布置在竖向宜一致。

6.4.5　防震缝的设置

钢结构房屋宜避免采用不规则建筑结构方案，不设防震缝；需要设置防震缝时，缝宽应不小于相应钢筋混凝土结构房屋的 1.5 倍。

6.4.6　结构体系的选用

对钢结构体系进行选用和布置时，除了要考虑最大适用高度外，采用框架结构、框架-支撑结构和框架-抗震墙板结构的钢结构房屋，还应符合下列规定：

1）在框架结构中增加中心支撑或偏心支撑等抗侧力构件时，应遵循抗侧力刚度中心与水平地震作用合力接近重合的原则，即支撑框架在两个方向的布置均宜基本对称，支撑框架之间楼盖的长宽比不宜大于 3。

2）采用框架结构时，甲、乙类建筑以及高层的丙类建筑，不应采用单跨框架结构，多层的丙类建筑不宜采用单跨框架结构。

3）三、四级且高度不超过 50m 的钢结构宜采用中心支撑，也可采用偏心支撑、屈曲约束支撑等消能支撑。

4）一、二级钢结构房屋，宜设置偏心支撑、带竖缝钢筋混凝土抗震墙板、内藏钢板支撑钢筋混凝土墙板或屈曲约束支撑等消能支撑。

6.4.7　楼盖体系的选择

钢结构房屋抗震设计要求楼盖体系有良好的整体性。因此，钢结构房屋的楼盖应符合下列要求：

1）宜采用压型钢板与现浇钢筋混凝土组合楼板或钢筋混凝土楼板，并应与钢梁有可靠连接（图 6-16）。组合楼板中的压型钢板在楼板中代替底部钢筋起作用，非组合楼板中的压型钢板只充当施工中楼板的底模。在组合楼板中，压型钢板应有适当的传递剪力的机制，从而保证压型钢板和混凝土板共同工作。另外，这些楼板都应与钢梁有可靠连接。使用压型钢板时，常采用在钢梁上打栓钉的方式，将栓钉穿透压型钢板和钢梁连在一起。

2）对于 6 度、7 度时不超过 50m 的钢结构，尚可采用装配整体式钢筋混凝土楼板，也可采用装配式楼板或其他轻型楼盖，但应将楼板预埋件与钢梁焊接，或采取其他保证楼盖整体性的措施。

3）对转换层楼盖或楼板有大洞口等情况，必要时可设置水平支撑。

6.4.8　地下室的设置

钢结构房屋的地下室设置，应符合下列要求：

1）设置地下室时，框架-支撑（抗震墙板）结构中竖向连续布置的支撑（抗震墙板）

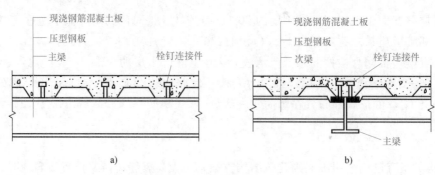

图 6-16 压型钢板组合楼盖
a）板肋垂直于主梁 b）板肋平行于主梁

应延伸至基础；钢框架柱应至少延伸至地下一层，其竖向荷载应直接传至基础。

2）超过 50m 的钢结构房屋应设置地下室。其基础埋置深度，当采用天然地基时不宜小于房屋总高度的 1/15；当采用桩基时，桩承台埋深不宜小于房屋总高度的 1/20。

6.5 多层及高层钢结构房屋的抗震计算要点

钢结构房屋的抗震计算主要内容包括地震作用的计算、钢结构构件内力的计算、内力组合、截面抗震验算、变形验算以及满足结构稳定要求等方面。

6.5.1 钢结构计算模型

1. 计算模型的选择

钢结构房屋的计算模型，当建筑结构布置规则、质量及刚度沿高度分布均匀、不计扭转效应时，可采用平面结构计算模型；当建筑结构平面或立面不规则、体形复杂、无法划分成平面抗侧力单元的结构时，应采用空间结构计算模型。模型应正确反映构件及其连接在不同地震动水准下的工作状态。

2. 抗侧力构件计算模型的简化

在钢框架-支撑（抗震墙板）结构的计算分析中，部分抗侧力构件单元的计算模型可做适当的简化：

1）支撑斜杆构件的两端连接节点虽然按刚接设计，但在研究中发现，支撑构件两端承担的弯矩很小。因此，钢框架-支撑结构中的支撑斜杆可按端部铰接杆计算。

2）内藏钢板支撑钢筋混凝土墙板构件是以钢板为基本支撑，外包钢筋混凝土墙板的预制构件。它只在支撑节点处与钢框架相连，而且混凝土墙板与框架梁柱间留有间隙，因此实际上仍是一种支撑，则计算模型中可按支撑杆件模拟。

3）带竖缝钢筋混凝土抗震墙板，可按只承受水平荷载产生的剪力、不承受竖向荷载产生的压力来模拟。

3. 重力二阶效应的影响

由于钢结构房屋的延性较好，允许的侧移较大，随着钢结构房屋高度的增加，重力二阶效应的影响也越来越大。《建筑抗震设计规范》规定，当结构在地震作用下的重力附加弯矩大于初始弯矩的 10% 时，应计入重力二阶效应的影响。这里重力附加弯矩是指楼面任一层以上全部重力荷载与该楼层地震层间位移的乘积；初始弯矩是指该楼层地震剪力与楼层层高的乘积。进行二阶效应的弹性分析时，应按 GB 50017—2017《钢结构设计标准》的有关规定，在每层柱顶附加假想水平力。

4. 节点域剪切变形对结构侧移的影响

对于钢结构房屋，是否考虑梁柱节点域剪切变形对层间位移的影响要根据结构形式、框架柱的截面形式以及结构的层数、高度而定。《建筑抗震设计规范》规定，对工字形截面柱，宜计入梁柱节点域剪切变形对结构侧移的影响；对箱形柱框架、中心支撑框架和不超 50m 的钢结构，其层间位移计算可不计入梁柱节点域剪切变形的影响，近似按框架轴线进行分析。

6.5.2　钢结构在地震作用下的计算方法

1. 地震作用计算方法

对钢结构房屋进行抗震设计时，其地震作用计算方法可根据不同情况选用第 4 章介绍的底部剪力法、振型分解反应谱法或时程分析法。

2. 阻尼比的取值

实测研究表明，钢结构房屋的阻尼比小于混凝土结构房屋。《建筑抗震设计规范》规定，钢结构抗震计算的阻尼比宜符合下列规定：

1）在多遇地震下的计算，高度不大于 50m 时，可取 0.04；高度大于 50m 且小于 200m 时，可取 0.03；高度不小于 200m 时，宜取 0.02。

2）当偏心支撑框架部分承担的地震倾覆力矩大于结构总地震倾覆力矩的 50%时，其阻尼比可比第 1）点相应增加 0.005。

3）在罕遇地震下的弹塑性分析，阻尼比可取 0.05。

另外，采用屈曲约束支撑的钢结构，阻尼比按消能减震结构的规定采用。

3. 设计反应谱

钢结构房屋阻尼比按上述规定取值后，在进行地震作用计算时，其设计反应谱需按阻尼比做相应调整。

6.5.3　钢结构在地震作用下的内力调整和内力组合

1. 内力调整

钢结构房屋在地震作用下的内力分析，应符合下列规定：

1）对框架梁，可按梁端内力设计，而不按柱轴线处的内力设计。

2）钢框架-支撑结构的斜杆可按端部铰接杆计算；其框架部分按刚度分配计算得到的地震层剪力乘以调整系数，达到不小于结构总地震剪力的 25%和框架部分最大层剪力的 1.8 倍二者的较小值。

3）中心支撑框架的斜杆轴线偏离梁柱轴线交点不超过支撑杆件的宽度时，仍可按中心支撑框架分析，但应计由此产生的附加弯矩。

4）对于偏心支撑框架结构，为了确保消能梁段能进入弹塑性工作，消耗地震输入能量，与消能梁段相连构件的内力设计值，应按下列要求调整。

① 支撑斜杆的轴力设计值，应取与支撑斜杆相连接的消能梁段达到受剪承载力时支撑斜杆轴力与增大系数的乘积；其增大系数，一级不应小于 1.4，二级不应小于 1.3，三级不应小于 1.2。

② 位于消能梁段同一跨的框架梁内力设计值，应取消能梁段达到受剪承载力时框架梁内力与增大系数的乘积；其增大系数，一级不应小于 1.3，二级不应小于 1.2，三级不应小于 1.1。

③ 框架柱的内力设计值，应取消能梁段达到受剪承载力时柱内力与增大系数的乘积；其增大系数，一级不应小于 1.3，二级不应小于 1.2，三级不应小于 1.1。

④ 钢结构转换构件下的钢框架柱，地震内力应乘以增大系数，其值可采用 1.5。

2. 内力组合

在完成结构内力计算和内力调整后，就要对构件在各工况下的内力标准值进行内力组合，以得到内力设计值。

6.5.4　钢结构房屋在地震作用下的变形验算

为了实现"小震不坏""大震不倒"的抗震设防目标，根据"两阶段"设计方法，应分别控制钢结构在多遇地震作用和罕遇地震作用下的变形，使其不超过一定的数值。

首先，为了防止在多遇地震作用下过大的层间变形造成非结构构件的破坏，必须对钢结构进行多遇地震作用下的弹性变形验算，即楼层内最大的弹性层间位移应符合式（6-1）的验算要求，多、高层钢结构的弹性层间位移角限值应不大于 1/250。

其次，为了防止在罕遇地震作用下过大的层间变形造成结构的破坏和倒塌，必须对钢结构进行罕遇地震作用下薄弱层的弹塑性变形验算，即楼层内最大的弹塑性层间位移应符合式（6-2）的验算要求，多、高层钢结构的弹塑性层间位移角限值取 1/50。

$$\Delta u_e \leqslant [\theta_e] h \qquad (6\text{-}1)$$

$$\Delta u_p \leqslant [\theta_p] h \qquad (6\text{-}2)$$

6.5.5　钢结构的整体稳定

钢结构的稳定分为倾覆稳定和压屈稳定两种类型。倾覆稳定可通过限制高宽比来满足。压屈稳定又分为整体稳定和局部稳定。当钢框架梁的上翼缘采用抗剪连接件与组合楼板连接时，可不验算地震作用下的整体稳定。

6.5.6　钢结构构件与连接的抗震承载力验算

钢结构的承载能力和稳定性，与梁柱构件、支撑构件、连接件、梁柱节点域都有直接的关系。结构设计要体现"强柱弱梁"的原则，保证节点可靠性，实现合理的梁铰耗能机制。为此，需要进行构件、节点承载力和稳定性验算。验算的主要内容包括：框架梁柱承载力和稳定性验算、节点承载力与稳定性验算、中心支撑构件的抗震承载力验算、偏心支撑框架构件的抗震承载力验算、构件及其连接的极限承载力验算。

1. 钢框架构件及节点的抗震承载力验算

钢框架结构设计，需符合"强柱弱梁"的设计原则，即在地震作用下，塑性铰在梁端形成而不应在柱端形成，使框架具有较大的内力重分布能力，形成良好的梁铰屈服耗能机制（总体机制），为此框架柱端应比梁端有更大的承载力安全储备。

钢框架节点处的抗震承载力验算，应符合下列规定：

1) 节点左右梁端和上下柱端的全塑性承载力，除下列情况之一外，应符合式（6-3）

和式（6-4）要求：

① 柱所在楼层的受剪承载力比相邻上一层的受剪承载力高出25%。

② 柱轴压比不超过0.4，或柱轴力符合 $N_2 \leqslant \varphi A_c f$（$N_2$ 为2倍地震作用下的柱地震组合轴力设计值）。

③ 与支撑斜杆相连的节点。

等截面梁与柱连接时

$$\sum W_{pc}(f_{yc}-N/A_c) \geqslant \eta \sum W_{pb}f_{yb} \tag{6-3}$$

端部翼缘变截面的梁与柱连接时

$$\sum W_{pc}(f_{yc}-N/A_c) \geqslant \sum (\eta W_{pb1}f_{yb}+V_{pb}s) \tag{6-4}$$

式中　W_{pc}、W_{pb}——计算平面内交汇于节点的柱和梁的塑性截面模量；

$\quad\quad W_{pb1}$——框架梁塑性铰所在截面的梁全塑性截面模量；

$\quad\quad f_{yc}$、f_{yb}——柱和梁钢材的屈服强度；

$\quad\quad N$——地震作用组合的柱轴力；

$\quad\quad A_c$——框架柱的截面面积；

$\quad\quad \eta$——强柱系数，一级取1.15，二级取1.10，三级取1.05；

$\quad\quad V_{pb}$——梁塑性铰剪力；

$\quad\quad s$——塑性铰至柱面的距离，塑性铰可取梁端部变截面翼缘的最小处。

2）节点域的屈服承载力应符合下列要求

$$\varphi(M_{pb1}+M_{pb2})/V_p \leqslant (4/3)f_{yv} \tag{6-5}$$

工字形截面柱

$$V_p = h_{b1}h_{c1}t_w \tag{6-6}$$

箱形截面柱

$$V_p = 1.8h_{b1}h_{c1}t_w \tag{6-7}$$

圆管截面柱

$$V_p = \frac{\pi}{2}h_{b1}h_{c1}t_w \tag{6-8}$$

3）工字形截面柱和箱形截面柱的节点域应按下列公式验算

$$t_w \geqslant (h_b+h_c)/90 \tag{6-9}$$

$$(M_{b1}+M_{b2})/V_p \leqslant \frac{4}{3}f_v/\gamma_{RE} \tag{6-10}$$

式中　M_{pb1}、M_{pb2}——节点域两侧梁的全塑性受弯承载力；

$\quad\quad V_p$——节点域的体积；

$\quad\quad f_v$——钢材的抗剪强度设计值；

$\quad\quad f_{yv}$——钢材的屈服抗剪强度，取钢材屈服强度的0.58倍；

$\quad\quad \varphi$——折减系数，三、四级取0.6，一、二级取0.7；

$\quad\quad h_{b1}$、h_{c1}——梁翼缘厚度中点间的距离和柱翼缘（或钢管直径线上管壁）厚度中点间的距离；

$\quad\quad t_w$——柱在节点域的腹板厚度；

M_{b1}、M_{b2}——节点域两侧梁的弯矩设计值；

γ_{RE}——节点域承载力抗震调整系数，取 0.75。

2. 中心支撑框架构件的抗震承载力验算

中心支撑体系包括十字交叉支撑、单斜杆支撑、人字形或 V 字形支撑、K 形支撑。在反复荷载作用下，支撑斜杆反复受压、受拉，且受压屈曲后的承载力退化。支撑杆件屈服时，最大承载力的下降是明显的，长细比越大，退化程度就越大。在计算支撑构件时，应考虑这种情况。

中心支撑框架构件的抗震承载力验算，应符合下列规定：

1）支撑斜杆的受压承载力应按下式验算

$$N/(\varphi A_{br}) \leqslant \phi f/\gamma_{RE} \tag{6-11}$$

$$\phi = \frac{1}{1+0.35\lambda_n} \tag{6-12}$$

$$\lambda_n = \frac{\lambda}{\pi}\sqrt{\frac{f_{ay}}{E}} \tag{6-13}$$

式中　N——支撑斜杆的轴向力设计值；

A_{br}——支撑斜杆的截面面积；

φ——轴心受压构件的稳定系数；

ϕ——受循环荷载时的强度降低系数；

λ、λ_n——支撑斜杆的长细比和支撑斜杆的正则化长细比；

E——支撑斜杆钢材的弹性模量；

f、f_{ay}——钢材强度设计值和钢材屈服强度；

γ_{RE}——支撑稳定承载力抗震调整系数。

2）人字形支撑和 V 形支撑的框架梁在支撑连接处应保持连续，并按不计入支撑支点作用的梁验算重力荷载和支撑屈曲时不平衡力作用下的承载力；不平衡力应按受拉支撑的最小屈服承载力和受压支撑最大屈曲承载力的 0.3 倍计算。必要时，人字形和 V 形支撑可沿竖向交替设置或采用拉链柱。

3. 偏心支撑框架构件的抗震承载力验算

偏心支撑框架设计的基本概念，是使耗能梁段进入塑性状态，而其他构件仍处于弹性状态。良好的偏心支撑框架，除柱脚有可能出现塑性铰外，其他塑性铰均出现在梁端。

偏心支撑框架构件的抗震承载力验算，应符合下列规定：

1）消能梁段的受剪承载力应符合下列要求

当 $N \leqslant 0.15Af$ 时

$$V \leqslant \phi V_l/\gamma_{RE} \tag{6-14}$$

其中，$V_l = 0.58A_w f_{ay}$ 或 $V_l = 2M_{lp}/a$，取较小值。

$$A_w = (h-2t_f)t_w$$

$$M_{lp} = fW_p$$

当 $N > 0.15Af$ 时

$$V \leqslant \phi V_{lc}/\gamma_{RE} \tag{6-15}$$

其中，$V_{lc} = 0.58A_w f_{ay}\sqrt{1-[N/(Af)]^2}$ 或 $V_{lc} = 2.4M_{lp}[1-N/(Af)]/a$，取较小值。

式中　N、V——消能梁段的轴力设计值和剪力设计值；

V_l、V_{lc}——消能梁段受剪承载力和计入轴力影响的受剪承载力；

M_{lp}——消能梁段的全塑性受弯承载力；

A，A_w——消能梁段的截面面积和腹板截面面积；

W_p——消能梁段的塑性截面模量；

a、h——消能梁段的净长和截面高度；

t_w、t_f——消能梁段的腹板厚度和翼缘厚度；

f、f_{ay}——消能梁段钢材的抗压强度设计值和屈服强度；

ϕ——系数，可取 0.9；

γ_{RE}——消能梁段承载力抗震调整系数，取 0.75。

2）支撑斜杆与消能梁段连接的承载力不得小于支撑的承载力。若支撑需要抵抗弯矩，支撑与梁的连接应按抗压弯连接设计。

4. 钢结构抗侧力构件的连接计算

钢结构抗侧力构件的连接，需符合"强连接弱构件"的设计原则。故需要对构件的连接做两阶段设计。第一阶段，钢结构抗侧力构件连接的承载力设计值，不应小于相连构件的承载力设计值；高强度螺栓连接不得滑移。第二阶段，钢结构抗侧力构件连接的极限承载力应大于相连构件的屈服承载力。

钢结构抗侧力构件连接的极限承载力验算，应符合下列要求：

1）梁与柱刚性连接的极限承载力，应按下列公式验算

$$M_u^j \geq \eta_j M_p \tag{6-16}$$

$$V_u^j \geq 1.2\left(\sum M_p / l_n\right) + V_{Gb} \tag{6-17}$$

2）支撑与框架连接和梁、柱、支撑的拼接极限承载力，应按下列公式验算

支撑连接和拼接

$$N_{ubr}^j \geq \eta_j A_{br} f_y \tag{6-18}$$

梁的拼接

$$M_{ub,sp}^j \geq \eta_j M_p \tag{6-19}$$

柱的拼接

$$M_{uc,sp}^j \geq \eta_j M_{pc} \tag{6-20}$$

3）柱脚与基础的连接承载力，应按下列公式验算

$$M_{uc,base}^j \geq \eta_j M_{pc} \tag{6-21}$$

式中　　　M_p、M_{pc}——梁的塑性受弯承载力和考虑轴力影响时柱的塑性受弯承载力；

V_{Gb}——梁在重力荷载代表值（9 度时高层建筑尚应包括竖向地震作用标准值）作用下，按简支梁分析的梁端截面剪力设计值；

l_n——梁的净跨；

A_{br}——支撑杆件的截面面积；

M_u^j、V_u^j——连接的极限受弯、受剪承载力；

N_{ubr}^j、$M_{uc,sp}^j$、$M_{ub,sp}^j$——支撑连接和拼接，梁、柱拼接的极限受拉（压）、受弯承载力；

$M_{uc,base}^j$——柱脚的极限受弯承载力；

η_j——连接系数，可按表 6-5 取值。

表 6-5　钢结构抗震设计的连接系数

母材牌号	梁柱连接		支撑连接、构件拼接		柱脚	
	焊接	螺栓连接	焊接	螺栓连接		
Q235	1.40	1.45	1.25	1.30	埋入式	1.2
Q345	1.30	1.35	1.20	1.25	外包式	1.2
Q345GJ	1.25	1.30	1.15	1.20	外露式	1.1

注：1. 屈服强度高于 Q345 的钢材，按 Q345 的规定采用。
　　2. 屈服强度高于 Q345GJ 的 GJ 钢材，按 Q345GJ 的规定采用。
　　3. 翼缘焊接腹板栓接时，连接系数分别按表中连接形式取用。

6.6　多层及高层钢结构房屋的抗震构造措施

6.6.1　钢框架结构的抗震构造措施

1. 框架柱的长细比限值

框架柱的长细比关系到钢结构的整体稳定。一般情况下，柱长细比越大、轴压比越大，则结构承载能力和塑性变形能力越小，侧向刚度降低，易引起整体失稳。遭遇强烈地震时，框架柱有可能进入塑性。因此，抗震设防要求的框架柱长细比与轴压比相关。《钢结构设计标准》规定，框架柱的长细比应满足以下要求：当 $N_p/(Af_y) \leqslant 0.15$ 时，若结构构件延性等级为 Ⅰ～Ⅲ 级，则轴压比不应大于 $120\varepsilon_k$，为 Ⅳ 级时不应大于 150，为 Ⅴ 级时不应大于 180；当 $N_p/(Af_y) > 0.15$ 时，框架柱长细比不大于 $125\left[1-N_p/(Af_y)\right]\varepsilon_k$。

2. 框架梁、柱板件宽厚比限值

在钢框架设计中，框架梁、柱板件宽厚比的规定，是以结构符合"强柱弱梁"原则为前提的，并考虑柱仅在后期出现少量塑性，不需要很高的转动能力。为了保证梁的安全，除了承载力和整体稳定问题外，还需考虑梁的局部失稳。如果梁的受压翼缘宽厚比或腹板的高度较大，则在受力过程中就会出现局部失稳。板件的局部失稳，就会降低构件的承载能力。防止板件失稳的有效方法就是限制它的宽厚比。框架柱在强柱弱梁设计中，柱一般不会出现塑性铰，仅考虑柱后期出现的少量塑性，不需要很高的转动能力，因此柱板件的宽厚比要求要比梁弱些。框架梁、柱的板件宽厚比限值，应符合表 6-6 的规定。

表 6-6　框架梁、柱的板件宽厚比限值

板件名称		抗震等级			
		一级	二级	三级	四级
柱	工字形截面翼缘外伸部分	10	11	12	13
	工字形截面腹板	43	45	48	52
	箱形截面壁板	33	36	38	40
梁	工字形截面和箱形截面翼缘外伸部分	9	9	10	11
	箱形截面翼缘在两腹板之间的部分	30	30	32	36
	工字形截面和箱形截面腹板	$(72\sim120)N_b/(Af)$ <60	$(72\sim100)N_b/(Af)$ <65	$(80\sim110)N_b/(Af)$ <70	$(85\sim120)N_b/(Af)$ <75

注：1. 表列数值适用于 Q235 钢，采用其他牌号钢材时，应乘以 $\sqrt{\dfrac{235}{f_{ay}}}$，$f_{ay}$ 为钢材的名义屈服强度。

　　2. $N_b/(Af)$ 为梁轴压比。

3. 梁柱构件的侧向支撑

梁柱构件的侧向支撑应符合下列要求：

1）梁柱构件受压翼缘应根据需要设置侧向支撑。

2）梁柱构件在出现塑性铰的截面、上下翼缘均应设置侧向支撑。

3）相邻两侧向支撑点间的构件长细比，应符合《钢结构设计标准》的有关规定。

4. 梁与柱的连接构造要求

梁与柱的连接构造应符合下列要求：

1）梁与柱的连接宜采用柱贯通型。

2）柱在两个互相垂直的方向都与梁刚接时宜采用箱形截面，并在梁翼缘连接处设置隔板；隔板采用电渣焊时，柱壁板厚度不宜小于16mm，小于16mm时可改用工字形柱或采用贯通式隔板。当柱仅在一个方向与梁刚接时，宜采用工字形截面，并将柱腹板置于刚接框架平面内。

3）工字形柱（绕强轴）和箱形柱与梁刚接时（图6-17），应符合下列要求。

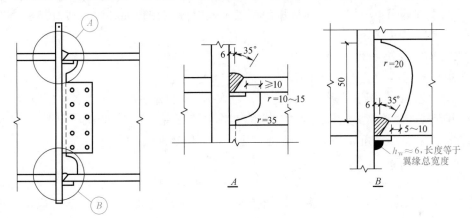

图6-17 框架梁与柱现场连接

① 梁翼缘与柱翼缘间应采用全熔透坡口焊缝；一、二级抗震时，应检验焊缝的V形切口冲击韧性，其夏比冲击韧性在-20℃时不低于27J。

② 柱在梁翼缘对应位置应设置横向加劲肋（隔板），加劲肋（隔板）厚度不应小于梁翼缘厚度，强度与梁翼缘相同。

③ 梁腹板宜采用摩擦型高强度螺栓与柱连接板连接（经工艺试验合格能确保现场焊接质量时，可用气体保护焊进行焊接）；腹板角部应设置焊接孔，孔形应使其端部与梁翼缘和柱翼缘间的全熔透坡口焊缝完全隔开。

④ 腹板连接板与柱的焊接，当板厚不大于16mm时应采用双面角焊缝，焊缝有效厚度应满足等强度要求，且不小于5mm；当板厚大于16mm时采用K形坡口对接焊缝。该焊缝宜采用气体保护焊，且板端应绕焊。

⑤ 一级和二级抗震时，宜采用能将塑性铰自梁端外移的端部扩大形连接、梁端加盖板或骨形连接。

4）框架梁采用悬臂梁段与柱刚性连接时（图6-18），悬臂梁段与柱应采用全焊接连接，此时上下翼缘焊接孔的形式宜相同；梁的现场拼接可采用翼缘焊接、腹板螺栓连接或全部螺栓连接。

5）箱形柱与梁翼缘对应位置设置的隔板，应采用全熔透对接焊缝与壁板相连。工字形柱的横向加劲肋与柱翼缘，应采用全熔透对接焊缝连接，与腹板可采用角焊缝连接。

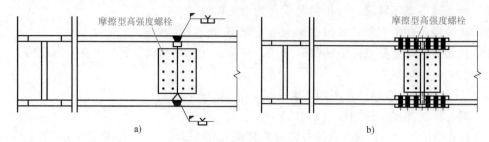

图 6-18　框架柱与悬臂梁段的连接

a）翼缘焊接、腹板螺栓连接　b）全部螺栓连接

6）当节点域的腹板厚度不满足式（6-5）和式（6-9）及式（6-10）时，应采取加厚柱腹板或采取贴焊补强板的措施。补强板的厚度及其焊缝应按传递补强板所分担剪力的要求设计。

5. 柱与柱的连接

柱与柱的连接应符合下列要求：

1）框架柱的接头距框架梁上方的距离，可取 1.3m 和柱净高一半二者的较小值。

2）上下柱的对接接头应采用全熔透焊缝，柱拼接接头上下各 100mm 范围内，工字形柱翼缘与腹板间及箱形柱角部壁板间的焊缝，应采用全熔透焊缝。

6. 钢柱脚

钢结构房屋的刚接柱脚主要有埋入式、外包式和外露式三种。考虑到 1995 年日本阪神大地震中，外包式柱脚的破坏较多，性能较差，所以《建筑抗震设计规范》规定：钢结构的刚接柱脚宜采用埋入式，也可采用外包式。又鉴于在以往的大地震中发生过外露式柱脚锚栓被拔出等破坏现象，因此高烈度地区采用外露式柱脚应慎重。所以《建筑抗震设计规范》规定：6 度、7 度且高度不超过 50m 时也可采用外露式刚接柱脚。

6.6.2　钢框架-中心支撑结构的抗震构造措施

1. 中心支撑的杆件长细比和板件宽厚比限值规定

中心支撑的杆件长细比和板件宽厚比限值应符合《钢结构设计标准》的规定。

2. 中心支撑节点的构造要求

中心支撑节点的构造应符合下列要求：

1）一、二、三级时，支撑宜采用 H 型钢制作，两端与框架可采用刚接构造，梁柱与支撑连接处应设置加劲肋；一级和二级采用焊接工字形截面的支撑时，其翼缘与腹板的连接宜采用全熔透连续焊缝。

2）支撑与框架连接处，支撑杆端宜做成圆弧。

3）梁在与 V 形支撑或人字形支撑相交处，应设置侧向支承；该支承点与梁端支承点间的侧向长细比（λ_y）以及支承力，应符合《钢结构设计标准》关于塑性设计的规定。

4）若支撑和框架采用节点板连接，应符合《钢结构设计标准》关于节点板在连接杆件每侧有不小于 30°夹角的规定；一、二级时，支撑端部至节点板最近嵌固点（节点板与框架构件连接焊缝的端部）在沿支撑杆件轴线方向的距离，不应小于节点板厚度的 2 倍。

3. 框架-中心支撑结构的框架部分要求

当房屋高度不高于 100m，且框架部分按计算分配的地震剪力不大于结构底部总地震剪力的 25% 时，一、二、三级的抗震构造措施可按框架结构降低一级的相应要求采用。其他抗震构造措施，应符合 6.6.1 小节对框架结构抗震构造措施的规定。

6.6.3　钢框架-偏心支撑结构的抗震构造措施

1. 钢框架及偏心支撑的构造要求

1) 偏心支撑框架消能梁段的屈服强度越高，屈服后的延性就越差，耗能能力也就越小。

2) 偏心支撑框架的支撑杆件长细比不应大于 $120\sqrt{\dfrac{235}{f_{ay}}}$ ，支撑杆件的板件宽厚比不应超过《钢结构设计标准》规定的轴心受压构件在弹性设计时的宽厚比限值。

2. 消能梁段的构造要求

消能梁段的构造应符合下列要求：

1) 当 $N>0.16Af$ 时，消能梁段的长度应符合下列规定：

当 $\rho(A_w/A)<0.3$ 时

$$a<1.6M_{lp}/V_l \tag{6-22}$$

当 $\rho(A_w/A)\geqslant0.3$ 时

$$a<[1.15-0.5\rho(A_w/A)]1.6M_{lp}/V_l \tag{6-23}$$

$$\rho=N/V \tag{6-24}$$

式中　a——消能梁段的长度；

　　　ρ——消能梁段轴向力设计值与剪力设计值之比。

2) 消能梁段的腹板不得贴焊补强板，也不得开洞。

3) 消能梁段与支撑连接处，应在其腹板两侧配置加劲肋，加劲肋的高度应为梁腹板高度，一侧的加劲肋宽度不应小于 $(b_f/2-t_w)$，厚度不应小于 $0.75t_w$ 和 10mm 的较大值。

4) 消能梁段应按下列要求在腹板上设置中间加劲肋。

① 当 $a\leqslant1.6M_{lp}/V_l$ 时，加劲肋间距不大于 $(30t_w-A/5)$。

② 当 $2.6M_{lp}<a\leqslant5M_{lp}/V_l$ 时，应在距消能梁段端部 $1.5b_f$ 处配置中间加劲肋，且中间加劲肋间距不应大于 $(52t_w-h/5)$。

③ 当 $1.6M_{lp}/V_l<a\leqslant2.6M_{lp}/V_l$ 时，中间加劲肋的间距宜在上述二者间线性插入。

④ 当 $a>5M_{lp}/V_l$ 时，可不配置中间加劲肋。

⑤ 中间加劲肋应与消能梁段的腹板等高，当消能梁段截面高度不大于 640mm 时，可配置单侧加劲肋；当消能梁段截面高度大于 640mm 时，应在两侧配置加劲肋，一侧加劲肋的宽度不应小于 $(b_f/2-t_w)$，厚度不应小于 t_w 和 10mm。

3. 消能梁段与柱的连接构造

消能梁段与柱的连接应符合下列要求：

1) 当消能梁段与柱连接时，其长度不得大于 $1.6M_{lp}/V_l$，且应满足相关标准的规定。

2) 消能梁段翼缘与柱翼缘之间应采用坡口全熔透对接焊缝连接，消能梁段腹板与柱之间应采用角焊缝（气体保护焊）连接；角焊缝的承载力不得小于消能梁段腹板的轴力、剪力和弯矩同时作用时的承载力。

3）消能梁段与柱腹板连接时，消能梁段翼缘与横向加劲板间应采用坡口全熔透焊缝，其腹板与柱连接板间应采用角焊缝（气体保护焊）；角焊缝的承载力不得小于消能梁段腹板的轴力、剪力和弯矩同时作用时的承载力。

4. 消能梁与支撑的连接构造

消能梁段两端上下翼缘应设置侧向支撑，支撑的轴力设计值不得小于消能梁段翼缘轴向承载力的 6%，即 $0.06b_t t_f f$。

5. 非消能梁段与支撑的连接构造

偏心支撑框架梁的非消能梁段上下翼缘，应设置侧向支撑，支撑的轴力设计值不得小于梁翼缘轴向承载力的 2%，即 $0.02b_t t_f f$。

6. 框架-偏心支撑结构的框架部分的构造要求

框架-偏心支撑结构的框架部分，当房屋高度不高于 100m 且框架部分按计算分配的地震作用不大于结构底部总地震剪力的 25% 时，一、二、三级的抗震构造措施可按框架结构降低一级的相应要求采用。其他抗震构造措施，应符合 6.6.1 小节对框架结构抗震构造措施的规定。

本章知识点

1. 相比钢筋混凝土结构，钢结构虽然具有强度高、延性好、质量轻、抗震性能好的优点，但如果设计不当，在地震作用下，呈现出不同程度的震害。

2. 结构的选型对钢结构的抗震性能有重要意义。因此，应熟悉各种结构类型，如框架结构、框架-支撑结构、框架-抗震墙板结构、筒体结构以及巨型框架结构的受力特点及其抗震性能的不同，根据不同的设计适用条件选择合适的结构类型。

3. 根据结构总体高度和抗震设防烈度确定结构类型和最大适用高度和高宽比。结构平面布置应简单、规则和对称，保证结构具有良好的整体性和抗侧刚度，同时各层的刚心与质心应接近或重合。建筑的立面和竖向剖面也宜规则，保证结构质量与侧向刚度沿竖向分布均匀连续，避免因局部削弱或突变形成结构薄弱部位；另外，还应使各层刚心和质心尽可能处于同一竖直线上，以减小扭转作用的影响。

4. 地震作用计算时，应根据设计烈度和场地类别、结构体系类型、总体高度以及质量和刚度分布情况选择合适的方法。另外，为了体现"强柱弱梁、多道设防"的原则，《建筑抗震设计规范》通过调整结构中不同部分的地震效应或不同构件的内力设计值，确保结构在地震作用下理想耗能构件的塑性屈服，减轻地震破坏。

5. 多高层钢结构房屋的抗震设计采用两阶段设计法：第一阶段为多遇地震作用下的弹性分析，验算构件的承载力和稳定性以及结构的层间位移；第二阶段为罕遇地震作用下的弹塑性分析，验算结构的层间位移。

6. 按《建筑抗震设计规范》的设计要求，需要对钢结构构件（框架梁柱）及节点（梁柱节点）进行抗震承载力验算，还要验算支撑的抗震承载力。钢结构构件连接的设计应遵循"强连接、弱构件"的原则，按地震组合内力进行弹性设计，并对其进行极限承载力验算。

习　题

1. 钢结构房屋主要有哪些震害现象？其发生原因分别是什么？

2. 钢结构房屋有几种主要结构体系？

3. 框架-支撑结构体系中，按照支撑布置形式主要分为哪几类？它们各有什么特点？如何进行支撑布置？

4. 钢结构房屋在抗震设计时，如何考虑多道抗震防线？

5. 钢结构房屋为什么要限制最大高宽比？

6. 钢结构房屋在进行结构布置时，有什么要求？

7. 钢结构房屋可采用哪些楼盖形式？

8. 在相同设防烈度条件下，为什么钢结构房屋的地震作用大于多层钢筋混凝土结构房屋？

9. 进行钢框架地震反应分析与进行钢筋混凝土框架地震反应分析相比，有何特殊因素要考虑？

10. 对于框架-支撑结构体系，为什么要求框架部分按刚度分配计算得到的地震剪力不得小于一定的数值？

11. 为什么框架-支撑结构的支撑斜杆需要按刚接设计，但可按端部铰接计算？

12. 钢结构房屋抗震设计验算主要有哪些内容？

13. 抗震设计的结构如何才能实现"强柱弱梁"及"强连接弱构件"的设计思想？

14. 钢结构房屋抗震设计时，为什么要对梁、柱板件的宽厚比进行限制？

15. 钢结构房屋结构有哪些抗震构造措施？

第7章

多层砌体结构房屋抗震设计

本章提要

本章主要介绍了多层砌体结构房屋的震害特点及发生原因；阐述了多层砌体结构房屋在结构布置方面的基本要求；介绍了多层砌体结构抗震计算要点和抗震构造措施等有关抗震设计的问题；给出了相应计算实例。

7.1 概述

由砖砌体、石砌体或砌块砌体建造的结构，统称为砌体结构。砌体结构具有造价低、取材容易、施工简单、建造周期短等优点，但其自重较大、构件整体性差、抗震性能不好。然而震害调查发现，在高烈度区（甚至包括9度区），也有一些砖砌体结构房屋震害轻微，有的甚至还基本完好。只要设计合理，构造措施得当，采取良好的地基条件和施工质量，多层砌体结构房屋也可以满足抗震要求。

砌体结构在我国应用十分普遍，如住宅、学校、办公、医院等建筑。因此，如何提高砌体结构房屋的抗震能力，将是建筑抗震设计的一个重要课题。

7.2 多层砌体结构房屋的震害分析

国内外历次强烈地震表明，凡未经合理抗震设计的砌体结构房屋，破坏均相当严重。1923年日本关东大地震，东京约7000幢砖石砌体房屋均遭到严重破坏，其中仅1000余幢可修复使用（图7-1）。1948年，苏联阿什哈巴地震，砖石房屋破坏率达70%~80%。1976年我国唐山大地震，砌体结构房屋的破坏率也很高，烈度为10度及Ⅱ度区的123幢2~8层砖混结构房屋，倒塌率为63.2%，严重破坏的为22.6%，尚可修复使用的仅占4.2%，实际破坏率高达91.0%。2008年我国汶川地震（图7-2），震害调查表明，在9度~10度区，20世纪80年代以前建造的砌体房屋，因抗震设防标准较低或未经抗震设计，约80%以上整体倒塌；1980—1990年建造的砌体房屋，因抗震构造措施仍然较差，约有40%~50%整体倒塌；1990—2000年建造的砌体房屋，因抗震设防标准有一定提高，虽然一般未出现整体倒塌但是遭到严重破坏；2000年以后建造的砌体房屋，即使超过设防烈度约3～4度，也少有整体倒塌或局部倒塌。随着我国抗震设防水准的不断提高，砌体结构在地震区是可以使用的。

图7-1 日本关东大地震砌体房屋破坏

图7-2 汶川地震砌体房屋破坏

7.2.1 墙体破坏

在砌体结构房屋中，墙体是主要的承重构件，它不仅承受垂直方向的荷载，还承受水平和垂直方向的地震作用，受力复杂，加之砌体本身的脆性性质，地震时在墙体上很容易产生裂缝，如斜裂缝、交叉裂缝和水平裂缝等。在反复地震作用下，裂缝将不断发展、增多、加宽，最后导致墙体崩塌、楼盖塌落、房屋破坏。

当墙体中垂直荷载和水平地震作用引起的主拉应力超过砌体的主拉应力强度时，与地震力方向平行的墙体产生斜裂缝。在地震力反复作用下，则形成交叉裂缝（图7-3）。如果墙体高宽比接近1，则墙体出现X形交叉裂缝；如果墙体的高宽比较小，则在墙体中间部位出现水平裂缝。这种裂缝在外纵墙的窗间墙上较为多见，主要是因为墙体洞口处受到削弱，加之横墙承重房屋，纵墙上的压应力较小，使得砌体抗拉强度较低。在砌体结构房屋中，裂缝的规律是下重上轻，这是因为砌体结构房屋墙体下部地震剪力大的缘故。（图7-4）。

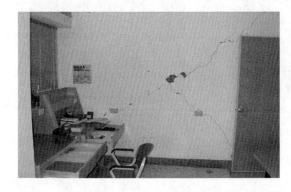

图7-3 9·21地震台中县某实验室墙体交叉斜裂缝

图7-4 窗间墙破坏

墙体水平裂缝大都出现在外纵墙的窗口上下截面处，且沿房屋纵向中段较重，两端较轻，尤其是顶层空旷的房屋外纵墙更易出现此种裂缝。这是由于横墙间距过大，楼盖缺乏足够的刚度，难以将水平地震作用传递给横墙，使纵墙产生平面外弯曲，导致墙体沿通缝的抗弯刚度不足所引起的。

7.2.2 墙角破坏

一方面，墙角位于房屋尽端，房屋对它的整体约束作用相对较弱，特别是在端部布置有空旷房间时，约束更差，使该处的抗震能力相对降低；另一方面，在房屋端部四角处，由于刚度较大以及地震时的扭转作用，地震反应明显增大，且受力复杂，易产生应力集中。因此，房屋墙角易遭破坏，甚至引起转角墙局部倒塌（图7-5）。

7.2.3 楼梯间破坏

楼梯间破坏主要是墙体破坏，而楼梯本身很少破坏（图7-6）。由于楼梯间横墙间距较小，水平刚度相对较大，受到的地震作用往往比其他部位大，而墙体在高度方向缺乏有力的支撑，空间刚度差，且高厚比较大，稳定性差，所以，楼梯间墙体在水平地震作用下容易产生斜裂缝或交叉裂缝。当楼梯间位于房屋端部或转角处，或楼梯间平面、立面突出时，破坏更加显著。另外，踏步板嵌入墙内，削弱墙体截面，也是楼梯间墙体破坏严重的原因之一。

7.2.4 纵横墙连接破坏

纵横墙连接处是砌体结构房屋的薄弱部位，在垂直于纵墙的地震作用下，纵墙有向外甩出的趋势。连接处产生较大的水平拉力，若施工时纵横墙没有同时咬槎砌筑，则连接处的拉结强度较低，出现竖向裂缝，严重的可造成纵横墙拉脱，甚至整片纵墙外闪或倒塌。这种破坏在未设圈梁的房屋中尤为突出（图7-7）。

图7-5　墙角破坏　　　　　图7-6　楼梯间墙体破坏　　　　　图7-7　外纵墙破坏

7.2.5 楼盖与屋盖破坏

在历次地震中，多层砖房的楼（屋）盖破坏往往是由于墙体开裂、错位或倒塌引起的，而因其本身强度或刚度不足的破坏极为少见。对于装配式楼（屋）盖，由于整体性较差、板缝偏小、混凝土灌缝不够密实，地震时板缝易被拉裂。在高烈度区，预制楼板搁置长度不足或板与板之间无可靠拉结，可能导致楼（屋）盖塌落（图7-8）。

7.2.6　非结构构件破坏

带有突出屋面小房间的房屋结构，由于小房间（如屋顶间、烟囱、女儿墙及附墙烟囱、垃圾道等）质量和刚度突然变小，地震时产生鞭梢效应加之自身强度较低，破坏率很高（图7-9、图7-10）。调查发现，附属构件破坏在6度区就时有发生，7度、8度区更为普遍和严重。

图7-8　预制楼板塌落

图7-9　突出屋面附属物塌落

图7-10　女儿墙塌落

除上述几种主要震害外，多层砌体结构房屋还经常出现一些其他形式的破坏，如防震缝宽度过窄时，两侧墙体相互碰撞引起破坏；非承重墙或轻质隔墙的顶部和两端出现交叉裂缝或被拉脱；门窗过梁两侧墙体产生倒八字裂缝或水平裂缝。

7.3　多层砌体结构房屋的抗震设计要求

7.3.1　房屋结构体系和总体布置

多层砌体房屋的结构体系应优先采用横墙承重或纵横墙共同承重的方案。纵墙承重方案因横向支撑少，纵墙易产生平面外弯曲破坏而导致房屋倒塌，应尽量避免采用。不应采用砌体墙和混凝土墙混合承重的结构体系，以防止不同材料性能的墙体被各个击破。

纵横向砌体抗震墙的布置应符合下列要求：

1）宜均匀对称，沿平面内宜对齐，沿竖向应上下连续；且纵横向墙体的数量不宜相差过大。

2）平面轮廓凹凸尺寸，不应超过典型尺寸的50%；当超过典型尺寸的25%时，房屋转角处应采取加强措施。

3）楼板局部大洞口的尺寸不宜超过楼板宽度的30%，且不应在墙体两侧同时开洞。

4）房屋错层的楼板高差超过500mm时，应按两层计算；错层部位的墙体应采取加强措施。

5）同一轴线上的窗间墙宽度宜均匀；6度、7度时，墙面洞口的立面面积不宜大于墙面总面积的 55%；8 度、9 度时，墙面洞口的立面面积不宜大于 50%。

6）在房屋宽度方向的中部应设置内纵墙，其累计长度不宜小于房屋总长度的 60%（高宽比大于 4 的墙段不计入）。

房屋有下列情况之一时宜设置防震缝，缝两侧均应设置墙体，缝宽应根据烈度和房屋高度确定，可采用 70~100mm：

1）房屋立面高差在 6m 以上。

2）房屋有错层，且楼板高差大于层高的 1/4。

3）各部分结构刚度、质量截然不同。

4）楼梯间不宜设置在房屋的尽端和转角处。

5）不应在房屋转角处设置转角窗。

6）横墙较少、跨度较大的房屋，宜采用现浇钢筋混凝土楼（屋）盖。

7.3.2 房屋总高度和层数的限值

随着砌体结构房屋高度和层数的增加，房屋的破坏程度加重，倒塌率增加。同时，由于我国目前砌体的材料强度较低，随房屋层数增多，墙体截面加厚，结构自重和地震作用都将相应加大，对抗震十分不利。因此，对这类房屋的总高度和层数应予以限制。

依据 GB 55002—2021《建筑与市政工程抗震通用规范》，多层砌体房屋的层数和高度应符合下列规定：

1）一般情况下，房屋的层数和总高度不应超过表 7-1 的规定。

2）甲、乙类建筑不应采用底部框架-抗震墙砌体结构。乙类的多层砌体房屋应按表 7-1 的规定层数减少 1 层、总高度应降低 3m。

3）横墙较少的多层砌体房屋，总高度应按表 7-1 的规定降低 3m，层数相应减少 1 层；各层横墙很少的多层砌体房屋，还应再减少 1 层。

4）采用蒸压灰砂砖和蒸压粉煤灰砖的砌体房屋，当砌体的抗剪强度仅达到普通黏土砖砌体的 70% 时，房屋的层数应比普通砖房减少 1 层，总高度应减少 3m；当砌体的抗剪强度达到普通黏土砖砌体的取值时，房屋层数和总高度的要求同普通砖房屋。

表 7-1 丙类砌体结构房屋的层数和高度限值

房屋类别		最小抗震墙厚度/mm	烈度和设计基本地震加速度												
			6 度		7 度				8 度				9 度		
			0.05g		0.10g		0.15g		0.20g		0.30g		0.40g		
			高度/m	层数	高度/m	层数	高度/m	层数	高度/m	层数	高度/m	层数	高度/m	层数	
砌体房屋	普通砖	240	21	7	21	7	21	7	18	6	15	5	12	4	
	多孔砖	240	21	7	21	7	18	6	18	6	15	5	9	3	
	多孔砖	190	21	7	18	6	15	5	15	5	12	4	—	—	
	小砌块	190	21	7	21	7	18	6	18	6	15	5	9	3	

（续）

房屋类别		最小抗震墙厚度/mm	烈度和设计基本地震加速度										
			6度		7度				8度				9度	
			0.05g		0.10g		0.15g		0.20g		0.30g		0.40g	
			高度/m	层数	高度/m	层数	高度/m	层数	高度/m	层数	高度/m	层数	高度/m	层数
底部框架-抗震墙	普通砖、多孔砖	240	22	7	22	7	19	6	16	5	—	—	—	—
	多孔砖	190	22	7	19	6	16	5	13	4	—	—	—	—
	小砌块	190	22	7	22	7	19	6	16	5	—	—	—	—

注：自室外地面标高算起且室内外高差大于0.6m时，房屋总高度应允许比本表确定值适当增加，但增加量不应超过1.0m。

针对汶川地震中小学校舍建筑暴露的问题，为加强对未成年人在地震等突发事件中的保护，中小学校舍按乙类建筑设防。乙类的砌体结构房屋可按本地区设防烈度查表7-1，但层数应减少一层且总高度应降低3m；不应采用底部框架-抗震墙砌体房屋。

7.3.3 房屋高宽比

多层砌体结构房屋的高宽比较小时，地震作用引起的变形以剪切为主。随高宽比增大，变形中弯曲效应增加，因此在墙体水平截面产生的弯曲应力也将增大，而砌体的抗拉强度较低，故很容易出现水平裂缝，发生明显的整体弯曲破坏。因此，多层砌体结构房屋的最大高宽比应符合表7-2的规定，以限制弯曲效应，保证房屋的稳定性。

表7-2 房屋最大高宽比

抗震设防烈度	6度	7度	8度	9度
最大高宽比	2.5	2.5	2.0	1.5

注：单面走廊房屋的总宽度不包括走廊宽度。建筑平面接近正方形时，其高宽比宜适当减小。

7.3.4 房屋抗震横墙间距

在横向水平地震作用下，砌体结构房屋的楼（屋）盖和横墙是主要的抗侧力构件。抗震横墙间距直接影响到房屋的空间刚度。横墙间距过大对抗震极其不利。首先，会使横墙整体抗震能力减弱；其次，会导致纵墙的侧向支撑减少，房屋的整体性变差；再次，会造成楼盖在侧向力作用下支撑点的间距变大，使楼盖发生过大的平面内变形，从而不能有效地将地震力均匀地传递至各抗侧力构件，特别是纵墙有可能发生过大的平面内变形，从而不能有效地将地震力均匀地传递至各抗侧力构件，特别是纵墙有可能发生较大的出平面弯曲，导致破坏。为了满足楼盖传递水平地震力所需的刚度，GB 55002—2021《建筑与市政工程抗震通用规范》对房屋抗震横墙的最大间距规定见表7-3。

表 7-3 房屋抗震横墙最大间距 （单位：m）

房屋类别		抗震设防烈度			
		6 度	7 度	8 度	9 度
砌体房屋	现浇或装配整体式钢筋混凝土楼（屋）盖	15	15	11	7
	装配式钢筋混凝土楼（屋）盖	11	11	9	4
	木屋盖	9	9	4	—
底部框架-抗震墙砌体房屋	上部各层	同砌体房屋			—
	底层或底部 2 层	18	15	11	—

注：1. 砌体房屋的顶层，除木屋盖外的最大横墙间距允许适当放宽，但应采取相应加强措施。
   2. 多孔砖抗震横墙厚度为 190mm 时，最大横墙间距应比表中数值减小 3m。

7.3.5 房屋局部尺寸

房屋局部尺寸的影响，有时仅造成房屋局部的破坏而不影响结构的整体安全，但某些重要部位的局部破坏则会影响整个结构的破坏甚至倒塌。砌体房屋的窗间墙、墙端至门窗洞边间的墙段、突出屋面的女儿墙等部位是房屋抗震的薄弱环节，地震时往往首先破坏，甚至导致整幢房屋的破坏。《建筑抗震设计规范》通过对震害的宏观调查，规定这些部位的局部尺寸限值，宜符合表 7-4 的要求。

表 7-4 房屋的局部尺寸限值 （单位：m）

部 位	抗震设防烈度			
	6 度	7 度	8 度	9 度
承重窗间墙最小宽度	1.0	1.0	1.2	1.5
承重外墙尽端至门窗洞边的最小距离	1.0	1.0	1.2	1.5
非承重外墙尽端至门窗洞边的最小距离	1.0	1.0	1.0	1.0
内墙阳角至门窗洞边的最小距离	1.0	1.0	1.5	2.0
无锚固女儿墙（非出入口处）的最大高度	0.5	0.5	0.5	0.0

注：1. 局部尺寸不足时应采取局部加强措施弥补，且最小宽度不宜小于 1/4 层高和表列数据的 80%。
   2. 出入口处的女儿墙应有锚固。

7.4 多层砌体结构房屋的抗震计算要点

多层砌体结构房屋的抗震计算，一般只需考虑水平地震作用的影响，而不考虑竖向地震作用的影响。对于平立面布置规则、质量和刚度沿高度分布比较均匀、以剪切变形为主的多层砌体结构房屋，在进行结构计算时，宜采用底部剪力法等简化方法。

7.4.1 结构简化计算简图

在水平地震作用时，可将多层砌体结构房屋的重力荷载代表值分别集中在相应各楼层、屋盖处，只考虑第一振型，并假定第一振型为一直线。因此，其计算简图如图 7-11b 所示。计算简图中集中于 i 楼层处的重力荷载代表值 G_i，包括 i 层楼盖自重、作用在该层楼面上的可变荷载和以该层为中心上下各取半层的墙体自重之和。计算时，结构和构配件取自重标准值，可变荷载取组合值。

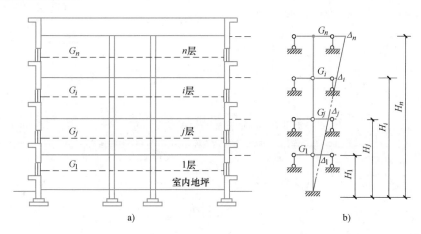

图 7-11　多层砌体结构房屋的计算简图

计算简图中结构底部固定端标高的取法如下：

1）对于多层砌体结构房屋，当基础埋置较浅时，取为基础顶面；当基础埋置较深时，可取为室外地坪下 0.5m 处。

2）当设有整体刚度很大的全地下室时，则取为地下室顶板顶部。

3）当地下室整体刚度较小或为半地下室时，则应取为地下室室内地坪处。

7.4.2　水平地震作用和楼层地震剪力计算

因为砌体房屋的层数不多，沿高度方向的质量和刚度分布比较均匀，且高宽比受到限制，房屋整体的侧移以剪切变形为主，故可以按底部剪力法来确定地震作用。结构底部总水平地震作用的标准值 F_{Ek} 为

$$F_{Ek} = \alpha_1 G_{eq}$$

如图 7-12 所示，考虑到多层砌体结构房屋中纵向或横向承重墙体的数量较多，房屋的侧移刚度很大，因而其纵向和横向的基本自振周期较短，一般不超过 0.25s。所以《建筑抗震设计规范》规定：对于多层砌体结构房屋确定水平地震作用时，可取 $\alpha_1 = \alpha_{max}$，α_{max} 为水平地震影响系数最大值，这是偏于安全的。F_{Ek} 可表示为

$$\begin{cases} F_{Ek} = \alpha_{max} G_{eq} \\ G_{eq} = 0.85 \sum_{i=1}^{n} G_i \end{cases} \tag{7-1}$$

式中　G_{eq}——结构等效总重力荷载。

计算任一质点 i 的水平地震作用标准值 F_i 时，考虑到多层砌体结构房屋的自振周期短、地震作用，采用倒三角形分布、其顶部误差不大，故可取顶部附加地震作用系数 $\delta_n = 0$，则 F_i 的计算公式为

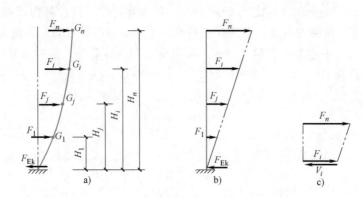

图 7-12　砌体房屋地震作用分布

a）地震作用分布图　b）地震作用图　c）i 层地震剪力

$$F_i = \frac{G_i H_i}{\sum\limits_{j=1}^{n} G_j H_j} F_{Ek} \qquad (7\text{-}2)$$

式中　F_i——第 i 楼层的水平地震作用标准值；

　　H_i、H_j——第 i、j 层质点的计算高度；

　　G_i、G_j——集中于第 i、j 楼层的重力荷载代表值。

作用于第 i 层的楼层地震剪力标准值 V_i 为 i 层以上各层地震作用之和，即

$$V_i = \sum_{i}^{n} F_i \qquad (7\text{-}3)$$

采用底部剪力法时，突出屋面的屋顶间、女儿墙、烟囱等小建筑的地震作用效应宜乘以增大系数 3，以考虑鞭梢效应。此增大部分的地震作用效应不往下层传递。

7.4.3　楼层地震剪力在各墙体间的分配

在多层砌体结构房屋中，墙体是主要抗侧力构件，沿某一水平方向作用的楼层地震剪力 V_i 由同一层墙体中与该方向平行的各墙体共同承担，通过屋盖和楼盖将其传给各墙体。楼层地震剪力 V_i 在同一层各墙体间的分配（见图 7-13 中阴影）主要取决于楼盖的水平刚度及各墙体的侧移刚度。当任一道横墙的地震剪力已知后，才可能按砌体结构的计算方法对墙体的抗震承载力进行验算。

1. 实心墙体的侧移刚度

在多层砌体结构房屋的抗震分析中，如各层楼盖仅发生平移而不发生转动，则在确定墙体层间抗侧力等效刚度时，可视其为下端固定、上端嵌固的构件，即一般假定：各层墙体或开洞墙中的窗间墙，门间墙上、下端均不发生转

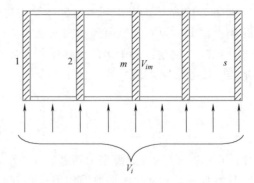

图 7-13　第 i 楼层地震剪力

动。对于这类构件，其侧移刚度是指楼盖处产生单位位移所需施加的水平外力，它与侧移柔度呈倒数关系，即 $K=1/\delta$。不同高宽比的墙体，层间抗侧力等效刚度确定的方法是不同的。

（1）高宽比 $h/b<1$ 的墙段　由图 7-14 可以看出，当 $h/b<1$ 时，弯曲变形占总变形的 10% 以下，为此《建筑抗震设计规范》规定可*只考虑剪切变形*，即

$$\delta=\delta_s \tag{7-4}$$

式中　δ_s——在单位水平力作用下由剪切变形引起的位移（图 7-15）。

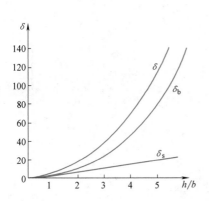

图 7-14　剪切变形与弯曲变形在总变形中的比例关系

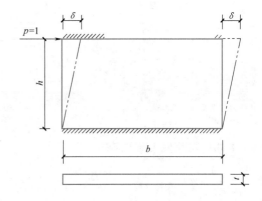

图 7-15　单位水平力作用下的墙体变形

由材料力学及结构力学可知

$$\delta_s=\frac{\xi h}{AG}=3\,\frac{1}{Et}\cdot\frac{h}{b} \tag{7-5}$$

式中　h——墙体、门间墙或窗间墙高度；

　　　A——墙体、门间墙或窗间墙的水平截面面积，$A=bt$；

　b、t——墙体、墙段的宽度和厚度；

　　　ξ——截面剪应力分布不均匀系数，对矩形截面取 5；

　　　E——砌体弹性模量；

　　　G——砌体剪切模量，一般取 $G=0.4E$。

由此可得抗侧力等效刚度

$$K_s=\frac{1}{\delta_s}=\frac{Et}{3h/b} \tag{7-6}$$

式中　K_s——只考虑剪切变形时，墙体或墙段的侧移刚度。

（2）高宽比 $1\leqslant h/b\leqslant4$ 的墙段　由图 7-14 可以看出：此时剪切变形和弯曲变形在总变形中均占有相当的比例。为此，《建筑抗震设计规范》规定应同时考虑弯曲变形和剪切变形，由图 7-16 可以看出总变形

$$\delta=\delta_b+\delta_s \tag{7-7}$$

式中　δ_b——在单位力作用下由弯曲变形引起的位移。

按结构力学中下端固定、上端嵌固的构件（图 7-17）在单位力作用下的位移为

$$\delta_b=\frac{h^3}{12EI}=\frac{1}{EI}\cdot\frac{h}{b}\cdot\left(\frac{h}{b}\right)^2 \tag{7-8}$$

式中　I——墙体或墙段的水平截面惯性矩，$I=\frac{1}{12}tb^3$。

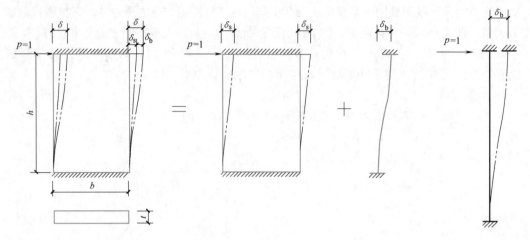

图 7-16　墙体弯曲及剪切柔度　　　　　　　图 7-17　墙体侧移柔度

由此可得抗侧力等效刚度

$$K_{bs} = \frac{1}{\delta} = \frac{1}{\delta_b + \delta_s} = \frac{Et}{(h/b)[3+(h/b)^2]} \qquad (7-9)$$

（3）高宽比 $h/b>4$ 的墙段　由图 7-14 可以看出，此时弯曲变形远远大于剪切变形，按理论此时的侧移刚度应为

$$K = \frac{1}{\delta_b} = \frac{Et}{(h/b)^3}$$

由于此时墙段的侧移柔度值 δ_b 较大，也即刚度 K 较小，《建筑抗震设计规范》规定对于这类墙段可取 $K=0$，这意味着不考虑该墙段承担地震剪力，则其他墙所承担的地震剪力会有所增加，所以是偏于安全的。

2. 有洞口墙体的侧移刚度

当砌体的某一段墙体开有门窗洞时，洞口对该墙体的侧移刚度显然是有影响的。可以将洞口墙体情况按照自下向上划分若干墙段，逐个计算刚度，按照串、并联的单元模型计算整个墙体的抗侧刚度。

（1）规则洞口　图 7-18 所示的墙体开有三个窗洞，该三个窗洞的高度相同，且洞口上、下都在同一水平线上，所以称为规则洞口，在单位力作用下的位移为 δ，δ 由三部分组成，即

$$\delta = \delta_1 + \delta_2 + \delta_3$$

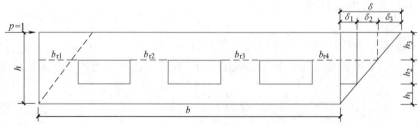

图 7-18　开有窗洞口的墙体

设整个墙体的侧移刚度为 K，则

$$K = \frac{1}{\delta} = \frac{1}{\delta_1 + \delta_2 + \delta_3} = \frac{1}{\dfrac{1}{K_1} + \dfrac{1}{K_2} + \dfrac{1}{K_3}} \qquad (7\text{-}10)$$

对于下部的水平实心墙带，其高度为 h_1，宽度为 b，因 $h/b<1$，按式（7-6）

$$K_1 = \frac{Et}{3h_1/b} \qquad (\text{a})$$

对于下部的水平实心墙带，其高度为 h_3，宽度为 b，同理

$$K_3 = \frac{Et}{3h_3/b} \qquad (\text{b})$$

对于四段窗间墙，其高度均为 h_2，其宽度分别为 b_{r1}、b_{r2}、b_{r3}、b_{r4}，根据每段的高宽比 h_2/b_{r1}、h_2/b_{r2}、h_2/b_{r3}、h_2/b_{r4} 分别按公式（7-6）、式（7-9）求出其侧移刚度 K_{21}、K_{22}、K_{23}、K_{24}，由此可得

$$K_2 = K_{21} + K_{22} + K_{23} + K_{24} \qquad (\text{c})$$

把式（a）~式（c）代入式（7-10）中得

$$K = \frac{1}{\dfrac{1}{K_1} + \dfrac{1}{K_2} + \dfrac{1}{K_3}} \qquad (7\text{-}11)$$

式（7-11）为规则洞口的墙体侧移刚度。

（2）不规则洞口　图 7-19 所示为有不规则洞口的墙体，计算其侧移刚度如下：

上部的水平实心墙带，其高度为 h_3，宽度为 b，可得

$$K_3 = \frac{Et}{3h_3/b}$$

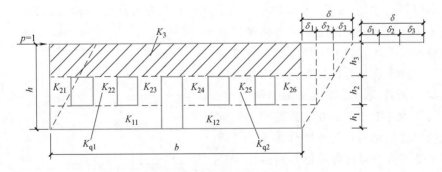

图 7-19　有不规则洞口的墙体

下部通过门洞分为左右两部分砌体，每一部分由三段窗间墙和一水平段墙体所组成，水平段墙体的刚度分别用 K_{11}、K_{12} 表示，窗间墙的刚度分别用 K_{21}、K_{22}、K_{23}、K_{24}、K_{25}、K_{26} 表示。门洞左边由三段窗间墙和一水平段墙体所组成的墙段侧移刚度用 K_{q1} 表示，门洞右边的三段窗间墙和一水平段墙体所组成的墙段侧移刚度用 K_{q2} 表示

$$K = \frac{1}{\dfrac{1}{K_{q1} + K_{q2}} + \dfrac{1}{K_3}} \qquad (7\text{-}12)$$

其中

$$K_{q1} = \cfrac{1}{\cfrac{1}{K_{11}} + \cfrac{1}{K_{21}+K_{22}+K_{23}}} \qquad (7\text{-}13)$$

$$K_{q2} = \cfrac{1}{\cfrac{1}{K_{11}} + \cfrac{1}{K_{24}+K_{25}+K_{26}}} \qquad (7\text{-}14)$$

对于小开口墙段，也可以近似地按不开洞的墙段计算其侧移刚度，再乘以洞口影响系数。洞口影响系数根据开洞率确定，见表 7-5。

表 7-5　墙段洞口影响系数

开洞率	0.10	0.20	0.30
影响系数	0.98	0.94	0.88

注：开洞率为洞口水平截面面积与墙段水平毛截面面积之比。相邻洞口之间净宽小于 500mm 的墙段视为洞口；洞口中心偏离墙段中线大于墙段长度的 1/4 时，表中影响系数折减 0.9；门洞的洞顶高度大于层高 80% 时，表中数据不适用；窗洞高度大于 50% 层高时，按门洞处理。

3. 楼层地震剪力 V_i 的分配

当地震沿房屋横向作用时，由于横墙在其平面内的刚度很大，所以地震作用的绝大部分由横墙承担。当地震沿房屋纵向作用时，则地震作用绝大部分由纵墙承担。因此，在抗震设计中，当抗震横墙间距不超过规定的限值时，可假定横向地震作用全部由横墙承担，不考虑纵墙的作用。同样，纵向地震作用全部由纵墙承担，不考虑横墙的作用。

（1）楼层横向地震剪力 V_i 的分配　横向楼层地震剪力在横向各抗侧力墙体间的分配，不仅取决于每片墙体的层间抗侧力等效刚度，还取决于楼盖的整体水平刚度，而楼盖的水平刚度又与楼盖的结构类型有关。根据楼层盖水平刚度不同，可以区分为刚性楼盖、柔性楼盖和中等刚性楼盖三类。

1）刚性楼盖。刚性楼盖房屋是指楼盖的平面内刚度为无穷大，即假定楼盖在水平地震作用下不发生任何平面内的变形。忽略扭转效应时，楼盖在水平地震剪力下作平动，各点的变形均一致。将楼盖视为在其平面内为绝对刚性的连续梁，而将横墙看作该梁的弹性支座，各支座反力即为各横墙所承受的地震剪力，并且各横墙的侧移均相等。对于刚性楼盖，各横墙所承担的地震剪力可按各墙侧移刚度比例进行分配。

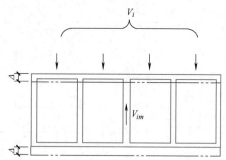

如图 7-20 所示，设第 i 层第 m 道墙承担的地震剪力为 V_{im}，则根据平衡条件

$$\sum_{m=1}^{s} V_{im} = V_i \ (i = 1,2,3,\cdots,n) \qquad (7\text{-}15)$$

设第 i 层第 m 道墙的侧移刚度为 K_{im}，则有

$$V_{im} = \Delta K_{im} \qquad (7\text{-}16)$$

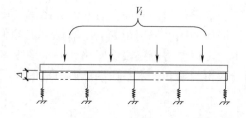

图 7-20　刚性楼盖计算简图

把式（7-16）代入式（7-15）中，则有

$$\Delta = \frac{V_i}{\sum_{m=1}^{s} K_{im}} \qquad (7\text{-}17)$$

把式（7-17）代入式（7-16）中，则有

$$V_{im} = \frac{K_{im}}{\sum_{m=1}^{n} K_{im}} V_i \qquad (7\text{-}18)$$

式（7-18）表明：各横墙所承担的地震剪力与各横墙的侧移刚度成正比。

如果该墙体的 $h/b<1$，则只需考虑剪切变形，由式（7-5）可得

$$K_{im} = \frac{A_{im} G_{im}}{\xi h_{im}} \qquad (7\text{-}19)$$

式中　ξ——截面剪应力分布不均匀系数，对矩形截面取 $\xi = 1.2$；

　　　G_{im}——第 i 层第 m 道墙砌体的弹性模量；

　　　A_{im}——第 i 层第 m 道墙的净横截面面积；

　　　h_{im}——第 i 层第 m 道墙的高度。

由于同一层各墙的高度 h_{im} 相同，材料相同，即 G_{im} 相同，一般均采用矩形截面 ξ 也相同。这样把式（7-19）代入式（7-18）后，可得

$$V_{im} = \frac{A_{im}}{\sum_{m=1}^{s} A_{im}} V_i \qquad (7\text{-}20)$$

式中　$\sum\limits_{m=1}^{s} A_{im}$——第 i 层各抗震横墙净横截面面积之和。

式（7-20）表明：对于刚性楼盖，当各抗震横墙的高度和砌体材料相同，且以剪切变形为主时，其楼层水平地震剪力可按各抗震横墙的横截面面积进行分配。

2）柔性楼盖。柔性楼盖房屋是指以木结构等柔性材料为楼盖的房屋。由于柔性楼盖在其自身平面内的水平刚度很小，在横向水平地震作用下楼盖在其自身水平平面内不仅有平移，而且受弯曲变形，可将其视为水平支撑在各抗震横墙上的多跨简支梁（图 7-21）。各抗震横墙承担的水平地震作用为该墙体从属面积上的重力荷载所产生的水平地震作用，因而各横墙承担的水平地震剪力可按该从属面积上的重力荷载代表值的比例分配，即第 i 楼层第 j 墙所承担的水平地震剪力标准值 V_{im} 为

$$V_{im} = \frac{G_{im}}{G_i} V_i \qquad (7\text{-}21)$$

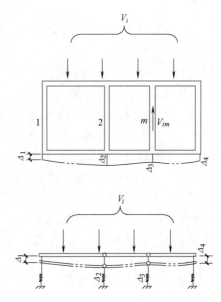

图 7-21　柔性楼盖计算简图

式中 G_i——第 i 层楼层的重力荷载代表值；

  G_{im}——第 i 层第 m 道墙与两侧面相邻横墙之间各一半范围内的楼盖面积上的重力荷载代表值。

当楼层重力荷载均匀分布时，可简化为下式

$$V_{im} = \frac{S_{im}}{S_i} V_i \qquad (7\text{-}22)$$

式中 S_{im}——第 i 层第 m 道墙从属荷载面积；

  S_i——第 i 层楼层总面积。

3）中等刚性楼盖。采用普通钢筋混凝土预制板的装配式楼（屋）盖为中等刚性楼盖。其楼（屋）盖的刚度介于刚性与柔性楼（屋）盖之间，在横向水平地震作用下，楼盖的变形状态不同于刚性楼盖和柔性楼盖，由于各片横墙产生的水平位移并不相等，所以在各片横墙间将产生一定的相对水平位移。因而，各片横墙所承担的地震剪力，不仅与横墙抗侧力刚度有关，而且与楼盖自身的水平变形有关。精确地计算各横墙所承担的地震剪力比较麻烦。《建筑抗震设计规范》规定，在一般多层砌体房屋的设计中，对于中等刚性楼盖房屋，第 i 层第 m 道横墙所承担的地震剪力，可近似取刚性楼盖和柔性楼盖房屋两种计算结果的平均值，由式（7-18）及式（7-21）可得

$$V_{im} = \frac{1}{2} \left(\frac{K_{im}}{\sum\limits_{m=1}^{s} K_{im}} + \frac{G_{ij}}{G_i} \right) V_i \qquad (7\text{-}23)$$

当可以只考虑墙体剪切变形、同一层墙体材料及高度均相同且楼层重力荷载均匀分布时，式（7-23）可简化为下式

$$V_{im} = \frac{1}{2} \left(\frac{A_{im}}{\sum\limits_{m=1}^{s} A_{im}} + \frac{F_{im}}{F_i} \right) V_i \qquad (7\text{-}24)$$

（2）纵向水平地震剪力的分配 在纵向水平地震剪力进行分配时，由于一般砌体房屋的纵向长度比横向长度大几倍，且纵墙的间距较小，所以无论何种类型楼盖，其纵向水平刚度都较大。因此，在纵向地震作用下，不论哪种楼盖，均可按刚性楼盖考虑，即可按各道纵墙的侧移刚度比例进行分配。

（3）同一道墙各墙段间水平地震剪力的分配 砌体结构中，每一道纵墙、横墙往往分为若干墙段。在同一道墙上，门窗洞口之间墙段所承担的地震剪力可按墙段的侧移刚度进行分配。由于各墙段的高宽比 h/b 不同，其侧移刚度也不同。墙段的高宽比为洞口净高与洞侧墙宽之比。洞高的取法为：窗间墙取窗洞高；门间墙取门洞高；门窗之间的墙取窗洞高，尽端墙取紧靠尽端的门洞或窗洞高，如图 7-22 所示。

设第 i 层第 m 道墙共有 n 个墙段，则其中第 r 墙段所承担的水平地震剪力为

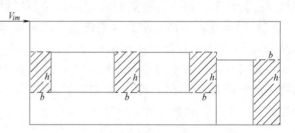

图 7-22 各墙段的高度 h 及宽度 b 的取法

$$V_{imr} = \frac{K_{imr}}{\sum\limits_{r=1}^{n} K_{imr}} V_{im} \tag{7-25}$$

式中　K_{imr}——第 i 层第 m 道墙第 r 墙段的侧移刚度。

7.4.4　墙体截面抗震承载力验算

对于多层砌体结构房屋，一般不必对每一道墙体进行截面抗震承载力验算，当一道墙中各墙段的高宽比比较接近，且所受正应力差别不大，可认为这道墙的抗震强度满足要求时，其各墙段的抗震强度也满足要求。根据工程经验，只选择纵、横向的不利墙段进行截面抗震承载力验算，不利墙段包括承担地震剪力较大的墙段、竖向压应力较小的墙段以及局部截面较小的墙段。

1. 黏土砖、多孔砖墙体的截面抗震受剪承载力

一般情况下，应按式（7-26）验算

$$V \leqslant f_{VE}A/\gamma_{RE} \tag{7-26}$$

式中　V——墙体剪力设计值；

　　　f_{VE}——砖砌体沿阶梯形截面破坏的抗震抗剪强度设计值；

　　　A——墙体横截面面积，多孔砖取毛截面面积；

　　　γ_{RE}——承载力抗震调整系数（见表 4-17）。

2. 水平配筋墙体的截面抗震受剪承载力

应按式（7-27）计算

$$V \leqslant \frac{1}{\gamma_{RE}}(f_{VE}A + \xi_s f_{yh} A_{sh}) \tag{7-27}$$

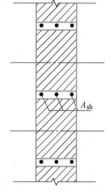

图 7-23　层间墙体竖向截面的总水平钢筋截面面积

式中　A——墙体横截面面积，多孔砖取毛截面面积；

　　　f_{yh}——水平钢筋抗拉强度设计值；

　　　A_{sh}——层间墙体竖向截面的总水平钢筋截面面积，如图 7-23 所示，其配筋率应不小于 0.07% 且不大于 0.17%；

　　　ξ_s——钢筋参与工作系数，见表 7-6。

表 7-6　钢筋参与工作系数

墙体高宽比	0.4	0.6	0.8	1.0	1.2
ξ_s	0.10	0.12	0.14	0.15	0.12

当按式（7-26）、式（7-27）验算不满足要求时，可计入设置于墙段中部，截面不小于 240mm×240mm（墙厚 190mm 时为 240mm×190mm）且间距不大于 4m 的构造柱对受剪承载力的提高作用，按下列简化方法验算

$$V \leqslant \frac{1}{\gamma_{RE}}[\eta_c f_{VE}(A - A_c) + \xi_c f_t A_c + 0.08 f_{yc} A_{sc} + \xi_c f_{yh} A_{sh}] \tag{7-28}$$

式中　A_c——中部构造柱的横截面总面积（对横墙和内纵墙，$A_c > 0.15A$ 时，取 0.15A；对外纵墙，$A_c > 0.25A$ 时，取 0.25A）；

　　　f_t——中部构造柱的混凝土轴心抗拉强度设计值；

A_{sc}——中部构造柱的纵向钢筋截面总面积（配筋率不小于 0.6%，当配筋率大于 1.4%时取 1.4%）；

f_{yc}、f_{yh}——墙体水平钢筋、构造柱钢筋抗拉强度设计值；

ξ_c——中部构造柱参与工作系数；居中设一根时取 0.5，多于一根时取 0.4；

η_c——墙体约束修正系数；一般情况取 1.0，构造柱间距不大于 3.0m 时取 1.1；

A_{sh}——层间墙体竖向截面的总水平钢筋面积，无水平钢筋时取 0.0。

3. 混凝土小砌块墙体的截面抗震受剪承载力

混凝土小砌块墙体的截面抗震受剪承载力，应按式（7-29）验算

$$V \leqslant \frac{1}{\gamma_{RE}}[f_{VE}A+(0.3f_tA_c+0.05f_yA_s)\xi_c] \tag{7-29}$$

式中　f_t——芯柱混凝土轴心抗拉强度设计值；

A_c——芯柱总截面面积；

A_s——芯柱钢筋总截面面积；

f_y——芯柱钢筋抗拉强度设计值；

ξ_c——芯柱参与工作系数，按表 7-7 采用。

表 7-7　芯柱参与工作系数

填孔率 ρ	$\rho < 0.15$	$0.15 \leqslant \rho < 0.25$	$0.25 \leqslant \rho < 0.5$	$\rho \geqslant 0.5$
ξ_c	0.0	1.0	1.10	1.15

注：填孔率指芯柱根数（含构造柱与填实孔洞数量）与孔洞总数之比。

7.5　多层砌体结构房屋的抗震构造措施

历次地震调查表明，多层砌体结构房屋的震害在很多情况下是由于构造处理不当或不符合抗震设计要求所引起的。因此为了保证砌体结构房屋的抗震性能，在抗震设计中，除了满足对房屋总体方案与布置的一般规定和进行必要的抗震验算外，还必须采取合理可靠的抗震构造措施。抗震构造措施可以加强砌体结构的整体性，提高变形能力，特别是对于防止结构在大震时倒塌具有重要作用。

7.5.1　楼（屋）面

多层砌体房屋的楼（屋）面应符合下列规定：

1）楼板在墙上或梁上应有足够的支承长度，罕遇地震下楼板不应跌落或拉脱。

2）装配式钢筋混凝土楼板或屋面板，应采取有效的拉结措施，保证楼（屋）面的整体性。

3）楼（屋）面的钢筋混凝土梁或屋架应与墙、柱（包括构造柱）或圈梁可靠连接；不得采用独立砖柱。跨度不小于 6m 的大梁，其支承构件应采用组合砌体等加强措施，并应满足承载力要求。

7.5.2　楼梯间

砌体结构的楼梯间应符合下列规定：

1）不应采用悬挑式踏步或踏步竖肋插入墙体的楼梯，8、9度时不应采用装配式楼梯段。

2）装配式楼梯段应与平台板的梁可靠连接。

3）楼梯栏板不应采用无筋砖砌体。

4）楼梯间及门厅内墙阳角处的大梁支承长度不应小于500mm，并应与梁连接。

5）顶层及出屋面的楼梯间，构造柱应伸到顶部，并与顶部圈梁连接，墙体应设置通长拉结钢筋网片。

6）顶层以下楼梯间墙体应在休息平台或楼层半高处设置钢筋混凝土带或配筋砖带，并与构造柱连接。

7.5.3　构造柱、芯柱和圈梁

砌体结构房屋中的构造柱、芯柱、圈梁及其他各类构件的混凝土强度等级不应低于C25。对于砌体抗震墙，其施工应先砌墙，后浇构造柱、框架梁柱。

1. 多层小砌块房屋的芯柱

1）小砌块房屋芯柱截面不宜小于120mm×120mm。

2）芯柱混凝土强度等级不应低于Cb20。

3）芯柱的竖向插筋应贯通墙身且与圈梁连接，插筋不应小于1Φ12；6、7度时超过五层、8度时超过四层和9度时，插筋不应小于1Φ14。

4）芯柱应伸入室外地面下500mm，或与埋深小于500mm的基础圈梁相连。

5）为提高墙体抗震受剪承载力而设置的芯柱，宜在墙体内均匀布置，最大净距不宜大于2.0m。

6）多层小砌块房屋墙体交接处或芯柱与墙体连接处应设置拉结钢筋网片，网片可采用直径4mm的钢筋点焊而成，沿墙高间距不大于600mm，并应沿墙体水平通长设置。6、7度时底部1/3楼层，8度时底部1/2楼层，9度时全部楼层，上述拉结钢筋网片沿墙高间距不大于400mm。

2. 钢筋混凝土构造柱

小砌块房屋中替代芯柱的钢筋混凝土构造柱，应符合下列构造要求：

1）构造柱截面不宜小于190mm×190mm，纵向钢筋宜采用4Φ12，箍筋间距不宜大于250mm，且在柱上下端应适当加密；6、7度时超过五层、8度时超过四层和9度时，构造柱纵向钢筋宜采用4Φ14，箍筋间距不应大于200mm；外墙转角的构造柱可适当加大截面及配筋。

2）构造柱与砌块墙连接处应砌成马牙槎，与构造柱相邻的砌块孔洞，6度时宜填实，7度时应填实，8、9度时应填实并插筋。构造柱与砌块墙之间沿墙高每隔600mm设置Φ4点焊拉结钢筋网片，并应沿墙体水平通长设置。6、7度时底部1/3楼层，8度时底部1/2楼层，9度全部楼层，上述拉结钢筋网片沿墙高间距不大于400mm。

3）构造柱与圈梁连接处，构造柱的纵筋应在圈梁纵筋内侧穿过，保证构造柱纵筋上下贯通。

4）构造柱可不单独设置基础，但应伸入室外地面下500mm，或与埋深小于500mm的基础圈梁相连。

3. 圈梁

配筋砌块砌体圈梁构造，应符合下列规定：

1）各楼层标高处，每道配筋砌块砌体抗震墙均应设置现浇钢筋混凝土圈梁，圈梁的宽度应为墙厚，其截面高度不宜小于 200mm。

2）圈梁混凝土抗压强度不应小于相应灌孔砌块砌体的强度，且不应小于 C20。

3）圈梁纵向钢筋直径不应小于墙中水平分布钢筋的直径，且不应小于 4ϕ12；基础圈梁纵筋不应小于 4ϕ12；圈梁及基础圈梁箍筋直径不应小于 8mm，间距不应大于 200mm；当圈梁高度大于 300mm 时，应沿梁截面高度方向设置腰筋，其间距不应大于 200mm，直径不应小于 10mm。

4）圈梁底部入墙顶砌块孔洞内，深度不宜小于 30mm；圈梁顶部应是毛面。

7.5.4 其他抗震构造措施

多层小砌块房屋的层数，6 度时超过五层、7 度时超过四层、8 度时超过三层和 9 度时，在底层和顶层的窗台标高处，沿纵横墙应设置通长的水平现浇钢筋混凝土带；其截面高度不小于 60mm，纵筋不少于 2ϕ10，并应有分布拉结钢筋；其混凝土强度等级不应低于 C20。水平现浇混凝土带也可采用槽形砌块替代模板，其纵筋和拉结钢筋不变。

丙类的多层砖砌体房屋，当横墙较少且总高度和层数接近或达到表 7-1 规定的限值时，应采取下列加强措施：

1）房屋的最大开间尺寸不宜大于 6.6m。

2）同一结构单元内横墙错位数量不宜超过横墙总数的 1/3，且连续错位不宜多于两道；错位的墙体交接处均应增设构造柱，且楼（屋）面板应采用现浇钢筋混凝土板。

3）横墙和内纵墙上洞口的宽度不宜大于 1.5m；外纵墙上洞口的宽度不宜大于 2.1m 或开间尺寸的一半；且内外墙上洞口位置不应影响内外纵墙与横墙的整体连接。

4）所有纵横墙均应在楼（屋）盖标高处设置加强的现浇钢筋混凝土圈梁：圈梁的截面高度不宜小于 150mm，上下纵筋各不应少于 3ϕ10，箍筋不小于 ϕ6，间距不大于 300mm。

5）所有纵横墙交接处及横墙的中部，均应增设满足下列要求的构造柱：在纵横墙内的柱距不宜大于 3.0m，最小截面尺寸不宜小于 240mm×240mm（墙厚 190mm 时为 240mm×190mm），配筋宜符合表 7-8 的要求。

6）同一结构单元的楼（屋）面板应设置在同一标高处。

表 7-8 增设构造柱的纵筋和箍筋设置要求

位置	纵向钢筋			箍筋		
	最大配筋率（%）	最小配筋率（%）	最小直径/mm	加密区范围/mm	加密区间距/mm	最小直径/mm
角柱	1.8	0.8	14	全高	100	6
边柱			14	上端 700 下端 500		
中柱	1.4	0.6	12			

7）房屋底层和顶层的窗台标高处，宜设置沿纵横墙通长的水平现浇钢筋混凝土带；其截面高度不小于 60mm，宽度不小于墙厚，纵向钢筋不少于 2 Φ10，横向分布筋的直径不小于 6mm 且其间距不大于 200mm。

其中，墙体中部的构造柱可采用芯柱替代，芯柱的灌孔数量不应少于 2 孔，每孔插筋的直径不应小于 18mm。

本章知识点

1. 砌体结构房屋的抗震性能较弱。多层砌体结构房屋的震害现象主要表现为：房屋倒塌、墙体破坏、墙角破坏、楼梯间破坏、纵横墙连接破坏、楼盖与屋盖破坏、房屋附属构件的破坏等。

2. 针对多层砌体结构房屋抗震性能较差的弱点，提出了应从结构的抗震概念设计入手，注意结构的总体布置和细部构造措施等一系列抗震措施，以提高砌体结构房屋的抗震能力并在地震作用下不致倒塌。

3. 多层砌体结构房屋在抗震计算时一般只考虑水平地震作用，不考虑地震扭转作用。因此，在建筑平面、立面布置时应尽量做到质量、刚度均匀，以减少扭转的影响。在计算水平地震作用时，可将水平地震作用力在建筑物两个主轴方向分别进行抗震验算。由于多层砌体结构房屋整体的刚度较大，因此在地震作用下结构的变形为剪切型，地震作用的确定可用底部剪力法求得。

4. 楼层地震剪力在各墙体间的分配主要取决于楼盖的水平刚度及各墙体的侧移刚度，为此应掌握各种不同高宽比的实心墙体以及开洞墙体的侧移刚度计算方法。

5. 多层砌体结构房屋可只选择纵、横向的不利墙段进行截面抗震承载力的验算，不利墙段为：承担地震剪力较大的墙段；竖向压应力较小的墙段；局部截面较小的墙段。

习　题

1. 多层砌体结构房屋在地震作用下，其震害主要表现在哪些方面？产生的原因是什么？

2. 多层砌体结构房屋在抗震设计中，除进行抗震承载能力的验算外，为何更要注意概念设计及抗震构造措施的处理？

3. 多层砌体结构房屋的计算简图如何选取？地震作用如何确定？层间地震剪力在墙体间如何分配？墙体的抗震承载力如何验算？

4. 多层砌体结构房屋的抗震构造措施包括哪些方面？

5. 在多层砌体结构房屋中设置构造柱和圈梁有哪些作用？

6. 某四层砌体结构办公楼，其平、剖面尺寸如图 7-24 所示。楼盖和屋盖采用预制钢筋混凝土空心板。横墙承重，楼梯间突出屋顶。砖的强度等级为 MU10，砂浆的强度等级底层、2 层为 M5，其余楼层为 M2.5。窗口尺寸除个别注明者外为 1500mm×2100mm，内门尺寸为 1000mm×2500mm，设防烈度为 7 度，设计基本地震加速度值为 0.10g，建筑场地为 Ⅰ类，设计地震分组为第一组。试验算该墙体的抗震承载力。

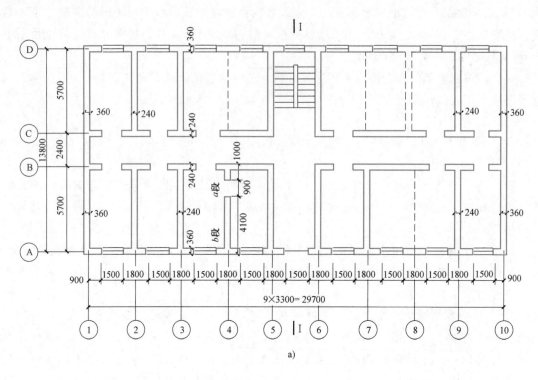

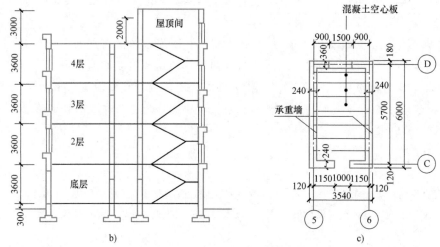

图 7-24 办公楼平面、剖面

a) 底层平面图   b) Ⅰ—Ⅰ剖面图   c) 出屋顶楼梯间平面图

第8章

钢筋混凝土排架柱厂房抗震设计

本章提要

　　本章主要介绍了钢筋混凝土排架柱厂房的震害特点及发生原因；阐述了钢筋混凝土排架柱厂房的抗震设计要求；介绍了钢筋混凝土排架柱厂房的抗震计算要点、抗震构造措施，并给出了相应的计算实例。

8.1　概述

　　单层厂房广泛应用于工业建筑，其中最常见的结构形式是排架结构（详见《混凝土结构设计规范》（2015年版）。单层厂房按排架柱的材料可分为单层钢筋混凝土柱厂房、单层钢结构厂房和单层砖柱厂房等。其中，单层钢筋混凝土柱厂房应用最为普遍。单层钢筋混凝土柱厂房通常是由钢筋混凝土柱、钢筋混凝土屋架或钢屋架以及有檩或无檩的钢筋混凝土屋盖及围护墙等组成的装配式排架结构。

　　震害结果的调查表明，单层钢筋混凝土柱厂房的抗震性能不仅取决于整体结构的抗震能力，还取决于各构件的抗震能力。为提高单层厂房的抗震能力，就需要进行合理的结构布置，正确选用各构件并进行抗震强度验算；同时，加强各构件之间的拉结构造措施，获得较好的空间整体性能来抵抗地震作用。

8.2　钢筋混凝土排架柱厂房震害分析

　　已有的震害调查表明，钢筋混凝土排架柱厂房在地震烈度为6~7度时，除围护墙体开裂或外闪及突出屋面的天窗架可能局部开裂外，厂房主体结构完好；8度时，主体结构发生排架柱开裂等不同程度的破坏，天窗架立柱开裂，围护墙破坏严重、局部倒塌，屋盖和柱间支撑系统出现杆件压曲和节点拉脱；9度及以上时，柱身折断，主体结构严重破坏甚至倒塌，围护墙大面积倒塌，支撑系统大部分压屈，屋盖破坏严重甚至塌落。另外，将厂房平面两个方向的震害进行比较，一般纵向的震害比横向严重。主要原因是沿纵向构件连接构造薄弱、支撑系统不完备及局部承载力不足等。

8.2.1 屋盖系统

1. 无檩屋盖

在地震作用下（主要为纵向地震作用），无檩屋盖的大型屋面板与屋架上弦的连接发生破坏，从而产生错动移位。该现象在 7 度时偶有发生，8 度时较为普遍，9 度及以上高烈度时，常因移位较大而引起屋面板从屋架上坠落（图 8-1），导致砸坏机器设备或由于屋架上弦失去平面外支撑而失稳倾斜，甚至倒塌。产生这种震害的原因是，屋面板与屋架上弦因与天窗架焊接不牢，或者屋面板大肋上预埋件锚固强度不足，从而引起屋面板与屋架之间的拉脱。

2. 有檩屋盖

有檩体系的震害比无檩体系轻，主要表现为屋面檩条的移位、下滑和塌落。此震害产生的主要原因是屋架与檩条之间连接不好，尤其在屋面坡度较大情况下，更易造成移位和下滑（图 8-2）。

图 8-1　屋面板从屋架坠落　　　　　　　图 8-2　檩条从屋架下滑

3. 天窗架

由于天窗架突出于屋面、重心高、刚度突变，此处地震作用明显增大（鞭梢效应），造成天窗架立柱根部水平开裂或折断，天窗架纵向、竖向支撑不足将导致支撑杆件压曲失稳，也可能造成天窗架与支撑连接处的焊缝被拉断或螺栓被切断，严重时会使天窗架发生倾斜，甚至倒塌（图 8-3）。

4. 屋架

屋架的震害表现为：屋架端节间上弦杆剪断及梯形屋架端头竖杆水平剪断，屋架端部支承大型屋面板的支墩被切断或预埋件松脱。这是因为屋架两端的剪力最大，而在非抗震计算时，屋架端节间的上弦杆及端部竖杆计算的内力很小，设计的截面及配筋较弱，当受到较大的纵向地震作用时，因设计强度不足而破坏。另外，屋架的平面外支撑（如屋面板）失效时，也可能引起屋架倾斜倒塌（图 8-4）。

8.2.2 排架柱系统

排架柱是单层钢筋混凝土柱厂房的主要抗侧力构件。在地震烈度为 7~9 度时，未发生因排架柱折断、倾倒而导致整个厂房倒塌的震害，在地震烈度为 10 度时，也很少发生排架

图 8-3　天窗架倒塌　　　　　　　　　　　图 8-4　屋架倾斜塌落

柱倒塌的现象。但排架柱的局部震害较普遍，其主要震害特点有以下几处：

1. 柱头

屋盖的质量大，其重力和地震作用时的荷载效应均通过屋架与柱头间的连接节点传递到排架柱。在外部较大荷载作用下，屋架与柱头的连接处会发生因连接焊缝强度不足引起的焊缝切断或因预埋件锚固筋的锚固强度不足引起的锚固筋被拔出的连接破坏；如果节点连接强度足够，柱头在反复地震作用下处于剪压复合的受力状态，因此柱头混凝土可能因剪压而出现斜裂缝，甚至压酥剥落（图 8-5）。柱头的这些破坏均可以导致屋架下落。

2. 排架柱

下柱在窗台以下靠近地面处，由于刚性地面对下柱的嵌固作用，较大的弯矩使得柱根位置出现水平裂缝或环状裂缝，严重时可使混凝土剥落、纵筋压屈，导致柱根错位、折断（图 8-5）。大开孔工字形截面空腹柱和平腹杆双肢柱节点易于损伤，抗震性能较差（图 8-6）。

3. 牛腿位置

上柱截面较弱，却承受着屋盖及起重机的横向水平地震作用引起的较大剪力，柱子处于压弯剪复合受力状态，在牛腿顶面变截面处，由于刚度突变将引起应力的集中，易产生水平裂缝，甚至折断。

图 8-5　柱根与柱头破坏　　　　　　　　　图 8-6　双肢柱损伤

4. 高低跨厂房

高低跨厂房两部分振动不协调，交接处容易产生破坏（图8-7）。高低跨厂房的中柱常采用柱肩（牛腿）支承低跨屋架，在地震作用下，该处常出现水平裂缝和竖向裂缝。其原因是地震时由于高阶振型的影响，两不等高屋盖产生相反方向的运动，这使得柱肩（牛腿）受到较大的水平拉力，导致该处被拉裂。

5. 柱间支撑

柱间支撑是厂房纵向抗震的主要抗侧力构件，承受了绝大部分的纵向地震力。其破坏主要出现在8度及8度以上地震区，7度区出现破坏较少。破坏的主要特征是支撑斜杆的压屈（图8-8），或支撑与柱的连接节点拉脱。节点拉脱也较多出现于上柱支撑，但下柱支撑的下节点破坏最为严重。

图8-7　高低跨厂房交接处破坏

图8-8　柱间支撑压屈

8.2.3　围护墙体震害

单层钢筋混凝土柱厂房的围护墙（纵墙和山墙）是出现震害较多的部位。随着地震烈度的增加，将出现外闪、开裂直至倒塌的现象，出现这些震害的主要原因是墙体本身的抗震能力低，墙体与主体结构缺乏牢固拉结，高大墙体的稳定性也较差等（图8-9、图8-10）。

图8-9　纵墙倒塌

图8-10　山墙倒塌

震害调查表明，砌体围护墙，尤其是山墙，凡与柱没有形成牢固拉结的或山墙抗风柱不到顶的，在 6 度时就可能外倾或倒塌；封檐墙和山墙的山尖部分由于鞭梢效应的影响，动力反应大，在地震中往往破坏较早，震害也较重；对采用钢筋混凝土大型墙板与柱柔性连接或采用轻质墙板围护墙的厂房结构，在 8 度、9 度时也基本完好，显示出良好的抗震性能。

8.3 钢筋混凝土排架柱厂房的抗震设计要求

8.3.1 厂房结构的总体布置

厂房结构的总体布置包括厂房的体型、平面布置、竖向布置、结构体系与承重方式、变形缝的设置等方面的内容，一般要求体型简单、规则、均匀、对称，结构刚度与质量中心尽可能重合，各部分结构变形协调，避免局部刚度突变和应力集中，结构传力途径明确、简捷。

1. 厂房平面和竖向布置

1）多跨厂房宜等高和等长。不等长的厂房有扭转效应，不等高厂房有高振型反应和扭转效应，这些现象都对厂房抗震不利。高低跨厂房不宜采用一端开口的结构布置。

2）厂房的贴建房屋和构筑物，不宜在厂房的角部和紧靠防震缝处布置。

3）厂房有工作平台、刚性工作间时，宜与厂房主体结构脱开，以避免由于两者连接造成主体结构性能改变、应力集中、形成短柱等不利于抗震的情况。

4）厂房内上起重机的铁梯不应靠近防震缝设置；多跨厂房各跨上起重机的铁梯不宜设在同一横向轴线附近，因为在此处停放起重机会使该处排架侧移刚度增大，导致震害破坏。

2. 防震缝设置

1）厂房体型复杂或有贴建的房屋和构筑物时，宜设防震缝。

2）两个主厂房之间的过渡跨至少应有一侧采用防震缝与主厂房脱开，以防止由于两个主厂房振动变形不协调而导致过渡跨破坏或倒塌。

3）防震缝的宽度要足够。在厂房纵横跨交接处、大柱网厂房或不设柱间支撑的厂房，防震缝宽度可采用 100~150mm，其他情况可采用 50~90mm。

3. 简明的承重体系

厂房的同一结构单元内不应采用不同的结构形式；厂房端部应设置屋架，不应采用山墙承重；厂房单元内不应采用横墙和排架混合承重。避免由于振动特性、材料强度和侧移刚度等方面的不均衡造成结构破坏。

4. 各柱列侧移刚度均匀分布

厂房柱距宜相等，各柱列的侧移刚度宜均匀。纵向各柱列刚度严重不均匀的厂房使纵向地震作用分配不均匀、变形不协调，震害加剧。因此，宜避免两侧边柱列为嵌砌墙、中间柱列设柱间支撑，一侧为外贴墙或嵌砌墙、另一侧为开敞，一侧为外贴墙、另一侧为嵌砌墙等不利布置。当有抽柱时，应采取抗震加强措施。

8.3.2 屋盖结构布置

对屋盖体系总的要求是减轻质量，降低重心，设置合理有效的支撑体系，保证屋盖的整体性和刚度。

1. 天窗的布置

1）天窗宜采用突出屋面较小的避风天窗，有条件或9度时宜采用下沉式天窗。

2）突出屋面的天窗宜采用钢天窗架；6~8度时，可采用矩形截面杆件的钢筋混凝土天窗架。

3）8度和9度时，天窗架宜从厂房单元端部第三柱间开始设置。

4）天窗屋盖、端壁板和侧板，宜采用轻型板材。

2. 屋架的布置

设置厂房屋架时应综合考虑厂房跨度、柱距和抗震设防的要求，尽可能采用较好抗震性能的钢屋架或重心较低的预应力混凝土、钢筋混凝土屋架。另外，还需符合下列要求：

1）跨度不大于15m时，可采用钢筋混凝土屋面梁。

2）跨度大于24m，或8度Ⅲ、Ⅳ类场地和9度时，应优先采用钢屋架。

3）柱距为12m时，可采用预应力混凝土托架（梁）；当采用钢屋架时，也可采用钢托架（梁）。

4）有突出屋面天窗架的屋盖不宜采用预应力混凝土或钢筋混凝土空腹屋架。

5）8度（0.3g）和9度时，跨度大于24m的厂房不宜采用大型屋面板。

3. 屋盖支撑系统的布置

完整的屋盖支撑系统是保证屋盖整体刚度的重要条件。按照屋盖的结构形式，合理设置屋架支撑、天窗架支撑，对于增强屋盖整体性、发挥厂房空间工作作用特别重要。

无檩屋盖和有檩屋盖的屋盖支撑布置应分别符合表8-1~表8-3的要求。对于无檩体系，8度和9度、跨度不大于15m的屋面梁屋盖，可仅在厂房单元两端各设竖向支撑一道。单坡屋面梁的屋盖支撑布置宜按屋架端部高度大于900m的屋盖支撑布置执行。

表 8-1 无檩屋盖的支撑布置

支撑名称		烈度		
		6度、7度	8度	9度
屋架支撑	上弦横向支撑	屋架跨度小于18m时同非抗震设计，跨度不小于18m时在厂房单元端开间各设一道	厂房单元端开间及柱间支撑开间各设一道，天窗开洞范围的两端各增设局部的支撑一道	

（续）

支撑名称			烈度		
			6度、7度	8度	9度
屋架支撑	上弦通长水平系杆		同非抗震设计	沿屋架跨度不大于15m设一道，但装配整体式屋面可不设 围护墙在屋架上弦高度有现浇圈梁时，其端部处可不另设	沿屋架跨度不大于12m设一道，但装配整体式屋面可不设 围护墙在屋架上弦高度有现浇圈梁时，其端部处可不另设
	下弦横向支撑			同非抗震设计	同上弦横向支撑
	跨中竖向支撑				
	两端竖向支撑	屋架端部高度≤900mm		厂房单元端开间各设一道	厂房单元端开间及每隔48m各设一道
		屋架端部高度>900mm	厂房单元端开间各设一道	厂房单元端开间及柱间支撑开间各设一道	厂房单元端开间、柱间支撑开间及每隔30m各设一道
天窗架支撑	天窗两侧竖向支撑		厂房单元端开间及每隔30m各设一道	厂房单元天窗端开间及每隔24m各设一道	厂房单元端开间及每隔18m各设一道
	上弦横向支撑		同非抗震设计	天窗跨度≥9m时，厂房单元天窗端开间及柱间支撑开间各设一道	厂房单元端开间及柱间支撑开间各设一道

表 8-2　中间井式天窗无檩屋盖支撑布置

支撑名称		6度、7度	8度	9度
上弦横向支撑 下弦横向支撑		厂房单元端开间各设一道	厂房单元端开间及柱间支撑开间各设一道	
上弦通长水平系杆		天窗范围内屋架跨中上弦节点处设置		
下弦通长水平系杆		天窗两侧及天窗范围内屋架下弦节点处设置		
跨中竖向支撑		有上弦横向支撑开间设置，位置与下弦通长系杆相对应		
两端竖向支撑	屋架端部高度≤900mm	同非抗震设计		有上弦横向支撑开间，且间距不大于48m
	屋架端部高度>900mm	厂房单元端开间各设一道	有上弦横向支撑开间，且间距不大于48m	有上弦横向支撑开间，且间距不大于30m

表 8-3　有檩屋盖的支撑布置

支撑名称		烈度		
		6度、7度	8度	9度
屋架支撑	上弦横向支撑	厂房单元端开间各设一道	单元端开间及厂房单元长度大于66m的柱间支撑开间各设一道 天窗开洞范围的两端各增设局部的支撑一道	厂房单元端开间及厂房单元长度大于42m的柱间支撑开间各设一道 天窗开洞范围的两端各增设局部的上弦横向支撑一道
	下弦横向支撑 跨中竖向支撑	同非抗震设计		
	端部竖向支撑	屋架端部高度大于900mm时，单元端开间及柱间支撑开间各设一道		

（续）

支撑名称		烈度		
		6度、7度	8度	9度
天窗架支撑	上弦横向支撑	厂房单元天窗端开间各设一道	单元天窗端开间及每隔30m各设一道	单元天窗端开间及每隔18m各设一道
	两侧竖向支撑	厂房单元天窗端开间及每隔36m各设一道		

8.3.3 排架柱结构构件布置

1. 排架柱的选型

钢筋混凝土柱是厂房主要的承重构件，它支撑着整个屋盖系统，因而它的抗震性能决定了整个厂房结构的抗震能力。按抗震要求设计排架柱时，确定柱子截面要考虑足够的刚度，同时要避免柱子的抗侧刚度过大而不利于抗震，另外也要保证柱子具有一定的延性，使其在进入弹塑性变形阶段仍具有足够的变形和承载能力。

排架柱分为单肢柱和双肢柱两大类，不同的截面形式其抗震性能也不同。其中，矩形和普通工字形截面单肢柱的抗震性能较好，但自重较大，使用上受到一定限制；双肢柱的自重较轻，但抗震性能不好。因此要根据具体情况，合理地确定柱的类型，设置时应符合下列要求：

1）在8度和9度时，宜采用矩形、工字形截面柱或斜腹杆双肢柱，不宜采用薄壁工字形柱、腹板开孔工字形柱、预制腹板的工字形柱和管柱，因为这些形式的柱子抗剪能力较差，震害较重。

2）柱底至室内地坪以上500mm范围内和阶形柱的上柱宜采用矩形截面。

2. 柱间支撑的设置

柱间支撑是保证厂房纵向刚度和承受纵向地震作用的重要抗侧力构件。柱间支撑的设置应符合下列要求：

1）按厂房单元布置柱间支撑。一般情况下，应在厂房单元中部配套设置上、下柱间支撑；对于有起重机或8度和9度的厂房，宜在厂房单元两端增设上柱支撑；当厂房单元较长或8度Ⅲ、Ⅳ类场地和9度时，可在厂房单元中部1/3区段内设置两道柱间支撑。

2）8度时跨度不小于18m的多跨厂房中柱和9度时多跨厂房各柱，柱顶宜设置通长水平压杆，此压杆可与梯形屋架支座处通长水平系杆合并设置，钢筋混凝土系杆端头与屋架间的空隙应采用混凝土填实。

3）柱间支撑的杆件应采用型钢，支撑形式宜采用交叉式，其斜杆与水平面的夹角不宜大于55°。为避免支撑杆件的失稳破坏，应控制柱间支撑的长细比，其最大长细比不宜超过表8-4的规定值。

表 8-4　交叉支撑斜杆的最大长细比

位置	烈度			
	6 度和 7 度 I 、II 类场地	7 度 III 、IV 类场地和 8 度 I 、II 类场地	8 度 III 、IV 类场地和 9 度 I 、II 类场地	9 度 III 、IV 类场地
上柱支撑	250	250	200	150
下柱支撑	200	150	120	120

8.3.4　围护墙体布置

围护墙体属于单层厂房的非结构构件，其布置时要考虑不能对主体结构产生不利影响，还必须重视墙体自身的抗震性能。

1）单层钢筋混凝土柱厂房的围护墙体宜采用轻质墙板或钢筋混凝土大型墙板，因为其强度高、整体性好，震害明显轻于砌体围护墙；当外侧柱距为 12m 时应采用轻质墙板或钢筋混凝土大型墙板；不等高厂房的高跨封墙和纵横向厂房交接处的悬墙宜采用轻质墙板。

2）厂房的砌体围护墙应采用外贴式，并与柱可靠拉结。砌体隔墙与柱宜脱开或柔性连接，减轻对柱子的不利影响，并应采取措施使墙体稳定，隔墙顶部应设现浇钢筋混凝土压顶梁。

3）刚性围护墙沿纵向宜均匀对称布置，不宜一侧为外贴式，另一侧为嵌砌式或开敞式；也不宜一侧采用砌体墙，一侧采用轻质墙板。

4）对于高大的山墙，应采用到顶的抗风柱和墙体的圈梁或压顶梁来增加其稳定性，以提高抗震性能。

8.4　单层厂房的抗震计算要点

8.4.1　单层厂房抗震计算简介

单层厂房是一个空间结构，在地震、起重机动力荷载作用下的振动是空间形式的振动，因而动力作用的分布也是空间的。结构计算应当使用三维空间结构计算模型，或至少能反映空间工作特点的模型。考虑震害调查结果、工程实践经验以及结构计算和设计的工作量，我国《建筑抗震设计规范》根据下列三种不同情况予以区别对待：

1. 用空间结构模型进行抗震计算

建立厂房的空间结构模型，通常要借助于大型结构有限元分析软件，其几何模型一般需要使用梁柱杆元、桁架杆元、墙（壳）元等组建三维结构模型，有时还需要借助体元、接触单元、约束单元、刚体单元等模拟各种构件直接的连接；其物理模型需要定义多种材料或构件的力学性能，如混凝土、钢材、砌体等。进行有限元非线性动力分析时还需定义材料或单元的非线性性能、关键单元的滞回模型。建立空间结构模型的方法原理与有限元模型基本相同，但这里不能使用楼盖平面内绝对刚性的假定，结构所受的荷载计算也略有不同。对于重要的、构造复杂的厂房可以考虑使用空间结构模型。

空间结构模型自由度数目多、计算工作量大，内力统计与结构设计需要处理的数据量大。根据以往单层厂房的计算经验,考虑单层厂房的工作特点并引入相应的基本假定,可建立考虑屋盖剪切变形的空间协同分析模型。所谓协同工作,是指各种抗侧力构件在侧向荷载作用下在计算自由度上达到位移协调一致。如能考虑砌体开裂引起的墙体构件的刚度退化,则可计算由此产生的内力重分配。建立这种模型所需引入的基本假定可以归类如下:

1)以平面结构(排架、柱列、支撑、山墙、纵墙)为基本单元,只考虑平面内的刚度,忽略平面外的刚度和构件对自身形心轴的抗扭刚度。

2)考虑屋盖平面内的剪切变形,忽略其弯曲变形。根据工程实测结果,常用无檩屋盖体系的剪切刚度可取为 $2\times10^4\mathrm{kN/m}$,有檩屋盖体系可取为 $0.6\times10^4\mathrm{kN/m}$。

3)对结构平面非对称分布的厂房,考虑山墙、柱列、支撑、纵墙、排架等各平面结构对厂房结构平面质心的抗扭刚度。

4)考虑砌体墙开裂引起的刚度退化。

在一般情况下,厂房结构的计算应计及屋盖的横向变形和围护墙与隔墙的有效刚度,计及扭转造成的影响,这时往往采用这种多质点空间协同工作结构计算模型。目前工程界所使用的单层厂房专用计算软件多数基于这种模型。

2. 用简化计算模型进行抗震计算

大量工程与研究实践证明,对于构造相对简单、布局规则的单层厂房结构,可以采用简化计算模型进行抗震计算。简化计算模型的思路是:以空间地震作用分析为基础,考虑厂房结构布局的特点,对于具备一定构造条件的厂房可先按结构刚度主轴方向(横向或纵向)分别建立简化的平面结构模型来计算地震作用,再结合空间工作的特点对计算结果做必要的调整。

按简化计算模型进行单层厂房抗震计算的主要内容和一般步骤为:

1)选取恰当的结构计算简图,利用等效方法计算各质点的地震作用。

2)计算结构自振周期。

3)按照规范建议的方法计算结构地震作用。

4)计算地震作用效应。

5)基于简化模型和空间模型的差异,用规范规定的方法对地震作用效应做适当调整。

6)将地震作用效应与其他种类的荷载效应进行组合,确定最不利效应组合。

7)用最不利效应组合进行构件截面设计或截面承载力验算。

8)对于8度Ⅲ、Ⅳ类场地和9度时的高大单层钢筋混凝土柱厂房横向排架,应进行罕遇地震作用下结构薄弱层弹塑性变形验算。

3. 不需要进行抗震计算的情况

对7度Ⅰ、Ⅱ类场地,柱高不超过10m且结构单元两端均有山墙的单跨及等高多跨厂房(锯齿形厂房除外),根据震害调查和工程实例分析,其地震作用效应往往不起主要控制作用,为简化计算工作量、简化计算程序,仅需采用《建筑抗震设计规范》规定的抗震构造措施,可不进行地震作用计算及截面抗震验算。

8.4.2 单层厂房横向抗震计算

1. 单层厂房横向抗震计算简图

单层钢筋混凝土柱无檩和有檩屋盖厂房的横向抗震计算,一般情况下,宜考虑屋盖的横向弹性变形，按多质点空间结构分析。当符合一定条件时，可采用平面排架计算，并按规定对排架柱的地震剪力和弯矩进行调整。对于轻型屋盖厂房，柱距相等时，不考虑其空间性，可按平面排架计算。按平面排架计算时，可取一个柱距的单相平面排架为计算单元，将厂房分布重力荷载进行集中。一般单层单跨和单层等高多跨厂房将厂房质量集中于柱屋盖标高处，使其简化为单质点体系（图8-11），两跨不等高厂房可简化为两质点体系（图8-12），三跨均不等高厂房可简化为三质点体系（图8-13）。由于在计算自振周期和地震作用时采取的简化假定不同，因而它们的计算简图和重力荷载集中方法也各不相同。

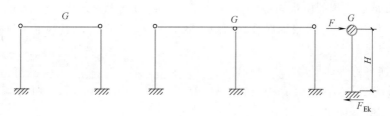

图 8-11　单质点体系

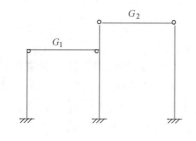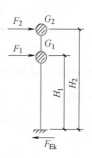

图 8-12　两质点体系

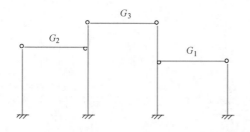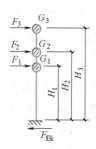

图 8-13　三质点体系

（1）计算自振周期时的质量集中　在计算厂房自振周期时，计算简图中质点的重力荷载代表值可计算如下：

1）单跨或多跨等高厂房

$$G_1 = 1.0G_{屋盖} + 0.5G_{雪} + 0.5G_{积灰} + 0.5G_{吊车梁} + 0.25G_{柱} + 0.25G_{纵墙} + 1.0G_{檐墙} \tag{8-1}$$

2）两跨不等高厂房

$$G_1 = 1.0G_{低跨屋盖} + 0.5G_{低跨雪} + 0.5G_{低跨积灰} + 0.5G_{低跨吊车梁} + 0.25G_{低跨边柱} +$$
$$0.25G_{低跨外纵墙} + 1.0G_{低跨檐墙} + 1.0G_{中柱高跨吊车梁} + 0.25G_{中柱下柱} +$$
$$0.5G_{中柱上柱} + 0.5G_{高跨封墙} \tag{8-2}$$

$$G_2 = 1.0G_{高跨屋盖} + 0.5G_{高跨雪} + 0.5G_{高跨积灰} + 0.5G_{高跨边柱吊车梁} + 0.25G_{高跨边柱} +$$

$$0.25G_{高跨外纵墙} + 1.0G_{高跨檐墙} + 1.0G_{高跨封墙檐墙} + 0.5G_{中柱上柱} + 0.5G_{高跨封墙} \qquad (8\text{-}3)$$

由于吊车桁架对排架的自振周期影响很小，因此，不考虑吊车桁架的重力荷载。高低跨交接柱的高跨吊车梁的重力荷载代表值可集中于低跨屋盖处，也可集中到高跨屋盖处，应以就近集中为原则。当靠近低跨屋盖处，可集中于低跨屋盖处时，质点等效集中系数为 1.0；当集中于高跨及低跨屋盖之间时，可分别集中到高跨和低跨屋盖处，其质点等效集中系数均为 0.5。

（2）计算地震作用的质量集中　计算地震作用时的重力荷载代表值，吊车梁、柱和纵墙的等效换算系数是按柱底或墙底截面弯矩等效的原则确定的。质点的重力荷载代表值可计算如下：

1）单跨或多跨等高厂房

$$G_1 = 1.0G_{屋盖} + 0.5G_{雪} + 0.5G_{积灰} + 0.75G_{吊车梁} + 0.5G_{柱} + 0.5G_{纵墙} + 1.0G_{檐墙} \qquad (8\text{-}4)$$

2）两跨不等高厂房

$$G_1 = 1.0G_{低跨屋盖} + 0.5G_{低跨雪} + 0.5G_{低跨积灰} + 0.75G_{低跨吊车梁} + 0.5G_{低跨边柱} + 0.5G_{低跨外纵墙} +$$

$$1.0G_{低跨檐墙} + 1.0G_{中柱高跨吊车梁} + 0.5G_{中柱下柱} + 0.5G_{中柱上柱} + 0.5G_{高跨封墙} \qquad (8\text{-}5)$$

$$G_2 = 1.0G_{高跨屋盖} + 0.5G_{高跨雪} + 0.5G_{高跨积灰} + 0.75G_{高跨边柱吊车梁} + 0.5G_{高跨边柱} +$$

$$0.5G_{高跨外纵墙} + 1.0G_{高跨檐墙} + 1.0G_{高跨封墙檐墙} + 0.5G_{中柱上柱} + 0.5G_{高跨封墙} \qquad (8\text{-}6)$$

对突出屋面的天窗，在屋盖处也集中为一个质点。对于设有桥式起重机的厂房，除了上述质量集中之外，还应考虑吊车桁架的重力荷载，如系硬钩起重机，尚应考虑最大吊重的 30%。一般将某跨吊车桁架的重力荷载集中于该跨任一柱吊车梁的顶面标高处。如两跨不等高厂房均设有起重机，则在确定厂房地震作用时应按四个集中质点考虑（图 8-14）。

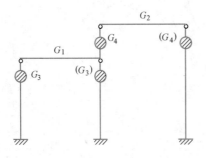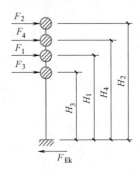

图 8-14　四质点体系

2. 横向自振周期

（1）单跨与多跨等高厂房　单质点体系（图 8-11）的横向基本周期可按下式计算

$$T_1 = 2\pi\sqrt{\frac{M}{K}} = 2\pi\sqrt{\frac{G_1\delta_{11}}{g}} \approx 2\sqrt{G_1\delta_{11}} \qquad (8\text{-}7)$$

式中　M、G_1——质点等效总质量、重力荷载代表值（kN）；

K——单质点体系的抗侧移刚度（kN/m）；

g——重力加速度；

δ_{11}——单位水平力作用于集中质点上引起的侧向位移（m/kN）。

（2）两跨不等高厂房 一般简化为两质点体系（图8-12），采用能量法理论，其基本周期可按下式计算

$$T_1 = 2\sqrt{\frac{G_1 u_1^2 + G_2 u_2^2}{G_1 u_1 + G_2 u_2}} \,(u_i \text{ 单位为 m}) \tag{8-8}$$

式中　G_1、G_2——按周期等效原则确定的不等高柱顶质点重力荷载代表值（kN）；

　　　u_1、u_2——将 G_1 和 G_2 作为水平力同时作用于排架各自相应质点处时相应产生的侧移（m），如图8-15a所示。

$$\begin{cases} u_1 = G_1 \delta_{11} + G_2 \delta_{12} \\ u_2 = G_1 \delta_{21} + G_2 \delta_{22} \end{cases} \tag{8-9}$$

式中　δ_{11}——单位水平力 $F=1$ 作用于屋盖1处，该屋盖处产生的侧移，如图8-15b所示；

　　　δ_{22}——单位水平力 $F=1$ 作用于屋盖2处，该屋盖处产生的侧移，如图8-15c所示；

　δ_{12}、δ_{21}——单位水平力 $F=1$ 作用于屋盖2或1处，屋盖1或2产生的侧移，分别如图8-15a、b所示，$\delta_{12}=\delta_{21}$。

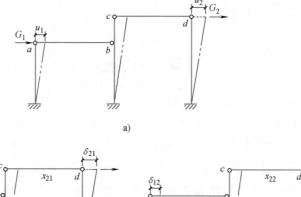

a)

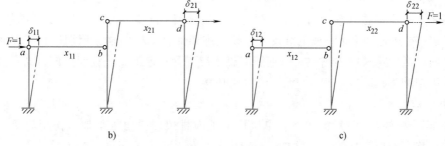

b)　　　　　　　　　　　　　　　c)

图 8-15　不等高排架计算周期时的侧移

$$\begin{cases} \delta_{11} = (1-x_{11})\delta_a ; \delta_{21} = x_{21}\delta_d \\ \delta_{12} = x_{12}\delta_a ; \delta_{22} = (1-x_{22})\delta_d \end{cases} \tag{8-10}$$

式中　δ_{11}、δ_{21} 及 δ_{12}、δ_{22}——$F=1$ 作用于屋盖1、2处时在横梁1和2内引起的内力。

$$\begin{cases} x_{11} = \dfrac{\delta_a}{k_3}; \quad x_{21} = x_{11}k_1 \\[2mm] x_{22} = \dfrac{\delta_d}{k_4}; \quad x_{12} = x_{22}k_2 \end{cases} \tag{8-11}$$

其中

$$\begin{cases} k_1 = \dfrac{\delta_{bc}}{\delta_c + \delta_d}; k_2 = \dfrac{\delta_{bc}}{\delta_a + \delta_b} \\ k_3 = \delta_a + \delta_b - \delta_{bc} k_1 ; k_4 = \delta_c + \delta_d - \delta_{bc} k_2 \end{cases} \tag{8-12}$$

式中　δ_a、δ_b、δ_c、δ_d、δ_{bc}、δ_{cb}——各柱在单位水平力作用下的柱顶及高低跨交接处的侧移
（图 8-16），可根据有关的排架计算表计算。

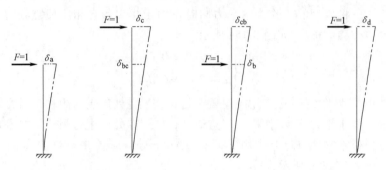

图 8-16　单柱在单位力作用下的侧移

（3）三跨及以上不等高厂房

$$T_1 = 2 \sqrt{\frac{\sum_{i=1}^{n} G_i u_i^2}{\sum_{i=1}^{n} G_i u_i}} \tag{8-13}$$

式中　G_i——质点 i 的重力荷载代表值；

　　　u_i——将各质点重力荷载代表值作为水平力作用于各质点后，质点 i 的水平侧移。

（4）横向自振周期的修正　计算横向基本周期时，计算简图是假定屋架与柱顶为铰接形式，实际两者连接总有些固结作用，另外，没有考虑围护墙对排架侧向变形的约束作用。因此，《建筑抗震设计规范》规定对按平面铰接排架计算的横向自振周期进行了修正，以减小计算周期比实际偏长的影响。对由钢筋混凝土屋架与钢筋混凝土柱组成的排架厂房，当有纵墙时取周期的折减系数为 0.8，无纵墙时取 0.9。

3. 排架地震作用

（1）底部剪力法　一般情况下，单层厂房平面排架的横向水平地震作用均可以采用底部剪力法计算。作用于排架底部的总地震剪力标准值为

$$F_{Ek} = \alpha_1 G_{eq} \tag{8-14}$$

式中　F_{Ek}——厂房总水平地震作用标准值；

　　　α_1——相应于结构基本自振周期 T_1 的地震影响系数；

　　　G_{eq}——结构的等效总重力荷载代表值，单质点体系取全部重力荷载代表值，即 G_E；
　　　　　　多质点体系取全部重力荷载代表值的 85%，即为 $0.85 G_E$；

　　　G_E——结构的总重力荷载代表值，按下式计算

$$G_E = \sum_{i=1}^{n} G_i$$

式中　G_i——质点 i 的重力荷载代表值。

质点 i 的水平地震作用标准值为

$$F_i = \frac{G_i H_i}{\sum_{i=1}^{n} G_i H_i} F_{Ek} \tag{8-15}$$

式中　H_i——质点 i 的高度。

（2）排架地震作用效应的计算与调整　求得各质点的水平地震作用后，可先将各质点处的地震作用视为静力荷载，分别作用于各质点的相应位置，再采用结构力学的方法进行平面排架的内力计算，求出排架各构件控制截面的地震作用效应，并对计算结果做如下调整：

1）考虑空间作用及扭转影响的调整。上述简化计算仅考虑了单个平面排架，并没有考虑厂房整体结构的空间作用。对采用钢筋混凝土屋盖的厂房，并且厂房两端有山墙时，实际的屋盖平面内刚度并不是无限刚性，屋架也会产生弯曲、剪切变形。由于变形必须协调，排架和山墙将共同承担地震作用，出现了所谓的空间作用效应。空间作用的结果是厂房上的地震作用将有一部分通过屋盖传给山墙，而作用在排架上的地震作用减小。空间作用效应取决于山墙间距，山墙间距越小，则厂房空间作用越明显，各排架实际承受的地震作用将越小于平面排架的简化计算结果。如果两端山墙刚度相差较大，或只有一端有墙，这时不仅存在空间作用，还会出现扭转效应。这与前面简化的平面铰接排架计算模型存在着差异。

《建筑抗震设计规范》规定，对于采用钢筋混凝土屋盖的单层钢筋混凝土柱厂房，当符合下列要求时，仍可采用平面铰接排架计算横向地震作用，但排架柱各截面的地震作用效应（剪力和弯矩）应考虑空间作用和扭转效应的影响，分别乘以相应的调整系数，调整系数见表 8-5。

表 8-5　钢筋混凝土柱（除高低跨交接处上柱外）考虑空间工作和扭转影响的效应调整系数

屋盖	山墙		屋盖长度/m											
			≤30	36	42	48	54	60	66	72	78	84	90	96
钢筋混凝土无檩屋盖	两端山墙	等高厂房			0.75	0.75	0.75	0.80	0.80	0.80	0.85	0.85	0.85	0.90
		不等高厂房			0.85	0.85	0.85	0.90	0.90	0.90	0.95	0.95	0.95	1.00
	一端山墙		1.05	1.15	1.20	1.25	1.30	1.30	1.30	1.30	1.35	1.35	1.35	1.35
钢筋混凝土有檩屋盖	两端山墙	等高厂房			0.80	0.85	0.90	0.95	0.95	1.00	1.00	1.05	1.05	1.10
		不等高厂房			0.85	0.90	0.95	1.00	1.00	1.05	1.05	1.10	1.10	1.15
	一端山墙		1.00	1.05	1.10	1.10	1.15	1.15	1.15	1.20	1.20	1.20	1.25	1.25

注：1. 设防烈度为 7 度和 8 度。

2. 厂房单元屋盖长度与总跨度之比小于 8 或厂房总跨度大于 12m（其中屋盖长度指山墙到山墙的间距，仅一端有山墙时，应取所考虑排架至山墙的距离；高低跨相差较大的不等高厂房，总跨度可不包括低跨）。

3. 山墙的厚度不小于 240mm，开洞所占的水平截面积不超过总面积的 50%，并与屋盖系统有良好的连接。

4. 柱顶高度不大于 15m。

2）高低跨交接处上柱地震作用效应的调整。不等高厂房高低跨交接处钢筋混凝土柱在支承低跨屋盖牛腿以上的各截面，按底部剪力法求得的地震剪力和弯矩应乘以增大系数，其值可按下式采用

$$\eta = \zeta \left(1 + 1.7 \frac{n_h}{n_0} \cdot \frac{G_{EL}}{G_{Eh}}\right) \tag{8-16}$$

式中　η——地震剪力和弯矩的增大系数；

ζ——不等高厂房高低跨交接处的空间工作影响系数，可按表 8-6 采用；

n_h——高跨的跨数；

n_0——计算跨数，仅一侧有低跨时应取总跨数，两侧均有低跨时应取总跨数与高跨的跨数之和；

G_{EL}——集中于交接处一侧各低跨屋盖标高处的总重力荷载代表值；

G_{Eh}——集中于高跨柱顶标高处的总重力荷载代表值。

表 8-6　高低跨交接处钢筋混凝土上柱空间工作影响系数

屋盖	山墙	屋盖长度/m										
		≤36	42	48	54	60	66	72	78	84	90	96
钢筋混凝土无檩屋盖	两端山墙		0.70	0.76	0.82	0.88	0.94	1.00	1.06	1.06	1.06	1.06
	一端山墙	1.25										
钢筋混凝土有檩屋盖	两端山墙		0.90	1.00	1.05	1.10	1.10	1.15	1.15	1.15	1.20	1.20
	一端山墙	1.05										

3）有起重机厂房地震作用效应的调整。在单层厂房中，吊车桁架是一个较大的移动质量，地震时它将引起厂房的局部振动，导致所在排架的地震作用效应增大。因此，应考虑吊车桁架的不利影响，对钢筋混凝土柱厂房的吊车梁顶标高处的上柱截面，由吊车桁架引起的地震剪力和弯矩应乘以增大系数。当按底部剪力法等简化计算方法计算时，计算步骤如下：

① 计算一台起重机对一根柱子产生的最大重力荷载 G_c。

② 计算该起重机重力荷载对一根柱子产生的水平地震作用。

当桥架不作为一个质点时，该水平地震作用可按下式近似计算

$$F_c = \alpha_1 G_c \frac{H_c}{H} \tag{8-17}$$

式中　F_c——由吊车桁架引起的，并作用于一根柱吊车梁顶面处的水平地震作用；

α_1——相应于排架基本周期 T_1 的地震影响系数；

H_c——吊车梁的顶面高度；

H——吊车梁所在柱的高度。

当桥架作为一个质点时，该处的水平地震作用可直接由底部剪力法求出。

③ 计算排架的地震作用效应。

④ 将地震作用效应乘以表 8-7 的增大系数。

表 8-7　桥架引起的地震剪力和弯矩增大系数

屋盖类型	山墙	边柱	高低跨柱	其他中柱
钢筋混凝土无檩屋盖	两端山墙	2.0	2.5	3.0
	一端山墙	1.5	2.0	2.5
钢筋混凝土有檩屋盖	两端山墙	1.5	2.0	2.5
	一端山墙	1.5	2.0	2.0

4）突出屋面的天窗架地震作用效应的调整。由于天窗架的横向刚度远比厂房排架的刚度大，因而天窗架在横向相对排架来说，接近于刚性。在横向水平地震作用下，按底部剪力法

计算的地震作用要比振型分解法计算的结果大 15%~27%。因此，对突出屋面的带有斜撑杆的三铰拱式钢筋混凝土和钢天窗架的横向抗震计算可采用底部剪力法；跨度大于 9m 或 9 度时，天窗架的地震作用效应应当乘以增大系数，增大系数可采用 1.5，以考虑高阶振型的影响。

4. 排架内力组合

在单层钢筋混凝土柱厂房的抗震设计中，横向排架抗震计算的内力组合是指水平地震作用引起的内力与相应的竖向荷载引起的内力的不利组合。竖向荷载即结构自重、雪荷载和积灰荷载、起重机重力荷载，硬钩起重机尚应包括 30%的自重。

在单层厂房排架的地震作用效应组合中，一般不考虑风荷载效应，不考虑起重机横向水平制动力引起的内力，也不考虑竖向地震作用。内力组合公式为

$$S = \gamma_G S_{GE} + \gamma_{Eh} S_{Ehk} \tag{8-18}$$

式中 γ_G——重力荷载分项系数；
γ_{Eh}——水平地震作用分项系数；
S_{GE}——重力荷载代表值的效应；
S_{Ehk}——水平地震作用标准值的效应。

5. 构件抗震承载力验算

（1）排架柱的抗震验算 钢筋混凝土排架柱一般按偏心受压构件进行截面抗震承载力验算，应满足下列要求

$$S \leqslant \frac{R}{\gamma_{RE}} \tag{8-19}$$

式中 S——排架横向地震作用效应与其他荷载效应的最不利组合，对单层厂房结构，通常取重力荷载效应与水平地震作用效应的组合；
R——柱的承载力设计值，按《混凝土结构设计规范》（2015 年版）所列偏心受压构件的承载力计算公式计算；
γ_{RE}——承载力抗震调整系数，对钢筋混凝土偏心受压柱，当轴压比小于 0.15 时，取 0.75；当轴压比不小于 0.15 时，取 0.80。

对于两个主轴方向柱距均不小于 12m、无桥式起重机且无柱间支撑的大柱网厂房，柱截面抗震验算应同时计算两个主轴方向的水平地震作用，并应计入位移引起的附加弯矩。

（2）柱牛腿的抗震验算 对支承吊车梁的牛腿，可不进行抗震验算；对支承低跨屋盖的牛腿（柱肩），其纵向受拉钢筋截面面积 A_s 按下式确定

$$A_s \geqslant \left(\frac{N_G a}{0.85 h_0 f_y} + 1.2 \frac{N_E}{f_y} \right) \gamma_{RE} \tag{8-20}$$

式中 N_G——柱牛腿面上重力荷载代表值产生的压力设计值；
a——重力作用点至下柱近侧边缘的距离，当小于 $0.3h_0$ 时，采用 $0.3h_0$；
h_0——牛腿最大竖向截面的有效高度；
N_E——柱牛腿面上地震组合的水平拉力设计值；
f_y——钢筋抗拉强度设计值；
γ_{RE}——承载力抗震调整系数，可采用 1.0。

（3）其他部位的抗震验算 8 度Ⅲ、Ⅳ类场地和 9 度时，带有小立柱的拱形和折线形屋架或上弦节间较长且矢高较大的屋架，屋架上弦宜进行抗扭验算。

8.4.3 单层厂房纵向抗震计算

大量的震害表明，在纵向水平地震作用下，厂房结构的破坏程度大于横向地震作用下的破坏，并且厂房沿纵向的破坏多数发生在中柱列，这是由于整个屋盖在平面内发生了变形，外纵向围护墙也承担了部分地震作用，致使各柱列承受的地震作用不同，中柱列承受了较多的地震作用，总体结构的水平地震作用的分配表现出显著的空间作用。因此，选取合适的计算模型进行厂房纵向地震的效应分析，减轻结构沿纵向的破坏是十分必要的。在工程计算中，对于单跨或等高多跨的钢筋混凝土柱厂房，可以使用较为简便的修正刚度法进行纵向抗震分析。

1. 修正刚度法

该方法适用于单跨或多跨等高钢筋混凝土无檩和有檩屋盖及有较完整支撑系统的轻型屋盖，并且柱顶标高不大于 15m 且平均跨度不大于 30m 的单跨或等高多跨的钢筋混凝土柱厂房。这种情况下，厂房屋盖的纵向水平刚度较大，空间作用显著，需要考虑屋盖的空间作用及纵向围护墙与屋盖变形对柱列侧移的影响。计算时，取整个抗震缝区段为纵向计算单元，按整体计算基本周期和纵向地震作用，求出纵向地震作用后，考虑到围护墙及柱间支撑对厂房空间作用的影响，先对柱列的纵向侧移刚度进行修正，再按修正后的柱列刚度在各柱列间分配地震作用，使得结果逼近于按空间分析的结果。

（1）纵向基本周期的计算

1）按单质点体系确定。先假定整个厂房屋盖为一理想刚性盘体，将所有的柱列重力荷载代表值按动能等效原则集中到屋盖标高处，并与屋盖重力荷载代表值合并。此外，将各柱列侧移刚度也加在一起，形成单质点体系。在周期计算公式中，考虑屋盖的变形影响，引入修正系数 ψ_T，使得计算周期接近于厂房实际基本周期

$$T_1 = 2\pi\psi_T\sqrt{\frac{\sum G_i}{g\sum K_i}} \approx 2\psi_T\sqrt{\frac{\sum G_i}{\sum K_i}} \tag{8-21}$$

$$G_i = 1.0G_{屋盖} + 0.5G_{雪} + 0.5G_{积灰} + 0.5G_{吊车梁} + 0.25G_{柱} + 0.35G_{纵墙} + 0.25G_{横墙} \tag{8-22}$$

式中　　i——柱列序号；

　　　　G_i——第 i 柱列集中到屋盖标高处的等效重力荷载代表值；

　　　　$\sum K_i$——第 i 柱列侧移刚度，等于柱列所有柱子、支撑和砖墙侧移刚度之和；

　　　　ψ_T——厂房纵向周期修正系数，按表 8-8 采用。

表 8-8　钢筋混凝土屋盖厂房的纵向周期修正系数

纵向围护墙	无檩屋盖		有檩屋盖	
	边跨无天窗	边跨有天窗	边跨无天窗	边跨有天窗
砖墙	1.45	1.50	1.60	1.65
无墙、石棉瓦、挂板	1.0	1.0	1.0	1.0

2）按《建筑抗震设计规范》方法确定。纵向基本周期可根据不同情况，按下列公式确定：

① 砖围护墙厂房

$$T_1 = 0.23 + 0.00025\psi_1 l\sqrt{H^3} \tag{8-23}$$

式中　ψ_1——屋盖类型系数，大型屋面板钢筋混凝土屋架可采用 1.0，钢屋架采用 0.85；

　　　　l——厂房跨度（m），多跨厂房可取各跨的平均值；

　　　　H——基础顶面至柱顶的高度（m）。

② 敞开、半敞开或墙板与柱子柔性连接的厂房。基本周期按式（8-23）计算后，需要乘以下列围护墙影响系数

$$\psi_2 = 2.6 - 0.002l\sqrt{H^3} \tag{8-24}$$

式中　ψ_2——围护墙影响系数，小于 1.0 时应采用 1.0。

（2）柱列地震作用的计算

1）柱列柱顶地震作用标准值。对等高多跨钢筋混凝土屋盖的厂房，各纵向柱列的柱顶标高处的地震作用标准值，可按下列公式计算

$$F_i = \alpha_1 G_{eq} \frac{K_{ai}}{\sum_{i=1}^{m} K_{ai}} \tag{8-25}$$

$$K_{ai} = \psi_3 \psi_4 K_i \tag{8-26}$$

式中　F_i——i 柱列柱顶标高处的纵向地震作用标准值；

　　　　α_1——相应于厂房纵向基本自振周期的水平地震影响系数；

　　　　G_{eq}——厂房单元柱列总等效重力荷载代表值，按下列两种情况计算：

无起重机厂房

$$G_{eq} = 1.0G_{屋盖} + 0.5G_{雪} + 0.5G_{积灰} + 0.5G_{柱} + 0.5G_{横墙和山墙} + 0.7G_{纵墙} \tag{8-27}$$

有起重机厂房

$$G_{eq} = 1.0G_{屋盖} + 0.5G_{雪} + 0.5G_{积灰} + 0.1G_{柱} + 0.5G_{横墙和山墙} + 0.7G_{纵墙} \tag{8-28}$$

　　　　K_i——i 柱列柱顶的总侧移刚度，应包括 i 柱列内柱子和上、下柱间支撑的侧移刚度及纵墙的折减侧移刚度的总和，贴砌的砖围护墙侧移刚度的折减系数可根据柱列侧移值的大小，采用 0.2~0.6；

　　　　K_{ai}——i 柱列柱顶的调整侧移刚度；

　　　　ψ_3——柱列侧移刚度的围护墙影响系数，可按表 8-9 采用；有纵向砖围护墙的四跨或五跨厂房，由边柱列数起的第三柱列，可按表内相应数值的 1.15 倍采用；

　　　　ψ_4——柱列侧移刚度的柱间支撑影响系数，纵向为砖围护墙时，边柱列可采用 1.0，中柱列可按表 8-10 采用。

表 8-9　围护墙影响系数

围护墙类别和烈度		柱列和屋盖类别				
			中柱列			
		边柱列	无檩屋盖		有檩屋盖	
240 砖墙	370 砖墙		边跨无天窗	边跨有天窗	边跨无天窗	边跨有天窗
	7 度	0.85	1.7	1.8	1.8	1.9
7 度	8 度	0.85	1.5	1.6	1.6	1.7
8 度	9 度	0.85	1.3	1.4	1.4	1.5
9 度		0.85	1.2	1.3	1.3	1.4
无墙、石棉瓦或挂板		0.90	1.1	1.1	1.2	1.2

表 8-10　纵向采用砖围护墙的中柱列柱间支撑影响系数

厂房单元内设置下柱支撑的柱间数	中柱列下柱支撑斜杆的长细比					中柱列无支撑
	≤40	41~80	81~120	121~150	>150	
一柱间	0.9	0.95	1.0	1.1	1.25	1.4
二柱间			0.9	0.95	1.0	1.4

2）吊车梁顶标高处纵向地震作用标准值。对等高多跨钢筋混凝土屋盖厂房，柱列各吊车梁顶标高处的纵向地震作用标准值，可按下式确定

$$F_{ci} = \alpha_1 G_{ci} \frac{H_{ci}}{H_i} \tag{8-29}$$

式中　F_{ci}——i 柱列在吊车梁顶标高处的纵向地震作用标准值；

　　　G_{ci}——集中于 i 柱列吊车梁顶标高处的等效重力荷载代表值，对于软钩起重机厂房，应包括吊车梁与吊车桁架的重力荷载代表值和 40% 柱子自重，即

$$G_{ci} = 0.4 G_{柱} + 1.0 G_{吊车梁} + 1.0 G_{吊车桁架}$$

　　　H_{ci}——i 柱列吊车梁顶高度；

　　　H_i——i 柱列柱顶高度。

（3）突出屋面天窗架地震作用的计算　天窗架的纵向抗震计算可采用空间结构分析法，并计及屋盖平面弹性变形和纵墙的有效刚度；而对于柱高不超过 15m 的单跨和等高多跨混凝土无檩屋盖厂房的天窗架纵向地震作用计算，可采用底部剪力法，但天窗架的地震作用效应应当乘以增大系数，其值可按下列规定采用：

1）单跨、边跨屋盖或有纵向内隔墙的中跨屋盖

$$\eta = 1 + 0.5n \tag{8-30}$$

2）其他中跨屋盖

$$\eta = 0.5n \tag{8-31}$$

式中　η——效应增大系数；

　　　n——厂房跨数，超过四跨时取 $n=4$。

2. 纵向构件刚度计算

（1）柱的侧移刚度　对于等截面柱，其侧移刚度为

$$K_c = \mu \frac{3E_c I_c}{H^3} \tag{8-32}$$

式中　E_c——柱混凝土的弹性模量；

　　　I_c——柱在所考虑方向的截面惯性矩；

　　　H——柱的高度；

　　　μ——屋盖、吊车梁等纵向构件对柱子侧移刚度的影响系数，当无起重机时，$\mu=1.1$，有起重机时，$\mu=1.5$。

对于变截面柱侧移刚度的计算，可参见有关的设计手册，但需注意 μ 的影响，从略。

（2）纵墙的侧移刚度

1）上下端嵌固的无洞单肢墙。当单位水平力作用于墙的顶部时（图 8-17），并考虑其弯曲和剪切变形，那么该处产生的侧移可按下式计算

$$\delta_{w1} = \frac{h^3}{12EI_w} + \frac{\xi h}{GA_w} \tag{8-33}$$

式中　E、G——砖墙的弹性模量和剪切模量，$G = 0.4E$；

　　　I_w——砖墙的水平截面惯性矩，$I_w = tb^3/12$；

　　　A_w——砖墙的水平截面面积，$A_w = tb$；

　　　ξ——剪应变不均匀系数，取 $\xi = 1.2$；

　　h、b、t——墙肢的高度、宽度和厚度。

引入墙肢高宽比 $\rho = h/b$，代入式（8-33）可得

$$\delta_{w1} = \frac{\rho^3 + 3\rho}{Et} \tag{8-34}$$

该墙肢的侧移刚度为

$$K_w = \frac{1}{\delta_{w1}} \tag{8-35}$$

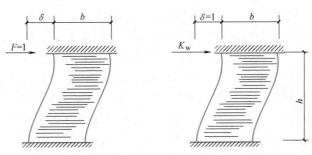

图 8-17　上下嵌固墙的柔度和刚度

2）多层多肢贴砌砖墙。洞口将砖墙分为侧移刚度不同的若干层。墙体的侧移刚度可以依据在单位水平力作用下侧移等于各层砖墙的侧移之和的原则来计算（图 8-18）。在计算各层墙体的柔度时，对无洞口层的墙体可以只考虑剪切变形；窗间墙可视为两端嵌固的墙段，计算时需同时考虑剪切变形和弯曲变形。

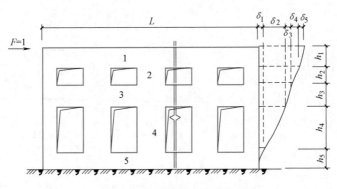

图 8-18　多层多肢贴砌砖墙的侧移

第 i 层无洞口层墙体的柔度为

$$\delta_i = \frac{3\rho_i}{Et_i} \tag{8-36}$$

式中 t_i、ρ_i——第 i 层墙的厚度和高宽比。

第 i 层多段（m 段）窗间墙的柔度为

$$\delta_i = \sum_{j=1}^{m} \frac{\rho_{ij}^3 + 3\rho_{ij}}{Et_{ij}} \tag{8-37}$$

式中 t_{ij}、ρ_{ij}——第 i 层第 j 段窗间墙的厚度和高宽比；

$\qquad m$——第 i 层窗间墙的总数。

多层（n 层）墙体的柔度为

$$\delta_w = \sum_{i=1}^{n} \delta_i \tag{8-38}$$

从而，多层墙体的刚度为

$$K_w = \frac{1}{\delta_w} \tag{8-39}$$

（3）柱间支撑的侧移刚度　柱间支撑一般由钢筋混凝土柱、吊车梁与型钢杆件共同组成，它属于超静定抗侧结构。在简化计算时，通常假定各杆件以铰接形式连接，按静定桁架结构计算。计算时，忽略水平杆和竖杆的轴向变形，只考虑型钢斜杆的轴向变形。在同一高度的两根交叉斜杆中一根受拉、另一根受压；受拉斜杆和受压斜杆的应力比值因斜杆的长细比不同而不同。在具体计算中，应区分压杆长细比 λ 的不同按下列三种情况考虑。

1）柔性支撑（$\lambda > 150$）。此时忽略斜压杆的作用，只考虑斜向拉杆的作用。如图 8-19 中虚线所示的斜杆，在计算中不考虑其作用。当水平杆及两边竖杆的轴向变形可以略去不计时，用结构力学的方法可得支撑的柔度系数

$$\delta_{11} = \frac{1}{EL^2} \sum_{i=1}^{3} \frac{l_i^3}{A_i} \tag{8-40}$$

$$\delta_{22} = \delta_{12} = \delta_{21} = \frac{1}{EL^2} \sum_{i=2}^{3} \frac{l_i^3}{A_i} \tag{8-41}$$

式中 A_i、l_i——支撑第 i 节间内斜杆的截面面积和长度。

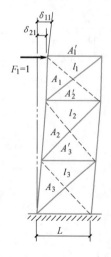
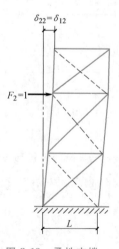
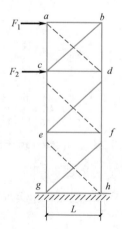

图 8-19　柔性支撑

2）半刚性支撑（40<λ<150）。此时可以认为在水平力作用下，支撑斜拉杆屈服之前，斜压杆虽然已达到临界状态，但并未失稳，斜拉杆和斜压杆仍然可以协调工作。具体计算时，认为斜压杆的作用是使拉杆的面积增大为原来的（1+φ）倍（φ为压杆的稳定系数）。如图 8-20 所示，柔度系数按下式计算

$$\delta_{11} = \frac{1}{EL^2} \sum_{i=1}^{3} \frac{l_i^3}{(1+\varphi_i)A_i} \tag{8-42}$$

$$\delta_{22} = \delta_{12} = \delta_{21} = \frac{1}{EL^2} \sum_{i=2}^{3} \frac{l_i^3}{(1+\varphi_i)A_i} \tag{8-43}$$

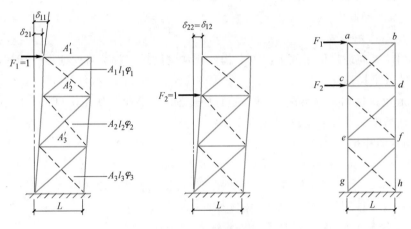

图 8-20　半刚性支撑

3）刚性支撑（λ<40）。此时压杆的工作状态与拉杆一样，可以充分发挥其全截面的强度，稳定系数可取为 φ=1。如图 8-21 所示，其柔度系数为

$$\delta_{11} = \frac{1}{2EL^2} \sum_{i=1}^{3} \frac{l_i^3}{A_i} \tag{8-44}$$

$$\delta_{22} = \delta_{12} = \delta_{21} = \frac{1}{2EL^2} \sum_{i=2}^{3} \frac{l_i^3}{A_i} \tag{8-45}$$

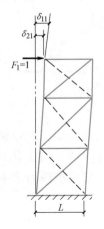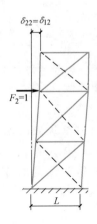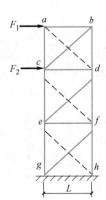

图 8-21　刚性支撑

（4）柱列侧移刚度　柱列的侧移刚度为

$$K_i = \sum_{j=1}^{m} K_{cij} + \sum_{j=1}^{n} K_{bij} + \psi_k \sum_{j=1}^{q} K_{wij} \tag{8-46}$$

式中　K_i——第 i 柱列的柱顶纵向侧移刚度；

$\qquad K_{cij}$——第 i 柱列第 j 柱的纵向侧移刚度；

$\qquad K_{bij}$——第 i 柱列第 j 片柱间支撑的纵向侧移刚度；

$\qquad K_{wij}$——第 i 柱列第 j 柱间纵墙的纵向侧移刚度；

m、n、q——第 i 柱列的柱、柱间支撑、柱间纵墙的数目；

$\qquad \psi_k$——贴砌砖墙的刚度降低系数，对地震烈度为 7 度、8 度和 9 度，可分别取 0.6、0.4 和 0.2。

3. 构件地震作用的分配

算出柱列的纵向地震作用并求出纵向构件侧移刚度后，就可将此地震作用按刚度比例分配给柱列中的各个构件。

（1）无起重机柱列　算出第 i 柱列柱顶高度处的水平地震作用 F_i 后，可按侧移刚度比例分配给该柱列中的各柱、支撑和纵墙。

1）柱顶地震作用

$$F_{cij} = \frac{K_{cij}}{K_i} F_i \tag{8-47}$$

式中　F_{cij}——第 i 柱列第 j 柱顶部的地震作用；

$\qquad K_{cij}$——第 i 柱列第 j 柱的柱顶侧移刚度；

$\qquad K_i$——第 i 柱列的柱顶侧移刚度；

$\qquad F_i$——第 i 柱列柱顶标高处的纵向地震作用标准值。

2）支撑顶部地震作用

$$F_{bij} = \frac{K_{bij}}{K_i} F_i \tag{8-48}$$

式中　F_{bij}——第 i 柱列第 j 片柱间支撑顶部的地震作用；

$\qquad K_{bij}$——第 i 柱列第 j 片柱间支撑顶部侧移刚度。

3）纵墙顶部地震作用

$$F_{wij} = \frac{\psi_k K_{wij}}{K_i} F_i \tag{8-49}$$

式中　F_{wij}——第 i 柱列第 j 片纵墙顶部的地震作用；

$\qquad K_{wij}$——第 i 柱列第 j 片纵墙顶部侧移刚度；

$\qquad \psi_k$——贴砌砖墙的刚度降低系数。

（2）有起重机柱列　有起重机柱列柱顶处的地震作用的分配同无起重机柱列。对吊车梁顶的地震作用的分配，在中小型厂房中，为简化计算，可近似取整个柱列的所有柱的总刚度为所有柱间支撑总刚度的 10%，并认为因偏离砖墙较远，起重机纵向水平地震作用仅由柱和柱间支撑承担，由此可得如下公式

$$F_{cij} = \frac{1}{11n} F_{ci} \tag{8-50}$$

$$F_{bij} = \frac{K_{bij}}{1.1 \sum K_{bij}} F_{ci} \qquad (8\text{-}51)$$

式中　F_{cij}、F_{bij}——吊车梁顶标高处，第 i 柱列第 j 柱和第 j 片柱间支撑分担的地震作用，其中认为柱列中各柱所分得的地震作用值相同；

　　　　n——第 i 柱列中柱子的数目；

　　　　K_{bij}——第 i 柱列第 j 片柱间支撑的纵向侧移刚度；

　　　$\sum K_{bij}$——第 i 柱列所有柱间支撑的纵向侧移刚度之和；

　　　　F_{ci}——第 i 柱列在吊车梁顶标高处的纵向地震作用标准值。

4. 纵向构件抗震承载力验算

（1）排架柱　由于按刚度分配承担的地震作用内力较小，一般不必进行纵向地震作用下的强度验算。

（2）柱间支撑　柱间支撑的抗震承载力验算是单层厂房纵向地震计算的主要方面。

1）斜杆长细比不大于 200 的柱间支撑在单位侧向力作用下的水平位移，可按下式确定

$$u = \sum \frac{1}{1+\varphi_i} u_{ti} \qquad (8\text{-}52)$$

式中　u——单位侧向力作用点的位移；

　　　φ_i——i 节间斜杆轴心受压稳定系数，应按《钢结构设计标准》采用；

　　　u_{ti}——单位侧向力作用下 i 节间仅考虑拉杆受力的相对位移。

2）长细比不大于 200 的斜杆截面可仅按抗拉验算，但应考虑压杆的卸载影响，其拉力可按下式确定

$$N_t = \frac{l_i}{(1+\psi_c \psi_i) s_c} V_{bi} \qquad (8\text{-}53)$$

式中　N_t——i 节间支撑斜杆抗拉验算时的轴向拉力设计值；

　　　l_i——i 节间斜杆的全长；

　　　ψ_c——压杆卸载系数，压杆长细比为 60、100 和 200 时，可分别采用 0.7、0.6 和 0.5；

　　　V_{bi}——i 节间支撑承受的地震剪力设计值；

　　　s_c——支撑所在柱间的净距。

3）柱间支撑与柱连接节点预埋件的锚件采用锚筋时，其截面抗震承载力宜按下列公式验算（图 8-22）

$$N \leqslant \frac{0.8 f_y A_s}{\gamma_{RE} \left(\dfrac{\cos\theta}{0.8 \xi_m \psi} + \dfrac{\sin\theta}{\xi_r \xi_v} \right)} \qquad (8\text{-}54)$$

$$\psi = \frac{1}{1 + \dfrac{0.6 e_0}{\xi_r s}} \qquad (8\text{-}55)$$

$$\xi_m = 0.6 + \frac{0.25 t}{d} \qquad (8\text{-}56)$$

$$\xi_v = (4 - 0.08 d) \sqrt{f_c / f_y} \qquad (8\text{-}57)$$

式中　A_s——锚筋总截面面积；

　　　γ_{RE}——承载力抗震调整系数，可采用 1.0；

　　　N——预埋板的斜向拉力，可采用全截面屈服强度计算的支撑斜杆轴向力的 1.05 倍；

　　　e_0——斜向拉力对锚筋合力作用线的偏心距，应小于外排锚筋之间距离的 20%（mm）；

　　　θ——斜向拉力与其水平投影的夹角；

　　　ψ——偏心影响系数；

　　　s——外排锚筋之间的距离（mm）；

　　　ξ_m——预埋板弯曲变形影响系数；

　　　t——预埋板厚度（mm）；

　　　d——锚筋直径（mm）；

　　　ξ_r——验算方向锚筋排数的影响系数，二、三和四排可分别采用 1.0、0.9 和 0.85；

　　　ξ_v——锚筋的受剪影响系数，大于 0.7 时应采用 0.7。

4）柱间支撑与柱连接节点预埋件的锚件采用角钢加端板时（图 8-23），其截面抗震承载力宜按下列公式验算

$$N \leqslant \frac{0.7}{\gamma_{RE}\left(\dfrac{\sin\theta}{V_{u0}}+\dfrac{\cos\theta}{\psi N_{u0}}\right)} \tag{8-58}$$

$$V_{u0} = 3n\xi_r\sqrt{W_{min}bf_af_c} \tag{8-59}$$

$$N_{u0} = 0.8nf_aA_s \tag{8-60}$$

式中　n——角钢根数；

　　　b——角钢肢宽；

　　　W_{min}——与剪力方向垂直的角钢最小截面模量；

　　　A_s——一根角钢的截面面积；

　　　f_a——角钢抗拉强度设计值。

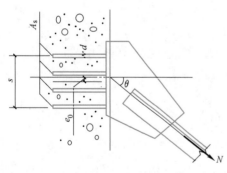

图 8-22　柱间支撑与柱连接节点

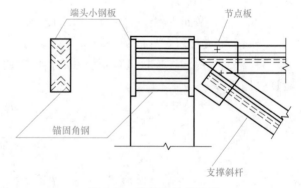

图 8-23　支撑与柱的连接

（3）抗风柱　虽然抗风柱并非厂房主要承重构件，但却是纵向抗震所要考虑的重要构件。因此，《建筑抗震设计规范》规定，对高大山墙的抗风柱按 8 度和 9 度抗震设防时，应进行平面外的截面抗震验算。另外，当抗风柱与屋架下弦相连接时，连接点应设在下弦横向

支撑节点处，下弦横向支撑杆件的截面和连接节点应进行抗震承载力验算。

8.5 钢筋混凝土排架柱厂房的抗震构造措施

单层工业厂房的抗震构造措施是保证结构抗震能力的基础，保证抗震构造措施的实施可使结构具备基本的抗震能力。这些抗震构造措施大多是通过震害调查总结出来的，其基本思路是：加强装配式厂房的整体性和稳定性，保证连接构造的抗震可靠性，避免构件发生脆性破坏，尽可能发挥空间结构的优点，尽量减少扭转和高振型的影响。

8.5.1 屋盖系统的抗震构造措施

1. 屋盖支撑系统

屋盖支撑系统包括上弦和下弦水平支撑、竖向支撑与水平系杆，形成屋盖空间桁架结构，再与柱间支撑、柱列等竖向抗侧结构形成单层厂房空间结构。混凝土柱厂房支撑系统的抗震布置除符合8.2节的要求，尚应符合以下要求：

1）天窗开洞范围内，在屋架脊点处应设上弦通长水平压杆，8度Ⅲ、Ⅳ类场地和9度时，梯形屋架端部上节点应沿厂房纵向设置通长水平压杆。

2）屋架跨中竖向支撑在跨度方向的间距，6~8度时不大于15m，9度时不大于12m；当仅在跨中设一道时，应设在跨中屋架屋脊处；当设两道时，应在跨度方向均匀布置。

3）屋架上、下弦通长水平系杆与竖向支撑宜配合设置。

4）柱距不小于12m且屋架间距6m的厂房，托架（梁）区段及其相邻开间应设下弦纵向水平支撑。

5）屋盖支撑杆件宜用型钢。

2. 有檩屋盖

有檩屋盖构件的连接应符合下列要求：

1）檩条应与混凝土屋架（屋面梁）焊牢，并应有足够的支承长度。

2）双脊檩应在跨度1/3处相互拉结。

3）压型钢板应与檩条可靠连接，瓦楞铁、石棉瓦等应与檩条拉结。

另外，突出屋面的钢筋混凝土天窗架，其两侧墙板与天窗立柱采用螺栓连接。

3. 无檩屋盖

无檩屋盖自重较大，但屋面整体性较好，空间作用较强。无檩屋盖构件的连接应符合下列要求：

1）大型屋面板应与屋架（屋面梁）焊牢，靠柱列的屋面板与屋架（屋面梁）的连接焊缝长度不宜小于80mm。

2）6度和7度时，有天窗厂房单元的端开间，或8度和9度时各开间，宜将垂直屋架方向两侧相邻的大型屋面板的顶面彼此焊牢。

3）8度和9度时，大型屋面板端头底面的预埋件宜采用角钢并与主筋焊牢。

4）非标准屋面板宜采用装配整体式接头，或将板四角切掉后与屋架（屋面梁）焊牢。

5）屋架（屋面梁）端部顶面预埋件的锚筋，8度时不宜少于4φ10，9度时不宜少于4φ12。

4. 天窗架

对突出屋面的钢筋混凝土天窗架，其两侧墙板与天窗立柱宜采用螺栓连接（图 8-24），使节点在纵向地震作用下有一定的纵向变形能力。如采用焊接等刚性连接方式，由于延性较低，容易造成应力集中而震害加重。

5. 混凝土屋架的截面和配筋要求

混凝土屋架的截面和配筋应符合下列要求：

1）屋架上弦第一节间和梯形屋架端竖杆的配筋，6 度和 7 度时不宜少于 4Φ12，8 度和 9 度时不宜少于 4Φ14。

2）梯形屋架的端竖杆截面宽度宜与上弦宽度相同。

3）拱形和折线形屋架上弦端部支撑屋面板的小立柱，截面不宜小于 200mm×200mm，高度不宜大于 500mm。主筋宜采用Ⅱ形，6 度和 7 度时不宜少于 4Φ12，8 度和 9 度时不宜少于 4Φ14。箍筋可采用Φ6，间距不宜大于 100mm。

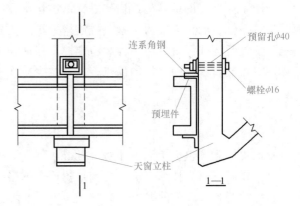

图 8-24　两侧墙板与天窗立柱的螺栓连接

8.5.2　钢筋混凝土排架柱及柱间支撑的抗震构造措施

1. 厂房柱箍筋加密范围及加密区要求

厂房柱子的箍筋，应符合下列要求：

1）下列范围内柱的箍筋应加密：

① 柱头，取柱顶以下 500mm 并不小于柱截面长边尺寸。

② 上柱，取阶形柱自牛腿面至吊车梁顶面以上 300mm 高度范围内。

③ 牛腿（柱肩），取全高。

④ 柱根，取下柱柱底至室内地坪以上 500mm。

⑤ 柱间支撑与柱连接节点和柱变位受平台等约束的部位，取节点上下各 300mm。

2）加密区箍筋间距不应大于 100mm，箍筋肢距和最小直径应符合表 8-11 的规定。大柱网厂房柱的截面和配筋构造，应符合下列要求：

① 柱截面宜采用正方形或接近正方形的矩形，边长不宜小于柱全高的 1/18~1/16。

② 重屋盖厂房地震组合的柱轴压比，6 度、7 度时不宜大于 0.8，8 度时不宜大于 0.7，9 度时不应大于 0.6。

③ 纵向钢筋宜沿柱截面周边对称配置，间距不宜大于 200mm，角部宜配置直径较大的钢筋。

④ 柱头和柱根的箍筋应加密，并应符合下列要求：

a. 加密范围，柱根取基础顶面至室内地坪以上 1m，且不小于柱全高的 1/6；柱头取柱顶以下 500mm，且不小于柱截面长边尺寸。

b. 箍筋直径、间距和肢距，应符合表 8-11 的规定。

表 8-11　柱加密区箍筋最大肢距和最小直径

烈度和场地类别		6度和7度Ⅰ、Ⅱ类 场地	7度Ⅲ、Ⅳ类场地和 8度Ⅰ、Ⅱ类场地	8度Ⅲ、Ⅳ类场地和 9度Ⅰ、Ⅱ类场地
箍筋最大肢距/mm		300	250	200
箍筋最小直径 /mm	一般柱头和柱根	6	8	8(10)
	角柱柱头	8	10	10
	上柱牛腿和有支撑的柱根	8	8	10
	有支撑的柱头和柱变位受约束部位	8	10	12

注：括号内数值用于柱根。

2. 抗风柱配筋要求

山墙抗风柱的配筋，应符合下列要求：

1）抗风柱柱顶以下 300mm 和牛腿（柱肩）面以上 300mm 范围内的箍筋，直径不宜小于 6mm，间距不应大于 100mm，肢距不宜大于 250mm。

2）抗风柱的变截面牛腿（柱肩）处，宜设置纵向受拉钢筋。

3. 柱间支撑

厂房柱间支撑的设置和构造，应符合下列要求：

1）下柱支撑的下节点位置和构造措施，应保证将地震作用直接传给基础（图 8-25）；当 6 度和 7 度（0.10g）不能直接传给基础时，应计及支撑对柱和基础的不利影响。

2）交叉支撑在交叉点应设置节点板，其厚度不应小于 10mm，斜杆与交叉节点板应焊接，与端节点板宜焊接。

4. 构件的连接节点

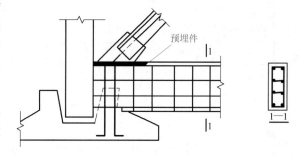

图 8-25　支撑下节点设在基础顶系梁上

1）屋架（屋面梁）与柱顶的连接有焊接连接、螺栓连接和钢板铰连接三种形式（图 8-26）。8 度时宜采用螺栓连接（图 8-26b），9 度时宜采用钢板铰连接（图 8-26c），也可采用螺栓连接；屋架（屋面梁）端部支承垫板的厚度不宜小于 16mm（图 8-26a）。

2）柱顶预埋件的锚筋，8 度时不宜少于 4Φ14，9 度时不宜少于 4Φ16；有柱间支撑的柱子，柱顶预埋件尚应增设抗剪钢板（图 8-27）。

3）山墙抗风柱的柱顶，应设置预埋板，使柱顶与端屋架的上弦（屋面梁上翼缘）可靠连接。连接部位应位于上弦横向支撑与屋架的连接点处，不符合时可在支撑中增设次腹杆或设置型钢横梁，将水平地震作用传至节点部位。

4）支撑低跨屋盖的中柱牛腿（柱肩）的预埋件，应与牛腿（柱肩）中按计算承受水平拉力部分的纵向钢筋焊接，且焊接的钢筋，6 度和 7 度时不应少于 2Φ12，8 度时不应少于 2Φ14，9 度时不应少于 2Φ16（图 8-28）。

5）柱间支撑与柱连接节点预埋件的锚件，8 度Ⅲ、Ⅳ类场地和 9 度时，宜采用角钢加端板，其他情况可采用 HRB400 级热轧钢筋，但锚固长度不应小于 30 倍锚筋直径或增设端板。

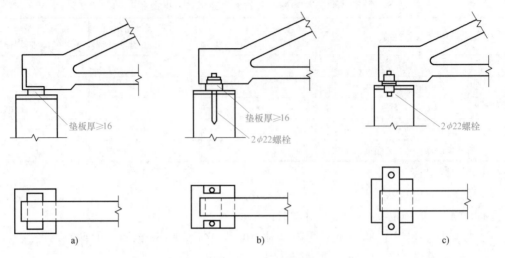

图 8-26 屋架与柱顶的连接构造

a）焊接连接 b）螺栓连接 c）钢板铰连接

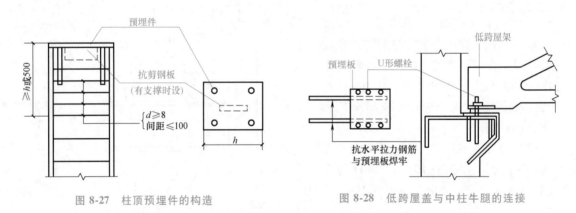

图 8-27 柱顶预埋件的构造　　　图 8-28 低跨屋盖与中柱牛腿的连接

6）厂房中的起重机走道板、端屋架与山墙间的填充小屋面板、天沟板、天窗端壁板和天窗侧板下的填充砌体等构件应与支承结构有可靠的连接。

8.5.3 隔墙和围护墙的抗震构造措施

1. 墙体与主体结构的拉结

单层钢筋混凝土柱厂房的砌体隔墙和围护墙应符合下列要求：

1）砌体隔墙与柱宜脱开或柔性连接，并应采取措施使墙体稳定，隔墙顶部应设现浇钢筋混凝土压顶梁。

2）厂房的砌体围护墙宜采用外贴式，并与柱（包括抗风柱）可靠拉结，一般墙体应沿墙高每 500mm 与柱内伸出的 $2\phi6$ 水平钢筋拉结。柱顶以上墙体应与屋架端部、屋面板和天沟板可靠拉结，厂房角部的砖墙应沿纵横两个方向与柱拉结（图 8-29）；不等高厂房的高跨封墙和纵横向厂房交接处的悬墙宜采用轻质墙板，6、7 度采用砌体时，不应直接砌在低跨屋盖上。

3）砌体围护墙在下列部位应设置现浇钢筋混凝土圈梁：

① 梯形屋架端部上弦和柱顶的标高处应各设一道，但屋架端部高度不大于 900mm 时可合并设置。

② 应按上密下稀的原则每隔 4m 左右在窗顶增设一道圈梁，不等高厂房的高低跨封墙和纵横跨交接处的悬墙，圈梁的竖向间距不应大于 3m。

③ 山墙沿屋面应设钢筋混凝土卧梁，并应与屋架端部上弦标高处的圈梁连接。

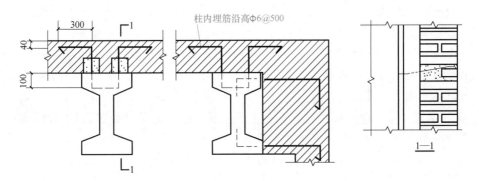

图 8-29 贴砌砖墙与柱的拉结

2. 圈梁的构造

1）圈梁宜闭合，圈梁截面宽度宜与墙厚相同，截面高度不应小于 180mm；圈梁的纵筋，6~8 度时不应少于 4φ12，9 度时不应少于 4φ14。

2）厂房转角处柱顶圈梁在端开间范围内的纵筋，6~8 度时不宜少于 4φ14，9 度时不宜少于 4φ16，转角两侧各 1m 范围内的箍筋直径不宜小于 φ8，间距不宜大于 100mm；圈梁转角处应增设不少于 3 根且直径与纵筋相同的水平斜筋。

3）圈梁应与柱或屋架牢固连接，山墙卧梁应与屋面板拉结；柱顶圈梁与柱或屋架连接的锚拉钢筋不宜少于 4φ12，且锚固长度不宜少于 35 倍钢筋直径，防震缝处圈梁与柱或屋架的拉结宜加强。

3. 基础梁与墙梁

8 度Ⅲ、Ⅳ类场地和 9 度时，砖围护墙下的预制基础梁应采用现浇接头；当另设条形基础时，在柱基础顶面标高处应设置连续的现浇钢筋混凝土圈梁，其配筋不应少于 4φ12。

若围护墙砌筑在墙梁上，墙梁宜采用现浇，当采用预制墙梁时，梁底应与砖墙顶面牢固拉结并应与柱锚拉；厂房转角处相邻的墙梁，应相互可靠连接。

本章知识点

1. 结合单层钢筋混凝土柱厂房震害现象的分析，为减轻震害，不仅需要考虑各结构构件的抗震能力，还需要考虑结构整体的抗震能力。在结构的体型及总体布置等方面采取有效的措施，提高厂房的整体抗震能力，包括合理选用和设置屋盖体系（天窗架、屋架及屋盖支撑）、结构构件（排架柱及柱间支撑）以及围护墙体，满足抗震设防的基本要求。

2. 对单层钢筋混凝土柱厂房的抗震计算，需要按照横向、纵向两种地震作用情况分别进行，验算各构件的抗震承载力。横向抗震分析时，一般采用平面排架体系计算，而进行纵向抗震分析时，对于单跨或等高多跨的钢筋混凝土柱厂房，可以使用较为简便的修正刚度法。

3. 横向抗震分析采用平面排架体系计算时，单层单跨和单层等高多跨厂房将厂房质量集中于柱屋盖标高处，使其简化为单质点体系，两跨不等高厂房可简化为两质点体系，三跨均不等高厂房集中方法各不相同。横向水平地震作用计算可采用底部剪力法进行，并对排架柱的地震剪力和弯矩进行调整，以考虑空间工作、扭转及吊车桁架的影响。

4. 采用修正刚度法进行单层厂房结构的纵向抗震分析时，取整个抗震缝区段为纵向计算单元，按整体计算基本周期和纵向地震作用，求出纵向地震作用后，考虑到围护墙及柱间支撑对厂房空间作用的影响，先对柱列的纵向侧移刚度进行修正，再按修正后的柱列刚度在各柱列间分配地震作用，使得结果逼近于按空间分析的结果。算出柱列的纵向地震作用并求出纵向构件侧移刚度后，就可以将地震作用按刚度比例分配给柱列中的各个构件，从而对各构件进行抗震承载力验算。

5. 按《建筑抗震设计规范》的要求，需要对屋盖系统、柱与柱间支撑以及隔墙和围护墙体采取必要的抗震构造措施，满足抗震设防的要求。

习　题

1. 钢筋混凝土单层工业厂房主要震害有哪些？
2. 如何在单层厂房抗震设计中体现"小震不坏、中震可修、大震不倒"的原则？
3. 防震缝设置的原则是什么？
4. 按铰接排架计算所得的基本自震周期与实际的周期相比较大的原因是什么？
5. 什么情况下可不进行横向和纵向的截面抗震验算？
6. 什么是单层厂房纵向抗震分析的修正刚度法？
7. 单层工业厂房抗震设计时，应如何取荷载组合效应的表达式？
8. 纵向柱间支撑属于超静定抗侧结构，通常按怎样的简化计算方法计算其侧移刚度？
9. 为什么在计算柱列刚度时要对墙体刚度进行折减？
10. 屋架（屋面梁）与柱顶的连接方式有哪些？各有什么特点？

第9章

桥梁结构抗震设计

本章提要

　　本章主要介绍了桥梁震害的原因及分类、桥梁震害的破坏形式、桥梁震害分析及启示等；系统介绍了桥梁抗震设防原则、抗震设防标准、抗震设防目标和抗震设防类别；阐述了桥梁地震作用计算，介绍了桥梁场地地震安全性评价、地震加速度反应谱、地震作用效应组合和规则桥梁的地震反应简化分析；给出了桥梁地震作用计算、桥梁结构抗震设计和抗震措施。

9.1　概述

　　公路和城市道路的桥梁跨越河流、山谷及其他障碍，为车辆和行人提供了通道。桥梁结构属于抗震救灾生命线工程，在强烈地震发生后，担负着抢救人民生命财产、运输救灾抢险物资、恢复生产重建家园的重要任务。

　　人类正式记录的第一次桥梁震害是发生在 1906 年的美国旧金山大地震。在这次地震事件中，人们注意到了一座铁路桥梁的倒塌。之后，世界上又发生了多次对桥梁抗震设计影响重大的破坏性地震。例如，1923 年日本关东大地震（这次地震促使日本制定了世界上第一部公路桥梁抗震设计规范）；1948 年福井地震和 1964 年新潟地震（这次地震和同年发生的美国阿拉斯加地震，使人们充分认识到砂土液化现象的危害性）等；1929 年新西兰默奇森地震、1931 年内皮尔即地震、1964 年美国阿拉斯加地震、1971 年圣费尔南多地震（这次地震使人们开始重视结构的延性），1976 年唐山大地震以及 2008 年汶川大地震。唐山地震给桥梁带来了严重的震害，同时也推动了我国桥梁抗震的各项研究工作的发展。

　　我国制定了桥梁抗震相关的许多标准规范，如 GB 55002—2021《建筑与市政工程抗震通用规范》、CJJ 166—2011《城市桥梁抗震设计规范》、JTG/T 2231-01—2020《公路桥梁抗震设计规范》等。

　　《公路桥梁抗震设计规范》适用于单跨跨径不超过 150m 的砌体或混凝土拱桥、下部结构为混凝土结构的梁桥。斜拉桥、悬索桥、单跨跨径超过 150m 的梁桥和拱桥，除满足该规范要求外，还要进行专门研究。

《城市桥梁抗震设计规范》适用于基本烈度 6、7、8 和 9 度地区的城市梁式桥和跨度不超过 150m 的拱桥。斜拉桥、悬索桥和大跨度拱桥可按本规范给出的抗震设计原则进行设计。

《建筑与市政工程抗震通用规范》为强制性工程建设规范，全部条文必须严格执行。现行其他工程建设标准中有关规定与该规范不一致的，以该规范为准。

9.2 桥梁震害分析

9.2.1 桥梁震害的原因与分类

震害分析表明，引起桥梁震害的主要原因有四个（图 9-1）：

1) 发生的地震强度超过了抗震设防标准，这是无法预料的。

2) 桥梁场地对抗震不利，地震引起地基失效或地基变形。

3) 桥梁结构设计和施工错误。

4) 桥梁结构本身抗震能力不足。

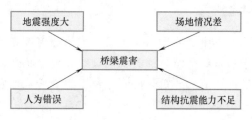

图 9-1 桥梁震害的主要原因

从抗震设计的角度出发，可以将桥梁震害分为地基失效引起的破坏和结构强烈振动引起的破坏两大类。

1. 地基失效引起的破坏

地基失效引起的破坏是由地震引起的地基丧失承载能力的现象，属于静力作用，是由于地基失效产生的相对位移引起的结构破坏。强烈地震时，地裂缝、滑坡、砂土液化、软土震陷等，都会使地基产生开裂、滑动、不均匀沉降等，进而丧失稳定性和承载能力，使建造在上面的桥梁结构受到破坏。尽量通过场地选择避开活动断层及其邻近地段、可能发生滑坡或崩塌地段、有可能液化的软弱土层地段。

2. 结构强烈振动引起的破坏

地震时，地面运动引起桥梁结构的振动，使结构的内力和变形大幅度地增加，从而导致结构破坏甚至倒塌。结构强烈振动引起的破坏属于动力作用，是由于振动产生的惯性力引起的破坏。主要有两个方面的原因：一是外因，即结构遭遇的地震动的强度远远超过设计预期的强度；二是内因，即结构设计和细部构造以及施工方法上存在缺陷，如构件强度和延性不足、各构件之间连接不牢、结构布置和构造不合理等。

9.2.2 桥梁震害的破坏形式

强地震时，桥梁受到不同程度的破坏，轻则桥台或桥墩倾斜或开裂、支座锚栓剪断或拉长，重则桥台桥墩滑移、落梁、倒塌。由于公路桥梁一般荷载比铁路桥梁小，故其基础常较浅，震害一般较重。根据震害造成的破坏部位，可以分为上部结构的震害、支座和伸缩缝的震害以及下部结构和基础的震害。

1. 上部结构的震害

上部结构指桥梁支座以上的桥跨结构，多采用混凝土或预应力混凝土构件，其断面常为T形、开口、箱形或中空圆孔截面，这部分直接承受桥上交通荷载。

（1）上部结构自身的震害 桥梁上部结构自身遭受震害而发生破坏的情形比较少见，在发现的少数震害中，主要是钢结构的局部屈曲破坏（图9-2）。

a)   b)

图9-2 阪神地震中桥梁上部结构的震害

a）钢箱梁的局部屈曲破坏 b）拱桥风撑的屈曲破坏

（2）上部结构的移位震害 桥梁上部结构的移位震害比较常见，通常表现为纵向移位、横向移位以及扭转移位造成的破坏，一般在伸缩缝处比较容易发生移位震害（图9-3）。地震发生时，桥梁的梁体移位是避免不了的，如果不是太大的移位，震后通过换掉破坏的支座，把梁体恢复原位，桥梁还可以继续使用。但是过大的移位会导致落梁，必须采取抗震措施减小梁体位移。

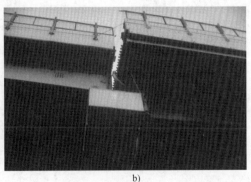

a)   b)

图9-3 阪神地震中上部结构纵向移位震害

a）上部结构纵向位移 b）上部结构横向位移

（3）上部结构的碰撞震害 如果相邻结构的间距太小，当地震发生时两相邻结构容易发生碰撞，产生较大的撞击力，从而造成结构的破坏。桥梁上部结构的碰撞震害通常有：相邻跨上部结构的碰撞、上部结构与桥台的碰撞以及相邻桥梁间的碰撞等（图9-4）。

2. 支座和伸缩缝的震害

（1）支座的震害 在历次破坏性地震中，支座的震害现象都比较普遍，主要原因是支座设计没有充分考虑抗震要求，连接与支挡等构造措施不到位，以及某些支座形式和材料的缺陷。例如，在日本阪神地震中支座损坏比例达到调查总数的28%（图9-5）。

a) b) c)

图 9-4 桥梁上部结构的碰撞震害

a）1989 年美国洛马·普里埃塔地震中桥梁上部结构的碰撞 b）1994 年美国北岭地震中上部结构与桥台间的碰撞

c）1989 年美国洛马·普里埃塔地震中相邻桥梁结构间的碰撞

a)

b)

图 9-5 支座的震害

a）支座的移位震害 b）辊轴支座的辊轴脱落

（2）伸缩缝的震害　图 9-6a 所示为我国台湾省 14 号线炎峰桥伸缩缝的震害情况，图 9-6b 所示为阪神地震中西宫港大桥引桥伸缩缝的震害情况。

a)

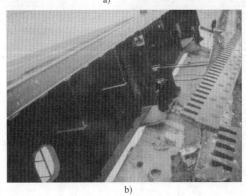

b)

图 9-6　伸缩缝的震害情况

a）我国台湾省 14 号线炎峰桥　b）阪神地震中西宫港大桥引桥

（3）梁间连接装置的震害　梁间连接装置的破坏（图 9-7），虽然不能引起桥梁垮塌瘫痪，但是会明显加重桥梁的震害。因此，在桥梁抗震设计和施工中应给予重视和合理处理。

3. 下部结构和基础的震害

（1）桥梁墩柱的震害　钢筋混凝土墩柱的破坏形式主要有弯曲破坏、剪切破坏和基脚破坏。比较高柔的桥墩，多为弯曲破坏；矮粗的桥墩，多为剪切破坏；介于两者之间的，为混合型破坏。

1）墩柱的弯曲破坏。桥梁墩柱的弯曲破坏较常见（图 9-8），主要是约束箍筋配置不足、纵向钢筋的搭接或焊接不牢等引起墩柱的延性不足。

图 9-7　梁间连接装置的震害

2）墩柱的剪切破坏。较矮的墩柱较为普遍出现剪切或弯剪破坏，如图 9-9~图 9-11 所示。桥墩的抗剪强度不足，是出现这类震害的根本原因。在地震中此类破坏较多，可能发生在帽梁与墩柱连接处、墩柱中部或墩柱与承台的连接处。

a)   b)

图 9-8 地震中墩柱的弯曲破坏

a）1994 年美国北岭地震中立交桥的墩柱弯曲破坏 b）1995 年阪神地震中墩柱弯曲破坏

图 9-9 1995 年日本阪神地震中   图 9-10 1971 年美国圣费尔南多地震中

高架桥矮墩剪切毁坏   立交桥结构墩柱（中部）剪切破坏

a)   b)

图 9-11 1994 年美国北岭地震 Mission-Gothic 桥的墩柱剪切破坏

a）喇叭形墩 b）柱式墩

3）墩柱的基脚破坏。墩柱的基脚破坏非常少见，但一旦出现后果就非常严重。图 9-12 所示为 1971 年美国的圣费尔南多谷地震中墩柱基脚破坏，22 根螺纹钢筋从桩基础中拔出，导致桥墩倒塌。由于墩底主钢筋的构造处理不当，造成主钢筋的锚固失败。

（2）框架墩的震害　高架桥中常使用框架墩，框架墩的震害比较常见，如图 9-13 所示。震害主要表现为：盖梁的破坏，墩柱的破坏以及节点的破坏。盖梁的破坏形式为：当地震力和重力叠加时，剪切强度不足引起的剪切破坏；盖梁负弯矩钢筋的过早截断引起的弯曲破坏；盖梁钢筋的锚固长度不够引起的破坏。节点破坏主要是剪切破坏。

图 9-12　1971 年美国的圣费尔南多谷
地震中墩柱基脚破坏

图 9-13　1989 年美国洛马·普里埃塔地震中
Cypress 高架桥上层框架塌落

（3）桥台的震害　桥台的震害在桥梁震害中较为常见，主要原因为地基失效引起的桥台滑移、台身与上部结构的碰撞破坏及桥台向后倾斜等，如图 9-14 和图 9-15 所示。

图 9-14　1999 年土耳其 Duzce 地震中桥台翼墙损坏

图 9-15　1999 年我国台湾省南投县
集集镇地震中桥台向后倾斜

（4）地基与基础破坏　大多数发生落梁等灾难性破坏的桥梁都出现地基基础破坏现象，地基与基础的严重破坏导致桥梁倒塌，并在震后难以修复使用。基础的破坏与地基的破坏紧密相关，几乎所有地基破坏都会引起基础的破坏，主要表现为移位、倾斜、下沉、折断和屈曲失稳。扩大基础的震害一般由砂土液化或地基失效的不均匀沉降、土体承载力和稳定性不够、地面产生大变形等因素导致地层发生水平滑移、下沉、断裂而引起；常用桩基础除了上述原因外，还有上部结构传下来的惯性力所引起的桩基剪切、弯曲破坏，以及桩基础设计不当所引起的震害。地基与基础震害如图 9-16~图 9-18 所示。

图 9-16　砂土液化引起的桥梁倒塌　　　　图 9-17　地震引起的桥墩基础沉降

a)　　　　　　　　　　　　　　　　　b)

图 9-18　桩基础桩头开裂破坏

9.2.3　桥梁震害分析及启示

1. 桥梁震害分析

桥梁震害在很大程度上是由于采用不合理的抗震设计方法以及对桥梁破坏认识不足造成的，主要表现为抗震设防标准不合适，设防目标缺乏明确准则，结构布置、形式和设计都不利于结构抗震，结构抗震分析方法和抗震构造不当等因素。

主要体现在：

1）支承连接部件失效。强度不满足，位移能力不足，墩、台顶、挂梁支承牛腿处支承面太窄且没有可靠的约束装置。

2）桥梁墩、台破坏。墩柱延性不足，墩柱抗剪强度不足，框架墩节点剪切强度不足及构造缺陷等。

3）基础破坏。桩基自身设计强度的不足或构造处理不当等。

2. 启示

1）要重视桥梁结构动力概念设计，选择较理想的抗震结构体系。

2）要重视延性抗震，用能力设计思想进行抗震设计。

3）要重视结构的局部构造设计，避免出现构造缺陷。

4）要重视桥梁支承连接部位的抗震设计，开发能够有效防止落梁的装置。

5）对复杂桥梁（如斜弯桥、高墩桥梁或墩刚度变化很大的桥梁），强调进行空间动力时程分析的必要性。

6）要重视采用减、隔震技术提高结构的抗震能力。

9.3 桥梁抗震设防

9.3.1 抗震设防原则

合理的桥梁抗震设计，要求结构具有最佳的强度、刚度和延性组合，使结构能够经济地实现抗震设防目标，这需要设计工程师深入了解对结构地震反应有重要影响的基本因素，并具有丰富的经验和创造力，而不仅仅是按照规范的规定执行。桥梁抗震设计应遵循一些基本原则，主要包括：场地选择，结构体系的整体性和规则性，结构和构件的强度与延性的均衡，能力设计原则和多道抗震防线。

1. 场地选择

场地选择的基本原则是：避开地震时可能发生地基失效的松软场地，选择坚硬场地。基岩、坚实的碎石类地基、硬黏土地基都是理想的场地；饱和松散粉细砂、人工填土和极软的黏土地基或不稳定的坡地及其影响可及的场所都是危险地区。在地基稳定的条件下，还可以考虑结构与地基的振动特性，力求避免共振影响；在软弱地基上，设计时要注意基础的整体性，以防止地震引起的动态的和永久的不均匀变形。

2. 结构体系的整体性和规则性

1）结构体系的整体性要好。桥梁上部结构应尽可能设计成连续结构。整体性好可防止结构构件及非结构构件在地震时被震散掉落，同时它也是结构发挥空间作用的基本条件。

2）结构体系的规则性要好。在平面和立面上，结构布置都要力求使几何尺寸、质量和刚度均匀、对称、规整，避免突然变化。

3. 结构和构件的强度与延性的均衡

强度与延性是决定结构抗震能力的两个重要参数。只重视强度而忽视延性绝对不是良好的抗震设计。

一般而言，结构具有的延性水平越高，相应的设计地震力可以取得越小，结构所需的强度也越低；反过来，结构具有的强度越高，结构所需具备的延性水平则越低。必须认识到，所选择的延性水平将直接影响到结构的地震破坏程度。这是因为结构延性的发挥即意味着结构在设计地震动作用下将经历若干次反复的弹塑性变形循环，也意味着结构将出现一定程度的破坏。一般情况下，结构经历的非弹性变形越大，其破坏程度也越高。因此，在设计抗震结构时，应当在强度和延性水平之间取得适当的均衡。

4. 能力设计原则

传统的静力设计思想认为，理想的设计是使结构各构件都具有近似相等的安全度，即结构中不要存在局部的薄弱环节。

能力设计思想强调强度安全度差异，即在不同构件（延性构件和能力构件，不适宜发

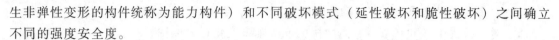

生非弹性变形的构件统称为能力构件）和不同破坏模式（延性破坏和脆性破坏）之间确立不同的强度安全度。

5. 多道抗震防线

在强地震动过程中，一道防线破坏后尚有第二道防线可以支承结构，避免倒塌。因此，超静定结构优于同种类型的静定结构。

我国《公路桥梁抗震设计规范》以及《城市桥梁抗震设计规范》分别给出了两个等级的地震动参数：E1 地震作用和 E2 地震作用，进行两个阶段的抗震设计，即当遭受 E1 地震作用时，一般不受损坏或不需修理可继续使用；当遭受 E2 地震作用时，应保证不致倒塌或产生严重结构损坏，经临时加固后可供维持应急交通使用。其中：E1 地震作用为工程场地重现期较短的地震作用，对应于第一级设防水准；E2 地震作用为工程场地重现期较长的地震作用，对应于第二级设防水准。各设防类别桥梁的抗震设防目标见表 9-1。

9.3.2　桥梁抗震设防类别

1. 城市桥梁抗震

（1）城市桥梁抗震设防类别和抗震设计类别　　CJJ 166—2011《城市桥梁抗震设计规范》根据桥梁结构形式、在城市交通网络中位置的重要性及承担的交通量，将城市桥梁抗震设防分为甲、乙、丙和丁四类。甲类抗震设防城市桥梁是指悬索桥、斜拉桥及大跨度拱桥；乙类抗震设防城市桥梁是指除甲类桥梁以外的交通网络中枢纽位置的桥梁和城市快速路上的桥梁；丙类抗震设防城市桥梁是指城市主干路和轨道交通桥梁；丁类抗震设防城市桥梁是指除甲、乙和丙三类桥梁以外的其他桥梁。GB 55002—2021《建筑与市政工程抗震通用规范》规定，城市桥梁的抗震设计类别应根据抗震设防烈度和所属的抗震设防类别按表 9-1 选用。

表 9-1　城市桥梁抗震设计类别

抗震设防烈度	抗震设防类别		
	乙	丙	丁
6 度	B	C	C
7 度及以上	A	A	B

城市桥梁抗震设计应符合下列规定：

1）A 类城市桥梁，应进行多遇和罕遇地震作用下的抗震分析和抗震验算，并应满足相关抗震措施的要求。

2）B 类城市桥梁，应进行多遇地震作用下的抗震分析和抗震验算，并应满足相关抗震措施的要求。

3）C 类城市桥梁，允许不进行抗震分析和抗震验算，但应满足相关抗震措施的要求。

（2）城市桥梁抗震设防标准　　在 E1 和 E2 地震作用下，各类城市桥梁抗震设防标准见表 9-2。

表 9-2　城市桥梁抗震设防标准

桥梁抗震设防分类	E1 地震作用		E2 地震作用	
	震后使用要求	损伤状态	震后使用要求	损伤状态
甲	立即使用	结构总体反应在弹性范围,基本无损伤	不需修复或经简单修复可继续使用	可发生局部轻微损伤
乙	立即使用	结构总体反应在弹性范围,基本无损伤	经抢修可恢复使用,永久性修复后恢复正常运营功能	有限损伤
丙	立即使用	结构总体反应在弹性范围,基本无损伤	经临时加固,可供紧急救援车辆使用	不产生严重的结构损伤
丁	立即使用	结构总体反应在弹性范围,基本无损伤	—	不致倒塌

（3）城市桥梁 E1 和 E2 地震调整系数 C_i　甲类城市桥梁所在地区遭受的 E1 和 E2 地震影响,应按地震安全性评价确定,相应的 E1 和 E2 地震重现期分别为 475 年和 2500 年。其他各类城市桥梁所在地区遭受的 E1 和 E2 地震影响,应根据现行《中国地震动参数区划图》的地震动峰值加速度、地震反应谱特征周期以及 E1 和 E2 地震调整系数来表征。乙、丙和丁三类城市桥梁 E1 和 E2 的水平向地震动峰值加速度 a 的取值,应根据《中国地震动参数区划图》查得的地震动峰值加速度,乘以表 9-3 中的 E1 和 E2 地震调整系数 C_i 得到。

表 9-3　各类城市桥梁 E1 和 E2 地震调整系数 C_i

抗震设防分类	E1 地震作用				E2 地震作用			
	6 度	7 度	8 度	9 度	6 度	7 度	8 度	9 度
乙	0.61	0.61	0.61	0.61	—	2.2 (2.05)	2.0 (1.7)	1.55
丙	0.46	0.46	0.46	0.46	—	2.2 (2.05)	2.0 (1.7)	1.55
丁	0.35	0.35	0.35	0.35	—	—	—	—

注:括号内数值为相应于表 4-1 中括号内数值的地震调整系数。

2. 公路桥梁抗震

（1）公路桥梁抗震设防类别和抗震设防目标　JTG/T 2231-01—2020《公路桥梁抗震设计规范》根据公路桥梁的重要性和修复（抢修）的难易程度,将桥梁抗震设防分为 A 类、B 类、C 类和 D 类四个抗震设防类别,分别对应不同的抗震设防标准和设防目标。A 类公路桥梁是指单跨跨径超过 150m 的特大桥;B 类公路桥梁是指单跨跨径不超过 150m 的高速公路、一级公路上的桥梁,单跨跨径不超过 150m 的二级公路上的特大桥、大桥;C 类公路桥梁是指二级公路上的中桥、小桥,单跨跨径不超过 150m 的三、四级公路上的特大桥、大桥;D 类公路桥梁是指三、四级公路上的中桥、小桥。

A 类、B 类和 C 类桥梁应采用两水准抗震设防,D 类桥梁可采用一水准抗震设防,在 E1 和 E2 地震作用下,公路桥梁抗震设防目标应符合表 9-4 的要求。

表 9-4 公路桥梁抗震设防目标

桥梁抗震设防类别	设防目标			
	E1 地震作用		E2 地震作用	
	震后使用要求	损伤状态	震后使用要求	损伤状态
A 类	可正常使用	结构总体反应在弹性范围,基本无损伤	不需修复或经简单修复可正常使用	可发生局部轻微损伤
B 类	可正常使用	结构总体反应在弹性范围,基本无损伤	经临时加固后可供维持应急交通使用	不致倒塌或产生严重结构损伤
C 类	可正常使用	结构总体反应在弹性范围,基本无损伤	经临时加固后可供维持应急交通使用	不致倒塌或产生严重结构损伤
D 类	可正常使用	结构总体反应在弹性范围,基本无损伤	—	—

注：B 类、C 类中的斜拉桥和悬索桥以及采用减隔震设计的桥梁,其抗震设防目标应按 A 类桥梁要求执行。

E1 地震作用下,要求各类公路桥梁在弹性范围工作,结构强度和刚度基本保持不变。

E2 地震作用下,A 类公路桥梁局部可发生开裂,裂缝宽度也可超过容许值,但混凝土保护层应保持完好,因地震过程的持续时间比较短,地震后,在结构自重作用下,地震过程中开展的裂缝一般可以闭合,不影响使用,结构整体反应还在弹性范围。B 类、C 类桥梁在E2 地震作用下要求不倒塌,且结构强度不能出现大幅度降低,对钢筋混凝土桥梁墩柱,其抗弯承载能力降低幅度不应超过20%。在 E2 地震作用下,斜拉桥和悬索桥如允许桥塔进入塑性,将产生较大变形,从而使结构受力体系发生大的变化。例如,可能出现部分斜拉索或吊杆不受力的情况,甚至导致桥梁垮塌等严重后果。采用减隔震设计的桥梁,主要通过减隔震装置耗散地震能量,就能够有效降低结构的地震响应,使桥梁墩柱不进入塑性状态,此外,如允许桥梁墩柱进入塑性状态形成塑性铰,将导致结构的耗能体系混乱,还可能导致过大的结构位移和计算分析上的困难。因此,规定 B 类、C 类中的斜拉桥和悬索桥以及采用减隔震设计的桥梁抗震设防目标应按 A 类桥梁要求执行。

（2）公路桥梁的抗震措施等级和抗震重要性系数 在不同抗震设防烈度下的公路桥梁抗震措施等级应按表 9-5 确定。

表 9-5 公路桥梁抗震措施等级

桥梁类别	抗震设防烈度					
	VI	VII		VIII		IX
	0.05g	0.1g	0.15g	0.2g	0.3g	0.4g
A 类	二级	三级	四级	四级	更高,专门研究	
B 类	二级	三级	三级	四级	四级	四级
C 类	一级	二级	二级	三级	三级	四级
D 类	一级	二级	二级	三级	三级	四级

公路桥梁抗震重要性系数 C_i 应按表 9-6 确定。

表 9-6　公路桥梁抗震重要性系数 C_i

桥梁类别	E1 地震作用	E2 地震作用
A 类	1.0	1.7
B 类	0.43(0.5)	1.3(1.7)
C 类	0.34	1.0
D 类	0.23	—

注：高速公路和一级公路上的 B 类大桥、特大桥，其抗震重要性系数取 B 类括号内的值。

公路桥梁抗震设防烈度与现行《中国地震动参数区划图》基本地震动峰值加速度的对应关系，应按表 4-1 的规定确定。

（3）公路桥梁抗震设计方法　根据公路桥梁抗震设防分类及抗震设防烈度，公路桥梁抗震设计方法可分为以下 3 类：

1）1 类，应进行 E1 地震作用和 E2 地震作用下的抗震分析和抗震验算，并应满足桥梁结构抗震体系的要求以及相关构造和抗震措施的要求。

2）2 类，应进行 E1 地震作用下的抗震分析和抗震验算，并应满足相关构造和抗震措施的要求。

3）3 类，应满足相关构造和抗震措施的要求，可不进行抗震分析和抗震验算。

公路桥梁抗震设计方法应按表 9-7 选用。

表 9-7　公路桥梁抗震设计方法选用

桥梁类别	抗震设防烈度					
	6 度	7 度		8 度		9 度
	0.05g	0.1g	0.15g	0.2g	0.3g	0.4g
A 类	1 类	1 类	1 类	1 类	1 类	1 类
B 类	3 类	1 类	1 类	1 类	1 类	1 类
C 类	3 类	1 类	1 类	1 类	1 类	1 类
D 类	3 类	2 类	2 类	2 类	2 类	2 类

9.3.3　桥梁结构抗震体系

城市桥梁和公路桥梁结构抗震体系应符合下列规定：

1）有可靠和稳定的传力途径。

2）有明确、可靠的位移约束，能有效地控制结构地震位移，防止落梁。

3）有明确、合理、可靠的能量耗散部位。

4）应具有避免因部分结构构件的破坏而导致结构倒塌的能力。

对采用 A 类设计方法的城市桥梁和 B 类、C 类公路梁桥，可采用以下两种抗震体系：

1）类型Ⅰ，地震作用下，桥梁的弹塑性变形、耗能部位位于桥墩，典型单柱墩和双柱墩的耗能部位即潜在塑性铰区域如图 9-19 所示。

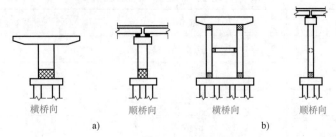

横桥向　　　　顺桥向　　　　横桥向　　　　顺桥向
a)　　　　　　　　　　　b)

图 9-19　连续梁、简支梁桥单柱墩和双柱墩的耗能部位（潜在塑性铰区域）示意图
a）连续梁、简支梁桥单柱墩　b）连续梁、简支梁桥双柱墩
（图中：■代表潜在塑性铰区域）

2）类型Ⅱ，地震作用下，桥梁的耗能部位位于桥梁上、下部连接构件，包括减隔震支座和耗能装置。

9.3.4　抗震设计流程

桥梁工程在其使用期内，要承受多种作用的影响，包括永久作用、可变作用和偶然作用三大类。地震是桥梁工程的一种偶然作用，在使用期内不一定会出现，但一旦出现，对结构影响很大。桥梁工程必须首先确保运行功能，即满足永久作用和可变作用的要求，这是静力设计的目标。其次，保证桥梁工程在地震下的安全性也非常重要，因此要进行抗震设计。

与静力设计一样，桥梁工程的抗震设计也是一项综合性的工作。桥梁抗震设计的任务，是选择合理的结构形式，并为结构提供较强的抗震能力。具体来说，要正确选择能够有效地抵抗地震作用的结构形式，合理地分配结构的刚度、质量和阻尼等的分布，并正确估计地震可能对结构造成的破坏，以便通过结构、构造和其他抗震措施，使损失控制在限定的范围内。桥梁工程的抗震设计过程一般包括七个步骤，即抗震设防标准确定、地震动输入选择、抗震概念设计、延性抗震设计（或减隔震设计）、地震反应分析、抗震性能验算以及抗震措施选择，如图 9-20 所示。

规范规定的桥梁抗震设防标准是一种最低标准，对于实际桥梁结构的抗震设防标准选择可以根据实际需要选择更高的标准。抗震设防标准和地震动输入的选择可以看作桥梁抗震设计的准备工作，而抗震概念设计则是为了后期研究选择一个合适的结构形式，更好地完成抗震设计。

桥梁的抗震性能验算之后，还有非常重要的最后一步，即选择合理的抗震措施，并应满足相关抗震规范的要求。

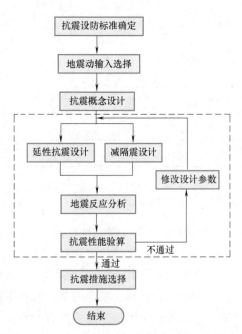

图 9-20　桥梁工程抗震设计流程图

9.4 桥梁地震作用计算要点

9.4.1 桥梁场地地震安全性评价

地震安全性评价是指对具体建设工程地区或场址周围的地震地质、地球物理、地震活动性、地形变化等进行研究，采用地震危险性概率分析方法，按照工程应采用的风险概率水准，科学地给出相应的工程规划和设计所需的有关抗震设防要求的地震动参数和基础资料。地震安全性评价工作一般包括地震危险性分析、场地土层地震反应分析和场地的地震地质灾害评价三部分。

地震危险性是指某一场地（或某一区域、地区、国家）在一定时期内可能遭受到的最大地震破坏影响，可以用地震烈度或地面运动参数来表示。目前，场地的地震危险性分析普遍采用概率方法，具体要求包括：查明工程场地周围地震环境和地震活动性，判定并划分出潜在震源的位置、规模和地震活动频度，给出可能的震源模式，确定各潜在震源的发震概率，最后根据地震动衰减规律和地震危险性分析的概率模型，计算出场地不同地震动参数的概率曲线，给出不同概率水准下的地震动参数峰值，得到基岩的地震反应谱，以及地震持续时间。

将地震危险性分析得到的基岩地震加速度反应谱进行标准化处理，得到目标反应谱，进一步合并基岩加速度时程，作为场地地震反应分析的地震输入。对于水平层、横向不均匀性较小的场地，可采用一维剪切模型进行场地土层地震反应分析，该模型为覆盖在基岩上的一系列完全理想的已知层厚、土特征的水平成层模型。但对于局部地形等影响、横向不均匀性较大的场地，则需采用二维甚至三维模型进行场地土层地震反应分析。通过场地的地震反应分析，可以得到各土层的地震加速度时程，并进一步换算为地震加速度反应谱，经标准化后可得到设计加速度反应谱，供工程结构的抗震设计采用。进一步地，还要以设计加速度反应谱为目标，分析得到符合工程结构抗震设计要求的地震加速度时程。

9.4.2 地震加速度反应谱和设计地震动时程

1. 公路地震加速度反应谱

一般公路桥梁抗震计算采用反应谱理论，公路桥梁抗震设计反应谱（图 9-21）与建筑抗震设计反应谱的基本原理和导出方式均相同，但有着不同的表达方式，谱的形状及参数取值也有微小差别。

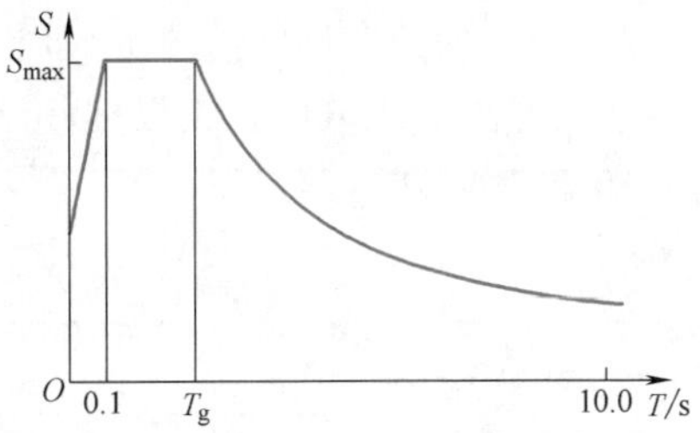

1）设计加速度反应谱 $S(T)$ 由下式确定

$$S(T) = \begin{cases} S_{max}(0.6T/T_0 + 0.4) & T \leqslant T_0 \\ S_{max} & T_0 < T \leqslant T_g \\ S_{max}(T_g/T) & T_g < T \leqslant 10s \end{cases}$$

(9-1)

图 9-21 水平设计加速度反应谱

式中 T——周期（s）；

T_0——反应谱直线上升段最大周期，取 0.1s；

T_g——特征周期（s）；

S_{max}——设计加速度反应谱最大值（g），由下式确定

$$S_{max} = 2.5 C_i C_s C_d a \qquad (9-2)$$

式中　C_i——抗震重要性系数，按表9-6取值；

　　　C_s——场地系数，水平向和竖向应分别按表9-8，表9-9取值；

　　　C_d——阻尼调整系数；

　　　a——水平向设计基本地震动加速度峰值，按表4-1取值。

表 9-8　水平向场地系数 C_s

场地类型	抗震设防烈度					
	6 度	7 度		8 度		9 度
	0.05g	0.1g	0.15g	0.2g	0.3g	0.4g
I$_0$	0.72	0.74	0.75	0.76	0.85	0.9
I$_1$	0.80	0.82	0.83	0.85	0.95	1.00
II	1.00	1.00	1.00	1.00	1.00	1.00
III	1.30	1.25	1.15	1.00	1.00	1.00
IV	1.25	1.20	1.10	1.00	0.95	0.90

表 9-9　竖向场地系数 C_s

场地类型	抗震设防烈度					
	6 度	7 度		8 度		9 度
	0.05g	0.1g	0.15g	0.2g	0.3g	0.4g
I$_0$	0.6	0.6	0.6	0.6	0.6	0.6
I$_1$	0.6	0.6	0.6	0.6	0.7	0.7
II	0.6	0.6	0.6	0.6	0.7	0.8
III	0.7	0.7	0.7	0.8	0.8	0.8
IV	0.8	0.8	0.8	0.9	0.9	0.8

2）设计加速度反应谱的特征周期 T_g 按照桥梁工程场地所在地区，在现行《中国地震动参数区划图》查取后，应根据场地类别进行调整，水平向、竖向分量的特征周期分别按表 9-10 和表 9-11 取值。

表 9-10　水平向设计加速度反应谱特征周期调整

区划图上的特征周期/s	场地类型划分				
	I$_0$	I$_1$	II	III	IV
0.35	0.20	0.25	0.35	0.45	0.65
0.40	0.25	0.30	0.40	0.55	0.75
0.45	0.30	0.35	0.45	0.65	0.90

表 9-11　竖向设计加速度反应谱特征周期调整

区划图上的特征周期/s	场地类型划分				
	I_0	I_1	II	III	IV
0.35	0.15	0.20	0.25	0.30	0.55
0.40	0.20	0.25	0.30	0.35	0.60
0.45	0.25	0.30	0.40	0.50	0.75

3）阻尼调整系数，除有专门规定外，结构的阻尼比 ξ 应取值 0.05，式（9-2）中的阻尼调整系数 C_d 应按下式取值，计算得到的阻尼调整系数 C_d 值小于 0.55 时，取 0.55。

$$C_d = 1 + \frac{0.05 - \xi}{0.08 + 1.6\xi} \geqslant 0.55 \tag{9-3}$$

2. 公路设计地震动时程

已做地震安全性评价的桥梁工程场地，设计地震动时程应根据专门的工程场地地震安全性评价的结果确定。未做地震安全性评价的桥梁工程场地，可根据《公路桥梁抗震设计规范》设计加速度反应谱，合成与其匹配的设计加速度时程；也可选用与设定地震震级、距离大体相近的实际地震动加速度记录，通过调整使其反应谱与《公路桥梁抗震设计规范》设计加速度反应谱匹配，每个周期值对应的反应谱幅值的相对误差应小于 5% 或绝对误差应小于 $0.01g$。设计加速度时程不应少于 3 组，且应保证任意两组间同方向时程由式（9-4）定义的相关系数 ρ 的绝对值小于 0.1。

$$|\rho| = \left| \frac{\sum_j a_{1j} \cdot a_{2j}}{\sqrt{\sum_j a_{1j}^2} \cdot \sqrt{\sum_j a_{2j}^2}} \right| \tag{9-4}$$

式中　a_{1j} 与 a_{2j}——时程 a_1 与 a_2 第 j 点的值。

3. 城市桥梁地震加速度反应谱

我国 CJJ 166—2011《城市桥梁抗震设计规范》则采用了《建筑抗震设计规范》相同的反应谱形式，有效周期成分至 6s，分别在 $T_g \sim 5T_g$ 区段和 $5T_g \sim 6s$ 区段采用不同的下降段，其水平设计加速度反应谱值 S 由下式确定

$$S = \begin{cases} 0.45 S_{max} & T = 0 \\ \eta_2 S_{max} & 0.1s < T \leqslant T_g \\ \eta_2 S_{max} \left(\dfrac{T_g}{T} \right)^{\gamma} & T_g < T \leqslant 5T_g \\ [\eta_2 0.2^{\gamma} - \eta_1 (T - 5T_g)] S_{max} & 5T_g < T \leqslant 6s \end{cases} \tag{9-5a}$$

式中　T_g——反应谱特征周期，根据地震动参数区域图选取，其中计算 8 度、9 度 E2 地震作用时，特征周期宜增加 0.05s；

　　η_2——结构的阻尼调整系数，阻尼比为 0.05 时，取 1.0，阻尼比不等于 0.05 时，按式（9-6）计算；

　　γ——$T_g \sim 5T_g$ 区段曲线衰减指数，阻尼比为 0.05 时，取 0.9，阻尼比不等于 0.05时，按式（9-7）计算；

η_1——$5T_g \sim 6T_g$ 区段直线下降段下降斜率调整系数，阻尼比为 0.05 时，取 0.02，阻尼比不等于 0.05 时，按式（9-8）计算；

T——结构自震周期；

S_{max}——水平设计加速度反应谱最大值，按式（9-5b）计算。

$$S_{max} = 2.25A \tag{9-5b}$$

$$\eta_2 = 1 + \frac{0.05 - \zeta}{0.06 + 1.7\zeta} \tag{9-6}$$

$$\gamma = 0.9 + \frac{0.05 - \zeta}{0.5 + 5\zeta} \tag{9-7}$$

$$\eta_1 = 0.02 + (0.05 - \zeta)/8 \tag{9-8}$$

式中　ζ——结构实际阻尼比；

A——E1 或 E2 地震作用下水平向地震动峰值加速度。

对于竖向地震作用，我国《公路桥梁抗震设计规范》和《城市桥梁抗震设计规范》均采用竖向地震动加速度反应谱由水平向设计加速度反应谱乘以竖向/水平向谱比函数 R 得到。其中，基岩场地 R 取 0.65，一般土层场地根据下式取值

$$R = \begin{cases} 1.0 & T < 0.1 \\ 1.0 - 2.5(T - 0.1) & 0.1 \leq T < 0.3 \\ 0.5 & T \geq 0.3 \end{cases} \tag{9-9}$$

式中　T——结构自震周期。

目前，在桥梁抗震设计中，地震动加速度时程的选择主要有三种方法，即直接利用强震记录、采用人工地震加速度时程和规范标准化地震加速度时程。选择加速度时程，必须把握住三个特征，即加速度峰值的大小、波形和强震持续时间。

在选择强震记录时，除了最大峰值加速度应符合桥梁所在地区的设防要求外，场地条件也应尽量接近，也就是该地震波的主要周期应尽量接近于桥址场地的卓越周期。对于强震持续时间，原则上应采用持续时间较长的地震记录。如果能获得桥址场地附近同类地质条件下的强震记录，则是最佳选择，应优先采用。

人工地震加速度时程是根据随机振动理论产生的符合所需统计特征（加速度峰值、频谱特征、持续时间）的地震加速度时程。生成人工地震加速度时程可以有两条途径：一是以规范设计反应谱为目标拟合而成；二是对建桥桥址场地进行地震安全性评价，以提供场地的人工地震加速度时程。

采用地震加速度时程进行地震反应分析时，一般要选取多组地震加速度时程以供比较分析，如美国 AASHTO 规范规定为 5 组，我国《公路桥梁抗震设计规范》和《城市桥梁抗震设计规范》均规定不得少于 3 组，对于地震反应分析结果，3 组须取最大值，7 组可取平均值。

9.4.3　地震作用效应组合

地震作用属于偶然作用，通常只与永久作用进行组合。永久作用通常包括结构重力（恒载）、预应力、土压力、水压力，而地震作用通常包括地震动的作用和地震土压力、水

压力等。进行桥梁抗震设计时，应进行包括各种作用效应的最不利组合。

在地震作用下，除了结构内力反应以外，支座以及梁端等的位移反应需要特别关注，为防止发生支座脱落或落梁震害，我国《城市桥梁抗震设计规范》规定在进行支座位移验算时，还应考虑50%均匀温度作用效应。

对于轨道交通桥梁，还应该考虑部分活载的作用。我国 GB 50111—2006《铁路工程抗震设计规范》（2009年版）以及《城市桥梁抗震设计规范》均规定，轨道交通桥梁应按有车和无车分别进行分析和验算。当桥上有车时，顺桥方向，由于车轮的作用，地面运动的加速度很难传递到列车上，因此顺桥向不计活载所产生的水平地震力；活载竖向力应按列车竖向静活载的100%计入；活载的横向地震力，考虑车架弹簧对横向振动有一定的消能作用，而且地震的主要振动方向也不一定与横向一致，因此横桥向计入50%活载引起的地震力，作用于轨顶以上2m处。

9.4.4 规则桥梁的地震反应简化分析

1. 规则桥梁的定义

规则桥梁是指其地震反应以一阶振型为主的桥梁。因此，规则桥梁的地震反应可以通过简化模型或计算方法进行分析。

从规则桥梁的定义可以看出，要满足其受一阶振型主导的条件，桥梁结构应在跨数、几何形状、质量分布、刚度分布以及桥址的地质条件上满足一定的限制。一般情况下，要求实际桥梁的跨数不应太多，跨径不宜太大，在桥梁纵向和横向上的质量分布、刚度分布以及几何形状都不应有突变，相邻桥墩的刚度差异不应太大，桥墩长细比应处于一定范围，桥址的地形、地质没有突变，而且桥址场地不会有发生液化和地基失效的危险等；对于拱桥，要求其最大圆心角处于一定范围；斜桥以及安装有隔震支座和（或）阻尼器的桥梁，则不属于规则桥梁。为了便于实际操作，我国《公路桥梁抗震设计规范》以及《城市桥梁抗震设计规范》借鉴国外一些桥梁抗震设计规范的规定，并结合国内已有的一些研究成果对判定一座桥梁是否属于规则桥梁给出了具体的参数要求。表9-12所列即为我国《城市桥梁抗震设计规范》中对规则桥梁给出的参数要求。

表9-12 规则桥梁的定义

参数	参数值				
单跨最大跨径	≤90m				
墩高	≤30m				
单墩长细比	大于2.5且小于10				
跨数	2	3	4	5	6
曲线桥梁圆心角 φ 以及半径 R	单跨 $\varphi<30°$ 且一联累计 $\varphi<90°$，同时曲率半径 $R \geqslant 20B_0$（B_0 为桥宽）				
跨与跨间最大跨长比	3	2	2	1.5	1.5
轴压比	<0.3				
跨与跨间最大刚度比	—	4	4	3	2
下部结构类型	桥墩为单柱墩、双柱框架墩、多柱排架墩				
地基条件	不易液化、侧向滑移或易冲刷的场地，远离断层				

2. 规则桥梁的地震反应简化分析方法

由于规则桥梁的地震反应受一阶振型主导，因此对于规则桥梁的地震反应分析可以采用单自由度体系的简化分析方法。

求解规则桥梁的弹性地震反应，首先需要确定控制结构地震反应的主振型，即需要求解振型的刚度、质量，以及振型的频率等相关信息。

对于振型相关信息的求解可以直接采用对结构动力特性的分析结果，对于采用实体墩的桥梁地震内力就直接采用了基本振型的动力求解。事实上，对于一些柔性墩规则桥梁，其地震内力求解可通过等效静力方法近似得到，即以某种水平荷载作用下的结构变形近似作为结构的主导振型形状。美国的 AASHTO 抗震设计规范对于规则桥梁推荐了这种方法，我国的《城市桥梁抗震设计规范》也采用了这一方法。其求解的关键包括确定等效振型刚度与等效振型质量。

（1）等效振型刚度　我国《城市桥梁抗震设计规范》对简支梁采用的水平荷载模式是，在顺桥向或横桥向，在支座顶面或上部结构质量重心上作用单位水平力，求取在该点引起的水平位移，从而确定顺桥和横桥方向的等效刚度。对于连续梁一联中一个墩采用顺桥向固定支座，其余均为顺桥向活动支座的，由于其在顺桥向的主要约束是由固定墩提供的，因此其顺桥向地震反应采用的水平荷载模式是在固定墩支座顶面作用单位水平力，并根据相应的水平位移确定顺桥向的等效刚度。

$$K = \frac{1}{\delta} \tag{9-10}$$

式中　δ——顺桥向或横桥向作用于支座顶面或上部结构质量重心上的单位水平力在该点引起的水平位移（m/kN），顺桥和横桥方向应分别计算，计算时可按 JTG 3363—2019《公路桥涵地基与基础设计规范》的有关规定计算地基变形作用效应。

对于求解采用板式橡胶支座的规则性连续梁在顺桥向的地震反应，以及所有连续梁桥和连续刚构桥在横桥向上的地震反应，由于提供结构水平抗力的桥墩不止一个，因此其水平荷载模式一般选择为主梁全长上的均布荷载，并根据需要分别选择顺桥向或横桥向，如图 9-22

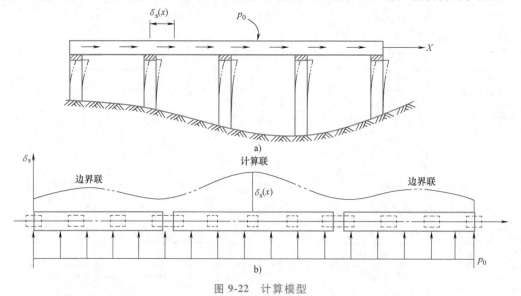

图 9-22　计算模型

a）顺桥向计算模型　b）横桥向计算模型

所示。对于计算多联连续梁或连续刚构在横桥向上的地震反应时，为考虑边界联约束的影响，均布荷载的作用范围还应至少包含左右各一联。对于等效振型刚度，同样也根据这一荷载下的位移来计算得到，见式（9-11）和式（9-12）。

$$K_l = \frac{P_0 L}{\delta_{s,\max}} \tag{9-11}$$

$$K_t = \frac{P_0 L}{\delta_{s,\max}} \tag{9-12}$$

式中　P_0——均布荷载；

　　　L——一联桥梁总长；

　$\delta_{s,\max}$——P_0 作用下的最大水平位移；

　　　K_l——桥梁的顺桥向刚度；

　　　K_t——桥梁的横桥向刚度。

在求解等效振型刚度时，对于地震作用相对较小的 E1 地震，由于性能目标实际上是要求各组成构件保持弹性工作状态，因此各构件的刚度计算也是基于毛截面的刚度进行的；对于地震作用相对较大的 E2 地震，结构性能目标中允许部分构件进入延性状态，但应确保结构不倒塌，因此对于确实已进入延性状态的延性构件的刚度计算，则应考虑开裂截面刚度折减效应的影响。

（2）等效振型质量　对于振型质量，不仅应考虑上部结构的质量，还应考虑墩身、盖梁等的质量参与作用。对于规则桥梁的上部结构，其在地震作用下一般可视为满足刚体运动，因此，可以简化为质点。但对于墩身则不同，在不同的位置，质量有不同的质量参与度，因此，等效振型质量的关键是如何求解墩身及盖梁的参与质量。

假设在给定的水平荷载模式下，上部结构质心处产生单位水平位移，此时，盖梁质心处的位移为 X_0，墩柱中部的位移为 $X_{f/2}$，柱底部的位移为 X_f。

假设墩身位移在底部、中点以及盖梁质心处为折线模式，则在墩身任意高度 y 处的位移为

$$\delta_y = \begin{cases} X_f + \dfrac{2(X_{f/2} - X_f)}{H} y, 0 \le y \le \dfrac{H}{2} \\ X_{f/2} + \dfrac{2(X_0 - X_{f/2})}{H} \left(y - \dfrac{H}{2} \right), \dfrac{H}{2} \le y \le H \end{cases} \tag{9-13}$$

则等效墩身参与质量为

$$\begin{aligned} M &= \int_0^H \delta_y^2 \cdot m \mathrm{d}y \\ &= \frac{1}{6} (X_0^2 + X_f^2 + 2X_{f/2}^2 + X_f X_{f/2} + X_0 X_{f/2}) mH \end{aligned} \tag{9-14}$$

上述公式未考虑振型形状，为此，以岩石地基条件（不考虑地基变形）以及普通球形钢支座的墩身质量换算系数加以修正。根据振型曲线，可得

$$X_0 = 1, \ X_f = 0, \ X_{f/2} = 5/16$$

通过振型分析可得，此时的墩身换算系数理论值为 0.24，代入并经过修正可得

$$\eta_p = 0.16 (X_0^2 + X_f^2 + 2X_{f/2}^2 + X_f X_{f/2} + X_0 X_{f/2}) \tag{9-15}$$

对于盖梁，其换算质量系数则为

$$\eta_{cp} = X_0^2 \tag{9-16}$$

则包含上部结构在内的总的振型质量为

$$M_t = M_{sp} + \eta_{cp}M_{cp} + \eta_p M_p \tag{9-17}$$

式中　M_{sp}——桥梁上部结构的质量；

　　　M_{cp}——盖梁的质量；

　　　M_p——墩身质量，对于扩大基础，为基础顶面以上墩身的质量。

（3）结构地震反应　求得规则桥梁的等效振型刚度和等效振型质量后，则可确定振型的周期

$$T = 2\pi\sqrt{\frac{M_t}{K}} \tag{9-18}$$

则桥梁总的水平地震力可按式（9-19）计算

$$E_{ktp} = SM_t \tag{9-19}$$

式中　S——根据结构基本周期计算出的反应谱值。

对于简支梁，墩身水平地震力可直接采用式（9-19）的结果。

对于连续梁一联中仅一个墩采用顺桥向固定支座，其余均为顺桥向活动支座，其固定支座的顺桥向地震反应还应扣除活动墩的摩擦力

$$E_{ktp} = SM_t - \sum_{i=1}^{N} u_i R_i \tag{9-20}$$

式中　R_i——第 i 个活动支座的恒载反力；

　　　u_i——第 i 个活动支座的摩擦因数，一般取 0.02。

活动墩的支座地震力则为相应的摩擦力，即

$$E_{kti} = u_i R_i \tag{9-21}$$

对于其他情况，当水平荷载模式为线荷载时，则等效地震线荷载为

$$P_e = \frac{SM_t}{L} \tag{9-22}$$

各墩支座处地震反应则可按静力法计算均布荷载 P_e 作用下的结构内力反应。

（4）延性结构 E2 地震作用下的位移反应　对于在 E2 地震作用下进入延性的规则桥梁，由于墩顶的位移反应与墩底的塑性铰变形存在较好的一一对应关系，因此可以通过验算墩顶的位移来等效验算塑性铰区的变形。但由于结构进入塑性状态后，在结构刚度上有较大的改变，原来的振型刚度已不再适用，因此，如何合理求取桥梁的墩顶位移反应，则成为延性结构桥梁 E2 地震作用下性能目标验算的一个关键问题。

研究表明：对于长周期的单自由度系统，非线性系统的最大反应位移与完全弹性系统的最大反应位移在统计平均意义上相等，这就是等位移准则，如图 9-23a 所示。新西兰规范和欧洲规范都规定，当结构自振周期大于 0.7s 时，等位移准则就可以适用。根据等位移准则可得

$$\Delta_p = \Delta_e \tag{9-23}$$

式中　Δ_p、Δ_e——非线性系统位移、弹性系统位移。

对于中等周期的单自由度系统，弹性体系在最大位移时所储存的变形能与弹塑性体系达到最大位移时的耗能相等，这就是等能量准则，如图 9-23b 所示。根据等能量准则，非线性系统的位移将略大于弹性体系的最大位移，可通过采用适当的位移调整系数来计算非线性系统的位移，即

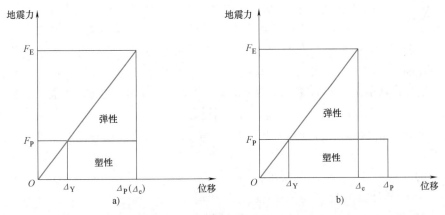

图 9-23　等位移准则与等能量准则

a）等位移　b）等能量

$$\Delta_p = R_d \cdot \Delta_e \tag{9-24}$$

式中　R_d——位移修正系数。

中等周期（$T < 1.25T_g$）的位移修正系数 R_d 可按下式计算

$$R_d = \left(1 - \frac{1}{u_D}\right)\frac{T^*}{T} + \frac{1}{u_D} \geqslant 1.0 \tag{9-25}$$

$$T^* = 1.25T_g$$

式中　T_g——反应谱特征周期；

u_D——桥墩构件延性系数，一般情况下可取 3。

9.5　桥梁抗震设计

地震作用是一种不规则的循环往复荷载，且具有很强的随机性，而桥梁结构的地震破坏机理十分复杂。目前人们对地震动和结构地震破坏的认识尚不充分，因此，要进行精准的抗震设计很困难。

20 世纪 70 年代以来，人们在总结地震灾害经验中提出了"概念设计"（conceptual design）的思想，认为比"数值设计"更为重要。抗震概念设计是指根据地震灾害和工程经验等获得的基本设计原则和设计思想，正确地解决结构总体方案、材料使用和细部构造，以达到合理抗震设计目的。合理抗震设计，要求设计出来的结构，在强度、刚度和延性等指标上有最佳组合，使结构能够经济地实现抗震设防目标。

9.5.1　桥梁结构抗震设计的一般要求

1）选择桥位时，应尽量避开地震的危险地段，充分利用地震的有利地段。在发震断层及其邻近地段，不仅地震烈度高，而且强烈地震往往还会引起地表错动，对桥梁工程有极大的破坏作用，应尽量避开。除了地质构造条件以外，局部的工程地质、水文地质、地形等场地条件对桥梁工程的震害也有很大的影响。地震时可能发生大规模滑坡、崩塌等的不良地质地段，也应尽量避开。

2）避免或减轻在地震作用下因地基变形或地基失效造成的破坏。地震作用会使土的力学性质发生变化，特别是使一些土的承载力降低。例如，砂土液化会造成地基失效，使桥梁基础产生严重位移和下沉，严重的会导致桥梁垮塌。最好避开地震时可能发生地基失效的松软场地，选择坚硬场地。基岩、坚实的碎石地基、硬黏土地基是理想的桥址场地。饱和松散粉细砂、人工填土和极软的黏土地基或不稳定的坡地及其影响所及的场地都是地震不利地段。

3）本着减轻震害和便于修复（抢修）的原则，合理确定设计方案。方案设计是一个带有全局性的问题。桥梁抗震设计的目的在于尽量减轻结构震害，而一旦遭到破坏后能够尽快地恢复交通。

抗震结构体系一般应符合下列要求：

① 具有明确的计算简图和合理的地震作用传递途径。

② 最好有多道抗震防线，这样在地震动过程中，一道防线破坏后尚有第二道防线，可以防止因支座或部分结构构件破坏而导致整个抗震体系丧失抗震能力。

③ 具有合理的刚度和承载力分布。

④ 具备足够的承载能力、良好的变形能力和耗能能力。

4）提高结构与构件的强度和延性，避免脆性破坏。强度与延性是决定结构抗震能力的两个重要参数。桥梁墩柱应具有足够的延性，以利于塑性铰耗能。但要充分发挥预期塑性铰部位的延性能力，必须防止墩柱发生脆性的剪切破坏。钢结构构件还应避免局部或总体失稳。

5）加强桥梁结构的整体性。震害调查表明：桥梁上、下部构造之间的连接部位，墩台与承台、基桩与承台、墩柱与盖梁之间的连接部位，八字翼墙与桥台台身之间的连接部位等，都是震害大量发生的部位，这些部位都应加强抗震设计。

6）在设计中提出保证施工质量的要求或措施。桥梁设计人员要对桥梁抗震设计进行深入的研究，在借鉴其他地区的先进抗震技术经验的基础上，遵循桥梁抗震设计原则，采用适当的设计方法，提出保证施工质量的要求或措施，使桥梁的设计和施工在质量上得到最大限度的保证。

9.5.2 桥梁结构延性抗震设计指标

1. 延性抗震设计的重要概念

（1）延性的概念　延性抗震设计的基本思想是结构构件可以发生塑性变形，可以发生一定的损坏，但结构不倒塌是必须能得到保证的，结构设计时，使结构具有一定的滞回特性，这种特性足以抵抗大地震产生的弹塑性变形，设计预期的大地震发生时，其延性要低于地震引起的往复弹塑性变形以免于倒塌破坏。

材料、构件或结构的延性，通常定义为在初始强度没有明显退化情况下的非弹性变形能力。它包括两个方面的能力：一是承受较大的非弹性变形，同时强度没有明显下降的能力；二是利用滞回特性吸收能量的能力。

从延性的本质来看，它反映了一种非弹性变形的能力，即结构从屈服到破坏的后期变形能力，这种能力能保证强度不会因为发生非弹性变形而急剧下降。

延性材料是指在发生较大的非弹性变形时强度没有明显下降的材料，与之相对应的脆性材料，则是指一出现非弹性变形或在非弹性变形极小的情况下即破坏的材料。不同材料的延性是不同的，低碳钢的延性较好，素混凝土的延性较差，而混凝土当配有适当箍筋时延性就会有显著提高。

如果结构或结构构件在发生较大的非弹性变形时，其抗力仍没有明显的下降，则这类结构或结构构件称为延性结构或延性构件。结构的延性称为整体延性，结构构件的延性称为局部延性。

（2）延性指标　在抗震设计时，使结构具有延性特征，首先要确定度量延性量化的设计指标。通常用曲率延性系数和位移延性系数作为延性量化设计的指标。

1）曲率延性系数。钢筋混凝土延性构件的非弹性变形能力，来自塑性铰区截面的塑性转动能力。因此，可以采用截面的曲率延性系数来反映延性构件的非弹性变形能力。曲率延性系数定义为截面的极限曲率与屈服曲率之比，即

$$\mu_{\varphi} = \frac{\varphi_{u}}{\varphi_{y}} \qquad (9-26)$$

式中　φ_{y} 和 φ_{u}——塑性铰区截面的屈服曲率和极限曲率（图9-24）。

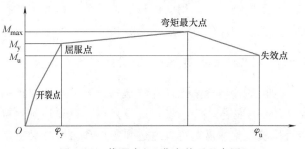

图 9-24　截面弯矩-曲率关系示意图

2）位移延性系数。钢筋混凝土构件的位移延性系数定义为构件的极限位移与屈服位移之比，即

$$\mu_{\Delta} = \frac{\Delta_{u}}{\Delta_{y}} \qquad (9-27)$$

式中　Δ_{y} 和 Δ_{u}——延性构件的屈服位移和极限位移。

2. 延性、位移延性系数与变形能力

构件或结构的延性、位移延性系数与变形能力，这三者之间既存在密切的联系，又有一定的区别。

材料、构件或结构的变形能力，是指其达到破坏极限状态时的最大变形；延性指其非弹性变形的能力；位移延性系数是指最大位移与屈服位移之比。图9-25表示这三者关系。

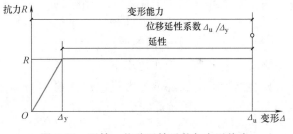

图 9-25　延性、位移延性系数与变形能力

3. 曲率延性系数与位移延性系数的关系

对于简单的结构构件，可以通过曲率与位移的对应关系，推得曲率延性系数 μ_{φ} 与位移延性系数 μ_{Δ} 之间的对应关系。

若给定 $l_{p} = 0.5h$ 和 $\mu_{\varphi} = 20$，则墩顶位移延性系数 μ_{Δ} 与桥墩的长细比 l/h 有关，而且随长细比的增大而减小，见表9-13。从表中可以得到两个重要结论：

1）临界截面的曲率延性系数比相应的墩顶位移延性系数要大得多。

2）在截面和截面材料特性均相同的条件下，墩越高，具有的位移延性系数越低。

表 9-13　桥墩位移延性系数与长细比的关系

l/h	2.5	5	10
μ_{φ}	20	20	20
μ_{Δ}	11.3	6.4	3.8

4. 桥梁结构的整体延性与构件局部延性的关系

结构的整体延性与构件的局部延性密切相关，但这并不意味着结构中有一些延性很高的构件，其整体延性就一定高，关键是设计要合理。

桥梁结构的位移延性系数，通常定义为上部结构质量中心处的极限位移与屈服位移之比；桥墩的位移延性系数通常定义为墩顶的极限位移和屈服位移之比。考虑支座弹性变形和基础柔度影响时，结构的位移延性系数比桥墩的位移延性系数小；而且支座和基础的附加柔度越大，结构的位移延性系数越小。

9.5.3 桥梁结构延性抗震设计方法

采用延性概念来设计抗震结构，要求结构在预期的设计地震作用下必须具有一定可靠度保证的延性储备。为了实现这个目标，在设计延性抗震结构时，就必须进行延性需求与能力分析比较。延性需求可以通过弹塑性动力时程分析来获得，但这种方法计算工作量大，计算过程比较复杂。对于规则桥梁可以采用简化的延性抗震设计理论，但对于复杂桥梁，只能进行结构弹塑性动力时程分析以获得结构的延性需求。

要保证延性结构在大震下以延性的形式反应，能够充分发挥延性构件的延性能力，就必须确保不发生脆性的破坏模式（如剪切破坏），以及防止脆性构件和不希望发生非弹性变形的构件发生破坏。要达到这一目的，就要采用能力设计方法进行延性抗震设计。

1. 延性对桥梁抗震的意义

地震之所以会造成结构损坏甚至倒塌，在于它激起的地震惯性力大于结构的强度。对于大量普通的桥梁结构，如果纯粹依靠强度来抵抗地震作用，会造成材料的浪费。通过延性构件在地震下发生反复的弹塑性变形循环，耗散掉大量的地震输入能量，保证结构的抗震安全（图9-26）。

2. 能力设计方法

能力设计方法的基本原理为：在结构体系中的延性构件和能力保护构件（脆性构件以及不希望发生非弹性变形的构件，

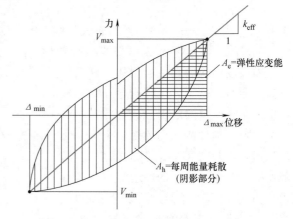

图9-26 滞回耗能与弹性应变能示意图

统称为能力保护构件）之间建立强度安全等级差异，以确保结构不会发生脆性的破坏模式。

与常规的强度设计方法相比，采用能力设计方法设计的抗震结构具有明显的优势。表9-14对基于这两种设计方法设计的结构抗震性能进行了比较。

表9-14 结构抗震性能比较

结构抗震性能	常规设计方法	能力设计方法
塑性铰出现位置	不明确	预定的构件部位
塑性铰的布局	随机	预先选择
局部延性需求	难以估计	与整体延性需求直接联系
结构整体抗震性能	难以预测	可以预测
防止结构倒塌破坏概率	有限	概率意义上的最大限度

能力设计方法是结构动力概念设计的一种体现，它的主要优点是设计人员可对结构在屈服时、屈服后的性状给予合理的控制，即结构屈服后的性能是按照设计人员的意图出现的，这是传统抗震设计方法所达不到的。此外，根据能力设计方法设计的结构具有很好的延性，能最大限度地避免结构倒塌，同时也降低了结构对许多不确定因素的敏感性。

采用能力设计方法进行延性抗震设计，一般分为以下四步进行：

1）根据桥梁结构体系的受力特点以及结构的预期性能要求，选择合适的延性构件。

2）选定延性构件中的潜在塑性铰区的位置，对塑性铰区截面进行强度和延性设计；对塑性铰区进行仔细的构造设计，以确保塑性铰区截面能够提供预期的塑性转动能力，这主要依靠约束混凝土的概念来实现。

3）延性构件中脆性破坏模式验算。例如，提供足够的强度安全系数可以避免剪切破坏。

4）能力保护构件设计与验算。对于脆性构件或不希望出现塑性变形的构件，确保强度安全等级高于包含塑性铰的构件。

3. 延性构件与能力保护构件的选择

延性抗震设计的第一步，是选择合适的延性构件，要求既能够切实使结构在强震下通过整体延性来减轻地震损害、避免倒塌，同时又能使桥梁的功能要求以及结构的自身安全得到最大的保障。因此，选择延性构件时，应综合考虑结构的预期性能以及结构体系的受力特点，分析各个构件的重要性、发生损伤后检查、（抢）修复的难易程度、是否可进行更换、损伤的过程是否为延性可控以及是否会引发结构连锁倒塌等诸多因素。

一座常规的桥梁通常由主梁、支承连接构件（支座）、盖（帽）梁、桥墩、基础等几部分组成。在地震作用下，主梁产生水平惯性力，并通过支承连接构件传递给盖梁以及桥墩，进一步传递给基础，最终传递给地基承受。在抗震设计时，必须保证这条传力路径不中断，而且还应保证震后桥梁的行车功能。震害调查表明，上部结构很少会因直接的地震动作用而破坏，而下部结构则常常因遭受巨大的水平地震惯性力作用而导致破坏。因此，作为支撑车辆通行主要构件的主梁，若发生损伤，难免会影响桥梁的可通行性，不适宜选择为延性构件；延性抗震体系中的支座一般表现为脆性破坏，破坏后会造成原有的传力路径丧失，导致梁体位移过大甚至发生落梁震害，应选择作为能力保护构件设计；盖（帽）梁是支撑主梁的关键构件，若发生地震损伤势必会影响桥梁的可通行性，甚至会进一步造成落梁震害，也应视为能力保护构件设计。而桥墩在地震作用下，主要负责将上部结构传递过来的惯性力向基础传递，进入延性后会形成结构整体的延性机制，而且发生损伤后也易于检查和修复，当发生的损伤较大且场地条件允许的情况下还可以进行置换。一般情况下，长宽比大于 2.5 的悬臂墩以及长宽比大于 5 的双柱墩，在水平力作用下较容易形成塑性铰，因此适宜作为延性构件设计；但对于长宽比较小的墩柱，则较容易发生脆性的剪切破坏，墩柱难以形成整体延性机制，则不宜作为延性构件设计，应进行强度设计。钢筋混凝土构件的剪切破坏属于脆性破坏，会大大降低结构的延性能力，应采用能力保护设计方法进行延性墩柱的抗剪设计。对于桥梁基础，由于一般属于隐蔽工程，发生损伤后，难以检查和修复，所以通常选择作为能力保护构件进行设计。

4. 潜在塑性铰位置的选择

延性构件主要是通过在特定位置形成塑性铰来提供延性的，在选择和设计结构中预期出现的塑性铰位置时，除了应能使结构获得最优的耗能，并尽可能使预期的塑性铰出现在易于发现和易于修复的结构部位外，还应尽可能减小由于塑性损伤而对结构造成的不利影响。

如图 9-27 所示，独柱墩的潜在塑性铰区一般选择在墩底，双柱墩在纵桥向的潜在塑性铰区也在墩底，而双柱墩在横桥向以及刚构桥在纵向上，则潜在塑性铰区一般选择在墩顶和墩底部位。对于系梁式双柱墩，由于系梁本身并不是能力保护构件，其发生损伤后对结构整体的影响也较小，因此在条件许可的情况下应尽量使墩上部的塑性铰发生在系梁上。

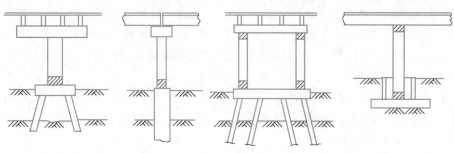

图 9-27　潜在塑性铰位置的选择

5. 延性构件的强度设计与验算

延性抗震设计实质上是通过让结构在特定部位形成塑性铰，结构整体进入延性状态而起到减震耗能的作用。很显然，这一过程势必造成结构的损伤，而且延性系数越大，所造成的结构损伤程度也越大。因此，为了防止结构在较小的地震作用下即发生损伤，同时也为了控制损伤发生的程度，必须赋予延性构件一定的强度要求，使其在构件强度和延性水平之间进行合理的平衡。

我国《公路桥梁抗震设计规范》以及《城市桥梁抗震设计规范》要求进行两个水准的地震（E1、E2 地震）设防，进行 E1 地震作用和 E2 地震作用下的抗震设计。在 E1 地震作用下，各类桥梁结构总体反应在弹性、基本无损伤、震后立即使用；在 E2 地震作用下，桥梁根据重要性可遭受不同程度的损伤，但不致倒塌。

按规范要求，在 E1 地震作用下，应进行桥梁结构的弹性地震反应分析，并验算包括延性构件在内的结构全部构件是否满足弹性性能要求。根据延性抗震设计中的能力设计方法，在整个结构体系中，强度上的首要薄弱部位应是延性构件的弯曲塑性铰区，因此，在 E1 地震作用下，实际上只要进行延性构件潜在塑性铰区的抗弯强度验算即可。

因此，采用两水准抗震设防进行两阶段抗震设计时，延性构件的设计强度需求可直接由 E1 地震作用下桥梁结构的弹性地震反应谱分析得到。

6. 能力保护构件的强度设计与验算

（1）塑性铰区超强弯矩　在延性桥墩截面通过抗弯强度验算后，塑性铰区截面的纵向钢筋就已经确定下来，因此塑性铰区的实际抗弯能力也就确定下来。根据能力设计原理，为了确保强震作用下塑性铰发生在延性构件上，能力保护构件的设计荷载应根据延性构件塑性铰区的实际抗弯能力来加以确定。

从大量震害和试验结果的观察发现，钢筋混凝土墩柱的实际抗弯承载能力要大于其设计承载能力，这种现象称为墩柱抗弯超强现象（overstrength）。如果墩柱塑性铰的抗弯承载能力出现很大的超强，所能承受的地震力超过了能力保护构件，则将导致能力保护构件先失效，预设的塑性铰不能产生，桥梁发生脆性破坏。

引起钢筋混凝土墩柱抗弯超强的原因很多，主要原因是钢筋实际屈服强度大于设计强度、钢筋硬化引起极限强度大于屈服强度、混凝土实际抗压强度大于设计强度而约束混凝土的极限压应变显著大于屈服压应变，其中，前两个因素影响更大。因此，钢筋混凝土墩柱的超强系数与设计规范对材料相关指标的规定直接相关，材料设计强度的安全系数越大，则产生的超强系数也更大。对一个钢筋混凝土墩柱截面来说，超强系数和墩柱轴压比、主筋配筋率有很大关系，配筋率越高，则超强系数越大。图 9-28 所示为按美国 ACI 规范设计的一个钢筋混凝土圆形截面和矩形截面的抗弯超强系数随轴压比和纵筋配筋率变化的曲线。

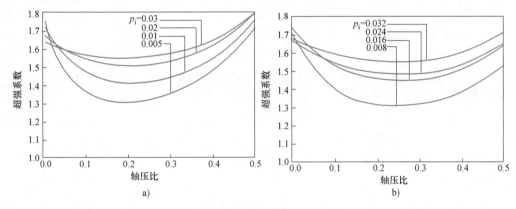

图 9-28 钢筋混凝土桥墩的抗弯超强系数
a) 圆形截面 b) 矩形截面

因此，为了确保结构不会发生脆性破坏模式，在确定能力保护构件的强度设计值时，需要引入抗弯超强系数 ϕ^0 来考虑延性构件的超强现象。各国规范对 ϕ^0 取值的差异较大，对钢筋混凝土结构，欧洲规范（Eurocode 8：Part2，1998 年）中 ϕ^0 取值为 1.375，美国 AASHTO 规范（2004 版）取值为 1.25，而《Caltrans Seismic Design Criteria》（version 1.3）ϕ^0 取值为 1.2。同济大学结合我国现行行业标准 JTG 3362—2018《公路钢筋混凝土及预应力混凝土桥涵设计规范》对超强系数的取值也进行了研究，结果表明：当轴压比大于 0.2 时，超强系数随轴压比的增加而增加，当轴压比小于 0.2 时，超强系数在 1.1～1.3 之间。这里建议 ϕ^0 取 1.2。我国《公路桥梁抗震设计规范》和《城市桥梁抗震设计规范》的 ϕ^0 取值为 1.2。

于是，桥墩塑性铰区截面的超强弯矩 M_0 为

$$M_0 = \phi^0 \cdot M_R \tag{9-28}$$

式中 M_R——塑性铰区截面的名义抗弯强度（按截面实配钢筋，采用材料强度标准值，在恒载轴力作用下计算）；

ϕ^0——超强系数，按规范取 1.2。

（2）延性构件的抗剪强度 根据能力设计原则，延性构件的抗剪强度应采用塑性铰区截面超强弯矩对应的剪力值来进行验算。以独柱墩为例，桥墩的最大水平剪力需求 V_0 为

$$V_0 = \frac{M_0}{H} \tag{9-29}$$

式中 M_0——塑性铰区截面超强弯矩；

H——墩高。

我国现行 JTG D60—2015《公路桥涵设计通用规范》中的抗剪强度计算公式只适用于梁，因此《公路桥梁抗震设计规范》和《城市桥梁抗震设计规范》中，对于钢筋混凝土墩柱的抗剪强度计算主要引入了美国抗震设计规范推荐的计算公式。《公路桥梁抗震设计规范》采用了《美国加州抗震设计规范》的抗剪计算公式，但对其混凝土提供的抗剪能力计算公式进行了简化。《城市桥梁抗震设计规范》则采用美国《AASHTO Guide Specifications for LRFD Seismic Bridge Design》（2007 年版）的抗剪计算公式。

下面介绍《美国加州抗震设计规范》推荐的计算公式。

1）钢筋混凝土墩柱的名义抗剪强度。钢筋混凝土墩柱的名义抗剪强度 V_n 可以认为由混凝土提供的抗剪强度 V_c 和横向钢筋提供的抗剪强度 V_s 组成，即

$$V_n = V_c + V_s \tag{9-30}$$

2）混凝土提供的抗剪强度。计算混凝土提供的剪切强度 V_c 时，同时考虑弯曲变形和轴向荷载的影响，按下式计算

$$V_c = v_c A_e \tag{9-31}$$

式中 A_e——有效剪切面积，$A_e = 0.8A_g$；

　　　A_g——立柱横截面的毛面积；

　　　v_c——名义剪应力。

塑性铰区域内　　　　　$v_c = c_1 c_2 \sqrt{f_c'} \leqslant 0.33\sqrt{f_c'} \tag{9-32a}$

塑性铰区域外　　　　　$v_c = 0.5 c_2 \sqrt{f_c'} \leqslant 0.33\sqrt{f_c'} \tag{9-32b}$

式中 f_c'——混凝土圆柱体抗压强度；

　　c_1、c_2——系数，按下式计算

$$0.025 \leqslant c_1 = \frac{\rho_s f_{yh}}{12.5} + 0.305 - 0.083\mu_d \leqslant 0.25 \tag{9-33}$$

$$c_2 = 1 + \frac{P_c}{13.8A_g} \leqslant 1.5 \tag{9-34}$$

式中 ρ_s——箍筋或螺旋钢筋的配箍率；

　　　f_{yh}——箍筋的屈服应力；

　　　P_c——立柱受到的轴压力；

　　　μ_d——立柱的位移延性系数，取沿顺桥向和横桥向位移延性的较大值。

c_1、c_2——系数与立柱位移延性系数和轴压力的关系如图 9-29 所示。

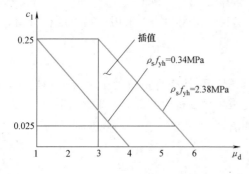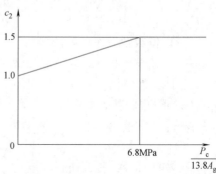

图 9-29　系数 c_1、c_2 与立柱位移延性系数和轴压力的关系

3）箍筋提供的抗剪强度。

螺旋箍筋提供的抗剪强度为

$$V_s = \frac{\pi}{2} \times A_v f_{yh} \frac{D'}{s} \qquad (9\text{-}35)$$

矩形箍筋提供的抗剪强度为

$$V_s = A_v f_{yh} \frac{B}{s} \qquad (9\text{-}36)$$

式中　A_v——同一截面上箍筋的总面积；

　　　s——箍筋的间距；

　　　f_{yh}——箍筋的抗拉设计强度；

　　　B——沿计算方向立柱的宽度；

　　　D'——螺旋钢筋或圆形箍筋的环形直径。

另外，箍筋提供的抗剪能力 V_s 还应满足下式

$$V_s \leqslant 0.67 \times \sqrt{f'_c} A_e \qquad (9\text{-}37)$$

要避免发生脆性剪切破坏，钢筋混凝土桥墩的抗剪强度验算应按下式进行检算

$$V_{c0} \leqslant \phi V_n \qquad (9\text{-}38)$$

式中　V_{c0}——墩柱可能承受的最大地震剪力；

　　　ϕ——抗剪强度折减系数，$\phi = 0.85$；

　　　V_n——墩柱的名义抗剪强度。

（3）其他能力保护构件　其他能力保护构件，包括盖梁、支座和基础等，按照能力设计方法，在任何地震作用下应始终处于弹性反应范围，因此，这一设计过程实际上是一个常规的强度设计过程。其设计过程概述如下：

1）盖梁设计。与延性桥墩直接连接的盖梁，应按桥墩塑性铰区截面的超强弯矩计算设计荷载效应，并按现行的公路桥涵设计规范进行强度验算。

2）支座设计。对设置在延性桥墩上的弹性支座进行支座厚度和抗滑稳定性验算，以及对固定支座进行强度验算时，支座的设计地震力应根据桥墩塑性铰区截面的超强弯矩进行计算。

3）基础设计。与延性桥墩直接连接的基础，应按桥墩塑性铰区截面的超强弯矩计算设计荷载效应，并按现行的公路桥涵设计规范进行强度验算。

9.6　桥梁结构抗震措施

桥梁震害表明，地震对桥梁的破坏作用，不仅与桥梁结构本身有关，还与所处的场地、地基及地形地貌等有关。抗震设计中除了进行抗震设计计算外，桥位选择、桥型选择、结构体系布置、结构构造设计同样重要。

9.6.1　延性构造细节设计

1）对于抗震设防烈度 7 度及 7 度以上地区，墩柱潜在塑性铰区域内加密箍筋的配置，应符合下列要求：

① 加密区的长度不应小于墩柱弯曲方向截面宽度的 1.0 倍或墩柱上弯矩超过最大弯矩 80%的范围；当墩柱的高度与横截面高度之比小于 2.5 时，墩柱加密区的长度应取全高。

② 加密箍筋的最大间距不应大于 10cm 或 $6d_s$ 或 $b/4$；其中 d_s 为纵向钢筋的直径，b 为墩柱弯曲方向的截面宽度。

③ 箍筋的直径不应小于 10mm。

④ 螺旋式箍筋的接头必须采用对接，矩形箍筋应有 135°弯钩，并伸入核心混凝土之内 $6d_s$ 以上。

⑤ 加密区箍筋肢距不宜大于 25cm。

⑥ 加密区外箍筋量应逐渐减少。

2）对于抗震设防烈度 7 度、8 度地区，圆形、矩形墩柱潜在塑性铰区域内加密箍筋的最小体积含箍率 $\rho_{s,min}$ 按以下各式计算。对于抗震设防烈度 9 度及 9 度以上地区，圆形、矩形墩柱潜在塑性铰区域内加密箍筋的最小体积含箍率 $\rho_{s,min}$ 应比抗震设防烈度 7 度、8 度地区适当增加，以提高其延性能力。

① 圆形截面

$$\rho_{s,min} = \left[0.14\eta_k + 5.84(\eta_k - 0.1)(\rho_t - 0.01) + 0.028 \right] \frac{f_c'}{f_{yh}} \geq 0.004 \qquad (9\text{-}39)$$

② 矩形截面

$$\rho_{s,min} = \left[0.1\eta_k + 4.17(\eta_k - 0.1)(\rho_t - 0.01) + 0.02 \right] \frac{f_c'}{f_{yh}} \geq 0.004 \qquad (9\text{-}40)$$

式中　η_k——轴压比，是指结构的最不利组合轴向压力与柱的全截面面积和混凝土轴心抗压强度设计值乘积之比值；

ρ_t——纵向配筋率。

3）墩柱潜在塑性铰区域以外箍筋的体积配箍率不应小于塑性铰区域加密箍筋体积配箍率的 50%。

4）墩柱的纵向钢筋宜对称配筋，纵向钢筋的面积不宜小于 $0.006A_h$，不应超过 $0.04A_h$，其中 A_h 为墩柱截面面积。

5）墩柱纵向钢筋之间的距离不应超过 20cm，至少每隔一根宜用箍筋或拉筋固定。

6）空心截面墩柱潜在塑性铰区域内加密箍筋的配置，应符合下列要求：

① 应配置内外两层环形箍筋，在内外两层环形箍筋之间应配置足够的拉筋，如图 9-30 所示。

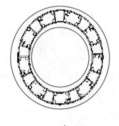
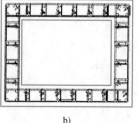

a)　　　　　　　　　　　　b)

图 9-30　常用空心截面类型

② 加密箍筋的配置应满足上述 1）和 2）的规定。

7）墩柱的纵向钢筋应尽可能地延伸至盖梁和承台的另一侧面，纵向钢筋的锚固和搭接长度应在现行 JTG 3362—2018《公路钢筋混凝土及预应力混凝土桥涵设计规范》要求的基础上增加 $10d_s$，d_s 为纵向钢筋的直径，不应在塑性铰区域进行纵向钢筋的连接。

8）塑性铰加密区域配置的箍筋应延续到盖梁和承台内，延伸到盖梁和承台的距离不应小于墩柱长边尺寸的 $1/2$，并不小于 50cm。

9）柱式桥墩和排架桩墩的柱（桩）与盖梁、承台连接处的配筋不应少于柱（桩）身最大配筋。柱式桥墩和排架桩墩的截面变化部位，宜做成坡度为 2∶1~3∶1 的喇叭形渐变截面或在截面变化处适当增加配筋。

10）排架桩墩加密区段箍筋布设应符合以下要求：

① 扩大基础的柱式桥墩和排架桩墩应布置在柱（桩）的顶部和底部，其布置高度取柱（桩）的最大横截面尺寸或 $1/6$ 柱（桩）高，并不小于 50cm。

② 桩基础的排架桩墩应布置在柱（桩）的顶部（布置高度同上）和柱（桩）在地面或一般冲刷线以上 1 倍柱（桩）径处延伸到最大弯矩以下 3 倍柱（桩）径处，并不小于 50cm。排架桩墩加密区段箍筋配置及箍筋接头应符合上述 1）的要求。

9.6.2　抗震构造措施

1. 基础抗震措施

应加强基础的整体性和刚度，同时采取减轻上部荷载等相应措施，以防止地震引起动态和永久的不均匀变形。在可能发生地震液化的地基上建桥时，应采用深基础，使桩或沉井穿过可能液化的土层埋入较稳定密实的土层内一定深度。并在桩的上部，离地面 1~3m 的范围内加强钢筋布设。

2. 桥台抗震措施

桥台胸墙应适当加强，并增加配筋，在梁与梁之间和梁与桥台胸墙之间应设置弹性垫块，以缓和地震的冲击力。采用浅基的小桥和通道应加强下部的支撑梁板或做满河床铺砌，使结构尽量保持四铰框架的结构，以防止墩台在地震时滑移。当桥位难以避免液化土或软土地基时，应使桥梁中线与河流正交，并适当增加桥长，使桥台位于稳定的河岸上。桥台高度宜控制在 8m 以内；当台位处的路堤高度大于 8m 时，桥台应选择在地形平坦、横坡较缓、离主沟槽较远且地质条件相对较好的地段通过，并尽量降低高度，将台身埋置在路堤填方内，台周路堤边坡脚设置浆砌片石或混凝土挡墙进行防护，桥台基础酌留富余量。如果地基条件允许，应尽量采用整体性强的 T 形、U 形或箱形桥台，对于桩柱式桥台，宜采用埋置式。对柱式桥台和肋板式桥台，宜先填土压实，再钻孔或开挖，以保证填土的密实度。为防止砂土在地震时液化，台背宜用非透水性填料，并逐层夯实，要注意防水和排水措施。

3. 桥墩抗震措施

利用桥墩延性是当前桥梁抗震设计中常用的方法。高墩宜采用钢筋混凝土结构，宜采用空心截面。可适当加大桩、柱直径或采用双排的柱式墩和排架桩墩，桩、柱间设置横系梁等，提高其抗弯延性和抗剪强度。在桥墩塑性铰区域及紧接承台下桩基的适当范围内应加强箍筋配置，墩柱的箍筋间距对延性影响很大，间距越小延性越大。桥墩高度相差过大时矮墩将因刚度大而最先破坏。可将矮墩放置在钢套筒里来调整墩柱的刚度和强度，套筒下端的标高与其他桥墩的地面标高相同。

4. 支撑连接构件抗震措施

墩台顶帽上均应设置防止落梁措施，加纵、横向挡块以限制支座的位移和滑动。橡胶支座具有一定的消能作用，对抗震有利。在不利墩上还应采用减隔震支座（聚四氟乙烯支座、叠层橡胶支座和铅芯橡胶支座等）及塑性铰等消能防震装置等。选用伸缩缝时，应使其变形能力满足预计地震产生的位移，并使伸缩缝支承面有足够的宽度，同时设置限位器与剪力键。

5. 上部结构抗震措施

落梁震害极为常见。实践证明，加强上部结构的整体性，限制其位移，是提高桥梁上部结构抗震能力的有效措施。预防措施有：

1）通常在梁（板）底部加焊钢板，或采用纵、横向约束装置限制梁的位移，如拉杆、钢筋混凝土挡块、锚杆等，梁与墩帽用锚栓连接，T梁在端横隔板之间用螺栓连接，曲梁桥应采用上、下部之间用锚栓连接的方式。桥梁的支座锚栓、销钉、剪力键等应有足够的强度。

2）梁端至墩台帽或盖梁边缘的距离，以及挂梁与悬臂的搭接长度必须满足地震时位移的要求。

3）桥梁跨径较大时，可用连续梁替代简支梁以减少伸缩缝，宜采用箱型截面。

4）当采用多跨简支梁时，应加强梁（板）之间的纵、横向联系，将桥面做连续，或采用先简支后结构连续的构造措施。

5）采用真空压浆方法，保证预应力管道水泥浆饱满，提高预应力桥梁的强度和刚度。

6. 节点抗震措施

桥梁节点区域一旦受损将难以修复。城市高架桥墩柱的节点、桥墩与盖梁的节点、桥墩与基础的节点等，是保证桥梁整体工作的重要构件。在桥梁抗震设计中，除了保证墩、梁有足够的承载力和延性外，还要保证桥梁节点有足够的承载力，避免节点过早破坏，即"强节点，弱构件"。

本章知识点

1. 引起桥梁震害的主要原因有：地震强度超过抗震设防烈度；桥梁场地对抗震不利，地震的发生导致地基失效或地基变形；桥梁结构设计错误和施工错误；桥梁结构本身抗震能力不足。

2. 我国《公路桥梁抗震设计规范》根据工程的重要性和修复（抢修）难易程度，将公路桥梁抗震设防类别划分为四类，对于 A 类、B 类、C 类桥梁，采用两水准设防、两阶段设计；对于 D 类桥梁，采用一水准设防、一阶段设计。第一阶段的抗震设计，E1 地震作用下采用弹性抗震设计；第二阶段的抗震设计，E2 地震作用下采用延性抗震设计方法，并引入能力保护设计原则。

3. 桥梁工程的抗震设计过程步骤如下：抗震设防标准确定→地震动输入选择→抗震概

念设计→延性抗震设计（或减隔震设计）→地震反应分析→抗震性能验算→抗震措施选择。

4. 地震作用属于偶然作用，通常只与永久作用进行组合。永久作用通常包括结构重力（恒载）、预应力、土压力、水压力，而地震作用通常包括地震动的作用和地震土压力、水压力等。进行桥梁抗震设计时，应进行包括各种作用效应的最不利组合。

5. 延性抗震设计的基本思想是结构构件可以发生塑性变形，可以发生一定的破坏，但结构不倒塌是必须能得到保证的。结构设计时，使结构具有一定的滞回特性，这种特性足以抵抗地震发生时结构的弹塑性变形。

6. 能力设计方法的基本原理为：在结构体系中的延性构件和能力保护构件（脆性构件以及不希望发生非弹性变形的构件，统称为能力保护构件）之间建立强度安全等级差异，以确保结构不会发生脆性的破坏模式。

7. 一般情况下，长宽比大于2.5的悬臂墩以及长宽比大于5的双柱墩，在水平力作用下较容易形成塑性铰，因此适宜作为延性构件设计；但对于长宽比较小的墩柱，则较容易发生脆性的剪切破坏，墩柱难以形成整体延性机制，则不宜作为延性构件设计，应进行强度设计。

8. 延性结构根据延性性能的发挥程度，可以分为三类，即完全延性结构、有限延性结构和完全弹性结构。

9. 地震对桥梁的破坏作用，不仅与桥梁的结构本身有关，还与所处的场地、地基及地形地貌等有关。抗震设计中除了进行抗震设计计算外，桥位选择、桥型选择、结构体系布置、结构构造设计同样重要。

习　　题

1. 引起桥梁震害的主要原因及桥梁破坏形式有哪些？
2. 简述桥梁工程抗震设计流程。
3. 简述规则桥梁的地震反应简化分析方法。
4. 什么是桥梁的延性抗震设计？
5. 采用能力设计方法进行延性抗震设计，一般分为哪几步进行？
6. 提高桥梁上部结构抗震能力的有效措施有哪些？

第10章

地下结构抗震设计

本章提要

　　本章主要介绍了地下结构震害、地下结构震害特征；分析了地下结构震害机理，阐述了地下结构与地面建筑震动特征的区别等；系统地介绍了地下结构抗震设计的基本原则；阐述了地下结构抗震分析方法的分类、横断面抗震计算方法和纵向抗震计算方法；给出了地下结构抗震构造措施。

10.1　概述

　　近年来，为了拓展城市空间，地下空间的发展日益受到重视。地下建筑在城市建设、水利水电、公路交通、铁路运输中得到广泛应用。地下结构抗震对保障人民生命财产和城市基础建设具有重要意义。

　　以往的抗震研究主要集中在地上建筑。通常认为地下结构受到外界环境的影响小，各方向约束较多，刚度较大，且高度较小，以前地下结构的建设规模相对较小，地下结构受地震作用引起严重破坏的可查资料也较少。因此，地下结构的抗震研究和设计长期未得到足够的重视。近些年来，发生在世界范围内的多次强地震对地下结构造成了严重破坏，从而引起了世界范围内人们对地下结构抗震问题的关注。

　　随着 2011 年我国住房和城乡建设部《关于印发〈市政公用设施抗震设防专项论证技术要点（地下工程篇）〉的通知》以及 GB 50909—2014《城市轨道交通结构抗震设计规范》的颁布，标志着我国地下建筑抗震设计的飞跃发展。

10.2　地下结构震害分析

10.2.1　地下结构的震害调查

1. 地铁和车站结构震害

1985 年墨西哥城西南约 400km 处的太平洋海岸发生 8.1 级地震，造成墨西哥城停水、停电，交通和电信中断，全市陷入瘫痪。墨西哥城的地铁系统采用明挖法施工建造，101 个地铁车站中有 13 个停止使用，地铁隧道和车站结构连接处发生轻微裂缝，软土地基上的地铁车站侧墙与地表结构相交部位发生分离破坏现象；一段建在软弱地基上的箱形结构地铁区间隧道，在地下段向地上段的过渡区内接缝部位出现错位。

　　1995 年日本阪神地震对地铁结构、铁道车站造成了严重的破坏，尤其是大开站和上泽站破坏最为严重，50%以上中柱倒塌，顶板塌陷，侧墙出现大量裂纹，造成地铁上方的路基大范围沉陷（图 10-1）。

a)　　　　　　　　　　　　　　　　b)

图 10-1　日本阪神地震的大开站震害

a）大开站中柱与顶板破坏　b）大开站破坏造成路面沉陷

　　2008 年汶川 8.0 级地震中，成都地震烈度仅为 6 度，但是按 7 度抗震设防的成都地铁有 4 个地下车站的主体结构发生局部损坏，车站墙体出现多条裂缝，部分裂纹出现渗水现象；区间盾构隧道产生比较明显的管片衬砌裂缝、剥落、错台、螺栓拉坏和渗水等震害现象，且盾构管片间及各环间渗水面积有加大迹象。渗漏位置主要发生在横断面 45°方向，呈 X 形共轭分布，纵向错台主要发生在隧道侧部。

　　2. 隧道结构震害

　　1999 年，我国台湾省集集镇发生 7.3 级地震。通过对台中地区 57 座山岭隧道的调查发现，除 8 座隧道未受损坏外，其余 49 座均有不同程度的损坏，表现为衬砌开裂及剥落、出入口破坏、钢筋鼓出弯曲、衬砌移位、底板开裂以及由于边坡破坏造成的隧道坍塌等（图 10-2）。

图 10-2　我国台湾省集集镇地震中的隧道滑坡坍塌破坏

2004 年日本新潟中越地区发生 6.6 级地震中，城市供水系统大规模损坏，上越新干线 8.6km 的铁路隧道严重受损，钢轨鼓曲、列车脱轨，中段的内衬混凝土块剥落。

2008 年汶川地震造成位于震中附近的都江堰-汶川公路多座隧道严重受损（图 10-3），隧道变形破坏特征包括：洞口边坡崩塌与滑塌、洞门裂损、衬砌及围岩坍塌、衬砌开裂及错位、底板开裂及隆起、初期支护变形及开裂等。

图 10-3 隧道破坏特征

a）龙洞子隧道出口边坡崩滑与崩塌 b）桃关隧道圆弧形端墙开裂与松脱 c）龙溪隧道出口高陡边坡崩落
d）福堂隧道右侧翼墙开裂 e）龙溪隧道 K21+575-580 拱部地震塌方 f）龙溪隧道进口拱顶二衬坍落

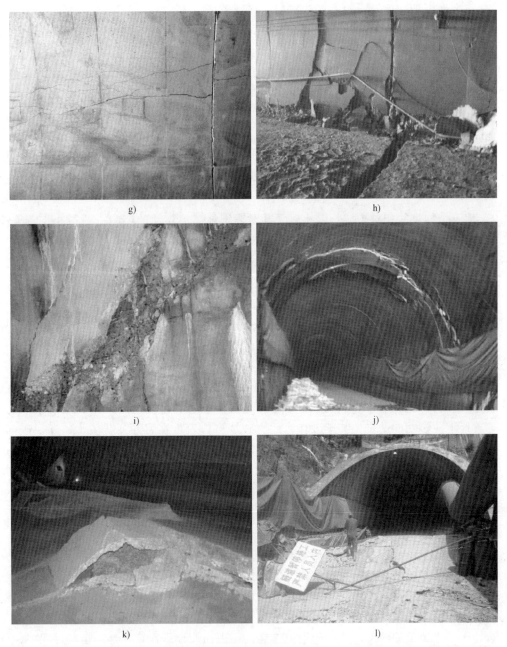

图 10-3　隧道破坏特征（续）

g）龙溪隧道出口左洞左拱肩纵向裂纹　h）龙溪隧道出口端横向破裂及错位　i）龙溪隧道出口端右洞斜向破裂带
j）龙溪隧道出口端左洞环向剪张破裂带　k）龙溪隧道进口仰拱隆起-开裂　l）龙溪隧道进口底板地基强烈隆起

10.2.2　地下结构的震害特征

通过地震观测和震害调查，地下结构震害的主要特征有：

1）地下结构的地震破坏程度一般比地面建筑轻。

2）深埋的地下结构破坏程度一般比浅埋的地下结构轻。

3）土中地下结构比岩石中的结构更容易遭到破坏。

4）对于岩石中的地下隧道，采取措施提高衬砌和围岩的整体性可以有效地提高隧道的抗震能力。

5）在对称动荷载作用下，隧道结构要更为稳定。如果仅是加大衬砌的厚度和刚度，而不对周围软弱围岩进行加强，将会导致衬砌中产生过大的内力。

6）在相同的地震强度和震中距条件下，地下建筑的震害程度可能取决于地面峰值加速度和地面峰值速度的大小。

7）强震持时是地下结构破坏程度的重要影响因素。

8）地震波高频分量可能会导致岩石和混凝土的剥裂，仅对震中距很小的地下结构有显著影响。

9）地下结构尺寸相对于波长较小时，其对周围地基地震动的影响一般很小，若地震波波长介于隧道口径的 1~4 倍，则地震动将会被明显放大。

10）地下隧道出入地面处可能会因边坡失稳而发生严重破坏。

10.2.3 地下结构的震害机理

地下结构的破坏形式和程度受众多因素的影响，根据引起破坏的原因和表现的破坏特点，一般将地下结构的震害机理分为围岩失稳破坏和地震动破坏两类。

1. 围岩失稳破坏

围岩失稳破坏指地下建筑周围岩土体介质在地震往复荷载作用下发生失稳或破坏（如液化、边坡失稳、断层滑移等），从而丧失了其原有对地下建筑物的约束作用或承载能力，最终导致地下建筑功能的丧失甚至破坏。此类破坏多数发生在岩性变化较大、断层破碎带、浅埋地段或隧道结构刚度远大于地层刚度的围岩之中，在工程设计中，一般在选址时通过地质勘察从根本上避免在地震地质不良地带建造地下结构情况的发生。如果因条件所限或功能设计要求，必须在不良地带建造地下结构时，应建立健全针对突发事件的应急机制，做好震后抢修、抢险等相关工作。

2. 地震动破坏

地震动破坏主要指强烈的地层运动在结构中所产生的惯性力发生破坏。此类的破坏多数发生在浅埋或明挖的地下结构，在这些地方地震惯性力的作用表现得比较明显。

围岩失稳和地震惯性力作用是隧道震害的两种主要原因，第一种原因起控制作用。对于相同的大地震动，如果仅考虑结构的惯性力，地下建筑要比地面建筑安全很多。这是因为地下建筑处于周围地层的约束，并与地层一起运动。因而，地下建筑在地震运动过程中，仅按其相对于地层的质量密度和刚度分担一部分地震作用，而地面建筑承担了全部的惯性力。另外，震害调查还表明，浅埋结构的地震破坏比深埋结构发生的频度和程度高很多，因为在浅埋地段可能受到双重类型的破坏作用。

10.2.4 地下结构与地面建筑的振动特性

在地震作用下，地下结构与地面建筑的振动特性有很大区别：

1）地下结构的振动变形受周围地基土壤的明显约束作用，结构的动力反应一般不明显表观出自振特性的影响。地面建筑的动力响应明显表现出自振特性，特别是低阶模态的影响。

2) 地下结构的存在对周围地基地震动的影响一般很小（指地下结构的尺寸相对于地震波长比例较小的情况），地面建筑的存在则会对该处自由场的地震动发生较大的扰动。

3) 地下结构的振动形态受地震波入射方向变化的影响很大。地震波的入射方向发生不大的变化，地下结构各点的变形和应力可以发生较大的变化。地面建筑的振动形态受到地震波入射方向的影响相对较小。

4) 地下结构在振动中各点的相位差别十分明显。地面建筑各点在振动中的相位差不太明显。

5) 地下结构在振动中的主要应变与地震加速度大小的关系不明显，但与周围岩土介质在地震作用下的应变或变形的关系密切。对于地面建筑，地震加速度是影响结构动力响应大小的一个重要因素。

6) 地下结构的地震响应随埋深发生变化不明显。对于地面建筑来说，埋深是影响地震反应大小的一个重要因素。

7) 对于地下结构和地面建筑，它们与地基的相互作用都对其动力响应产生重要影响。

因此，地面建筑和地下结构，虽然结构自振特性与地基振动都对结构动力响应产生重要影响。但是对于地面建筑来说，结构的形状、质量、刚度的变化，即自振特性的变化，对结构响应的影响很大，可以引起质的变化；对于地下结构，起主要作用的因素是地基运动特性的变化。因此，对于地面建筑，结构自振特性的研究占很大的比重，对于地下结构，地基地震动的研究占比较大的比重。

10.3 地下结构抗震设计原则

10.3.1 地下结构抗震设计的基本原则

地下结构由于受到地层的约束，地震时与地层共同运动，地层的变形大小直接决定了地下建筑的变形。根据有关资料，地下结构地震时的加速度反应谱的量值仅相当于地面建筑的1/4以下，埋深较大的隧道影响更小。地铁等地下结构多采用抗震性能较好的整体现浇钢筋混凝土结构或能够适应地层变形的装配式混凝土结构，震害明显低于地面建筑。对埋置于软弱地层或上软下硬地层中的城市地铁、隧道的抗震问题必须高度重视。

地铁等地下结构的抗震设防类别应为重点设防类（乙类）。地下结构设计应达到下列抗震设防目标：

1) 当遭受低于本工程抗震设防烈度的多遇地震影响时，地下结构不损坏，对周围环境和地铁的正常运营没有影响。

2) 当遭受相当于本工程抗震设防烈度的地震影响时，地下结构不损坏或仅需对非重要结构部位进行一般修理，对周围环境影响轻微，不影响地铁正常运营。

3) 当遭受高于本工程抗震设防烈度的罕遇地震（高于设防烈度1度）影响时，地下主要结构支撑体系不发生严重破坏且便于修复，无重大人员伤亡，对周围环境不产生严重影响，修复后的地铁应能正常运营。

针对地面建筑提出的"小震不坏、中震可修、大震不倒"的抗震设计原则，应用于地

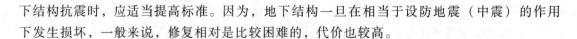

下结构抗震时，应适当提高标准。因为，地下结构一旦在相当于设防地震（中震）的作用下发生损坏，一般来说，修复相对是比较困难的，代价也较高。

10.3.2 地下现浇整体钢筋混凝土结构的抗震设计原则

由墙、柱、梁、板组成的地铁车站隧道、区间隧道框架结构及其他模筑隧道结构均属于现浇的整体钢筋混凝土结构，其设计原则如下：

1）强柱弱梁原则，容许塑性铰出现在梁内（称梁铰），不容许塑性铰出现在柱内（称柱铰）。这里特别强调了柱的重要作用，保证柱不发生脆性破坏，对于发展梁的延性、防止结构物的整体倒塌，具有重要意义。

2）梁的弯曲破坏发生在剪切破坏之前。只有在梁的抗剪强度得到保证的情况下，才能正常地发挥梁的抗弯强度，形成塑性铰，表现出良好的延性。

3）防止构件间的节点提前破坏。节点是构件间传递内力的途径，也是保证结构整体性与连续性的重要条件，所以设计和施工中要重视构件间的节点连接。

10.3.3 地下装配式钢筋混凝土结构的抗震设计原则

由大尺寸预制构件组成的车站结构和区间隧道结构，用管片、砌块组成的各种隧道衬砌结构、整环节段式结构等属于装配式混凝土结构，其设计原则为：

1）装配式结构的节点应当有更高的要求，对大构件的节点应通过钢筋的焊接，使之锚固牢靠，并做整浇处理。使节点具有足够的强度和刚度，防止拉断和剪坏，以保证轴力、剪力的传递。

2）在制造、运输、安装等条件允许的情况下，尽量把预制构件做得大一些，可以减少连接的节点数，有利于结构的整体性。

3）作为顶盖的梁板支承面积应适当放大。

10.3.4 地下结构的纵向抗震缝设计要点

为了避免由抗震缝隔开的两段结构发生碰撞，抗震缝的最小宽度应不小于地震作用时两段结构的最大水平位移之和，并考虑适当的富余量。结构的地基越差，产生不均匀沉陷的可能性越大，则抗震缝的宽度应越大。

10.4 地下结构抗震设计计算方法

10.4.1 地下结构抗震分析方法

地下结构和地面建筑动力反应特点的不同，决定了它们抗震分析方法的不同。但是，在20世纪六七十年代以前，地下结构的抗震设计基本还沿用地面建筑的抗震设计方法，20世纪70年代以后，地下结构的抗震设计才逐步形成独立的体系。

地下结构抗震分析方法按类型可分为原型观测、模型实验和理论分析三种，而理论分析方法按不同分类标准又可进一步细分。

1. 原型观测

原型观测法就是通过实测地下建筑在地震时的动力特性来了解其地震响应特点的方法。它主要包括震害调查和现场试验两大类。震害调查往往是在地震结束后才开始进行的，因而受观测时间、手段和条件等限制，但是震害是最真实的"原型试验"结果，因此一直受到人们的重视。目前这方面的资料收集正在不断地增加，尤其是1995年日本阪神大地震发生后，进行了广泛的震害调查，收集了大量有益的资料。但震害调查很难对地震过程中的动力响应进行量测，也无法控制地震波的输入机制和边界条件，更无法主动地改变各种因素。因而对某一现象进行有目的、多角度的研究，有时就不得不借助于现场试验，它可以在一定程度上弥补这一缺陷。

2. 模型实验

为了验证理论计算模型的合理性和分析土-结构动力相互作用的机制，模型试验开始成为一种不可缺少的试验技术。该方法一般是通过激震试验来研究地下建筑的响应特性。它可以分为人工震源试验和振动台试验。由于前者较难反映结构的非线性及地基断裂等因素对地下结构地震反应的影响，故应用不多。振动台试验则可以较好地处理这方面的问题，因此被广泛采用。通过试验，人们可以更好地掌握地下结构的工作特性，进而为抗震分析的理论发展奠定基础。

3. 理论分析

理论分析方法按分析对象的空间考虑情况，大致分为横断面抗震计算方法、纵向抗震计算方法和三维有限元整体动力计算方法，如图10-4所示。本节主要介绍横断面抗震计算方法和纵向抗震计算方法。

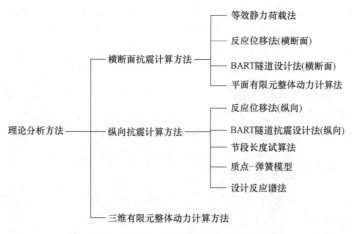

图 10-4 地下结构抗震问题理论分析方法

10.4.2 横断面抗震计算方法

1. 等效静力法

（1）等效静力法的原理 等效静力法是将由于地震加速度而在结构中产生的惯性力看作地震荷载，计算结构的应力、变形等，进而判断结构安全性和稳定性的方法。

地上建筑使用等效静力法进行抗震设计时，对于响应加速度与基底加速度大致相等的较为刚性的结构物，地震荷载值用各部位的质量乘以地震加速度来求得（图10-5）。地下结构中，纵向尺寸远大于横向尺寸的线形结构横断面抗震计算、地下储油罐的抗震设计等，也用到该方法。这时的地震荷载，不仅要考虑由于结构物自重引起的惯性力，还要考虑上覆土的惯性力，地震时的动土压力，以及内部动水压力等（图10-6）。另外，对于大深度地下建筑，地震加速度在其深度方向的分布往往决定了计算结果，因此，如何考虑地层中的地震加速度也是一个非常重要的问题。

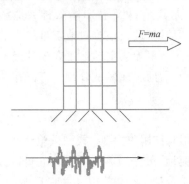

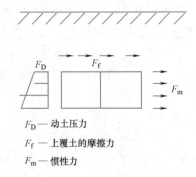

F_D —— 动土压力

F_f —— 上覆土的摩擦力

F_m —— 惯性力

图 10-5 地上结构的等效静力法   图 10-6 地下结构的等效静力法

（2）等效静力法的使用范围   等效静力法用于地震荷载中惯性力部分占支配作用的结构物。当地下结构物的质量比周围地层质量大许多时，结构物自重的惯性力就起支配作用；另外对于刚度比较大的地下结构，结构的响应加速度基本上和周围地层地震加速度相等。这两种情况均可使用等效静力法。对于较为柔软的地下结构，或不同部位其响应明显不同的地下结构，可以考虑对于结构不同部位采用不同的加速度，即所谓的修正等效静力法。尽管该方法目前已不是地下结构抗震设计中的主流方法，但在特定的场合下还有所使用。

（3）等效静力法用于地下结构时的注意事项   将等效静力法用于地下结构时，作为结构物承受的荷载，除自身的惯性力以外，还应考虑外荷载的惯性力、地震时的土压力、内部液体的动压力（地下油罐等场合）等。

1）荷载产生的惯性力。对于隧道的部分结构露出地面、隧道上方有地上结构传来的荷载时，或隧道结构条件发生突变、隧道位于软弱地基的场合、地层条件突变，或隧道存在于有可能发生液化地层等的情况下，由于地震的影响较大，不仅要考虑上覆土压力，还要慎重考虑作用在隧道上的其他外荷载。

2）地震时土压力。地震时土压力的计算一般可采用物部·冈部公式，该公式是以库仑主动土压力公式为基础，考虑到水平地震烈度及竖向地震烈度对其进行修正。对重力为 W 的滑移土体，在水平、铅直方向各自加上 $k_h W$、$k_v W$。如果挡土墙的竖向高度为 H，背面土体倾斜角为壁后相对于水平的倾角为 α，背后均布荷载 q，土体内部摩擦角 ϕ，土体与挡墙间的摩擦角为 δ 的情况下（图10-7）。

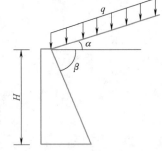

图 10-7 动土压力的计算模型

$$P_{AE} = \frac{1}{2}(1-k_v)\left(\gamma + N\frac{2q}{H}\right)H^2\frac{K_{AE}}{\sin\alpha\sin\delta} \tag{10-1}$$

$$N = \frac{\sin\alpha}{\sin(\alpha+\beta)} \tag{10-2}$$

$$K_{AE} = \cfrac{\sin^2(\alpha-\theta_0+\phi)\cos\delta}{\cos\theta_0\sin\alpha\sin(\alpha-\theta_0+\delta)\left\{1+\sqrt{\cfrac{\sin(\phi+\delta)\sin(\phi-\beta-\theta_0)}{\sin(\alpha-\theta_0)\sin(\alpha+\beta)}}\right\}^2} \tag{10-3}$$

$$\theta_0 = \arctan\left(\frac{k_h}{1-k_v}\right) \tag{10-4}$$

将此公式与常用的库仑主动土压力公式相比较，可认为土的内部摩擦角在外表上减少了 θ_0，而 $\tan\theta_0 = k_h/(1-k_v)$，为合成烈度。

需要指出的是，该公式是从挡土墙的结构形式推导而来的，能否用于其他形式的地下建筑还有待验证。

2. 反应位移法

地下结构地震中的响应规律与地上建筑有着很大的不同，主要区别是地下结构不会产生比周围地层更为强烈的振动。有两个主要原因：首先地下结构的外观换算密度通常比周围地层小，从而使得作用在其上的惯性力也较小；其次即使地下结构物的振动在瞬时比周围地层剧烈，但由于其受到土体的包围，振动会受到约束，很快收敛，并与地层的振动保持一致。目前实施的有关地下结构地震时的响应观测以及模型振动试验等，均清楚地表明地下结构地震时跟随周围地层一起运动。因此，可以认为地下结构地震时的响应特点为其加速度、速度与位移等与周围地层基本保持相等，地层与结构物成为一体，发生振动。天然地层在地震时，其振动特性、位移、应变等会随不同位置和深度而有所不同，从而会对处于其中的结构产生影响。

反应位移法适用于土层比较均匀，埋深一般不大于 30m 的地下结构抗震设计分析。反应位移法认为地下结构在地震时的反应主要取决于周围土层的变形，而惯性力的影响相对较小。进行反应位移法计算时，在计算模型中引入地基弹簧来反映结构周围土层对结构的约束作用，同时可以定量表示两者间的相互影响。将土层在地震作用下产生的变形通过地基弹簧以静荷载的形式作用在结构上，同时考虑结构周围剪力以及结构自身的惯性力，采用静力方法计算结构的地震反应。计算模型中，结构周围土体采用地基弹簧表示，包括压缩弹簧和剪切弹簧；结构一般采用梁单元进行建模，根据需要也可以采用其他单元类型。

（1）圆形地下结构抗震计算　在地下工程的结构形式中，圆形结构应用十分广泛，特别在岩土性较差的土层中，圆形结构具有受力合理、可机械化施工且能应用于多种建筑等优点。圆形结构在建筑功能上具有多种用途，如电力隧道、铁路隧道、公路隧道、水道、通信隧道、煤气管隧道及城市市政公共管线廊道等。

反应位移法用于圆形地下结构的抗震设计时，其计算模型可由图 10-8 表示。根据反应位移法的基本概念，可以按照以下的顺序计算地震时圆形地下结构断面上产生的内力增量。

1）将结构横断面简化成刚性均匀的圆环。按照一般的抗震设计标准或惯例，将每块管片的弯曲刚度按照一定的比例（管片抗弯刚度的有效率）降低后，将其考虑为均一的圆环。当需要考虑内衬时，可以考虑内衬与管片的实际结合情况，将二者综合起来进行简化。

2）为了反映圆形地下建筑和周围地层间的相互作用，在圆环的周围沿法向和切向分别设置地层弹簧。

3）首先进行原始地层的地震响应解析，以求得作用在圆形地下结构上的地震荷载。地

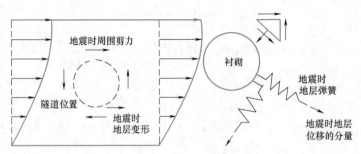

图 10-8　反应位移法的盾构法抗震计算方法

震荷载包括地层的变形、地层的内部应力，以及惯性力三种类型。当圆形地下结构的埋深较深时，衬砌的惯性力在抗震计算中影响较小，也可以忽略不计。

4）在抗震计算模型上施加地震荷载，进行静力计算，从而求得圆环中产生的断面内力。

地震荷载的计算和地层弹簧的取值是反应位移法用于圆形地下结构抗震设计最为重要的两点。

1）地震荷载。首先进行原始地层的地震响应解析。可以采用将地震波输入地层进行动力解析的方法，也可以采用抗震计算中常用的响应谱，求出对应于地层基本固有周期的响应值。

计算出地震荷载后，在圆环上各点的位置处将地层变形按照法线方向和切线方向进行分解，通过在各自方向上连接的地层弹簧作为强制位移作用到圆形地下结构上。对于剪切力，同样在圆环的各点上，将其分解为法线方向和切线方向，从而直接作用在圆环上。衬砌以及圆形地下结构内物体的惯性力，可以按照在其质量上乘以地层加速度来施加荷载。

施加强制位移所产生的地层弹簧上的反力和剪切应力之和成为圆形地下结构和地层间的相互作用力。该相互作用力超过衬砌周围的地层的剪切强度时，会使得圆形地下结构和地层之间容易产生滑动或分离，因此有必要进行调整，使得地震荷载的上限不能超过地层的抗剪强度。

2）地层弹簧。对于圆形地下结构，如图 10-9 所示，将圆形地下结构考虑为地层中的一个圆孔。如果确定圆孔表面的荷载和变形间的关系，就可以确定地层弹簧的值。假设地层为无限延伸的均匀弹性体，地层弹簧的常数按照下面的公式来求

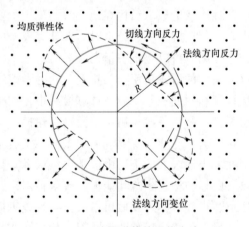

图 10-9　地层弹簧的评价方法

$$k_n = \frac{2G_s}{R}C_n, k'_n = \frac{2G_s}{R}C'_n \qquad (10\text{-}5)$$

式中　k_n——法线方向（或切线方向）的荷载或变形，作用在法线方向（切线方向）时的地层弹簧系数（tf/m³，1tf = 9.80665×10³N）；

　　　k'_n——法线方向（或切线方向）的荷载或变形，作用在切线方向（法线方向）时的地层弹簧系数（tf/m³）；

G_s——地层的剪切弹性模量（tf/m^3）；

R——圆孔的半径（m）。

$$C_n = \begin{cases} 1 & n=0 \\ 2 & n=1 \\ \dfrac{2n+1-2v_n(n+1)}{3-4v_n} & n \geq 2 \end{cases} \tag{10-6}$$

$$C_n' = \begin{cases} 0 & (n=0,1) \\ \dfrac{n+2-2v_n(n+1)}{3-4v_n} & n \geq 2 \end{cases} \tag{10-7}$$

式中　v_n——地层的泊松比；

　　　n——隧道的变形模式的傅里叶级数，图10-9中为2级（$n=2$）变形模式。

计算地层弹簧的刚度系数时，还有一种方法是采用有限元法。将圆形地下结构部分看作一个空洞，对地层进行网格剖分后，使空洞部分发生变形，求得这时地层中产生的地层反力，从而求得地层弹簧的刚度系数。由于地层弹簧随圆形地下结构变形模式的不同，在计算中尽可能使得空洞的变形与地震时圆形地下结构的变形相近。另外，使用圆环-地层弹簧模型进行计算时很难在实际上考虑法线方向和切线方向弹簧的相互作用，因此当地层构造较为复杂时，使用动力有限元解析，全面考虑地层和圆形地下结构的相互作用，要比单纯使用反应位移法更好。

（2）矩形地下结构抗震计算　矩形地下结构在地下工程中应用广泛，地铁通道、车站、地下人行通道等常采用这种结构形式。将反应位移法用于地下结构横断面的抗震计算中时，主要需考虑地层变形、地层剪力（周围剪力）以及结构自身的惯性力三种地震作用，如图10-10所示。

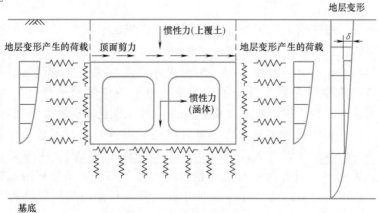

图 10-10　矩形地下结构计算示意图

在计算中，对地震产生的影响主要从地震时的地层变形；上覆土的影响（必要时上覆土铅直方向的惯性力也要考虑）；地震时的土压力；结构本身的惯性力（必要时要考虑竖直方向的惯性力）；液化的影响；水压及浮力等方面进行考虑。

1）地震时的地层变形为根据数值计算方法得出的地层反应位移，可由对自然地层进行有限元计算来求得，对分布均匀的地层也可用简易方法如一维等价线形化法等。一般取结构物的上下层之间相对位移最大时刻的位移分布。

2）上覆土的影响主要考虑结构顶板上表面与地层接触处所作用的剪切力。

$$\tau = \frac{G}{\pi H} S_v T_s \tag{10-8}$$

式中　τ——顶板上表面单位面积上作用的剪力；

　　S_v——基底上的速度响应谱；

　　G——地层的剪切弹性模量；

　　T_s——顶板以上地层的固有周期；

　　H——顶板上方地层的厚度。

3）地震时的土压力不是由古典土压力理论来求，而是根据地层变形，由地层变形和地层弹簧来进行计算

$$p(z) = k_h \big[u(z) - u(z_n) \big] \tag{10-9}$$

式中　$p(z)$——地震时的土压力；

　　k_h——地震时单位面积上地震弹簧系数；

　　$u(z)$——距地表面深度为 z 处的地震时的地层变形；

　　$u(z_n)$——距地表面深度为 z_n 处的地震时的地层变形；

　　z_n——地下结构底面距地表面的深度。

4）结构本身的惯性力可将结构物的质量乘以最大加速度来计算，作为集中力可以作用在结构形心上。

液化的影响、水压及浮力应根据具体情况确定是否考虑。荷载按上述方法确定后，具体的结构设计与上部结构设计方法相同。

10.4.3　纵向抗震计算的反应位移法

根据研究发现，刚度较大而密度小于地层的地下结构，其纵向变形取决于地下结构周围地层的位移，包括沿地下结构纵轴水平面和竖直面的位移，而地下衬砌结构则通过弹性支承链杆与地层相连或将其视为弹性地基梁，并随地层位移而产生沿其纵轴水平和竖直面呈正弦波式的横向变形（横波传递方向与地下结构纵轴平行时），如图 10-11 所示，以及沿地下结构纵轴的拉压变形（横波传递方向与地下结构纵轴垂直时）。而任一方向传递的横波都可分解为这两方向的波。此外，还可发现对于浅埋地下结构，沿地下结构横断面高度各点的地层位移是不同的，如图 10-12 所示，使地下结构横断面也将产生剪切变形，例如，可使一个矩形横断面变为菱形。因此，采用地层位移法进行地下衬砌结构抗震分析时，既可进行横向又可进行纵向分析，但横断面内的抗震分析仍以惯性力法为主。

1. 衬砌结构产生纵向挠曲变形时的受力分析

首先可将隧道衬砌结构视为四周都受地层约束的空心截面长梁，其长度可取为两变形缝之间的距离，并沿隧道纵轴静态地施加呈正弦波形的强迫位移（包括水平的或竖直的），然后用静力弹性地基梁理论确定衬砌结构纵向的弯曲变形。水平方向强迫位移的振幅，可按日本《沉管隧道抗震设计规范》中建议公式计算

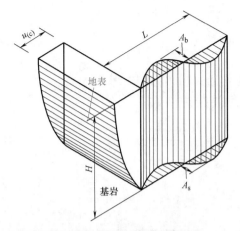

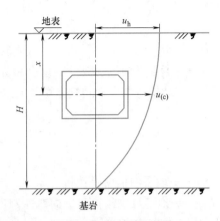

图 10-11　地层中的地震剪切波　　　　　　图 10-12　设计地层位移

$$u_{(c)} = u_h \cos\left(\frac{\pi x}{2H}\right) \tag{10-10}$$

式中　$u_{(c)}$——地下结构纵向轴线处的地层位移，如图 10-12 所示；

　　　u_h——地表面的地层水平位移幅度，可利用反应谱曲线法求得；

　　　H——基岩的埋深；

　　　x——地下结构轴线至地表的距离。

强迫位移的波长可按两种方法确定：

1）波长是地表层厚度的 4 倍（$L = 4H$）。

2）波长是地震运动传播速度（c）与其周期（T）的乘积（$L = cT$）。

竖直面的位移幅值约为水平方向的 $1/2 \sim 2/3$。

2. 地下衬砌结构产生沿纵轴方向拉压变形时的受力分析

用弹性地基梁理论可以求出以波长为 L 的正弦波沿地下结构纵轴传播时，地下结构轴（纵）向的相应变形

$$Y_i = \alpha_i u_{(c)} \tag{10-11}$$

$$\alpha_1 = \frac{1}{1 + \left(\dfrac{2\pi}{\lambda_i L'}\right)^2} , \quad \lambda_i = \sqrt{\frac{K_1}{EA}} \tag{10-12}$$

式中　K_1——地层的轴（纵）向弹性抗力系数；

　　　EA——地下衬砌结构的轴（纵）向刚度；

　　　α_i——地层轴（纵）向变形传递系数；

　　　L'——视波长（$L' = \sqrt{2}L$）。

如果将上述地下结构纵向弯曲变形和轴（纵）向拉压变形转换成地下衬砌结构的纵向弯曲应力（σ_B）和轴（纵）向拉压应力（σ_L），则可表示为

$$\begin{cases} \sigma_B = \alpha_2 \dfrac{2\pi D u_{(c)}}{L^2} E \\[3mm] \sigma_L = \alpha_1 \dfrac{u_{(c)}}{L} E \end{cases} \tag{10-13}$$

其合成应力为

$$\sigma_x = \sqrt{\gamma \sigma_L^2 + \sigma_B^2} \qquad (10\text{-}14)$$

式中　D——地下结构横向平均宽度或直径；

　　　γ——考虑不同波动成分的组合系数，视情况在 1.00~3.12 之间取值；

　　　α_2——地层弯曲变形传递系数，可按下式求得

$$\alpha_2 = \cfrac{1}{1 + \left(\cfrac{2\pi}{\lambda_2 L'}\right)^4}, \lambda_i = \sqrt[4]{\frac{K_2}{4EI_2}} \qquad (10\text{-}15)$$

式中　K_2——地层的横向弹性抗力系数；

　　　EI_2——地下衬砌结构的纵向弯曲刚度。

上述计算都是针对地层水平变位。按同样办法也可得到地层竖向变位时的地下衬砌结构应力公式。

10.5　地下结构抗震构造措施

由于受到周围介质的约束，地下结构的抗震特性与地面结构有所不同。地下结构抗震措施应考虑不同的围岩条件和施工方法，根据其自身特点有针对性地采取抗震构造措施。然而，现阶段我国在地下车站和区间隧道等地下结构抗震设计理论方法和抗震构造措施方面尚缺乏深入系统的理论和试验研究。因此，在没有充足的科学数据支撑情况下，隧道及地铁车站结构的抗震构造措施应按现行国家标准 GB 50111—2006《铁路工程抗震设计规范》（2009 年版）、GB 50157—2013《地铁设计规范》、GB 50010—2010《混凝土结构设计规范》（2015 年版）和 GB 50011—2010《建筑抗震设计规范》（2016 年版）中有关条文规定执行。当按现行国家标准《建筑抗震设计规范》进行抗震构造设计时，特殊设防类、重点设防类结构的抗震等级宜取二级，标准设防类结构的抗震等级宜取三级。

10.5.1　地铁车站和出入口通道的抗震构造措施

地铁车站和出入口通道的地基在地震时稳定性应按有关规定检验。当地铁车站和出入口通道穿过地震作用下可能发生滑坡、地裂、明显不均匀沉陷的地段时，应采取下列抗震构造措施：

1）地铁车站和出入口通道可设置柔性诱导缝，但应验算接头可能发生的相对变形，避免地震时脱开和断裂。

2）加固处理地基，更换部分软弱土或设置桩基础深入稳定土层，消除地下结构的地下管道的不均匀沉陷。

10.5.2　中柱式构件的设计轴压比

隧道与地下车站结构中柱式构件的设计轴压比宜符合下列规定：

1）轴压比不宜超过表 10-1 的规定；对深度超过 20m 的地下结构，其轴压比限制宜适当放宽。

表 10-1　中柱式构件设计轴压比限制值

地下结构深度/m	抗震等级	
	二级	三级
≤20	0.75	0.85
>20	0.80	0.90

注：1. 轴压比是指柱组合的轴压力设计值与柱的全截面面积和混凝土轴心抗压强度设计值乘积之比值。

　　2. 表中限值适用于剪跨比大于 2、混凝土强度等级不高于 C60 的柱；剪跨比不大于 2 的柱，轴压比限值应降低 0.05；剪跨比小于 1.5 的柱，轴压比限值应专门研究并采取特殊构造措施。

2）下列情况下轴压比限值可增加 0.10，箍筋的最小配箍特征值应按现行国家标准《建筑抗震设计规范》确定：

① 沿柱全高采用井字复合箍且箍筋肢距不大于 200mm、间距不大于 100mm、直径不小于 12mm。

② 沿柱全高采用复合螺旋箍、箍筋间距不大于 100mm、箍筋肢距不大于 200mm、直径不小于 12mm。

③ 沿柱全高采用连续复合矩形螺旋箍、螺旋净距不大于 80mm、箍筋肢距不大于 200mm、直径不小于 10mm。

3）在柱的截面中部附加芯柱，其中另加的纵向钢筋的总面积不少于柱截面面积的 0.8%，轴压比限值可增加 0.05；当此项措施与第 2）款的措施共同采用时，轴压比限值可增加 0.15，但箍筋的体积配箍率仍可按轴压比增加 0.10 的要求确定。

4）柱轴压比不应大于 1.05。

10.5.3　埋置于软弱土层中的地下结构

以往历史震害经验表明，在地质条件和结构刚度变化之处，地下结构极易遭受地震破坏。如 1923 年日本关东大地震和 1978 年宫城县地震中，遭到地震破坏的地下结构大多位于城市冲积平原与较硬的山区边界位置，即处于上软下硬土层中。1985 年在墨西哥发生的米却肯州地震中，工作井与隧道接合处 2~3 环范围内以起拱线为中心，竖井结合处环向接头 5 处损坏，并且管片端部也有局部缺损。对于城市轨道交通隧道结构，隧道与车站主体的连接部，通风竖井与水平通道的连接部，双线隧道的联络通道，正线的分岔处等断面急剧变化部位也是薄弱环节。因此，在以上部位应高度重视隧道与地下车站结构的抗震问题，充分研究地震的影响。

埋置于软弱土层或明显上软下硬土层中的隧道与地下车站结构的抗震构造措施，当遇到下列情况之一时，应进行加强处理：

1）大断面的明挖地下结构。

2）埋置于Ⅳ~Ⅵ级围岩中的矿山法地下结构。

3）多线隧道重叠段或交叉部位。

4）结构局部外露时。

5）隧道处于性质显著不同的土层中时。

6）隧道下方的基岩变化很大时。

7）隧道处于可能液化或软黏土层以及处于易发生位移的地形条件时。

8) 隧道断面急剧变化的部位。

10.5.4 隧道与地下车站的相关构造要求

1) 明挖隧道和浅埋矩形框架结构的隧道与地下车站,宜采用现浇整体钢筋混凝土结构,避免采用装配式和部分装配式结构。

现浇整体钢筋混凝土框架结构中的梁板构件具有良好的延性,能承受较大的动力荷载。而对于装配式和部分装配式结构的节点是薄弱环节,应当有更高的要求。对大构件的节点应该通过钢筋的焊接,使之锚固牢靠,并做整浇处理,使得节点具有足够的强度和刚度,防止拉断和剪坏,以保证轴力、剪力的传递。要求节点做到与构件本身相同强度来传递弯矩,可能有实际困难。因此,在条件允许时应尽可能采用现浇整体钢筋混凝土框架结构。

2) 盾构隧道应符合下列规定:

① 隧道与车站结构连接处、联络通道两侧、土层性质急剧变化处等,应设置变形缝。

② 衬砌管片环间宜采用螺栓等抗拉构造进行连接。

3) 对埋入式隧道结构,应及时向其衬砌背后压注硬化性浆液,并应保证周围介质与隧道结构的共同作用。

① 用盾构法施工的隧道,在软土层或需严格控制地面沉降的地段应进行同步注浆。

② 用矿山法施工的不良地质地段或偏压地段的隧道,以及处于Ⅲ~Ⅵ级围岩中的隧道拱部应及时注浆。

4) 对隧道跨断层的情况,宜采用柔性接头设计。跨越活动断层的区间隧道抗震研究是地下工程抗震的一个难题。迄今为止,一方面,隧道抗震设计中尚未能考虑断层剪切位移量对隧道结构的影响;另一方面,断层错位对于隧道横向和纵向都有产生强烈冲击和挤压的可能。目前有四种设计理念用于减小地震对穿越断层隧道结构的破坏:加固围岩,设置减震层,超挖设计,设置柔性接头;其中设置柔性接头一方面可以适应断层的地震变形,另一方面可以使地震破坏局部化,避免结构发生整体破坏,并且已有工程应用实例。因此,宜采用柔性设计,尽可能降低超额应力对隧道承载力的影响。

5) 地下车站的抗震构造措施,应符合下列规定:

① 地下框架结构的中柱宜采用延性性能良好的钢管混凝土柱;当采用钢筋混凝土柱时,其轴压比和箍筋的配置应符合本节规定及《建筑抗震设计规范》的相关规定。

② 当地下车站采用装配式结构时,接缝的连接措施应具有整体性和连续性。

本章知识点

1. 地下结构的破坏形式和程度受众多因素的影响,根据引起破坏的原因和表现的破坏特点,一般将地下结构的震害机理分为:围岩失稳引起的破坏和地震惯性力引起的破坏两类。

2. 地下结构和地面建筑动力反应特点的不同,决定了它们抗震分析方法的不同。地下结构抗震分析方法按类型可分为原型观测、模型实验和理论分析三种。

3. 理论分析方法按分析对象的空间考虑情况,大致分为横断面抗震计算方法、纵向抗震计算方法和三维有限元整体动力计算法。

4. 等效静力法是将由于地震加速度而在结构中产生的惯性力看作地震荷载，计算结构的应力、变形等，进而判断结构安全性和稳定性的方法。

5. 反应位移法适用于土层比较均匀，埋深一般不大于30m的地下结构抗震设计分析。反应位移法认为地下结构在地震时的反应主要取决于周围土层的变形，而惯性力的影响相对较小。进行反应位移法计算时，在计算模型中引入地基弹簧来反映结构周围土层对结构的约束作用，同时可以定量表示两者间的相互影响。

6. 反应位移法用于地下建筑横断面的抗震计算中时，主要需考虑地层变形、地层剪力（周围剪力）以及结构自身的惯性力三种地震作用。

7. 隧道及地铁车站结构的抗震构造措施应按现行国家标准《铁路工程抗震设计规范》《地铁设计规范》《混凝土结构设计规范》和《建筑抗震设计规范》中有关条文规定执行。

8. 明挖隧道和浅埋矩形框架结构的隧道与地下车站，宜采用现浇整体钢筋混凝土结构，避免采用装配式和部分装配式结构。

习　题

1. 地下建筑震害的主要特征有哪些？
2. 地下建筑设计的基本原则有哪些？
3. 试述地下建筑的震害机理。
4. 简述横向抗震计算中的反应位移法。
5. 什么是纵向地震反应计算的反应位移法？
6. 隧道与地下车站结构中柱式构件的设计轴压比要符合哪些规定？

第11章

隔震和消能减震设计

本章提要

隔震和消能减震技术是近年来发展起来的结构震动控制设计新技术。本章介绍了隔震设计，包括基础隔震原理、隔震装置、隔震结构计算要点以及工程应用；给出了消能减震原理、消能部件、消能器和消能减震结构的设计计算要点；介绍了结构被动控制 TMD 体系和 TLD 体系的工作原理与工程应用，结构主动控制体系的制振工作原理与工程应用；最后介绍了可恢复功能结构。

11.1 概述

地震释放的能量以地震波的形式传到地面，引起结构发生振动。结构由地震引起的振动称为结构地震反应。这种动力反应的大小不仅与地震动的强度、频谱特征和持续时间有关，还取决于结构本身的动力特性。地震时地面运动为随机过程，结构本身动力特性十分复杂，地震引起的结构振动，轻则产生过大变形影响建筑物正常使用，重则导致建筑物破坏、造成人员伤亡和财产损失。因此，研究合理的结构体系，控制结构变形，降低建筑物破坏是结构抗震设计的关键。

传统的抗震设计方法依靠结构的强度、刚度和延性来抗御地震作用，称之为"抗震设计"。这种设计是通过适当设计建筑结构，控制结构体系的刚度，在小震下结构具有足够的强度承受地震作用，当大震时部分结构构件进入塑性状态，但不能倒塌，以消耗地震能量，减轻地震反应。这一抗震设防目标在我国 GB 50011—2010《建筑抗震设计规范》（2016 年版）中具体化为"小震不坏""中震可修""大震不倒"的三水准两阶段设计思想。这种设计思想抵御地震作用立足于"抗"，即依靠建筑物本身的结构构件的强度和塑性变形能力，来抵抗地震作用和吸收地震能量，结构处于被动承受地震作用的地位，是一种消极设计方法。随着社会经济的发展，一方面，建筑结构内部的设备和装修等日趋复杂和昂贵，很多重要建筑如核电站、海洋平台和纪念性建筑等，不允许结构进入塑性工作阶段，对结构提出了比以往更为严格的抗震安全性和适用性要求；另一方面，建筑结构体系越来越复杂，对使用功能的要求也越来越高。然而，由于涉及地震动输入的欠准确性和结构在地震时非弹性破坏的复杂性，人们无法准确预知结构的地震时程反应和破坏程度。传统的抗震设计方法通过发展延性消

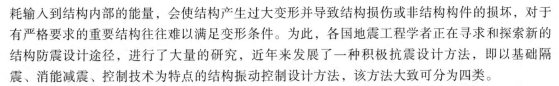

耗输入到结构内部的能量，会使结构产生过大变形并导致结构损伤或非结构构件的损坏，对于有严格要求的重要结构往往难以满足变形条件。为此，各国地震工程学者正在寻求和探索新的结构防震设计途径，进行了大量的研究，近年来发展了一种积极抗震设计方法，即以基础隔震、消能减震、控制技术为特点的结构振动控制设计方法，该方法大致可分为四类。

1. 隔震技术

隔震技术是采用某种装置，将地震动与结构隔开、减弱或改变地震动对结构的动力作用，使建筑物在地震作用下只产生很小的震动，这种震动不会造成结构或设施的破坏。此方法能阻隔剪切波向结构的传播，限制输入结构的能量，从而保障结构在地震时的安全。隔震方法主要有基础隔震和层间隔震两种。

2. 消能减震技术

结构消能减震是在结构的某些非承重构件（如节点和连接处）装置阻尼器，当轻微地震或阵风脉动时，这些消能构件或阻尼器处于弹性状态，结构物具有一定的侧向刚度，以满足正常使用要求。在强烈地震作用下，随着结构受力和变形的增大，这些消能构件和阻尼器进入非弹性变形状态，产生较大阻尼，大量消耗输入结构的地震能量，避免主体结构进入明显塑性状态，从而保护主体结构在强震中不发生破坏，不产生过大变形。

3. 调谐减震技术

调谐减震技术是指在建筑物某部位附加子结构，改变原结构体系动力特性，降低结构动力反应。例如，在建筑物顶层设置一个质量为 m，刚度为 k 和阻尼为 c 的子结构，原结构承受地震作用引起振动时，子结构质量块向原结构施加反向作用力，其阻尼同时发挥耗能作用，使原结构振动反应迅速衰减。这个子结构称为"调频质量阻尼器"（tuned mass damper）。当子结构为荡液水箱时称为"调频液体阻尼器"（tuned liquid damper）。这种方法不需支持系统工作的能源装置，因此也称无源控制技术。

4. 主动控制技术

主动控制体系是利用外部能源，在结构振动过程中瞬时改变结构的动力特性，并施加控制力以衰减结构反应的控制系统。主动控制是振动控制的现代方法，可分为开环控制和闭环控制两种类型。目前研究较多的是闭环控制。闭环控制体系在结构振动控制部位安装传感器，传感器把测得的地震反应以信号形式输出传至控制器，控制器为计算机系统，该系统将信息处理和计算后，向驱动机构发出指令并向子结构施加控制力，改变结构的动力特性，降低结构振动反应。目前应用于结构抗震的主动控制体系主要有两种：一种是"主动调频质量阻尼器"（active mass damper，AMD），其子结构为附加结构体系；另一种是"锚索控制"（tendon control），其子结构为预应力拉索。

结构隔震和减震技术的研究和应用始于 20 世纪 60 年代，70 年代以后得到快速发展。该技术具有以下优点：

1）大幅度减小结构所受地震作用，能较为准确地控制传到结构上的最大地震作用，提高了结构抗震的可靠度，为解决不确定环境下结构反应的控制问题提供了新的途径。

2）大大减小了结构在地震作用下的变形，保证结构构件不受地震破坏，从而减小震后维护费用。

3）满足核工业设备、高精度技术加工设备的减隔震技术要求。近年来，随着世界各国工程技术人员对减隔震技术的重视和深入研究，许多国家和地区都制定了相应的规范，越来越多的建筑采用了减隔震技术进行建造。

11.2 隔震设计

结构隔震设计主要有基础隔震和层间隔震两种方法，通过减弱或改变地震动对结构的作用方式和强度，达到减小主体结构的震动反应的目的。建筑结构在地震中的破坏主要是由水平地震作用引起，目前采用的隔震方法主要集中于隔离水平地震作用。本节主要介绍基础隔震。

11.2.1 基础隔震原理

基础隔震一般是指在基础与上部结构之间，设置专门的隔震支座和耗能元件（如铅阻尼器、油阻尼器、钢棒阻尼器和黏弹性阻尼器等）（图 11-1a），形成高度很低的柔性底层，称为隔震层，使基础和上部结构断开，延长上部结构的基本周期，从而避开地震地面运动的主频带范围，减小共振效应，阻断地震能量向上部结构的传递，将其直接吸收或反馈回地面，同时利用隔震层的高阻尼特性，消耗输入地震动的能量，使传递到隔震结构上的地震作用进一步减小，降低上部结构在地面运动下的放大效应，减轻建筑物的破坏程度。

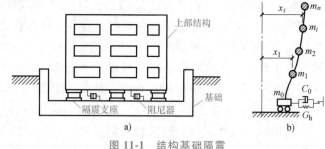

图 11-1 结构基础隔震

a）结构基础隔震示意图 b）基础隔震计算模型

图 11-2 给出了普通建筑物的结构剪力反应谱和位移反应谱。一般砌体和混凝土结构建筑物刚性大、周期短，所以在地震作用时建筑物的剪力反应大，而位移反应小，如图 11-2 中 A 点所示。采用隔震装置来延长建筑物周期，而保持阻尼不变，则剪力反应大大降低，但位移反应却有所增加，如图 11-2 中 B 点所示。要是再增加隔震装置的阻尼，剪力反应继续减弱，位移反应得到明显抑制，如图 11-2 中 C 点。可见，隔震装置可以起到延长结构自振周期并增大结构阻尼的效果。

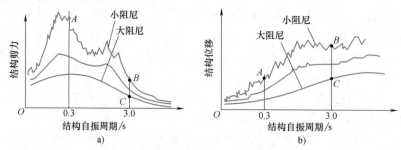

图 11-2 结构剪力反应谱和位移反应谱

a）剪力反应谱 b）位移反应谱

采用隔震技术，上部结构的地震作用一般减小 40%~80%，地震时建筑物上部结构的反应以第一振型为主，类似于刚体平动，基本无反应放大作用，通过隔震层的相对大位移可以降低上部结构所受的地震作用。采用基础隔震措施并按照较高标准进行设计以后，地震时上部结构的地震反应很小，结构构件和内部设备都不会发生明显破坏或丧失正常的使用功能，在房屋内部工作和生活的人员不仅不会遭受伤害，也不会感受到强烈的摇晃，强震发生后人员无须疏散，房屋无须修理或仅需一般修理。从而保证建筑物的安全甚至避免非结构构件如设备、装修破坏等次生灾害的发生。

隔震结构与传统结构的主要区别是在上部结构和下部之间增加了隔震层，在隔震层中设置了隔震系统。隔震系统主要由隔震装置、阻尼装置、地基微振动与风反应控制装置等部分组成，它可以是各自独立的构件，也可以是同时具有几种功能的一个构件。

基础隔震装置一般应满足以下三个条件：

1）隔震层使结构和地面运动隔开，增大结构体系的自振周期，远离场地卓越周期，有效降低上部结构的地震反应。

2）隔震装置具有足够的初始刚度，即在微震或风载作用下具有良好的弹性刚度，能满足正常使用要求，在强震作用下隔震装置能产生滑动，使体系进入耗能状态。

3）隔震装置应具有较大阻尼和较强的耗能能力，保证其荷载-位移曲线的包络图面积较大，以降低结构位移反应。

隔震装置的作用一方面是支撑建筑物的全部重量，另一方面由于它具有弹性，能延长建筑物的自振周期，使结构的基频处于高能量地震频率范围之外，从而能够有效地降低建筑物的地震响应。隔震支座在支撑建筑物时不仅不能丧失自身的承载能力，还要能够承受基础与上部结构之间的较大位移。此外，隔震支座还应具有良好的恢复能力，使它在地震过后有能力恢复原先的位置。

阻尼装置的作用是吸收地震能量，抑制地震波中长周期成分可能给仅有隔震支座的建筑物带来的大变形，并且在地震结束后帮助隔震支座恢复到原先的位置。

设置地基微震动与风反应控制装置的目的是增加隔震系统的早期刚度，使建筑物在风荷载和轻微地震作用下保持稳定。

基础隔震体系大多用于多层或中高层结构，高度不超过 40m，以剪切变形为主且质量和刚度沿高度分布比较均匀。隔震层变形前，可按非隔震结构的常规方法计算结构动力反应。隔震层变形后，由于隔震层存在摩擦，结构成为非线性体系，叠加原理不再适用，可采用直接输入地震波的时程分析法计算结构动力反应。

设有隔震装置的多质点体系，可采用剪切型计算模型（图 11-1b），基于以下假定：视基础底部为一质量为 m_0 的质点；将隔震装置简化为一个具有相同阻尼比 ζ_{eq} 和刚度为 K_h 的滑动摩擦部件。

当体系总水平惯性力的数值超过基础滑动摩擦力时，体系发生滑动，因此体系滑动的必要条件是

$$\left| \sum_{i=0}^{n} m_i(\ddot{x}_i + \ddot{x}_g) \right| > \mu \sum_{i=0}^{n} m_i g \tag{11-1}$$

体系不滑动的必要条件是

$$\left| \sum_{i=0}^{n} m_i(\ddot{x}_i + \ddot{x}_g) \right| \leq \mu \sum_{i=0}^{n} m_i g \tag{11-2}$$

式中　μ——摩擦系数。

为了避免滑动减震的盲目性，需要一种方法来定量判断减震效果。结构的地震作用是衡

量结构受力的定量指标，一般来说，地震作用越大，对结构的破坏作用也越大。对于剪切变形为主的结构，地震作用可以用结构的基础剪力进行度量。因此，结构采用滑动减震措施后的最大基础剪力 V_s，与该结构按传统做法不能滑动在地震时可能出现的最大基础剪力 V_0 之比，大致可以定量地反映结构的隔震效果。将这个比值定义为隔震系数 α，则有

$$\alpha = V_s / V_0 \tag{11-3}$$

当 $\alpha \geqslant 1$ 时，表示结构虽然采用了隔震措施，但是未发生滑动，不表现隔震效果，与传统非隔震体系没有差别。因此，隔震的生效条件是 $\alpha < 1$。

结构采用滑动隔震措施后，发生滑动时的最大基础剪力等于摩擦力，可以表示为

$$V_s = \mu \sum_{i=0}^{n} m_i g \tag{11-4}$$

对于非隔震结构，其基础剪力最大值可表示为

$$V_0 = \left| \sum_{i=0}^{n} (\ddot{x}_i + \ddot{x}_g) \right|_{\max} \tag{11-5}$$

为了简化计算，对于剪切型结构，根据底部剪力相等原则，可得

$$V_0 = 0.85 k \beta \sum_{i=0}^{n} m_i g \tag{11-6}$$

式中　k——地震系数，地面运动强度越大，k 值越大；

　　　　β——动力系数，结构刚度大，β 值也大。

将式（11-4）和式（11-6）代入式（11-3），可得

$$\alpha = \frac{\mu}{0.85 k \beta} \tag{11-7}$$

式（11-7）为考虑了结构本身动力特性的隔震效果简易判别式，α 值越小，隔震效果越好。k 的取值与地震烈度成正比，β 的取值一般与结构刚度成正比。因此，滑动减震用于高烈度区（k 大）和刚性较大的结构（β 大）效果更为显著。另外采用摩擦系数较低（μ 小）或水平刚度较小的隔震装置也可以增大隔震效果。从动力学角度讲，地震动与隔震结构的频率比越大，隔震能力越强，隔震装置的充分变形，可以降低隔震结构自振频率，从而使结构地震反应有较大衰减。

11.2.2　隔震装置

隔震装置是由隔震器、阻尼器和复位装置组成。隔震器的作用是支承上部结构全部重力，延长结构的自振周期，同时具有经历较大变形的能力；阻尼器的作用是消耗地震能量，抑制结构可能发生的过大位移；复位装置的作用是提高隔震系统早期刚度，使结构在微震或风载作用下能够具有和普通结构相同的安全性；隔震器和阻尼器往往合二为一构成隔震支座，只有当隔震支座阻尼不足时，才额外增加阻尼器。

1. 隔震器

（1）叠层橡胶支座　目前应用最多的隔震器是叠层橡胶支座，为了提高隔震器的垂直承载力和竖向刚度，支座一般由橡胶片与薄钢板交替叠合而成，钢板边缘缩入橡胶内，可防止钢板生锈（图11-3）。叠层橡胶支座又可分为普通叠层橡胶支座、铅芯叠层橡胶支座和高阻尼叠层橡胶支座。普通叠层橡胶支座中的橡胶为有添加剂的天然橡胶或氯丁二烯橡胶，其

阻尼性能较差，只具备延长周期的功能，应用时必须同阻尼器配合作用。铅芯叠层橡胶支座比普通叠层橡胶支座多了一根铅芯（图11-4），铅芯能起增大阻尼作用，它集隔震器、阻尼器为一体，能提供饱满的荷载-位移滞回曲线。高阻尼叠层橡胶支座采用了高阻尼橡胶，这种支座兼有隔震器和阻尼器的作用。

叠层橡胶支座，由于橡胶板上、下两面的横向变形受到钢板的约束，在竖向荷载作用下橡胶板中部处于三向压力状态，从而形成很高的抗压强度。叠层橡胶的水平刚度一般为竖向刚度的1%，具有明显的非线性特性。小变形时，其水平刚度能保证建筑物在风载下的使用功能；大变形时橡胶剪切刚度下降较多，约为初始刚度的20%，可以大幅度降低结构振动频率，减小地震反应。

图 11-3　叠层橡胶支座

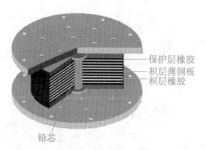

保护层橡胶
积层薄钢板
积层橡胶

铅芯

图 11-4　铅芯叠层橡胶支座

（2）滑动隔震支座　滑动隔震支座是利用下部结构与基础之间的滑移运动实现基础隔震。早期的滑动方法为滚珠隔震，即在上部结构与平板状基础之间设置滚珠（图11-5）。滚珠可做成圆形，设置于平板或凹板上；也可做成椭圆形，以形成复位力。滚珠能把地面运动隔开，使结构免受振动，但滚珠隔震需要有辅助装置协助复位，并要有风稳定装置保证风载下不产生过大水平位移。为了使建筑物滑移后自动复位，目前出现一种摩擦摆隔震支座，如图11-6所示。摩擦摆隔震支座类似于一个铰装置，上部为活动摆头，下部为与摆头吻合的曲面承台，摆头与曲面之间衬有网状增强纤维（聚四氯乙烯），利用摩擦阻尼耗散能量。该装置可利用结构自重复位。

图 11-5　滚珠隔震支座

平常时

地震时

图 11-6　摩擦摆隔震支座

2. 阻尼器

铅芯叠层橡胶支座、高阻尼叠层橡胶支座以及其他滑动隔震支座都具有隔震系统所需要的阻尼。当隔震支座阻尼不足时，可增加阻尼器。常用的基础隔震阻尼器有弹塑性阻尼器、干摩擦阻尼器和黏弹性阻尼器。

（1）弹塑性阻尼器　软钢具有良好的塑性变形能力，可以在超过屈服应变几十倍的情况下，经历往复变形不发生断裂。利用软钢的变形能力和耗能能力可制成各种形状的阻尼器（图11-7）。

铅具有软化刚度，进入塑性后表现出滞回特点，利用独立铅棒变形吸能可制成铅棒阻尼器。在强烈地震下，铅棒软化，可以损耗大量振动能量（图11-8）。

（2）干摩擦阻尼器　在普通叠层橡胶支座上加摩擦板就形成了干摩擦阻尼器（图11-9），

上滑板为不锈钢板，嵌于结构底部；下滑板为青铜铅板，置于叠层支座顶部。地震时，上下两板之间发生滑动，产生阻尼，同时也保护了叠层式隔震器。

（3）黏弹性阻尼器　黏弹性阻尼器由液缸、黏性液体以及活塞组成（图11-10），其工作原理是将黏弹性材料置于隔震支座钢板与结构底部钢板之间，利用高阻尼黏弹性材料与钢板之间的摩擦产生较大阻尼。

图11-7　软钢阻尼器

图11-8　铅棒阻尼器

图11-9　干摩擦阻尼器

图11-10　黏弹性阻尼器

3. 复位装置

为了防止建筑物在微震或风载作用下发生运动影响结构使用，便于建筑物在大震后及时复位，应设置微震和风反应控制装置或建筑物复位装置。带有侧向限位的滚珠隔震支座、摩擦摆支座都具有复位功能，目前已应用的具有风稳定及复位功能的支座还有回弹滑动支座及螺旋弹簧支座。

（1）风稳定装置　图11-11所示的风稳定装置具有双向复位功能，可以满足500年一遇的台风风振控制，不需外部电源驱动可以自行复位。大震时会自动解锁产生滑动隔震，地震平息后自动复位。

（2）抗倾覆装置　当采用滚轴隔震支座或其他抗倾覆能力较差的隔震支座时，为了承受强风和地震时的上拔力，在基础和上部结构中需要设置抗倾覆装置。其原理是上支座板可沿下支座板槽道双向滑动（图11-12），能够承受竖向拉拔力，并可限制支座的扭转效应。

图11-11　风稳定装置

图11-12　抗拔隔震支座

11.2.3　隔震结构计算要点

1. 动力分析模型

隔震结构的动力分析模型可根据具体情况采用单质点模型、多质点模型或空间模型。隔震体系上部结构的层间侧移刚度远大于隔震层的水平刚度，结构的水平位移主要集中在隔震层，上部结构只做整体平动，可近似地将上部结构看作一个刚体，从而将隔震结构简化为单质点模型进行分析，其动力平衡方程为

$$m\ddot{x} + C_{eq}\dot{x} + K_h x = -m\ddot{x}_g \tag{11-8}$$

式中　m——上部结构的总质量；

$\quad C_{eq}$——隔震层的阻尼系数；

$\quad K_h$——隔震层的水平动刚度；

x、$\dot{x}$、$\ddot{x}$——上部刚体相对于地面的位移、速度和加速度；

$\quad \ddot{x}_g$——地面运动的加速度。

在分析上部结构的地震反应时，可以采用多质点模型或空间分析模型，它们可视为在常规结构分析模型底部加入隔震层简化模型的效果。图 11-2 所示为隔震结构的多质点模型计算，将隔震层等效为具有水平刚度 K_h、等效黏滞阻尼比 ζ_{eq} 的弹簧。K_h、ζ_{eq} 分别按下列公式计算

$$K_h = \sum K_j \tag{11-9}$$

$$\zeta_{eq} = \frac{\sum K_j \zeta_j}{K_h} \tag{11-10}$$

式中　K_j——第 j 个隔震支座的水平刚度；

$\quad \zeta_j$——第 j 个隔震支座的等效黏滞阻尼比。

2. 隔震层上部结构的抗震计算

隔震层上部结构的抗震计算可采用底部剪力法或时程分析法，计算简图可采用剪切型结构模型（图 11-2）。输入地震波的特性和数量应符合《建筑抗震设计规范》的有关要求，计算结果宜取其包络值。当建筑物处于发震断层 10km 以内时，输入地震波应考虑近场效应，计算结果应乘以近场影响系数：5km 以内宜取 1.5，5km 以外宜取 1.25。

对于多层结构，隔震层以上结构的水平地震作用沿高度可按各层重力荷载代表值比例分布，隔震后水平地震作用计算的地震影响系数可按本书第 4 章 4.2.6 节方法确定，但应对反应谱曲线的水平地震影响系数最大值进行折减，即乘以"水平向减震系数 β"。水平地震影响系数最大值按下式计算

$$\alpha_{maxl} = \beta\alpha_{max}/\psi \tag{11-11}$$

式中　α_{maxl}——隔震后的水平地震影响系数最大值；

$\quad \alpha_{max}$——非隔震的水平地震影响系数最大值，按表 4-3 采用；

$\quad \beta$——水平向减震系数；对于多层建筑，按弹性计算所得的隔震与非隔震各层层间剪力的最大比值；对于高层建筑结构，尚应计算隔震与非隔震各层倾覆力矩的最大比值，并与层间剪力的最大比值相比较，取两者的较大值；

$\quad \psi$——调整系数，一般橡胶支座取 0.80，隔震装置带有阻尼器时取 0.75。

水平向减震系数 β 是指与不采用隔震技术的情况相比，建筑物采用隔震技术后地震作用降

低的程度，可以理解为隔震结构与非隔震结构最大水平剪力的比值。由于隔震支座并不隔离竖向地震作用，因此竖向地震影响系数最大值不应折减。水平向减震系数应按下列方法确定：

1）水平向减震系数可根据隔震后整个体系的基本周期，按下式进行简化计算

$$\beta = 1.2\eta_2 (T_{gm}/T_1)^{\gamma} \tag{11-12}$$

与砌体结构周期相当的结构，其水平向减震系数可根据隔震后整个体系的基本周期按下式确定

$$\beta = 1.2\eta_2 (T_g/T_1)^{\gamma} (T_0/T_g)^{0.9} \tag{11-13}$$

式中　β——水平向减震系数；

η_2——地震影响系数的阻尼调整系数，根据隔震层等效阻尼按第 4 章式（4-49）确定；

γ——地震影响系数的曲线下降段衰减指数，根据隔震层等效阻尼按第 4 章式（4-47）确定；

T_{gm}——砌体结构采用隔震方案时的设计特征周期，根据本地区所属设计地震分组按第 4 章表 4-2 确定，但小于 0.4s 时应取 0.4s；

T_g——特征周期；

T_0——非隔震结构的计算周期，当小于特征周期时应采用特征周期的数值；

T_1——隔震后体系的基本周期，不应大于 5 倍特征周期值。

2）砌体结构及与其基本周期相当的结构，隔震后体系的基本周期可按下式计算

$$T_1 = 2\pi\sqrt{G/K_h g} \tag{11-14}$$

式中　G——隔震层以上结构的重力荷载代表值；

K_h——隔震层的水平等效刚度，按式（11-9）确定；

g——重力加速度。

3）根据水平向减震系数的取值范围，可以将隔震后结构的水平地震作用大致归纳为比非隔震时降低 0.5 度、1.0 度和 1.5 度三个档次，见表 11-1。

表 11-1　水平向减震系数与隔震后结构水平地震作用所对应的烈度关系

本地区抗震设防烈度 （设计基本地震加速度）	水平向减震系数 β		
	$0.53 \geqslant \beta \geqslant 0.40$	$0.40 > \beta > 0.27$	$\beta \leqslant 0.27$
9（0.40g）	8（0.30g）	8（0.20g）	7（0.15g）
8（0.30g）	8（0.20g）	7（0.15g）	7（0.10g）
8（0.20g）	7（0.15g）	7（0.10g）	7（0.10g）
7（0.15g）	7（0.10g）	7（0.10g）	6（0.05g）
7（0.10g）	7（0.10g）	6（0.05g）	6（0.05g）
水平向减震效果	降 0.5 度	降 1.0 度	降 1.5 度

注：隔震层以上结构的总水平地震作用不得低于非隔震结构在 6 度设防时的总水平地震作用，并应进行抗震验算。

3. 隔震层的设计与计算

（1）设计要求　隔震层宜设置在结构第一层以下的部位，橡胶隔震支座宜设置在受力较大的位置，间距不宜过大，其规格、数量和分布应根据竖向承载力、侧向刚度和阻尼的要求通过计算确定。隔震层在罕遇地震下应保持稳定，不宜出现不可恢复的变形。隔震层的橡胶隔震支座在表 11-2 所列的压应力下的极限水平变位，应大于其有效直径的 0.55 倍和支座内部橡胶总厚度 3 倍的较大值。

（2）橡胶隔震支座平均压应力限值和拉应力规定　橡胶支座的压应力限值是保证隔震

层在罕遇地震作用下强度和稳定的重要指标，它是设计或选用隔震支座的关键因素之一。《建筑抗震设计规范》规定，橡胶隔震支座在永久荷载和可变荷载作用下组合的竖向压应力设计值，不应超过表 11-2 的规定，且在罕遇地震作用下不宜出现拉应力。

表 11-2　橡胶隔震支座平均压应力限值

建筑类别	甲类建筑	乙类建筑	丙类建筑
平均压应力限值/MPa	10	12	15

对需验算倾覆的结构，竖向压应力设计值应包括水平地震作用效应组合；对需进行竖向地震作用验算的结构，竖向压应力设计值应包括竖向地震作用效应组合。当橡胶支座的第二形状系数（有效直径与橡胶层总厚度之比）小于 5.0 时，应降低压应力限值；小于 5 且不小于 4 时降低 20%，小于 4 且不小于 3 时降低 40%；外径小于 300mm 的橡胶支座，丙类建筑的压应力限值为 10MPa。

根据规定隔震支座中不宜出现拉应力，主要是考虑以下因素：首先，橡胶受拉后内部出现损伤，降低了支座的弹性性能；其次，隔震支座出现拉应力，意味着上部结构存在倾覆危险；最后，橡胶支座在拉应力下滞回特性的实物试验尚不充分。

（3）隔震支座的水平剪力　隔震支座的水平剪力应根据隔震层在罕遇地震作用下的水平剪力按各隔震支座的水平刚度分配。当考虑扭转时，尚应计及隔震支座的扭转刚度。

隔震层在罕遇地震下的水平剪力宜采用时程分析法计算。对砌体结构及其基本相当的结构，可按下式计算

$$V_c = \lambda_s \alpha_1(\zeta_{eq}) G \tag{11-15}$$

式中　V_c——隔震层在罕遇地震下的水平剪力；

$\quad\quad\lambda_s$——近场系数，距发震断层 5km 以内取 1.5，5~10km 取不小于 1.25；

$\alpha_1(\zeta_{eq})$——罕遇地震下的地震影响系数值，可根据隔震层，按本书第 4 章的有关规定计算。

（4）隔震支座在罕遇地震作用下的水平位移验算　隔震支座在罕遇地震作用下的水平位移，应符合下列公式要求

$$u_i \le [u_i] \tag{11-16}$$

$$u_i = \eta_i u_c \tag{11-17}$$

式中　u_i——罕遇地震作用下，第 i 个隔震支座考虑扭转的水平位移；

$\quad\quad[u_i]$——第 i 个隔震支座的水平位移限值，对橡胶隔震支座，不应超过该支座有效直径的 0.55 倍和支座各橡胶层总厚度 3.0 倍二者的较小值；

$\quad\quad u_c$——罕遇地震下隔震层核心处或不考虑扭转的水平位移；

$\quad\quad\eta_i$——第 i 个隔震支座扭转影响系数。

罕遇地震下隔震层的水平位移宜采用时程分析法计算。对砌体结构及与其基本周期相当的结构，隔震层质心处在罕遇地震下的水平位移可按下式计算

$$u_c = V_c / K_h \tag{11-18}$$

式中　V_c、K_h——由式（11-15）和式（11-9）确定。

隔震支座的扭转影响系数，应取考虑扭转和不考虑扭转时第 i 支座计算位移的比值。当隔震支座的平面布置为矩形或接近矩形时，可按下列方法确定：

1）当隔震层以上结构的质心与隔震层刚度中心在两个主轴方向均无偏心时，边支座的

扭转影响系数不宜小于 1.15。

2）仅考虑单向地震作用的扭转时，扭转影响系数可按下式估计（图 11-13）

$$\eta_i = 1 + \frac{12es_i}{a^2 + b^2}$$

（11-19）

式中　e——上部结构质心与隔震层刚度中心在垂直于地震作用方向的偏心距；

　　　s_i——第 i 个隔震支座与隔震层刚度中心在垂直于地震作用方向的距离；

　　　a、b——隔震层平面的两个边长。

对于边支座，其扭转影响系数不宜小于 1.15；当隔震层和上部结构采取有效的抗扭措施后或扭转周期小于平动周期的 70% 时，扭转影响系数可取 1.15。

3）同时考虑双向地震作用的扭转时，仍可按式（11-13）计算，但式中的偏心距采用下列公式中的较大值替代

$$e = \sqrt{e_x^2 + (0.85e_y)^2}$$

（11-20）

$$e = \sqrt{e_y^2 + (0.85e_x)^2}$$

（11-21）

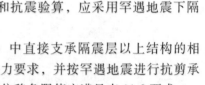

图 11-13　扭转计算示意图

式中　e_x——y 方向地震作用时的偏心距；

　　　e_y——x 方向地震作用时的偏心距；

对边支座，其扭转影响不宜小于 1.2。

4. 隔震层以下结构的设计

隔震层以下有支墩、支柱及相连构件时，其地震作用和抗震验算，应采用罕遇地震下隔震支座底部的竖向力、水平力和力矩进行承载力验算。

隔震层以下的结构（包括地下室和隔震塔楼下的底盘）中直接支承隔震层以上结构的相关构件，应满足嵌固的刚度比和隔震后设防地震的抗震承载力要求，并按罕遇地震进行抗剪承载力验算。隔震层以下地面以上的结构在罕遇地震下的层间位移角限值应满足表 11-3 要求。

表 11-3　隔震层以下地面以上结构罕遇地震作用下弹塑性层间位移角限值

下部结构类型	钢筋混凝土框架结构和钢结构	钢筋混凝土框架-抗震墙	钢筋混凝土抗震墙
$[\theta_p]$	1/100	1/200	1/250

隔震建筑地基基础的抗震验算和地基处理仍应按本地区抗震设防烈度进行，甲、乙类建筑的抗液化措施应按提高一个液化等级确定，直至全部消除液化沉陷。

5. 竖向地震作用的计算

考虑到隔震层不能隔离结构的竖向地震作用，隔震结构的竖向地震作用可能大于水平地震作用，因此，竖向地震的影响不可忽略。《建筑抗震设计规范》规定，当抗震设防烈度为 9 度和 8 度且水平向减震系数不大于 0.3 时，隔震层以上的结构应进行竖向地震作用的计算，隔震层以上结构竖向地震作用标准值计算时，可将各楼层视为质点计算竖向地震作用标准值。对于砌体结构，当墙体截面抗震验算时，其砌体抗剪强度的正应力影响系数宜按减去竖向地震作用效应后的平均压应力取值。

11.2.4　基础隔震应用

基础隔震作为一种减震技术，已得到了广泛使用。世界上已建的基础隔震建筑有数万

座，其中我国占10%，有的建筑已经历了地震考验，表现出良好的减震性能。

1. 美国南加州大学医院大楼

美国南加州大学医院是一座八层钢结构房屋（图11-14a），地下一层，地上7层，建筑面积33000m^2，房屋高度36.0m，1991年建成。该房屋体型复杂，采用基础隔震技术（图11-14b），设置铅芯叠层橡胶隔震器68个（图11-14c），沿基座周边放置；叠层橡胶隔震器81个，搁置在基座中部区域。

该建筑在1994年1月6.8级北岭地震中经受了强烈地震的考验，在这次地震中，医院内人们只感到了轻微的晃动，房屋内的医疗设备均未损坏，还照常履行了医疗救护任务，起到十分重要的防灾救灾作用。这栋医院大楼地震时地面加速度为0.49g，而屋顶加速度仅为0.27g，衰减系数为1.8。另一家按常规标准设计的医院，地面加速度为0.82g，顶层加速度高达2.31g，放大倍数为2.8。由此可见橡胶支座隔震的优越性。

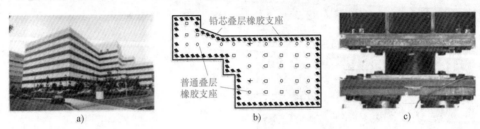

图11-14　美国南加州大学医院大楼基础隔震

a）南加州大学医院大楼　b）基础隔震支座布置　c）叠层橡胶隔震支座

2. 南非克鲁伯核电站

1986年交付使用的南非克鲁伯核电站，采用摩擦板加叠层橡胶的隔震器（图11-15），隔震系统由法国电力公司设计制造。该公司有一套按地震加速度峰值0.2g设计的核电站标准图。而克鲁伯核电站设防标准为0.4g，为了仍能使用核电站标准设计，采用了整体隔震方案，将建筑物建造在同一块水平底板上，下部地基为一块整块，两块板之间安放隔震器。隔震器有两道隔震防线。上部为不锈钢板和青铜铅板组成的滑板，滑板中间分布许多铅粒，以润滑两板之间的接触，滑板摩擦系数在0.16~0.18之间变化；下部为叠层橡胶支座，尺寸为700mm×700mm×130mm，建筑物和基础底板之间共安装了1600个隔震器。小震时，由叠层橡胶起隔震作用；大震时，滑板滑动，上部结构水平加速度被限制在0.2g以下。采用这种隔震系统可以对不同的地震烈度地区的建筑物运用同一标准图进行施工，无须重新设计和加固，尽管隔震系统造价较高，但工程总造价并不增加。

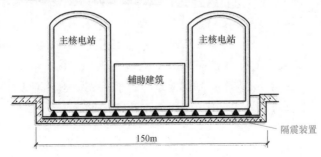

图11-15　南非克鲁伯核电站基础隔震设计

3. 汶川县第二小学教学楼

四川汶川县第二小学教学楼（图 11-16）是由广州大学援助建设的民生工程，该教学楼采用基础隔震技术设计，并进行了隔震房屋的振动台试验，效果良好。2011 年汶川地震时，汶川县第二小学教学楼水平地面加速度为 $0.0035g$，教学楼顶层的水平加速度为 $0.0037g$，加速度基本没有变化。汶川县第一小学未采用基础隔震技术，地面加速度为 $0.0037g$，顶层水平加速度为 $0.0156g$，隔震结构的加速度是不隔震结构加速度的 1/4（图 11-17），竖向加速度是 1/14，隔震效果良好，汶川县第二小学教学楼未发生破坏。2013 年芦山地震时，汶川县第二小学教学楼的隔震建筑和不隔震建筑加速度比为 1/6，减震效果明显。

图 11-16　汶川县第二小学教学楼

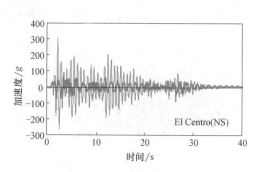

图 11-17　顶部水平加速度

4. 芦山县人民医院综合门诊楼隔震结构

芦山县人民医院门诊综合楼为汶川地震后澳门特别行政区援助芦山县人民医院的灾后重建项目之一，位于四川雅安市芦山县芦阳镇东风路上。建筑长 64.5m，宽 19.5m，总建筑面积为 6877.94m^2。建筑地上 6 层，局部地下 1 层，主要屋面标高为 23.4m（基础与首层间设置隔震层，隔震层层高为 1.2m），地上 1~4 层为各科诊室，5 层为手术室，6 层为远程会议中心，如图 11-18 所示。

结构采用了基础隔震技术设计，采用直径为 500mm 和 600mm 的铅芯橡胶隔震支座（LRB）和普通橡胶隔震支座（LNR），

图 11-18　芦山县人民医院

结构中共布置了隔震支座 79 个，其中 LNR600 支座 29 个、LNR500 支座 18 个，LRB500 支座 32 个（在部分竖向力较大的柱底部布置 2 个隔震支座）。2013 年芦山地震时，医院隔震门诊楼破坏很小，作为应急救治场地（图 11-19a），而抗震结构内部破坏严重（图 11-19b），教学楼隔震建筑和不隔震建筑加速度比为 1/6，减震效果明显。

5. 隔震加固改造

美国盐湖城犹他州议会大厦（图 11-20a），建于 1915 年，建筑面积 2.97 万 m^2，是一座历史悠久的建筑物。议会大厦位于 170mile（1mile = 1609.344m）长的活动断裂带上，距离

该断裂带只有几百英尺，具有遭遇潜在的灾难性地震的可能性。采用常规的加大梁柱截面的补强方法进行结构抗震加固，将会破坏历史古建的完整性。犹他州政府在权衡各种加固改造方案之后，采用了基础隔震技术。

a)

b)

图 11-19　地震后芦山县人民医院门诊楼

a）地震前芦山县人民医院门诊楼　b）地震后芦山县人民医院门诊楼

施工时先在底层柱周边设置 1.5m 宽的托梁，托梁下掏空设置现浇混凝土承台，再在托梁与承台之间放入千斤顶（图 11-20b）。千斤顶顶起后，柱的荷载通过托梁传至承台，将卸载后的柱切断，放入隔震支座（图 11-20c）。建筑物隔震层总共设置 265 个叠层橡胶隔震支座和 15 个带有特氟龙面层的不锈钢滑动支座，支承上部结构 380 根柱中的 280 根。

犹他州议会大厦于 2007 年 11 月加固修复完工，总共花费 2.12 亿美元。建筑物采用隔震技术加固后，当发生里氏 8.0 级地震时，加固后建筑物遭遇的地震影响降至里氏 5.5 级。

a)

b)

c)

图 11-20　犹他州议会大厦基础隔震加固技术

a）犹他州议会大厦　b）底层托梁与承台　c）隔震支座

11.3　消能减震设计

结构消能减震是在结构物的某些部位（如支撑、剪力墙、节点、联结缝或连接件、楼层空间、相邻建筑间、主附结构间等）设置消能（阻尼）装置（或元件），通过消能（阻尼）装置产生摩擦，弯曲（或剪切、扭转）弹塑性滞回变形来耗散或吸收地震输入结构中的能量，以减小主体结构地震反应，从而避免结构产生破坏或倒塌，达到减震控震的目的。消能（阻尼）装置和支撑构件构成消能部件，装有消能部件的结构称为消能减震结构。

11.3.1　消能减震原理

消能减震的原理从能量的角度来描述，采取消能措施的结构在地震中任一时刻的能量方程为

$$E_{\mathrm{in}} = E_{\mathrm{V}} + E_{\mathrm{K}} + E_{\mathrm{C}} + E_{\mathrm{S}} + E_{\mathrm{D}} \tag{11-22}$$

式中　E_{in}——地震过程中输入结构体系的能量；

　　　　E_{V}——结构体系的动能；

　　　　E_{K}——结构体系的弹性应变能；

　　　　E_{C}——结构体系本身的阻尼耗能；

　　　　E_{S}——结构构件的弹塑性变形消耗的能量；

　　　　E_{D}——消能装置或耗能元件耗散或吸收的能量。

在上述能量方程中，E_{V} 和 E_{K} 仅仅是能量转换，不产生耗能；E_{C} 只占总能量的很小部分（5%左右），可以忽略不计。在传统的抗震结构中，主要依靠 E_{S} 消耗输入结构的地震能量（图 11-21）。但结构构件在利用自身弹塑性变形消耗地震能量的同时，构件将受到损伤甚至破坏。结构构件耗能越多，则破坏越严重。在消能减震结构体系中，消能装置或元件在主体结构进入非弹性状态前率先进入耗能工作状态，充分发挥耗能作用，消耗掉输入结构体系的大量地震能量，使主体结构本身消耗很少的能量，这意味着结构反应将大大减小，从而有效保护了主体结构，使其不再受到损伤或破坏。试验表明，消能装置可消耗地震总输入能量的 90%以上。

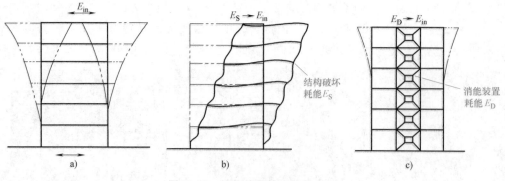

图 11-21　结构能量转换途径对比

结构消能减震原理可以从两方面来认识。从能量观点，地震输入结构的能量 E_{in} 是一定的，传统的结构抗震体系是把主体结构本身作为耗能构件，依靠承重构件的弹塑性变形来消

耗能量，当杆件能量积累到一定程度后，结构严重损伤，虽能避免倒塌，但不易修复。而消能减震是通过耗能装置本身的损坏来保护主体结构安全，利用耗能装置的耗能能力和阻尼作用，可以大大减轻地震时结构构架损伤，如设计合理，完全有可能使主体结构处于弹性工作状态，震后只需修复耗能装置，即可使主体结构恢复工作。

从动力学观点来看，耗能装置作用相当于增大结构阻尼，从而减小结构的动力反应。特别是在共振区，阻尼对抑制反应的作用明显，对于复杂结构体系来说，由于频谱较密，当承受宽带激励时，要完全避免共振是不可能的，在这种情况下，增大阻尼就是一种有效的减震方法。

11.3.2　消能部件和消能器

从消能减震器所用的材料可以分为金属阻尼器、黏弹性阻尼器、黏滞阻尼器和智能材料阻尼器。

1. 金属阻尼器（metallic damper）

金属阻尼器利用具有良好延性性能和滞回性能的材料，通过阻尼器本身塑性变形消耗地震能量，常用的有软钢阻尼器、屈曲约束支撑、摩擦阻尼器和钢板消能剪力墙。

（1）软钢阻尼器　该类阻尼器采用屈服强度比较低的软钢作为耗能材料，利用软钢良好的滞回性能耗散输入的地震能量，通过给结构提供附加刚度和阻尼，保护主体结构免受损伤。阻尼器由中空菱形（图11-22a）、X形（图11-22b）钢片间隔排列连接而成，构造简单、效果明显、震后更换方便。其应用范围不受建筑高度和平面布置形式的限制，既可用于新建工程的抗风抗震控制，也可用于既有建筑的加固改造（图11-22c）。

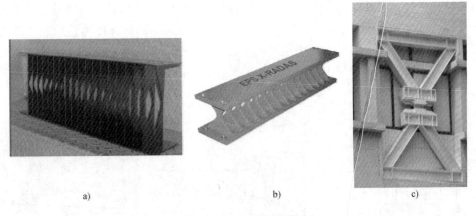

a)　　　　　　　　　　　b)　　　　　　　　　　c)

图11-22　软钢阻尼器

a）中空菱形阻尼器　b）X形阻尼器　c）软钢阻尼器的布置

（2）屈曲约束支撑　屈曲约束耗能支撑在构造上通常由内核单元和外围约束单元两个基本部件组成。支撑的中心是可屈服的内核单元，被置于一个钢套管内，套管内灌注混凝土或砂浆，并在内核单元与砂浆之间设置一层无黏结材料或非常狭小的空气层（图11-23）。由于受压时内核单元的屈曲受到了抑制，使其受到的轴拉和轴压承载力基本相同，其力学性能仅取决于内核单元的材料性能和横截面面积。屈曲约束支撑分为全钢型屈曲约束支撑和混凝土约束型屈曲约束支撑（图11-24）。

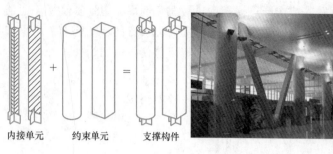

内接单元　　约束单元　　支撑构件

图 11-23　屈曲约束支撑

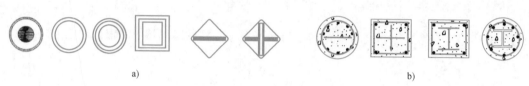

a)　　　　　　　　　　　　　　　　　　　　b)

图 11-24　屈曲约束支撑类别

a）全钢型屈曲约束支撑　b）混凝土约束型屈曲约束支撑

  屈曲约束支撑框架体系既满足了结构对侧向刚度的要求，又改善了普通支撑受压发生屈曲的缺点，具有良好的滞回耗能能力。它不仅可以用于新建工程，还可用于已建工程的抗震加固改造，为建筑结构的抗震设计和抗震加固提供了一种新的选择。

  （3）摩擦阻尼器（friction damper）　摩擦阻尼器的原理是利用摩擦耗能支撑，将高强度螺栓与钢板用于支撑节点，构成摩擦闸，控制摩擦力的大小。在中、小地震和风载作用下，摩擦闸将杆件锁住；而在强烈地震作用下，杆件发生滑动，利用摩擦损耗能量，从而起到减震作用（图 11-25）。摩擦耗能的效果取决于摩擦力与滑移量，当摩擦力很大时，不发生滑移，当摩擦力很小时，能量损耗很小。可以通过调整高强度螺栓数量、接触面粗糙程度、接触面抗剪面积，预先控制作用于支撑上的地震作用大小，以适应不同烈度、不同频率特性结构物的要求。

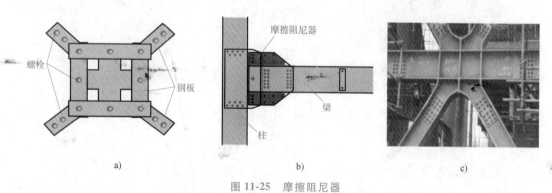

a)　　　　　　　　　　　　　　b)　　　　　　　c)

图 11-25　摩擦阻尼器

a）Pall 型摩擦阻尼器　b）摩擦阻尼器节点　c）摩擦阻尼器设置

  （4）钢板消能剪力墙　钢板消能剪力墙指不发生面外屈曲的钢板剪力墙，又承受水平荷载的钢芯板和防止芯板发生面外屈曲的部件组合而成，是针对普通钢板混凝土剪力墙易发生面外屈曲而改进的新型抗剪力耗能构件。钢板消能剪力墙主要依靠芯板的面内整体弯剪变形来平衡水平剪力。作为核心抗侧力构件，芯板以钢板制成，通过剪力键与面外约束部件相连，防止芯板面外屈曲，使钢板墙的受剪屈曲临界荷载大于其抗剪屈服承载力，从而钢板墙只会发生剪切屈服而不是剪切屈曲，大大改善了其抗震耗能能力。可以用于新建结构的耗能和既有结构的加固（图11-26）。

图 11-26　钢板消能剪力墙

2. 黏弹性阻尼器（viscoelastic damper）

黏弹性阻尼器主要依靠黏弹性材料的滞回耗能特性增加结构的阻尼，减小结构的动力反应。黏弹性阻尼器构造简单、经济实用，一般不改变结构的形式，也不需要外部能源输入提供控制力，即使在较小的振动条件下也能够进行耗能，可同时用于结构的地震和风振控制。由于黏弹性阻尼器具有上述优点，在实际工程得到了广泛的应用。根据黏弹性层的变形方式，可将黏弹性阻尼器分为拉压型阻尼器（图11-27a）和剪切型阻尼器（图11-27b）。

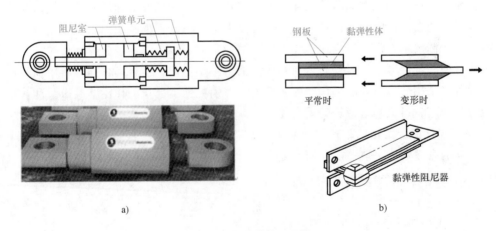

图 11-27　黏弹性阻尼器

a）拉压型阻尼器　b）剪切型阻尼器

3. 黏滞阻尼器（viscous damper）

黏滞阻尼器一般由缸筒、活塞杆、带孔活塞头（阻尼通道）、阻尼介质（黏滞流体）等部分组成（图11-28）。当工程结构因振动而发生变形时，安装在结构中的黏滞阻尼器的活塞与缸筒之间发生相对运动，依靠活塞前后的压力差使黏滞流体从阻尼通道中通过，从而产生阻尼力，耗散外界输入结构的振动能量，达到减轻结构振动响应的目的。

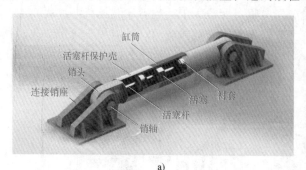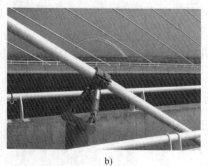

a)　　　　　　　　　　　　　　　　　　b)

图 11-28　黏滞阻尼器
a）黏滞阻尼器结构　b）黏滞阻尼器应用示例

11.3.3　消能减震结构设计

1. 消能减震结构的基本要求

消能减震结构设计通过消能器的设置来控制预期的结构变形，从而使主体结构构件在罕遇地震下不发生严重破坏。消能减震结构设计需要选择消能器和消能部件的型号，决定消能部件在结构中的分布和数量，估算消能器附加给结构的阻尼比，进行消能减震体系在罕遇地震下的位移计算，采取合理的构造措施加强消能部件与主体结构的连接。

消能器的类型甚多，主要分为位移相关型、速度相关型和其他类型。位移相关型消能器的耗能能力与消能器两端的相对位移有关，包括金属屈服消能器、摩擦耗能消能器和防屈曲支撑型消能器。速度相关型消能器的耗能能力与消能器两端的相对速度有关，包括黏滞消能器、黏弹性消能器。消能减震设计时，应根据多遇地震下的预期减震要求及罕遇地震下的预期结构位移控制要求，设置适当的消能部件。消能部件可由消能器及斜撑、墙体、梁等支承构件组成。消能部件可根据需要布置在结构的两个主轴方向，使得两方向均有附加阻尼和刚度；宜设置在结构变形较大的部位，可更好地发挥消耗地震能量的作用，其数量和分布应通过综合分析确定，形成均匀合理的受力体系，有利于提高整个结构的消能减震能力。

2. 消能部件附加给结构的有效刚度和有效阻尼比

消能器的有效刚度可取消能器的恢复力滞回环在相对水平位移 Δu_j 时的割线刚度。消能部位附加给结构的有效阻尼比可按下式估算

$$\zeta_a = W_{cj}/(4\pi W_s) \tag{11-23}$$

式中　ζ_a——消能减震结构的附加有效阻尼比；

　　W_{cj}——第 j 个消能部件在结构预期层间位移 Δu_j 下往复循环一周所消耗的能量；

　　W_s——设置消能部件的结构在预期位移下的总应变能。

W_s、W_{cj} 可分别按下面规定计算：

1）当不考虑扭转效应时，消能减震结构在水平地震作用下的总应变能可按下式估算

$$W_s = \frac{1}{2}\sum F_i u_i \tag{11-24}$$

式中　F_i——质点 i 的水平地震作用标准值；

　　　u_i——质点对应于地震作用标准值的位移。

　　2）速度线性相关型消能器在水平地震作用下往复循环一周所消耗的能量，可按下式估算

$$W_{cj} = \frac{2\pi^2}{T_1} C_j \cos^2 \theta_j \Delta u_j^2 \tag{11-25}$$

式中　T_1——消能减震结构的基本自振周期；

　　　C_j——第 j 个消能器的线性阻尼系数；

　　　θ_j——第 j 个消能器的消能方向与水平面的夹角；

　　　Δu_j——第 j 个消能器两端的相对水平位移。

当消能器的阻尼器系数和有效刚度与结构振动周期有关时，可取相应于消能减震结构基本自振周期的值。

　　3）位移相关型和速度非线性相关型消能器在水平地震作用下往复循环一周所消耗的能量，可按下式估算

$$W_{cj} = A_j \tag{11-26}$$

式中　A_j——第 j 个消能器的恢复力滞回环在相对水平位移 Δu_j 时的面积。

3. 消能部件的性能要求

消能部件应满足下列要求：

　　1）消能器应具有足够的吸收和耗散地震能量的能力和恰当的阻尼。消能部件附加给结构的有效阻尼比宜大于 10%，超过 25% 时宜按 25% 计算。

　　2）消能部件的设计参数应满足下列规定：

　　① 速度线性相关型消能器与斜撑、填充墙或梁组成消能部件时，该部件在消能器耗能方向的刚度符合下式要求

$$K_b \geqslant \frac{6\pi}{T_1} C_D \tag{11-27}$$

式中　K_b——支承构件在消能器方向的刚度；

　　　T_1——消能减震结构的基本自振周期；

　　　C_D——消能器的线性阻尼系数。

　　② 黏弹性消能器的黏弹性材料的总厚度应满足下式

$$t \geqslant \Delta u [\gamma] \tag{11-28}$$

式中　t——黏弹性消能器的黏弹性材料的总厚度；

　　　Δu——沿消能器方向的最大可能的位移；

　　　$[\gamma]$——黏弹性材料允许的最大剪切应变。

　　③ 位移相关型消能器与斜撑、填充墙或梁组成消能部件时，消能部件恢复力滞回模型的参数宜符合下列要求

$$\Delta u_{py} / \Delta u_{sy} \leqslant 2/3 \tag{11-29}$$

式中　Δu_{py}——消能部件在水平方向的屈服位移或起滑位移；

　　　Δu_{sy}——设置消能部件的结构层间屈服位移。

　　3）消能器与斜支撑、填充墙、梁或节点的连接，应符合钢构件连接或钢与钢筋混凝土

构件连接的构造要求，并能承担消能器施加给连接节点的最大作用力。与消能部件相连的结构构件设计时，应计入消能部件传递的附加内力。

4）在消能器施加给主结构最大阻尼力作用下，消能器与主结构之间的连接部件应在弹性范围内工作。

5）消能器的极限位移应不小于罕遇地震下消能器最大位移的 1.2 倍；对速度相关型消能器，消能器的极限速度应不小于地震作用下消能器最大速度的 1.2 倍，且消能器应满足在此极限速度下的承载力要求。

6）当消能减震结构的抗震性能明显提高时，主体结构的抗震构造要求可适当降低。降低程度可根据消能减震结构地震影响系数与不设置消能减震装置结构的地震影响系数之比确定，最大降低程度应控制在 1 度以内。

7）消能器应具有优良的耐久性能，能长期保持其初始性能。消能器构造应简单，施工方便，易维护。

4. 消能减震结构的计算要点

1）消能部件的设置应符合罕遇地震作用下结构预期位移的控制要求，并根据需要沿结构的两个主轴方向分别设置。消能部件宜设置在层间变形较大的位置，其数量和分布应通过综合分析合理确定，形成均匀合理的受力体系。图 11-29 所示为消能部件的设置形式。

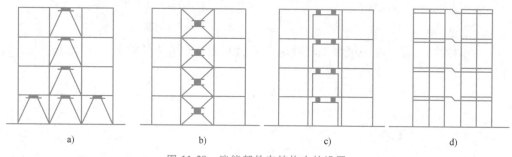

a)   b)   c)   d)

图 11-29　消能部件在结构中的设置

2）由于加上消能部件后不改变主体承载结构的基本形式，除消能部件外的结构设计仍应符合《建筑抗震设计规范》相应类型结构的要求。因此，计算消能减震结构的关键是确定结构的总刚度和总阻尼。消能减震结构的总刚度为结构刚度和消能部件有效刚度的总和；总阻尼比为结构阻尼比和消能部件附加给结构的有效阻尼比的总和。

3）当主体结构基本处于弹性工作阶段时，可采用线性分析方法做简化估算，其刚度应取结构刚度和消能部件有效刚度的总和，可采用底部剪力法、振型分解反应谱法和时程分析法计算分析。消能减震结构的地震影响系数可根据其总阻尼比按第 4 章 4.2.6 小节的方法计算。采用底部剪力法或振型分解反应谱法计算消能减震结构时，由于大阻尼比的阻尼矩阵不满足振型分解的正交性条件，需要通过强行解耦进行结构体系的计算分析，具有一定的近似性。研究表明，当消能部件较均匀分布且阻尼比不大于 0.20 时，强行解耦与精确解的误差，大多数可控制在 5% 以内。

4）对主体结构进入弹塑性阶段的情况，应根据主体结构体系特征，可采用静力非线性分析方法或非线性时程分析方法。在非线性分析中，需直接采用恢复力模型进行结构弹塑性分析计算。消能减震结构的恢复力模型包括结构弹塑性恢复力模型和消能部件的弹塑性恢复力模型，并应采用罕遇地震下的总阻尼。

5）消能减震结构的弹塑性层间位移角限值，应符合罕遇地震下预期的结构变形控制要求，宜比不设置消能器的结构适当减小。框架结构的弹塑性层间位移角可控制在不大于1/80。

11.3.4 消能减震结构的应用

1. 上海世博中心

上海世博中心（图11-30）采用了屈曲约束支撑进行设计，结构的关键部位布置了108根屈曲约束支撑。通过对普通支撑结构的整体性能与采用屈曲约束支撑结构的整体性能对比，普通支撑结构的刚度明显大于采用屈曲约束支撑结构的刚度，普通支撑的截面尺寸较大，屈曲约束支撑的截面面积为 0.0045m^2，而普通支撑的截面面积增大为 0.0384m^2，是屈曲约束支撑截面面积的 8.5 倍。普通支撑结构的地震力比屈曲约束支撑结构增大 24% ~ 30%，普通支撑结构的用钢量比屈曲约束支撑结构用钢量多 1014t。

图 11-30　上海世博中心

2. 中国尊

中国尊（图11-31）位于北京商务中心区核心区 Z15 地块，是北京市最高的地标建筑。该项目用地面积 11478m^2，总建筑面积 437000m^2，其中地上 350000m^2，地下 87000m^2，建筑总高 528m，建筑层数地上 108 层、地下 7 层（不含加层），可容纳 1.2 万人办公，为中信集团总部大楼。中国尊的结构体系由外框筒和核心筒组成，其中外框筒由巨型柱、巨型斜撑、转换桁架以及次框架组成。中国尊按照抵御 8 度地震烈度设防，使用大量的屈曲约束支撑，具有良好的抗震性能。

3. 原纽约世界贸易中心大厦

1972 年，美国建成纽约 110 层世界贸易中心大厦（图11-32a）。这栋房屋在支承楼层的桁架下弦杆与柱之间的节点安装有 2 万个黏弹性

图 11-31　北京中国尊

阻尼器（图11-32b），当建筑物在风载作用下振动时，每个阻尼器宽100mm、长250mm，黏弹性材料厚1.25mm；节点连接型钢发生相对运动，引起轴向应变，此时运动能量由夹层的黏弹性材料吸收。每个阻尼器中的钢件在黏弹性材料中拉出或推出时吸收和消耗能量（图11-32c），每次循环耗能总量约为566kJ。

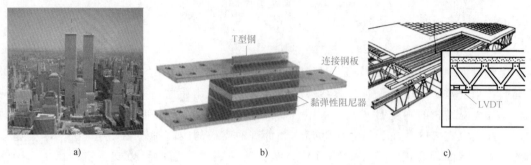

a)   b)   c)

图11-32 原纽约世贸中心大厦黏弹性阻尼器安装示意

a）原纽约世贸中心大厦 b）黏弹性阻尼器 c）阻尼器安装

  1980年，美国再度采用黏弹性阻尼器，建成76层的哥伦比亚中心大厦，该大厦将阻尼器装在类似于支撑的斜杆上，利用斜杆交替受压或受拉，使得阻尼器工作。该大厦共装有160个阻尼器，每个宽300mm、长825mm，黏弹性材料厚1.35mm或2.75mm，每次循环耗能总量约为881kJ。

4. 中国古建筑

  中国许多古代建筑经历了多次大地震的考验，保存完好，斗拱发挥了很好的抗震作用。斗拱是由榫卯拼接而成（图11-33a），在地震作用下通过榫卯摩擦变形吸收一定的地震能量，减小结构的地震响应，相当于在柱和屋盖之间设置了阻尼节点。殿堂、寺塔等古建筑的柱和水平构件连接起来的斗拱群（图11-33b）增大了结构的阻尼、增强了耗能能量，加强了结构的整体性，提高了整个结构的安全度。

  山西应县佛宫寺释迦塔（又称应县木塔，图11-33c）是中国古代传统建筑杰出抗震能力的代表，整座木塔表现出技术与艺术的高度统一。这座木塔建于1056年，是当今世

a)   b)   c)

图11-33 古建筑斗拱消能节点

a）斗拱构造 b）古建筑斗拱 c）山西应县木塔

界上现存最高的木结构建筑，木塔内梁与柱的连接完全通过斗拱完成，各种构件通过榫卯连接。应县木塔处于大同盆地地震带上。木塔建成 200 多年即遭受大震，木塔附近的房屋全部倒塌，而木塔完好无损，在此后的近千年中，木塔又经历了多次大地震的考验而安然无恙。

5. 北京标志性建筑抗震加固

1998 年启动的首都圈防震减灾示范区中，北京的一些标志性建筑如北京火车站、北京展览馆、中国革命历史博物馆等开始进行全面的抗震鉴定、加固和改造，均采用了耗能支撑加固方案。

北京火车站站房大楼（图 11-34a）于 1959 年建成，钢筋混凝土框架承重，大跨空间结构。1999 年加固改造时将 32 个阻尼器布置在框架四周，支撑设于窗内，为了不影响外立面和大厅内采光（图 11-34b），采用了美国 Taloar 公司生产的黏滞液体阻尼器（图 11-34c）。计算表明阻尼器能吸收大量的地震能量，降低结构在地震作用下的反应，减少结构在水平力作用下的变形。加固方案无须对基础及框架柱进行处理，施工现场无湿作业，对车站正常运营影响不大。

北京展览馆（图 11-35a）建于 1959 年，建筑面积近 $50000 m^2$，地上 10 层为钢筋混凝土框架承重，顶部为钢塔架；中央大厅采用 16 根屈曲约束支撑，48 个阻尼器；展馆采用 30 根屈曲约束支撑，60 个阻尼器（图 11-35b、c）；餐厅采用 12 根屈曲约束支撑，24 个阻尼器。经验算，加固后结构阻尼比达 20%，在 8 度中震作用下结构层间位移比可控制在 1/350 以内。

a)

b)

c)

图 11-34　北京火车站加固黏滞性阻尼器应用

a）北京火车站　b）大厅黏滞性阻尼器　c）黏滞液体阻尼器

a)

b)

c)

图 11-35　北京展览馆加固阻尼器应用

a）北京展览馆　b）中央大厅阻尼器安装　c）展馆安装的阻尼器

11.4 被动控制减震设计

被动控制是指没有任何外部能源支持控制系统，而是通过附加子结构改变体系的动力特征，利用系统响应所形成的势能产生控制力。例如，在建筑物顶部设置一个附加子结构（图 11-36），该子结构有三个作用：一是调整系统固有频率，抑制主要振型的振动；二是实现振动能量转移，使结构振动能量在原结构和子结构之间重新分配；三是增大体系阻尼，降低振动振幅。子结构为质量、弹簧系统的称为"调谐质量阻尼器"（tuned mass damper，TMD），无须外部能量供给控制系统。子结构为荡液水箱的称为"调频液体阻尼器"（tuned liquid damper，TLD），如图 11-37 所示。

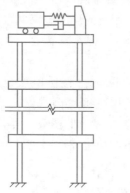

图 11-36 调谐质量阻尼器（TMD）

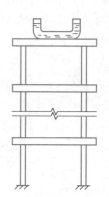

图 11-37 调频液体阻尼器（TLD）

11.4.1 TMD 体系

1. 工作原理

调谐质量阻尼器（TMD）系统是在结构顶层加上惯性质量，并配以弹簧和阻尼器与主体结构相连，应用共振原理，对结构的某一振型加以控制。通常惯性质量可以是高层或高耸结构的水箱、机房或旋转餐厅。它对结构进行振动控制的机理是：原结构体系由于加入 TMD，其动力特性发生变化，原结构承受动力作用而剧烈振动时，由于 TMD 质量块的惯性而向原结构施加反方向作用力，其阻尼发挥耗能作用，使原结构的振动反应迅速衰减。

TMD 系统减震作用与附加子结构的频率和质量块大小密切相关。理论分析表明，对于受地震作用的结构，当子结构频率接近原结构频率时减震效果最好，这时质量块相对结构的位移也最大。分析同时表明，质量块质量与结构的质量之比越大，减震效果越好，但受到建筑尺寸限制，附加质量不能过大，可取质量块与结构质量之比 1% 左右较为合适。由于 TMD 能有效地衰减结构的动力反应，安全、经济、对建筑功能影响小、便于安装、维修和更换，已被广泛用于高层建筑、高耸结构及大跨桥梁的抗震抗风装置。TMD不仅可用于新建建筑，而且可以用于既有建筑，通过"加层减震"技术可以改善既有房屋的抗震性能。

2. 工程应用

（1）日本千叶港口瞭望塔 TMD 体系　1986 年，日本在千叶港口的瞭望塔上采用了 TMD 体系（图 11-38），该塔高 125m，平面为菱形，边长 15.1m，中央为边长 6.5m 的六边形框筒，角点设有钢管立柱，周边设有梁和支撑，整个塔楼形成六边形桁架式筒体管结构，塔体四周用半镜面玻璃墙覆盖。由于塔身细高，塔顶装设了 10t、15t 两个调频质量阻尼器，以降低风振影响和减小地震反应。

a)　　　　　　　　　　　　　　　　　b)

图 11-38　千叶港口瞭望塔调谐质量阻尼器

a）千叶港口瞭望塔　b）瞭望塔调谐质量阻尼器（TMD）

TMD 如图 11-39 所示，在 x、y 两个方向设有弹簧和阻尼器并与质量块相连，沿双向均能滑动，形成平面双向自由振动体系。通过调整质量和弹簧数，可使振动体系周期和结构周期接近。该瞭望塔建成后，经历了台风袭击，其在 x 方向振动程度减小 40%，y 方向减小 50%。该瞭望塔也经历了地震冲击，观察表明，由于设置了 TMD 结构，塔顶部振幅大为降低。

（2）我国台湾 101 大厦 TMD 系统　台湾 101 大厦（图 11-40a）位于台北市信义区，保持了世界纪录协会多项世界纪录，2003 年 10 月 17 日完成，高 508m。2010 年以前，台北 101 曾是世界第一高楼。

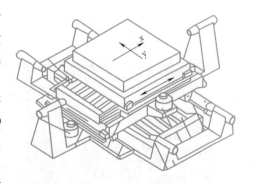

图 11-39　千叶港口瞭望塔调谐质量阻尼器装置示意图

台湾地处地震带以及经常遭受强台风的袭击，为了应对高空强风及台风吹拂造成的摇晃，大楼内设置了 TMD 系统（图 11-40b），在 88~92 楼挂置一个巨大钢球，利用摆动来减缓建筑物的晃动幅度。该 TMD 是全世界唯一开放游客观赏的巨型阻尼器，更是全球最大之阻尼器，直径 5.5m、重达 660t。

（3）广州塔 TMD 系统　广州塔又称广州新电视塔（图 11-41），建筑结构由一个向上旋转的椭圆形钢外壳变化生成，相对于塔的顶、底部，其腰部纤细，体态生动，俗称小蛮腰。

广州塔塔身主体高 454m，天线桅杆高 146m，总高度 600m，是中国第一高塔，世界第二高塔，仅次于东京晴空塔。

广州位于珠三角地区，是我国地震重点防御区，同时由于广州塔高度大、体型纤细、结构布置独特，属于风敏感结构，在广州塔上安装结构振动控制系统对主塔和桅杆进行减震，该系统设有 TMD 系统，利用消防水箱作为质量单元，达到被动消能的作用。

a)

b)

图 11-40　台北 101 大厦调谐质量阻尼器

a）台北 101 大厦　b）101 大厦调谐质量阻尼器（TMD）

a)

b)

图 11-41　广州新电视塔 TMD 消能减震系统

a）广州新电视塔　b）广州新电视塔调谐质量阻尼器（TMD）

11.4.2 TLD 体系

1. 工作原理

TLD 体系减震设想来源于船舶的水槽减震。将装水的刚性容器置于船上，当船发生晃动时，水会产生一种与摇晃方向相反的力拍打容器侧壁，可减小在波浪中前进和摇晃程度。TLD 体系是一种固定在结构上的具有一定形状的盛水容器，采用共振原理，依靠液体的振荡来吸收和消耗结构的振动能量，减小结构的动力反应。结构振动时水向相反方向运动，产生一种与外力方向相反的力来抵消外力引起的摇晃作用，为增大阻尼在容器中设置阻尼隔栅。TLD 体系常利用建筑物中的水箱减震，将它与高层建筑中的生活和消防用水箱结合起来，以减少制振费用。用于高层建筑振动反应控制的减震水箱有矩形、圆形和 U 形等多种类型，其中 U 形水箱减震效果优于其他类型（图 11-42）。

减震水箱一般安装在建筑物顶层，由于水箱是随结构一起振动的，水箱运动时，水箱中水波浪对侧壁产生动压力，此动压力的合力即为控制力。研究表明当水箱晃动频率与结构自振频率一致时，对结构反应控制效果最好，合理调节水箱阻尼隔栅的网眼大小，可以提高减震效果。

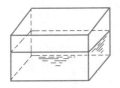  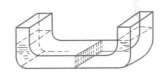

图 11-42 减震水箱

2. 工程应用

TLD 体系主要用于高层建筑钢结构的抗风设计中，在风荷载较大地区，高层建筑钢结构的风振反应下的刚度和舒适度难以满足要求，荡液式振动控制技术为解决这一问题找到一条途径。我国南京电视塔采用了 TLD 进行风振控制。TLD 系统经济、构造简单、适应性强、容易安装、不需要特别的装置，对容器的形状也无特殊的限制，不需要维修，可以方便地设置在已有建筑之上，并可兼作水箱之用，适合于短期和长期使用。

美国瑞肯山海景公寓 TLD 系统：美国瑞肯山海景公寓（图 11-43a）位于旧金山市海湾

  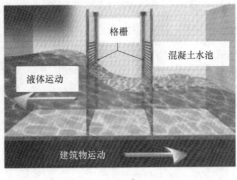

a) b) c)

图 11-43 美国瑞肯山海景公寓调频液体阻尼器（TLD）

a）美国瑞肯山海景公寓 b）调频液体阻尼器（TLD） c）水箱液体运动

大桥西面瑞肯山上，这是美国首栋采用调频液体阻尼器的建筑物。海景公寓始建于 2005 年，由两座塔楼组成，一栋 49 层，另一栋 61 层。采用调频液体阻尼器，在建筑物顶部设置了一个巨大的水箱（图 11-43b），最大容量可达 10 万 USgal（$1\text{USgal} = 3.78541\text{dm}^3$）。每个水箱由 4 个混凝土水池组成，水池中间设有阻尼格栅（图 11-43c），可以消耗地震能量。当风使得建筑物沿某一方向运动时，水箱的水可以向相反方向晃动，降低结构顶部位移，满足人体舒适度要求。采用调频液体阻尼器的目的是减少结构地震作用和强大的太平洋风摇摆，同时水箱的水也可供消防使用。

11.5　主动控制减震设计

主动控制是指由外部输入能量的控制方式使结构体系减震的方法，它能在结构经受地震激励的过程中，瞬时改变结构动力特征和施加控制力，来衰减结构的地震反应。如图 11-44 所示，主动控制的控制系统由传感器、处理器和驱动器三部分组成：传感器用于测量结构所受外部激励或结构动力反应，并将测得的信号放大后传至处理器；处理器处理测得的信号，根据预先设定的控制律，计算所需控制力，并将控制信息传递给驱动器；驱动器根据控制指令产生控制力施加于结构，产生控制力所需能量由外部能源提供。

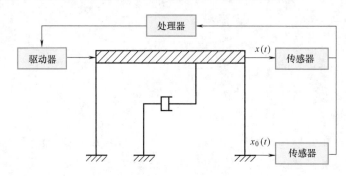

图 11-44　主动控制系统

根据控制器的工作方式不同，主动控制体系又可分为开环控制、闭环控制和开闭环控制三种类型；开环控制根据外部激励信息调整控制力（图 11-45a）；闭环控制根据结构反应信息调整控制力（图 11-45b）；开闭环控制根据外部激励和结构反应的综合信息调整控制力（图 11-45c）。目前研究较多的是闭环控制。

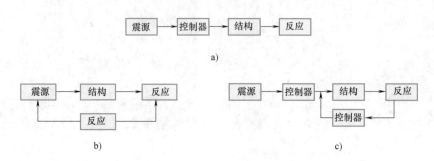

图 11-45　主动控制类型

a）开环控制　b）闭环控制　c）开闭环控制

11.5.1　减震原理

图 11-46 所示是装有主动控制 TMD 多自由度体系的分析模型，在地面运动 $x_0(t)$ 的激励下，多自由度体系质点的相对位移为 $\{x\}$。根据地震动和结构反应信息，TMD 体系的驱动器结构施加主动力，振动体系的运动方程为 $u(t)$

$$[m]\{\ddot{x}\}+[c]\{\dot{x}\}+[k]\{x\}=-[m]\{\ddot{x}\}+u(t)$$

$$(11\text{-}30)$$

式中　$u(t)$——结构反应 $\{x\}$ 和地震动 $\{\ddot{x}\}$ 的函数，并与主动控制 TMD 体系的阻尼 c_a 和刚度 k_a 相关。

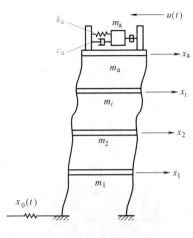

图 11-46　主动控制分析模型

为寻求最佳减震效果，需要通过控制理论确定上述参数。对 $u(t)$ 的进一步分析可知，对结构施加主动控制，相当于改变了结构的动力特性，增大了结构的刚度和阻尼，减小了地震作用，从而达到减震的目的。

11.5.2　工程应用

1. 横滨里程碑塔楼

主动控制 TMD 体系可用于控制结构地震和风振反应。日本已将主动控制 TMD 减震装置用于横滨里程碑塔楼。如图 11-47a 所示，该塔楼共 73 层，高约 300m，建筑面积 23 万 m^2。为解决塔楼在风振下的舒适度问题，日本有 7 家公司提出 12 种减震方案，附加重力一般在 6000～16000kN。最后选定的主动减震装置，每座体系为 9×9×4.5m^2，每座重力 1700kN，在高 282m 的塔屋内共安放两座（图 11-47b），附加重力共 3400kN。

图 11-47c 所示为设在该塔楼上的减震装置示意图，悬挂摆分别由双向伺服电动机操纵，可沿两个水平方向独立工作，改变摆的长度可调节减震体系固有频率。电动机转动产生强大的电动力，犹如一个阻尼器，可以迅速衰减结构振动。该减震装置模型试验表明，在 5 年一遇风速为 43m/s 的情况下，塔楼摇晃程度减轻约 50%。

2. 上海环球金融中心大厦

上海环球金融中心大厦是一幢以办公为主，集商贸、宾馆、观光、展览及其他公共设施于一体的超高层建筑（图 11-48a），已于 2008 年 8 月投入使用。建筑总面积约 35 万 m^2，主楼地下 3 层，地上 101 层，地面以上高度 492m，是目前已建成的世界上结构主体最高的建筑物。结构体系采用了三重结构体系抵抗水平荷载，分别由巨型柱、巨型斜撑以及带状桁架构成的三维巨型框架、钢筋混凝土核心筒以及构成核心筒和巨型柱之间相互作用的伸臂钢桁架组成。

为提高遭遇强风时环境的舒适性，在第 90 层 395m 高处安装了两台风阻尼器（图 11-48b），以大幅度降低超高层建筑物由于强风引起的摇晃。环球金融中心成为我国大陆地区首座使用风阻尼器装置的超高层建筑。

风阻尼器是两个重达 150t、长和宽均为 9m 的装置，由摆锤和驱动装置组成。摆锤外部

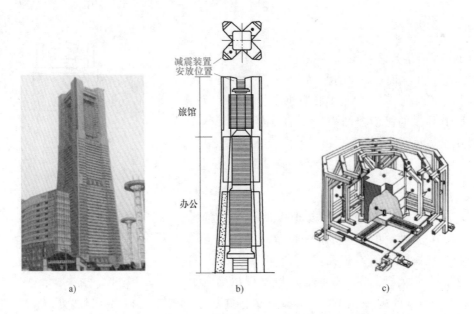

图 11-47　横滨里程碑塔楼主动控制

a）横滨里程碑塔楼　b）减震装置安放位置　c）减震装置示意图

是 3 层钢框架，中间是用钢绳悬吊的重达 100 多 t 的配重。通过改变配重钢绳的有效长度，可以调整减震装置的周期。驱动装置由伺服电动机、圆形螺栓、XY 梁、直线导轨、振动结合器等构成（图 11-48c）。驱动时由伺服电动机的转动力矩通过圆形螺栓、XY 梁、直线导轨以推力向振动体进行连接，是用摩擦和驱动等形式来减少损失的装置。另外振动结合器进行上下方向的滑动，用以吸收振动体的上下动能。

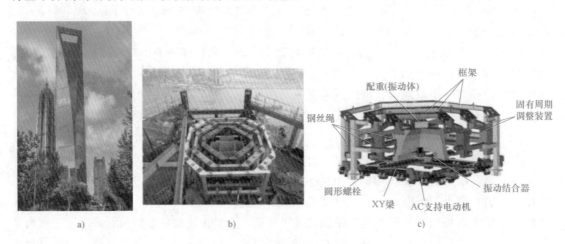

图 11-48　上海环球金融中心大厦阻尼器

a）上海环球金融中心大厦　b）阻尼器安装　c）阻尼器组成

　　当建筑物在风荷载或地震作用下发生晃动时，根据传感器采集到的建筑物和振动体的运动状态量确定减震力，通过计算机控制振动体的作动力和作用方向，驱动振动体产生频率相同方向相反的运动，从而抑制建筑物由于强风或地震引起的摇晃。该工程中安装的阻尼装置达到了预期的效果，将整体结构的阻尼比提高 8 倍左右，将建筑物顶部最大加速度反应降至无振动控制的 35%，结构的风振效应减小到 60% 以下。

11.6　可恢复功能结构

2009 年 1 月，在 NEES/E-Defense 美日工程第二阶段合作研究会议，首次提出将"可恢复功能城市（Resilient City）"作为地震工程合作的大方向。如何设计出地震中不发生破坏或是发生时可以迅速修复破坏的结构，成为可持续发展工程抗震的重要研究方向之一。2013 年中国学者明确了结构抗震设计的新概念"可恢复功能结构"。可恢复功能结构是指地震（设防或罕遇地震）后不需修复或在部分使用状态下稍许修复即可恢复其使用功能的结构，且结构体系易于建造和维护，全寿命成本效益高。可恢复功能结构从结构形式上有多种实现方法。例如，通过可更换结构构件（replaceable member）震后迅速恢复结构的功能；通过自复位结构（self-centering structure）自动恢复到结构的正常状态，减少结构震后的残余变形；通过摇摆墙（rocking wall）或摇摆框架（rocking frame）减少结构的破坏，使其在震后稍加修复或不需修复即可投入使用，即可更换构件/部件结构、自复位结构和摇摆结构等。

11.6.1　可更换结构构件

"可更换"这种思想方法和技术在机械制造领域的应用很普遍，近年来在结构工程中开始应用。可更换构件的结构体系是指将结构某部位强度削弱，或在该部位设置延性耗能构件，将削弱部位或耗能构件设置为可更换构件，并与主体结构通过方便拆卸的装置连接。在地震作用下，结构将破坏集中于可更换构件，通过延性可更换构件发生塑性变形，耗散地震输入能量，保护主体结构不受破坏或只受微小破坏，地震作用后只需更换耗能构件即可恢复结构功能。

可更换构件一般设置于结构易发生塑性变形的部位，将此部位截面有意削弱或更换截面形式，或用延性材料、新型耗能材料替代原材料，或将此部位用耗能阻尼器替换。可更换构件一般具有耗能能力强、易于拆卸的特点，它的主要功能如下：

1）在较小地震作用下保持一定的刚度和强度，和主体结构共同抵御外界荷载，震后不需更换，保证结构体系在正常使用状态下的功能完好。

2）在较强地震作用下进入塑性状态或发生较大位移，耗散能量，将破坏集中以保护主体竖向承重结构基本完好。

3）较强地震过后易于更换。

结构工程中的可更换构件主要分为以下两种：

1）附加型可更换构件。在结构易发生塑性变形的部分附加形式简单的阻尼器或低屈服强度钢构件，通过塑性耗能避免了结构其余构件的破坏，震后更换附加构件。

2）替换型可更换构件。将结构构件部分挖除以新的塑性消能构件替换，设计新构件的承载力与原挖除部分基本一致，保证正常使用状态下结构承载力满足要求。大地震作用下构件塑性耗能，将破坏集中。

1. 框架可更换构件

在框架结构体系中设置了各种形式的可更换构件，通过可更换构件减小震害。目前，框架可更换构件的主要研究集中在钢框架体系的梁端和柱脚部位。

（1）梁端可更换构件　梁端可更换构件是指在梁端设置可更换的盖板或者阻尼器等，使得塑性变形集中在可更换构件上，避免结构发生破坏，起到"保险丝"的作用，如图 11-49 所示。

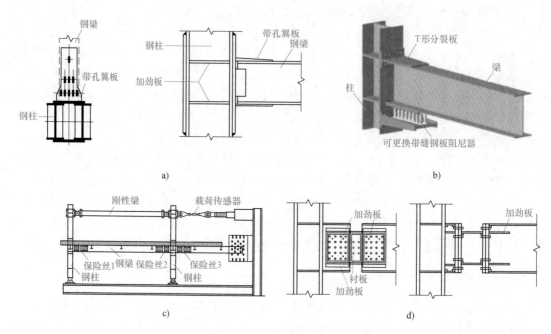

图 11-49　梁端可更换构件

a）可更换带孔翼板　b）带缝钢板阻尼器设置　c）梁端可更换钢板"保险丝"　d）梁端可更换连接

（2）柱脚可更换构件　柱脚可更换构件是利用预应力筋提供复位力和夹持力，通过防屈曲钢板耗散地震能量。为了防止钢板发生弱轴屈曲，钢板外采用螺栓连接加劲板，并且两者间留有一定空隙，减小界面摩擦。锁紧板与防屈曲钢板焊接连接，抵抗钢柱变形产生的剪力，端部的角度可适应柱脚的抬升，自复位柱脚具有良好的自复位能力和滞回能力，滞回性能稳定，如图 11-50 所示。

2. 剪力墙可更换构件

剪力墙可更换构件包括可更换钢板墙、可更换墙脚构件及可更换连梁。

（1）可更换钢板墙　2006 年，国际上提出了一种带有可更换钢板墙的剪力墙结构，如图 11-51 所示。

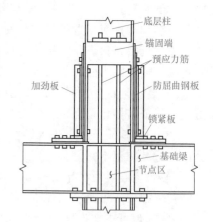

图 11-50　一种可更换自复位柱脚

钢板剪力墙进行钢板更换后，结构边缘构件未发生破坏，新换钢板墙表现出良好的屈曲耗能特性，更换钢板后的结构滞回性能与更换前基本一致。

可更换钢板墙还包括带竖缝的钢板墙结构，与普通剪力墙相比，带竖缝的钢板墙只承受 10%～25% 的侧向力，而普通剪力墙在正常使用状态下承担所有的水平荷载，带竖缝钢板墙具有良好的耗能特性。带竖缝钢板墙的高宽比大于普通剪力墙结构，因此具有更大的空间，布置灵活。螺栓连接的钢板墙能预制生产，现场安装，及时更换，满足可更换的条件，适用于装配式建筑和既有结构的加固（图11-52）。

（2）可更换墙脚构件　可更换墙脚构件是指在钢板剪力墙的脚部设置可更换阻尼器，剪力墙采用冷弯型钢钢板获得较高的刚度和强度，底部安装剪力锚固支座，竖向位移无约束。剪力墙底部所受剪力大于钢板的屈服承载力，而脚部钢板屈服耗能。图11-53表示一种剪力墙脚部可更换阻尼器。

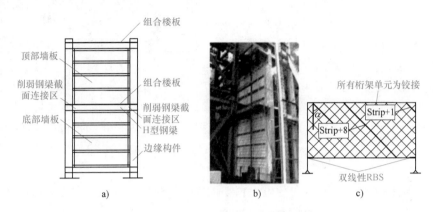

图11-51　可更换钢板墙

a）试件设计　b）试件试验　c）有限元模型

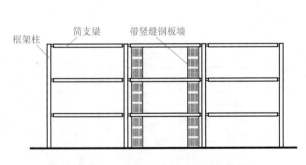

图11-52　一种带竖缝的可更换钢板墙

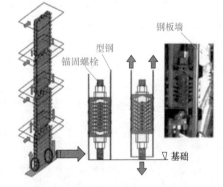

图11-53　一种剪力墙脚部可更换阻尼器

（3）可更换连梁　可更换连梁是在普通钢筋混凝土连梁的中部设置钢构件可更换段，小震下可更换段与结构主体共同作用抵御外部荷载，中震或大震下可更换段发生屈服变形，剪力墙其余部分保持弹性，震后可更换，如图11-54所示。

将联肢剪力墙连梁削弱，或在该部位设置延性耗能构件，将削弱部位或耗能构件设置为可更换构件，并与剪力墙结构通过方便拆卸的装置连接，即为带有可更换连梁剪力墙结构，如图11-55所示。

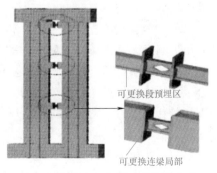

图11-54　带有可更换连梁的剪力墙

11.6.2 自复位结构

自复位（self-centering）结构体系是一种基于性能的抗震结构新体系。它能将损伤限制在非主体结构的耗能装置或部位，通过自复位能力最小化残余变形以减小震后修复费用和间接经济损失。自复位技术既能有效控制结构"最大变形"，又能减少结构"残留变形"。

自复位体系通常由复位装置和耗能装置组成。其中，复位装置既可采用在普通高强材料中施加预应力的方式，又可采用如形状记忆合

图 11-55 可更换连梁联肢剪力墙

金等具有自复位本构关系的新型材料。耗能装置可采用软钢滞回耗能、摩擦耗能、黏弹性耗能等耗能机制。复位和耗能装置既可以抗弯钢框架的梁柱节点形式，也可以中心支撑形式发挥作用。

1. 自复位钢结构体系

自复位钢结构体系主要有后张预应力自复位抗弯钢框架、自复位中心支撑钢框架。

（1）后张预应力自复位抗弯钢框架 20 世纪 90 年代末到 21 世纪初，后张预应力自复位抗弯钢框架得到发展。1988 年，Garlock 提出了将后张预应力梁柱节点应用于抗弯钢结构框架中，简称自复位抗弯框架，如图 11-56 所示。这种节点中，钢绞线与框架梁平行放置，并且钢绞线锚固于框架最外侧的柱子上；在梁柱节点处用螺栓和角钢将梁的上下翼缘及柱子的翼缘相连，其中预应力高强度钢绞线充当自复位构件；当给钢绞线中施加初始预应力后，为了与钢绞线的拉力平衡，在梁柱接触面中产生接触压力，因此接触面紧紧闭合。梁柱节点处的角钢既可承担部分剪力和弯矩，又能起到耗能的作用。

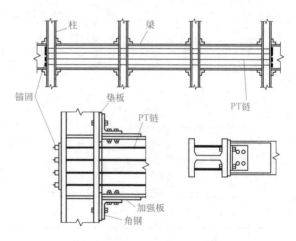

图 11-56 自复位抗弯钢框架

（2）自复位中心支撑钢框架 传统的框架支撑系统在支撑屈服前变形能力有限，而支撑屈服后刚度又急剧降低，具有自复位与耗能性能的钢框架的良好表现也使人们看到其在支撑结构中的应用前景。近年来，自复位中心支撑钢框架有自复位摩擦耗能支撑，利用形状记忆合金的特殊性能提供自复位能力，并通过摩擦耗散能量（图 11-57）。此外，利用屈曲约束支撑的耗能能力，发展了自复位屈曲约束支撑（图 11-58）。

2. 自复位混凝土结构体系

（1）自复位无黏结后张预应力墙 自复位无黏结后张预应力墙是将预应力钢筋锚固在基础上和墙顶，结构与基础之间的接触面打开后，变形主要集中于复位筋中，而主体结构产生接

近刚体变形的转动，减少了主体结构中的变形和损伤，更有利于保护主体结构（图 11-59）。

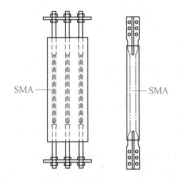

图 11-57 形状记忆合金自复位支撑

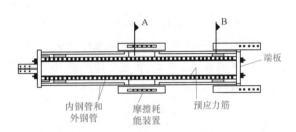

图 11-58 自复位屈曲约束支撑

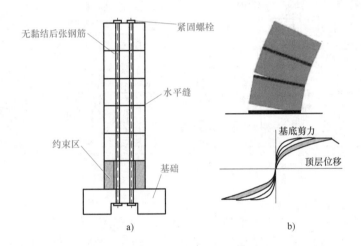

a) b)

图 11-59 自复位无黏结后张预应力墙

（2）后张预应力预制混凝土抗弯框架 后张预应力混凝土框架节点可以有效地保护建筑不被破坏。美国旧金山的派拉蒙大厦采用了这种结构体系，结构共 39 层，高 128m，是当时世界上最高的混凝土框架结构。新西兰维多利亚大学的 Alan MacDiarmid 建筑也采用了后张预应力抗弯混凝土框架结构，有效地提高结构的抗震性能，获得新西兰最佳混凝土创新奖，如图 11-60 所示。

图 11-60 Alan MacDiarmid 建筑

11.6.3 摇摆结构

震害观测表明，地震中伴有基础抬升或者结构摇摆的房屋，在地震后，其结构功能没有受到破坏，结构工程界把这种体系称为摇摆结构体系。摇摆结构体系不是利用结构楼层本身的变形来耗散地震能量，而是通过结构构件的摇摆，将变形集中在摇摆界面上，并在这些部位设置耗能构件。摇摆结构包括摇摆框架和摇摆墙。

1. 摇摆框架

摇摆框架是一种基底可以自由转动的框架，框架底部和基础是分离的，在转动过程通过垂直设置的预应力钢索使其恢复原位，耗能构件或其他构件"保险丝"在框架的来回转动过程中耗散地震能量。地震中结构的破坏主要集中于"保险丝"上，框架结构基本没有大的损伤，且框架无大的残余变形，修复方便；经过特别设计的可更换的"保险丝"，具有很大的变形能力和耗能能力，在震后可以更换。图 11-61 和图 11-62 分别为一种摇摆钢框架和摇摆木框架。

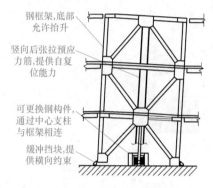

图 11-61　一种摇摆钢框架体系

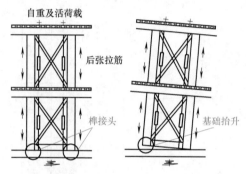

图 11-62　一种摇摆木框架体系

2. 摇摆墙

摇摆墙是一种放松基础交界面处的约束实现自身摇摆的墙体，既可以是混凝土墙，也可以是配筋砌体墙、木板墙等形式。摇摆墙不仅可以用于新建建筑的消能减震，也适用于既有建筑的抗震加固，并且与预应力相结合可以实现自复位功能，而将墙体与主体结构的连接件设置成可更换元件则可实现强震后的可更换功能。

根据摇摆墙体在平面内转动的约束情况，摇摆墙可分为受控摇摆墙和自由摇摆墙两种形式。受控摇摆墙是对摇摆墙体在平面内的转动进行有效约束，通常在摇摆墙和基础上施加贯穿的预应力筋来限制墙体的摇摆幅度；自由摇摆墙则取消了墙体在平面内的转动约束，它与基础的连接可视为理想铰接，尽管其自身可自由转动，但当与其他结构形式组合时也将受到相连构件的制约。摇摆墙的剪力墙和基础弹簧模型如图 11-63 所示。浅埋基础摇摆墙如图 11-64 所示。

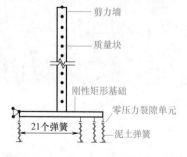

图 11-63　剪力墙和基础弹簧模型

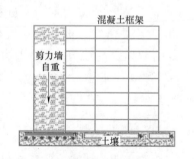

图 11-64　浅埋基础摇摆墙

摇摆墙在东京工业大学 G3 楼的抗震加固改造项目中得到应用。G3 楼建于 1979 年，是一栋 11 层钢骨混凝土框架结构的综合教学楼。G3 楼利用在结构外立面附建 6 片具有较大抗侧承载力和刚度的后张预应力混凝土摇摆墙，墙体底部与基础铰接，在地震作用下可绕其转动。沿摇摆墙两侧，在墙与既有框架柱之间安装钢阻尼器，增加结构的耗能能力。在每个楼层水平位置，通过水平钢支撑将摇摆墙与各层楼板相连，如图 11-65 所示。图 11-66 所示是加固前后结构的示意图。

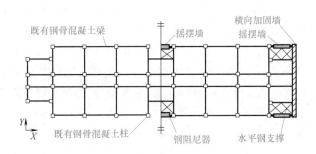

图 11-65　加固前后的结构平面布置

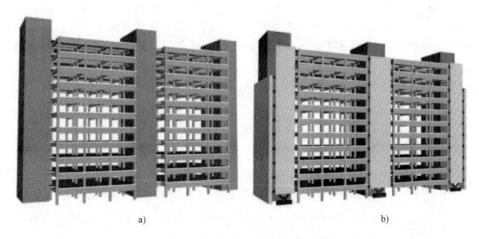

a)　　　　　　　　　　　　　　　　b)

图 11-66　加固前后的 G3 楼示意图

a）加固前的结构　b）加固后的结构

本章知识点

1. 基础隔震是在结构物底部与基础面之间设置隔震装置，使之与固结于地基中的基础顶面分开，限制地震动向结构物的传递，减小主体结构的振动反应。隔震装置由隔震器、阻尼器、复位装置组成，目前应用最多的隔震装置是叠层橡胶支座。

2. 隔震结构动力分析模型可根据具体情况采用单质点模型、多质点模型或空间模型。隔震体系水平位移主要集中在隔震层，可近似将上部结构看作一个刚体，将隔震结构简化为单质点模型分析。在分析上部结构的地震反应时，可以按照多质点模型采用底部剪力法或时程分析法进行计算，当采用底部剪力法分析时，隔震层以上结构的水平地震作用，沿高度可采用矩形分布，但应乘以水平向减震系数对水平地震影响系数最大值进行折减。

3. 结构消能减震和阻尼减震是把结构的某些非承重构件，如节点和连接处装设阻尼器，在结构物中设置耗能支撑，以消耗地震传给结构的能量为目的的减震方法。在小震和风载作用下，耗能子结构处于弹性工作状态；在强烈地震下，随结构受力和变形增大，这些耗能部件和阻尼器率先进入非弹性变形状态，产生较大阻尼，大量消耗输入结构的地震能量，有效衰减结构的地震反应，从而保护主体结构在强震中免遭破坏。

4. 安装在支撑上的阻尼器有金属阻尼器、摩擦阻尼器、黏弹性阻尼器、黏弹性流体阻尼器以及屈曲约束耗能支撑。金属阻尼器利用具有良好延性性能和滞回性能的材料，通过阻尼器本身的塑性变形消耗地震能量；利用软钢良好的滞回性能耗散输入的地震能量；通过给结构提供附加刚度和阻尼，保护主体结构免受损伤。摩擦耗能阻尼器将高强度螺栓与钢板用于支撑节点，构成摩擦闸，控制摩擦力的大小，实现在中、小地震和风载作用下，摩擦闸将杆件锁住，而在强烈地震作用下，杆件发生滑动，利用摩擦损耗能量，起到减振作用。黏弹性阻尼器主要依靠黏弹性材料的滞回耗能特性，增加结构的阻尼，减小结构的动力反应。黏弹性阻尼器构造简单，不需要外部能源输入提供控制力，即使在较小的振动条件下也能够进行耗能，可同时用于结构的地震和风振控制。黏弹性流体阻尼器通过活塞与缸筒之间发生相对运动，依靠活塞前后的压力差使黏滞流体从阻尼通道中通过，从而产生阻尼力，耗散外界输入结构的振动能量，达到减轻结构振动响应的目的。屈曲约束耗能支撑克服了普通支撑受压时会产生屈曲并表现出不对称的滞回性能的缺陷，具有更稳定的受力性能，无论受拉还是受压都能达到承载全截面屈服的轴向受力构件。屈曲约束耗能支撑在承受压力和承受拉力的情况下，表现出相同的滞回性能和良好的耗能能力。

5. 主体结构加上消能部件后不改变主体承载结构的基本形式，计算消能减震结构的关键是确定消能部件附加给结构的有效刚度和有效阻尼比，进而可确定结构的总刚度和总阻尼比。消能减震结构的计算分析宜采用非线性时程分析法或静力非线性分析的方法。

6. 结构被动控制是指没有任何外部能源支持控制系统，通过附加子结构改变体系的动力特性，利用系统响应所形成的势能产生控制力。子结构为质量、弹簧系统的称为"调频质量阻尼器"，子结构为荡液水箱的称为"调频液体阻尼器"。调谐减震体系的减震作用与附加子结构的频率和质量密切相关。

7. 结构主动控制是指由外部输入能量的控制方式使结构减震的方法，它能在结构经受地震激励的过程中，瞬时改变结构动力特性并施加控制力，来衰减结构的地震反应。根据控制器工作方式不同，又可分为开环控制、闭环控制和开闭环控制三种类型。

8. 恢复功能抗震结构是指地震（设防或罕遇地震）后不需修复或在部分使用状态下稍许修复即可恢复其使用功能的结构，且结构体系易于建造和维护，全寿命成本效益高。

习　题

1. 试对比分析基础隔震结构体系与抗震结构体系的异同点。
2. 试分析基础隔震装置应具备哪些功能和要求。
3. 如何进行基础隔震结构的抗震计算？
4. 简述水平向减震系数以及如何确定这一系数。

5. 试分析消能减震结构的减震原理。

6. 消能部件附加给结构的有效刚度和有效阻尼比如何取值？

7. 简述黏弹性阻尼器的工作原理。

8. 屈曲约束支撑消能减震的原理是什么？

9. 试分析结构被动控制调谐减震体系的工作原理。

10. 结构主动控制体系的工作原理是什么？有什么控制方式？

11. 什么是可恢复功能抗震结构？

12. 自复位结构的原理是什么？

参 考 文 献

[1] 薛素铎，赵均，高向宇. 建筑抗震设计 [M]. 3版. 北京：科学出版社，2012.

[2] 李国强，李杰，陈素文，等. 建筑结构抗震设计 [M]. 4版. 北京：中国建筑工业出版社，2014.

[3] 郭继武. 建筑抗震设计 [M]. 5版. 北京：中国建筑工业出版社，2022.

[4] 高小旺，龚思礼，苏经宇，等. 建筑抗震设计规范理解与应用 [M]. 北京：中国建筑工业出版社，2002.

[5] 刘大海，杨翠如，钟锡根. 高层建筑抗震设计 [M]. 北京：中国建筑工业出版社，1993.

[6] 赵西安. 钢筋混凝土高层建筑结构设计 [M]. 2版. 北京：中国建筑工业出版社，1995.

[7] 李国强，李杰，苏小卒. 建筑结构抗震设计 [M]. 3版. 北京：中国建筑工业出版社，2009.

[8] 丰定国，王社良. 抗震结构设计 [M]. 2版. 武汉：武汉理工大学出版社，2003.

[9] 邱明兵. 建筑结构震害机理与概念设计 [M]. 北京：中国建筑工业出版社，2011.

[10] 钢结构设计手册编辑委员会. 钢结构设计手册 [M]. 3版. 北京：中国建筑工业出版社，2004.

[11] 中华人民共和国住房和城乡建设部. 建筑抗震设计规范（2016年版）：GB 50011—2010 [S]. 北京：中国建筑工业出版社，2010.

[12] 中国建筑科学研究院. 混凝土结构设计规范（2015年版）：GB 50010—2010 [S]. 北京：中国建筑工业出版社，2011.

[13] 黄世敏，杨沈，等. 建筑震害与设计对策 [M]. 北京：中国计划出版社，2009.

[14] 刘伯权，吴涛，等. 建筑结构抗震设计 [M]. 北京：机械工业出版社，2011.

[15] 沈聚敏，周锡元，高小旺，等. 抗震工程学 [M]. 2版. 北京：中国建筑工业出版社，2015.

[16] 龚思礼. 建筑抗震设计手册 [M]. 2版. 北京：中国建筑工业出版社，2002.

[17] 胡聿贤. 地震工程学 [M]. 2版. 北京：地震出版社，2006.

[18] 范立础，等. 高架桥梁抗震设计 [M]. 北京：人民交通出版社，2001.

[19] 张利华. 桥梁结构震害预测方法比较研究 [D]. 大连：大连理工大学，2008.

[20] 陈国兴，陈苏，杜修力，等. 城市地下结构抗震研究进展 [J]. 防灾减灾工程学报，2016，36（1）：1-23.

[21] 陈丽华，柳炳康. 工程结构抗震设计 [M]. 4版. 武汉：武汉理工大学出版社，2022.